Kartellrechtliche Bewertung von Standardisierungsstrategien

Marius Grathwohl

Kartellrechtliche Bewertung von Standardisierungsstrategien

Zur Rechtskonformität einer Roaming- und Clearing-Stelle für Elektrofahrzeuge

Mit einem Geleitwort von
Univ.-Prof. Dr. Dagmar Gesmann-Nuissl

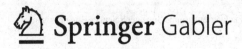

Dr. Marius Grathwohl
Chemnitz, Deutschland

Zugl.: Dissertation Technische Universität Chemnitz, 2015

Originaltitel „Kartellrechtliche Beurteilung von Standardisierungsstrategien am Beispiel einer Roaming- und Clearing-Stelle für Elektrofahrzeuge"

ISBN 978-3-658-10724-6   ISBN 978-3-658-10725-3 (eBook)
DOI 10.1007/978-3-658-10725-3

Die Deutsche Nationalbibliothek verzeichnet diese Publikation in der Deutschen Nationalbibliografie; detaillierte bibliografische Daten sind im Internet über http://dnb.d-nb.de abrufbar.

Springer Gabler
© Springer Fachmedien Wiesbaden 2015

Gedruckt auf säurefreiem und chlorfrei gebleichtem Papier

Springer Fachmedien Wiesbaden ist Teil der Fachverlagsgruppe Springer Science+Business Media
(www.springer.com)

Geleitwort

In seiner im Wintersemester 2014/15 vorgelegten Dissertation nimmt der Verfasser eine kartellrechtliche Beurteilung möglicher Standardisierungsstrategien bei der Einrichtung einer Roaming- und Clearingstelle für Elektrofahrzeuge (RCSE) vor und trägt dazu bei, den an der Entwicklung eines solchen Standards beteiligten Unternehmen möglichst frühzeitig die kartellrechtlichen Hindernisse sowie mögliche Lösungswege aufzuzeigen, um ihnen am Ende eine rechtskonforme strategische Ausrichtung sowohl bei der Errichtung als auch dem Betrieb einer RSCE zu ermöglichen.

Dies ist aus zweierlei Gründen bedeutsam: Zum einen kann die politisch gewünschte Elektromobilität ihren vollen Nutzen wohl erst mit Einrichtung eines solchen (am besten internationalen) Standards erreichen, der nationale sowie branchen- oder unternehmensspezifische „Insellösungen" vermeidet. Und zum anderen müssen Dritte, insbesondere (innovative) Diensteanbieter Zugang zu diesem Standard erhalten, um am Ende die Funktionalität der Elektromobilität über diese „E-Service-Plattform" der RCSE insgesamt zu verbessern.

Allerdings war doch gerade in der Vergangenheit die Verlockung für die an der Entwicklung solcher softwaregestützten Systeme beteiligten Unternehmen stets groß gewesen, anschließend den Marktakteuren auf denselben oder nachgelagerten Märkten den Zugang zu diesen neuen Systemen zu erschweren oder den Zugang sogar zu verbieten, um die eigene Wettbewerbsposition weiter auszubauen. Zwar hat die europäische Rechtsprechung u.a. mit Einführung der Essential-Facilities-Doktrin einem solchen wettbewerbswidrigen Handeln einen Riegel vorgeschoben, jedoch bleibt zu prüfen, ob und inwieweit die von der Rechtsprechung entwickelten Grundsätze auch im Falle einer RCSE greifen und in welcher Weise die standardsetzenden Unternehmen hierauf reagieren sollten, um schon frühzeitig und präventiv Rechtsstreitigkeiten vorzubeugen, welche nach Einführung eines entsprechenden Standards nicht nur die Wertschöpfung rund um die Elektromobilität, sondern auch deren Weiterentwicklung hemmen würden.

Mit seiner Dissertation ermöglicht Herr Grathwohl den Blick auf den aktuellen Forschungsstand rund um den Begriff des „Industriestandards", den er umfassend zu anderen Standardformen und technischen Normen abgrenzt sowie zum „Geschäftsmodell einer RSCE", welches er detailliert aus allen Blickrichtungen beleuchtet. Überdies gelingt es ihm, die Ansätze eines solchen Geschäftsmodells weiterzudenken – von der „Insellösung" zum „Industriestandard RCSE" und zur „E-Service-Plattform" – und in ihren Entwicklungsstufen jeweils in den kartellrechtlichen Kontext zu überführen (Möglichkeiten und Grenzen des Kartellrechts) und dabei dessen Realisierbarkeit aus Sicht der Unternehmen zu überprüfen und zu bewerten. Diese Untersuchung wird daher gerade für Unternehmen, die sich im zukunftsträchtigen Themenfeld „Elektromobilität" bewegen und an der (Industrie-)Standardsetzung beteiligt sind eine wertvolle Hilfe sein.

Ich wünsche der Arbeit, dass sie sowohl in der Wissenschaft als auch in der Praxis die Aufmerksamkeit und Verbreitung findet, die ihr aufgrund ihrer interdisziplinären Qualität gebührt.

Chemnitz   Univ.-Prof. Dr. Dagmar Gesmann-Nuissl

Vorwort

Die vorliegende Arbeit wurde im Januar 2015 von der Fakultät für Wirtschaftswissenschaften der Technischen Universität Chemnitz als Dissertationsschrift angenommen. Die Idee zur Bearbeitung des Themas und zur Untersuchung des dargestellten Anwendungsfalls kam im Frühjahr 2012 auf. Die Aktualität der Thematik stellte für mich als Wirtschaftsingenieur den Anreiz dar, eine interdisziplinäre Dissertation zu verfassen, die einen Bezug zur privatwirtschaftlichen Praxis aufweist. Aus heutiger Perspektive blicke ich nun dankbar auf eine abwechslungsreiche, aber auch fordernde Zeit zurück.

Mein großer Dank gilt zunächst meiner Betreuerin und Erstgutachterin Frau Prof. Dr. Dagmar Gesmann-Nuissl, die mir im Rahmen meiner Anstellung als wissenschaftlicher Mitarbeiter an der von ihr geleiteten Professur für Privatrecht und Recht des geistigen Eigentums der TU Chemnitz die organisatorischen Rahmenbedingungen zur Anfertigung dieser wissenschaftlichen Arbeit schuf. Sie war mir in jeder Phase der Promotion eine wertvolle Ansprechpartnerin und Quelle für fachlichen und praktischen Rat. Weiterhin möchte ich Herrn Prof. Dr. Ludwig Gramlich danken, der mir auch als Zweitgutachter mit fachlicher Unterstützung zur Seite stand. Beiden Gutachtern danke ich für die rasche Erstellung der Gutachten.

Für Ideen, fachliche Hinweise und den wissenschaftlichen Diskurs während der Erstellung der Arbeit danke ich Herrn Dr. Marius Brand, Herrn Dr. Andreas Gork, Herrn Ass. iur. Robert Hieke, Frau Prof. Dr. Xiuqin Lin, Herrn RA Christian Frhr. v. Ulmenstein, Herrn Dr. Daniel Wolf sowie Herrn Dr. Kai Wünsche. Frau M.A. Katharina Knödl, Frau M.A. Jacqueline Mosebach sowie Frau M.Sc. Verena Stoker möchte ich für die redaktionellen Arbeiten am Manuskript danken. Darüber hinaus danke ich Frau Dr. Angelika Schulz vom Springer-Verlag für die freundliche Beratung und die zahlreichen, nützlichen Hinweise bis zur Drucklegung.

Besonderer Dank gilt schließlich meinen Eltern Sigrid Scholz-Grathwohl und Dipl.-Ing. (FH) Dieter Grathwohl: Nicht nur für die Unterstützung durch meine Mutter im Rahmen des Lektorats, sondern auch dafür, dass sie beide mich zu jeder Zeit meines Lebens – und so auch während der Arbeit an meiner Dissertation – nach Kräften unterstützt und gefördert haben. Ihnen widme ich diese Arbeit.

Chemnitz   Dr. Marius Grathwohl

Inhaltsüberblick

Inhaltsverzeichnis

Abbildungsverzeichnis

Tabellenverzeichnis

Abkürzungsverzeichnis

ABl.	Amtsblatt der Europäischen Union
AEUV	Vertrag über die Arbeitsweise der Europäischen Union
AktG	Aktiengesetz
BEV	Batteriebasiertes Elektrofahrzeug
BEM	Bundesverband eMobilität e. V.
BGB	Bürgerliches Gesetzbuch
BGH	Bundesgerichtshof
BGHZ	Entscheidungen des Bundesgerichtshofs in Zivilsachen
BImSchG	Bundes-Immissionsschutzgesetz
BMBF	Bundesministerium für Bildung und Forschung
BMU	Bundesministerium für Umwelt, Naturschutz und Reaktorsicherheit
BMVBS	Bundesministerium für Verkehr, Bau und Stadtentwicklung
BMWi	Bundesministerium für Wirtschaft und Energie
BMJ	Bundesministerium der Justiz und für Verbraucherschutz
CEN	Comité Européen de Coordination de Normalisation (Europäisches Komitee für Normung)
DIN	Deutsches Institut für Normung
EG	Europäische Gemeinschaft
EGV	Vertrag zur Gründung der Europäischen Gemeinschaft
ElektroG	Elektro- und Elektronikgerätegesetz
EN	Europäische Norm
EU	Europäische Union

EuG	Gericht der Europäischen Union
EuGH	Europäischer Gerichtshof
FKVO	Fusionskontrollverordnung
FCEV	brennstoffzellenbasiertes Elektrofahrzeug
FRAND	Fair, reasonable and non-discriminatory (Fair, angemessen und nicht diskriminierend)
FuE	Forschung und Entwicklung
FuE-GFVO	Gruppenfreistellungsverordnung über Vereinbarungen über Forschung und Entwicklung
GebrMG	Gebrauchsmustergesetz
GFVO	Gruppenfreistellungsverordnung
GWB	Gesetz gegen Wettbewerbsbeschränkungen
H-LL	Horizontal-Leitlinien (Leitlinien zur Anwendbarkeit von Artikel 101 des Vertrags über die Arbeitsweise der Europäischen Union auf Vereinbarungen über horizontale Zusammenarbeit)
IKT	Informations- und Kommunikationstechnologie
ISO	International Organization for Standardization (Internationale Organisation für Normung)
IT	Informationstechnologie
MarkenG	Markengesetz
MwSt	Mehrwertsteuer
NPE	Nationale Plattform Elektromobilität
PatG	Patentgesetz
PHEV	Plug-in-hybrides Elektrofahrzeug
RCSE	Roaming- und Clearing-Stelle für Elektrofahrzeuge
REEV	Range Extended Electric Vehicles
TT-GFVO	Gruppenfreistellungsverordnung über Techologietransfer-Vereinbarungen

TT-LL	Technologietransfer-Leitlinien (Leitlinien zur Anwendung vonArtikel 101 des Vertrags über die Arbeitsweise der Europäischen Union auf Technologietransfer-Vereinbarungen)
UrhG	Urhebergesetz
V2G	Vehicle-to-Grid
VDI	Verein Deutscher Ingenieure
Vertikal-LL	Vertikal-Leitlinien (Leitlinien für vertikale Beschränkungen)
VO	Verordnung
WTO	World Trade Organization (Welthandelsorganisation)

1 Einleitung

Diese Arbeit widmet sich der kartellrechtlichen Untersuchung unternehmerischer Standardisierungsstrategien am Beispiel einer Roaming- und Clearing-Stelle für Elektrofahrzeuge (RCSE). Im ersten Teil der Arbeit sollen zunächst der Hintergrund und die Motivation für die Arbeit dargelegt werden, bevor der Stand der Forschung abgebildet und daraus die Zielsetzung entwickelt wird. Anschließend wird ein Überblick über den Gang der Arbeit gegeben.

1.1 Hintergrund und Motivation der Arbeit

Die Idee des Elektrofahrzeugs ist nicht neu. Bereits Ende des 19. Jahrhunderts waren erste Elektrofahrzeuge auf deutschen Straßen unterwegs.[1] Doch spätestens seit Ende der 2000er Jahre ist das Thema Elektromobilität[2] hierzulande wieder aktuell. So formulierte die Bundesregierung 2009 das ambitionierte Ziel, „dass bis 2020 eine Million Elektrofahrzeuge auf Deutschlands Straßen fahren"[3].

Gründe, die die Idee des Elektrofahrzeugs wiederbelebten, sind hauptsächlich umwelt-, aber auch wirtschaftspolitischer Natur. So verfolgt die Umweltpolitik in Deutschland unter anderem die Ziele, CO_2-Emissionen zu reduzieren und sich von der Abhängigkeit von Öl als Energieträger und Treibstoff zu lösen. Weiterhin soll der Anteil regenerativer Energien erheblich gesteigert werden. Diese Zielsetzung gewann durch die atomare Katastrophe von Fukushima und den damit verbundenen Ausstieg Deutschlands aus der Kernenergie bis 2022 an Dringlichkeit. Jedoch fehlt es Deutschland an ausreichender Kapazität für Speicherkraftwerke, um Fluktuationsraten natürlicher Energiequellen auszugleichen. Elektrofahrzeuge wären in der Lage, für diese Problemstellungen eine Lösung zu präsentieren, da die Batterie als Energiequelle des Fahrzeugs nicht nur CO_2-

---

[1] Erste fahrtüchtige Elektrofahrzeuge existierten bereits Ende des 19. Jahrhunderts, waren jedoch aufgrund der geringeren Energiedichte und den demnach geringeren Fahrreichweiten den verbrennungskraftbetriebenen Fahrzeugen unterlegen, vgl. z. B. Seiler (2012, S. 38).

[2] Unter dem Begriff der Elektromobilität soll in der Arbeit die Verwendung von Kraftfahrzeugen mit batteriebasiertem Elektroantrieb für den Personen- und Transportverkehr auf Straßen zu verstehen sein, welche in die EG-Fahrzeugklassen M, N und L eingeordnet werden können. Neben Fahrzeugen mit ausschließlichem Elektroantrieb werden auch Plug-In-Hybrid-Fahrzeuge in die Betrachtungen eingeschlossen. Fahrzeuge mit mild- oder micro-hybriden Antrieben, die keine externe Lademöglichkeit des Akkus vorsehen und daher nicht auf rein elektrischen Fahrbetrieb ausgelegt sind, fallen nicht in das Spektrum der Betrachtungen. Siehe dazu Unterkapitel 4.1.2.

[3] Bundesregierung (2009, S. 2, Internetquelle). Vgl. auch BMWi et al. (2011a, S. 10, Internetquelle).

neutral und ohne Treibstoff funktioniert, sondern auch als Energiepuffer verwendet werden kann.[4] Nicht zuletzt steht Deutschland aber auch in einem internationalen Wettbewerb um die Vorreiterschaft im Bereich der technologischen Entwicklung für Elektrofahrzeuge und intelligente Stromnetze. Die Bundesregierung ist bestrebt, Deutschland zum Leitmarkt und Leitanbieter für Elektromobilität zu entwickeln, sodass wichtige Industriezweige – wie beispielsweise die Automobilindustrie – weiterhin global wettbewerbsfähig bleiben.[5]

Vor diesem Hintergrund wurden seither mehrere hundert Millionen Euro an Fördergeldern investiert[6] und am 3. Mai 2010 die Nationale Plattform Elektromobilität (NPE) zur Koordination der Realisierung einer flächendeckenden Einführung von Elektromobilität gegründet[7]. Erste Erfolge sind bereits sichtbar: Die meisten deutschen Autohersteller sprangen auf den Zug der batteriebasierten Elektromobilität auf und produzieren heute Elektrofahrzeuge in Serie.[8] Alle großen deutschen Energieversorger[9] und auch zahlreiche Stadtwerke[10] haben das Thema Elektromobilität in ihre Projektportfolios übernommen und schon mit der Errichtung von Ladeinfrastruktur begonnen. Auch die in den letzten Jahren etablierten großen Carsharing-Unternehmen integrieren Elektrofahrzeuge in ihre Flotten.[11]

Das Resultat dieser Entwicklungen spiegelt sich derzeit in einer Vielzahl an Insellösungen für elektromobile Ladeinfrastruktur wider. In der Konsequenz ist es für Nutzer von Elektrofahrzeugen oft nicht ohne weiteres möglich, Ladestationen von Drittanbietern in anderen Regionen oder Städten zu nutzen, ohne sich vorher bei diesen registriert und ggf. eine Zugangskarte erworben zu haben. Bis

---

[4] Entsprechend ausgestattete Elektrofahrzeuge können mit dem intelligenten Stromnetz (Smart Grid) mittels intelligenten, bidirektional kommunizierenden Stromzählern (Smart Meter) verbunden werden und somit bei Bedarf im Netz überschüssigen Strom speichern oder zu Zeiten erhöhter Nachfrage Strom in das Netz einspeisen, vgl. Tomic/Kempton (2007, S. 459 ff.). Ausführlich dazu in den Abschnitten 4.2.1.3 und 4.4.2.3.

[5] Bundesregierung (2009, S. 2, Internetquelle). Vgl. auch BMWi et al. (2011a, S. 15, Internetquelle).

[6] Vgl. z. B. Forster (2012) und BMWi (2011, Internetquelle).

[7] NPE (2010a, S. 12, Internetquelle).

[8] BMW, Daimler, Opel und Volkswagen haben schon jetzt batteriebasierte Elektrofahrzeuge in ihre Fahrzeugportfolios aufgenommen. Ebenso hat Audi Pläne für ein batteriebasiertes Elektrofahrzeug vorgestellt, vgl. Karg (2014, Internetquelle).

[9] Siehe E.ON (o. J., Internetquelle), EnBW (o. J., Internetquelle), EWE (o. J., Internetquelle), RWE (o. J.) und Vattenfall (o. J., Internetquelle).

[10] Bspw. haben sich unter der Dachmarke Ladenetz.de 36 Stadtwerke zusammengeschlossen, die bereits öffentliche Ladeinfrastruktur anbieten, vgl. Ladenetz.de (o. J. a, Internetquelle). Doch daneben existieren noch weitere Stadtwerke, die öffentliche Ladeinfrastruktur für Elektrofahrzeuge anbieten und nicht bei Ladenetz.de gelistet sind, so z. B. die Stadtwerke Ulm/Neu-Ulm, vgl. SWU (o. J. a, Internetquelle).

[11] Als populäre Beispiele seien hier in Deutschland car2go, DriveNow oder Flinkster genannt.

dato existiert also noch kein bundesweit standardisierter Zugang zu öffentlichen Ladestationen. Dementsprechend ungeklärt ist die Situation hinsichtlich einer notwendigen, internen Abrechnung (Clearing) zwischen unterschiedlichen Stromanbietern für Ladevorgänge außerhalb des Stromnetzes des Vertragsanbieters (Roaming).

Die Vision der Elektromobilität sieht jedoch genau diesen standardisierten Zugang als essentielle Voraussetzung für ein Gelingen des Elektromobilitätsprojekts vor.[12] Kunden eines (Fahr-)Stromanbieters sollen grundsätzlich in der Lage sein, auch die Ladeinfrastruktur anderer (Fahr-)Stromanbieter zu nutzen, ohne mit diesen in einem direkten Vertragsverhältnis zu stehen. So wie es in der Bankenbranche beim EC-Kartenverfahren möglich ist, Geld bei anderen Kreditinstituten als dem eigenen abzuheben, oder es im Mobilfunkbereich üblich ist, Gespräche im Ausland über die Netze ausländischer Anbieter zu führen, soll auch im zukünftigen Infrastruktursystem der Elektromobilität ein vergleichbares Roaming-Verfahren umgesetzt werden und eine freie Nutzung der verfügbaren Ladeinfrastruktur unabhängig vom Betreiber derselben ermöglichen.

In anderen Ländern, wie beispielsweise in Singapur, werden Projekte zur Realisierung von „E-Roaming" bereits mit Erfolg durchgeführt.[13] Und auch hierzulande werden derzeit Ladestationsnetzwerke durch unterschiedliche Unternehmenskooperationen – darunter Kooperationen von Energieversorgungsunternehmen, aber auch Konsortien von Unternehmen unterschiedlicher Branchen (z. B. Automobil- und IKT-Industrie) – etabliert.[14] Um die politischen Ziele der Bundesregierung zu erreichen, ist es jedoch notwendig, ein (mindestens) bundesweit standardisiertes Roaming-Verfahren zu etablieren und den Versuch zu unternehmen, die aktuell vorhandenen Insellösungen im Markt durch eine zentrale Institution zu verknüpfen. So ging die Energiewirtschaft im Jahr 2012 davon aus, dass bis 2014 bereits 90 % der öffentlichen Ladeinfrastruktur frei zugänglich sein werden,[15] was allerdings so nicht eintraf[16].

---

[12] Bei einem standardisierten Zugang zu Ladeinfrastruktur durch Fahrstromkonsumenten profitiert der Anbieter der Ladeinfrastruktur, da eine bessere Auslastung der Infrastruktur möglich ist, vgl. Franz/Fest (2013, S. 165 f.). Gleichzeitig ist es für bei einem Anbieter vertraglich gebundene Kunden unkompliziert möglich, längere Strecken mit dem Elektrofahrzeug zurückzulegen, ohne zur Durchführung von Ladevorgängen – an Orten außerhalb des Einzugsradius des Heimlieferanten – jeweils neue Verträge mit den Betreibern abzuschließen, vgl. Franz/Fest (2013, S. 165). Durch diese Art von Roaming wird außerdem ein effizienter Ausbau ohne wettbewerbsbedingte Doppelinstallationen ermöglicht, vgl. Fest et al. (2010c, S. 1).

[13] Vgl. Bosch (2011, S. 1 f., Internetquelle).

[14] Vgl. Franz/Fest (2013, S. 165). Siehe z. B. www.hubject.com, www.ladenetz.de oder www.ich-tanke-strom.com.

[15] NPE (2012b, S. 28, Internetquelle).

[16] Vielmehr findet derzeit (noch immer) ein Wettbewerb um einen einheitlichen Roaming-Standard statt, vgl. Unterkapitel 4.4.3.

Die Verbreitung von Elektrofahrzeugen in Deutschland nimmt zwar zu,[17] doch befindet sich der Markt für Elektromobilität derzeit noch in einer frühen Entwicklungsphase[18]. Die öffentliche Ladeinfrastruktur wird daher für die weitere Marktentwicklung weiter an Bedeutung gewinnen. Dementsprechend groß ist das Interesse relevanter Branchen, möglichst frühzeitig an der Entwicklung eines industriellen Standards beteiligt zu sein, um bei einer weiteren Verbreitung von Elektromobilität von der Wertschöpfung und Gewinnabschöpfung nachhaltig zu profitieren. Wird ein solcher Industriestandard auf dem Markt etabliert, kann es zu Wettbewerbsbeschränkungen kommen, wenn beispielsweise anderen Marktteilnehmern durch die Verweigerung des Zugangs zu dem Standard der Zutritt zu benachbarten Märkten erschwert wird. Das Auftreten einer solchen kartellrechtlichen Problemstellung ist auch bei der privatwirtschaftlichen Entwicklung eines E-Roaming- bzw. -Clearing-Standards denkbar und soll in dieser Arbeit näher betrachtet werden.

Bevor der Anwendungsfall einer RCSE untersucht wird, soll die grundsätzliche, kartellrechtliche Relevanz eines standardsetzenden Unternehmens erörtert werden. Handelt es sich bei dem Standardsetzer beispielsweise um eine Standardisierungskooperation, an der mehrere Unternehmen beteiligt sind, so drängen sich klassische kartellrechtliche Fragestellungen des Abspracheverbots zur Klärung auf. Eine weitere Überlegung basiert darauf, dass ein standardsetzendes Unternehmen eine marktbeherrschende Stellung in dem für den Standard relevanten Markt einnimmt. Eine solche Stellung kann sowohl durch das Fehlen einer tatsächlichen Konkurrenzsituation durch Wettbewerber auf der gleichen Marktstufe[19] als auch anhand unterschiedlicher Strukturmerkmale eines Unternehmens[20] begründet werden. Der Missbrauch einer marktbeherrschenden Stellung – beispielsweise durch die Verhinderung eines Marktzugangs aufgrund der Zugangsverweigerung zu dem Standard – ist schließlich kartellrechtlich relevant.

Beispiele aus der europäischen Rechtsprechung zeigten, dass ein industrieller Standard in Form geistigen Eigentums oder Know-hows, wie z. B. eine softwarebasierte Kommunikationsschnittstelle[21] oder eine Datenbank[22], der von

---

[17] Vgl. o. V. (2013, Internetquelle).

[18] Die Nationale Plattform Elektromobilität prognostizierte das Ende der Marktvorbereitungsphase bis 2014, wobei sich die Phase des Markthochlaufs bis 2017 anschließt, vgl. NPE (2012b, S. 37 f., Internetquelle).

[19] Nach § 18 Abs. 1 GWB liegt eine marktbeherrschende Stellung bereits vor, wenn das entsprechende Unternehmen keinen Wettbewerber hat oder keinem wesentlichen Wettbewerb ausgesetzt ist.

[20] Eine Auflistung solcher Strukturmerkmale findet sich z. B. in § 18 Abs. 3 GWB.

[21] Vgl. dazu EuG-Urteil vom 17.09.2007 „Microsoft" (Slg. 2007, S. II-3601, Rn. 387 ff.). Hier urteilte das Gericht der Europäischen Union, dass das Unternehmen Microsoft eine marktbeherrschende Stellung für Betriebssysteme für Client-PCs innehat und diese Stellung durch die Ver-

einem marktbeherrschenden Unternehmen gehalten wird, kartellrechtliche Eingriffe rechtfertigen kann. Sofern das marktbeherreschende Unternehmen seine Marktmacht missbraucht, indem es sich weigert, Informationen offenzulegen oder Lizenzen zu vergeben, die zur Nutzung des Standards notwendig sind, kann das Unternehmen im Interesse des wirksamen Wettbewerbs dazu angehalten werden, Zugang zu standardrelevanten Informationen zu gewähren[23] bzw. entsprechende Lizenzen zu erteilen[24]. Analoge Rechtsprechung mit Bezug auf Industriestandards findet sich auch im deutschen Rechtsraum.[25] Die Konsequenzen eines kartellrechtlichen Verfahrens können drastische Auswirkungen für die Geschäftspolitik des standardsetzenden Unternehmens haben und bis zur Vergabe von Zwangslizenzen oder einem Kontrahierungszwang führen, um Marktteilnehmern auf vor- oder nachgelagerten Märkten den Marktzugang zu ermöglichen. Daneben können Kartellverstöße mit Sanktionen und Bußgeldern gegen Unternehmen oder gar verantwortliche Personen geahndet werden.

Allgemein soll deshalb in dieser Arbeit dem entstehenden Spannungsfeld zwischen der berechtigten Absicht eines Unternehmens nach der (möglichst exklusiven) Amortisierung der Investitionskosten in einen Industriestandard einerseits und der Gewährleistung freien Wettbewerbs in benachbarten, standardrelevanten Märkten (also der Gewährleistung der Zugänglichkeit des Standards) andererseits Rechnung getragen werden. Der betrachtete Anwendungsfall einer RCSE birgt außerdem die Besonderheit, dass ein aktives Interesse des Staates an der Verbreitung von Elektromobilität besteht, wobei ein Standard für ein Roaming- bzw. Clearing-Verfahren letztendlich fördernd auf die Nutzerakzeptanz einwirken würde. Es wird daher angestrebt, den rechtlichen Korridor darzustellen, in welchem sich eine privatwirtschaftlich organisierte RCSE zu bewegen hat und wo Grenzen zu verpöntem wettbewerbsbeschränkendem Verhalten zu ziehen sind.

1.2 Stand der Forschung und Zielsetzung

Das ökonomische Phänomen der Netzwerkeffekte wurde in den vergangenen Jahrzehnten immer wieder wissenschaftlich beschrieben, wobei stets aktuelle

---

- weigerung der Herausgabe notwendiger Schnittstelleninformationen an Unternehmen benachbarter Märkte (Markt für Arbeitsgruppenserver) missbraucht.

[22] Die Bausteinstruktur einer Datenbank wurde für den Markt für Berichte über den Absatz von Arzneimitteln zu einem „gebräuchlichen Standard", EuGH-Urteil vom 29.04.2004 „IMS Health" (Slg. 2004, S. I-5039, Rn. 6).

[23] Vgl. EuG-Urteil vom 17.09.2007 „Microsoft" (Slg. 2007, S. II-3601, Rn. 691).

[24] Vgl. EuGH-Urteil vom 29.04.2004 „IMS Health" (Slg. 2004, S. I-5039, Rn. 49 ff.).

[25] Vgl. z .B. BGH-Urteil vom 13.07.2004 „Standard-Spundfaß" (BGHZ 160, S. 67) oder BGH-Urteil vom 06.05.2009 „Orange-Book-Standard" (BGHZ 180, S. 312).

technologische Standards als Beispiele für das Auftreten von Netzwerkeffekten angeführt wurden.[26] Privatwirtschaftliche Standardsetzung wurde in der Folge auch intensiv aus unternehmensstrategischer Sicht betrachtet,[27] unter anderem auch die Situation eines Inter-Standard-Wettbewerbs, wenn mehrere Unternehmen um die Durchsetzung ihres Standards im Markt wetteifern[28]. Die aus Netzwerkeffekten und damit einhergehender Standardbildung erwachsenden Probleme für den Wettbewerb wurden daher schon ausfürlich im kartellrechtlichen Kontext diskutiert,[29] ebenso wie die kartellrechtliche Bewertung von Standardisierungskooperationen[30].

Ebenso wird der allgemeine Zielkonflikt zwischen Schutzrechten des geistigen Eigentums und des Wettbewerbs- bzw. Kartellrechts bereits in zahlreichen Werken behandelt.[31] Darunter finden sich auch Quellen, die sich Industriestandards als potenziell immaterialgüterrechtlich geschützten Gütern als Anwendungsbeispiele für die sogenannte Essential-Facilities-Doktrin widmen.[32] Rechtsvergleiche zur Historie und Anwendung der Essential-Facilities-Doktrin sind ebenfalls in der wissenschaftlichen Literatur zu finden.[33] Insbesondere sind ausführliche Besprechungen der einschlägigen Urteile, bei welcher die Essential-Facilities-Doktrin Anwendung fand, in großer Zahl zu finden.[34]

---

[26] Allen voran zu nennen sind Katz/Shapiro (1985) bzw. Katz/Shapiro (1986a). Knorr (1993) nimmt sich vor dem Hintergrund von Netzwerkeffekten der ökonomischen Probleme von Kompatibilitätsstandards an. Thum (1995) hingegen untersucht die Wirkung von Netzwerkeffekten auf Standardisierung vor dem Hintergrund staatlichen Regulierungsbedarfs. Haucap/Heimeshoff (2013) betrachten unter anderem den Einfluss von Netzwerkeffekten auf den Wettbewerb bei Internetplattformen.

[27] Siehe Gabel (1993), Grindley (1995), Hill (1997) und Borowicz/Scherm (2001).

[28] Siehe Shapiro/Varian (1999), Stango (2004) und Christ/Slowak (2009).

[29] Siehe Economides/White (1994), Pohlmeier (2004), Farrell et al. (2007) und Höppner (2012).

[30] Siehe Anton/Yao (1995), Walther/Baumgartner (2008) und Koenig/Neumann (2009).

[31] Siehe Buhrow/Nordemann (2005). Lange et al. (2009) widmeten dieser Thematik einen Sammelband.

[32] So widmen z. B. Stapper (2003) oder Beth (2005) ihre Arbeiten diesem Feld. Aber auch Autoren wie Maaßen (2006, S. 233), Fräßdorf (2009, S. 275 ff.) oder Appl (2012, S. 558 ff.) gehen ausführlich auf diese Problematik ein.

[33] So vergleicht z. B. Giudici (2004) die Entwicklung und Anwendbarkeit der Essential-Facilities-Doktrin im US-amerikanischen, europäischen, deutschen und italienischen Recht, während Abermann (2003) auf die Entwicklung der Essential-Facilities-Doktrin im US-amerikanischen, europäischen und österreichischen Recht eingeht.

[34] Die folgenden Urteile und zugehörigen Urteilsbesprechungen stellen nur eine beispielhafte Auswahl dar: Zum EuGH-Urteil vom 06.04.1995 „Magill" (Slg. 1995, S. I-743) z. B. Montag (1997) oder Doutrelepont (1994). Zum EuGH-Urteil vom 29.04.2004 „IMS Health" (Slg. 2004, S. I-5039) z. B. Schwarze (2002), Casper (2002) oder Lober (2002). Zum EuG-Urteil vom 17.09.2007 „Microsoft" (Slg. 2007, S. II-3601) z. B. Körber (2004a) bzw. Körber (2004b) oder Heinemann (2006). Zum BGH-Urteil vom 06.05.2009 „Orange-Book-Standard" (BGHZ 180,

Im Bereich der Elektromobilität wurde die Anwendbarkeit der Essential-Facilities-Doktrin zwar zur Frage nach einem möglichen Zugangsanspruch zu Ladestationen für Elektrofahrzeugnutzer geprüft.[35] Doch die kartellrechtliche Problematik einer RCSE, die den Zugang zu der von ihr betriebenen Roaming- und Clearing-Plattform gegenüber dritten Anbietern von Elektromobilitätsdiensten verweigert, wurde bislang in der Literatur nur angedacht.[36] Allerdings wurden die rechtlichen Rahmenbedingungen der Elektromobilität bereits mit Bezug auf andere Rechtsgebiete vielfältig in der wissenschaftlichen Literatur diskutiert.[37]

Im Vergleich zum bisherigen Großteil der Arbeiten, die sich des Konfliktfeldes Kartellrecht vs. Immaterialgüterrecht angenommen haben, soll sich diese Arbeit nicht auf die Durchführung eines Rechtsvergleichs oder die ausführliche Besprechung bereits gesprochener Urteile beziehen. Vielmehr wird die Relevanz des Kartellrechts bei der Etablierung privatwirtschaftlicher Standards aus einer unternehmerischen Perspektive beleuchtet. Die dazu herausgearbeiteten Erkenntnisse sollen sodann auf ein aktuelles Wirkungsfeld zur Etablierung von Industriestandards angewendet werden: Eine IT-Plattform zur Steuerung von Ladevorgängen von Elektrofahrzeugen mittels Roaming und Clearing, die von einer RCSE entwickelt und betrieben wird.

Für eine RCSE, die als Standardisierungskooperation organisiert ist, sollen konkrete Hinweise auf die besonderen, abspracherechtlichen Anforderungen gemeinschaftlicher Standardisierungsarbeit gegeben werden. Weiterhin soll gezeigt werden, unter welchen Bedingungen eine Verweigerung des Zugangs zur IT-Plattform einer RCSE missbräuchlich oder gerechtfertigt ist.

S. 312, Rn. 29) z. B. de Bronett (2009), Ullrich (2010) oder Verhauwen (2013). Zum EuG-Urteil vom 09.09.2009 „Clearstream" (Slg. 2009, S. II-3155) z. B. Böttcher (2011).

[35] Siehe Hoff (2009, S. 343 ff.) und Haas (2013), die beide zu dem prinzipiellen Ergebnis kamen, dass Elektrofahrzeugnutzer keinen kartellrechtlichen Zugangsanspruch im Rahmen der Essential-Facilities-Doktrin geltend machen können.

[36] So z. B. Giordano/Fulli (2012, S. 258). Mayer (2013, S. 190) stellt außerdem fest, dass neue Geschäftsmodelle der Elektromobilität, wie bspw. jenes der Hubject GmbH als RCSE, neue Anforderungen und Herausforderungen für den rechtlichen Rahmen darstellen, ohne dabei konkreter zu werden.

[37] Mayer (2013) gibt einen Überblick über den Stand der rechtlichen Diskussion von Elektromobilität in den Bereichen des Produktsicherheits-, IKT-, Energiewirtschafts- und Baurechts. Ähnlich auch Kast (2011, S. 241 f.). Feller et al. (2010) diskutieren regulierungsrechtliche Aspekte in Bezug auf Ladestationen. Michaels et al. (2011) betrachten Rechtsprobleme im Zusammenhang mit der Nutzung des öffentlichen Straßenraums für Elektromobilitätsanlagen. Pallas et al. (2010) fokussieren auf das Beweis- und Eichrecht. Fest et al. (2010d) bzw. Fest et al. (2010a) diskutieren schließlich energiewirtschaftsrechtliche Fragestellungen der Elektromobilität.

1.3   Gang der Arbeit

Nachdem in den vorangegangenen Kapiteln zunächst der thematische Hintergrund bzw. die Motivation der Arbeit dargelegt (Kapitel 1.1) und vom Stand der Forschungen ausgehend sodann ein Forschungsziel für diese Arbeit formuliert wurde (Kapitel 2.1), soll in diesem Kapitel der Gang der Arbeit erläutert werden. Dabei gliedert sich die Arbeit in sechs Teile, die wiederum in Kapitel unterteilt sind.[38] An den ersten Arbeitsteil schließen sich drei weitere Teile an, in welchen die theoretischen Grundlagen zur kartellrechtlichen Beurteilung einer RCSE gelegt werden, die im darauffolgenden Teil 5 durchgeführt wird.

Teil 2 beleuchtet den Prozess der Standardsetzung als Unternehmensstrategie, um später in Teil 5 ökonomische Rückschlüsse in Bezug auf die Etablierung eines Roaming- und Clearing-Standards im Bereich der Elektromobilität ziehen zu können. Dazu werden in Kapitel 2.1 die Begriffe Industriestandard und Norm voneinander abgegrenzt und der Begriff der Kompatibilität eingeführt. Kapitel 2.2 erläutert die Auswirkungen von Industriestandards für den Wettbewerb, indem ein ausführlicher Bezug zum ökonomischen Phänomen der Netzwerkeffekte hergestellt wird. Zuletzt werden in Kapitel 2.3 unterschiedliche unternehmerische Standardisierungsstrategien vorgestellt, wobei unter anderem zwischen Führer- und Folger-, offenen und geschlossenen sowie unilateralen und multilateralen Strategien unterschieden wird. In Kapitel 2.4 werden die wesentlichen Erkenntnisse des zweiten Kapitels zusammengefasst.

Im anschließenden Teil 3 werden die kartellrechtlichen Grundlagen zur Beurteilung von Standardisierungsstrategien gelegt. Auf diese Grundlagen kann in Teil 5 zurückgegriffen werden, wenn es darum geht, die Standardisierungsstrategie einer RCSE kartellrechtlich zu beurteilen. Kapitel 3.1 führt dazu zunächst allgemein in das europäische und deutsche Kartellrecht ein, bevor in Kapitel 3.2 das Verhältnis der europäischen Wettbewerbsregeln zum deutschen Kartellrecht geklärt wird. In den folgenden beiden Kapiteln 3.3 und 3.4 werden die beiden im Fokus dieser Arbeit stehenden Gebiete des Kartellrechts ausführlich erläutert und auf Relevanz zur Anwendung auf Standardisierungsstrategien überprüft. Kapitel 3.3 widmet sich dabei in Bezug auf multilaterale Standardisierungsstrategien den Vorschriften des Absprachverbots. Kapitel 3.4 gibt zuerst einen allgemeinen Überblick über das Missbrauchsrecht und fokussiert anschließend – im Hinblick auf Unternehmen, die den Zugang zu einem Standard kontrollieren – auf die Rechtslehre der Essential-Facilities-Doktrin. Im Rahmen eines Fazits werden in

---

[38]   Nach der in dieser Arbeit verwendeten Nomenklatur werden Kapitel dann weiter in Unterkapitel geteilt, Unterkapitel in Abschnitte gegliedert und Abschnitte in Unterabschnitte unterteilt. Werden Unterabschnitte weiter untergliedert, so werden diese untergeordneten Gliederungsebenen ebenfalls als Unterabschnitte bezeichnet.

Kapitel 3.5 schließlich Hinweise zu rechtskonformem Handeln für standardsetzende Unternehmen abgeleitet.

Der folgende Teil 4 erörtert die politischen und ökonomischen Rahmenbedingungen der RCSE. Dazu ist es zunächst notwendig, in Kapitel 4.1 ein für diese Arbeit definiertes Verständnis für die Begriffe Elektromobilität und Elektrofahrzeug zu schaffen. Danach kann die politische und wirtschaftliche Bedeutung der Elektromobilität in Kapitel 4.2 erläutert werden. In Kapitel 4.3 wird aus technischer Perspektive dargestellt, welche Arten und Typen an Ladeinfrastruktur für Elektrofahrzeuge existieren und welche Bedeutung insbesondere der öffentlich zugänglichen Ladeinfrastruktur als Erfolgskomponente für Elektromobilität zukommt. An dieser Stelle soll das Geschäftsmodell einer RCSE in Kapitel 4.4 beschrieben werden, das maßgeblich auf der Bereitstellung und dem Betrieb einer IT-Service-Plattform basiert, die unterschiedliche Akteure der Elektromobilität miteinander vernetzt. Dazu wird ein Überblick über die im Markt aktiven Initiativen zur Etablierung eines Roaming- und Clearing-Standards gegeben. Kapitel 4.5 beschließt den vierten Teil mit einem Fazit, in welchem die Notwendigkeit einer kartellrechtlichen Beurteilung herausgestellt wird.

Die zuvor in den TeilenAbbildung 1: 2, 3 und 4 erarbeiteten Grundlagen werden in Teil 5 im Rahmen einer Fallstudie zur kartellrechtlichen Beurteilung einer RCSE zur Anwendung gebracht. Dazu werden in Kapitel 5.1 zunächst die für den Anwendungsfall relevanten Märkte abgegrenzt, wobei neben dem sachlichen und räumlichen Markt einer RCSE auch eine Abgrenzung der benachbarten Märkte vorgenommen wird. Insbesondere der räumlich relevante Markt gibt Aufschluss über die Anwendbarkeit europäischen Rechts, das für die folgenden Betrachtungen als Rechtsgrundlage angenommen wird. In Kapitel 5.2 wird anschließend Bezug auf Kapitel 3.3 genommen, indem die abspracherechtliche Beurteilung einer RCSE erfolgt. Dabei wird sowohl auf Freistellungsvoraussetzungen als auch auf mögliche Wettbewerbsbeschränkungen eingegangen, um darauf aufbauend praxisrelevante Hinweise zur Vermeidung kartellrechtlicher Konflikte für eine RCSE abzuleiten. In Kapitel 5.3 werden die in Kapitel 3.4 dargestellten Bezüge zur Essential-Facilities-Doktrin hergestellt, indem die Anwendung dieser Rechtslehre auf die von einer RCSE betriebenen IT-Service-Plattform geprüft wird. Dazu werden sowohl die Voraussetzungen der Missbräuchlichkeit einer Zugangsverweigerung zu der Plattform erörtert als auch entsprechende Argumente für die Rechtfertigung einer Zugangsverweigerung untersucht. Im Rahmen eines Fazits sollen in Kapitel 5.4 die Hinweise zur Vermeidung kartellrechtlicher Konfliktpotenziale im Hinblick auf die Standardisierungsstrategie einer RCSE zur Etablierung eines Roaming- und Clearing-Standards für Elektrofahrzeuge zusammengefasst werden.

Im letzten Teil der Arbeit (Teil 6) werden Schlussfolgerungen aus den Untersuchungen der Arbeit gezogen: Einerseits im Hinblick auf den Markt der

Elektromobilität (Kapitel 6.1), andererseits in Form von allgemeinen Compliance-Hinweisen für standardsetzende Unternehmen (Kapitel 6.2).

Abbildung 1 fasst den Gang der Arbeit noch einmal schematisch zusammen.

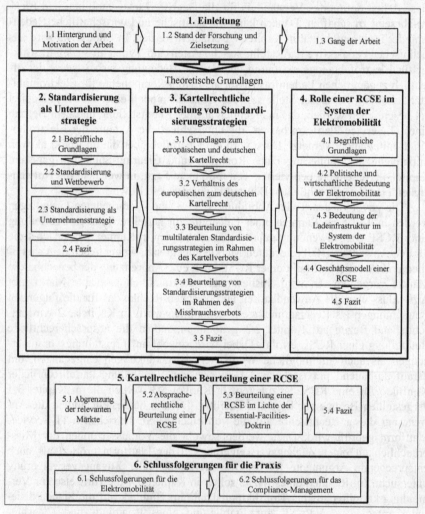

Abbildung 1: Gang der Arbeit[39]

---

[39]   Quelle: Eigene Darstellung.

2 Standardisierung als Unternehmensstrategie

Die Etablierung von Standards kann für Unternehmen massive Wettbewerbsvorteile mit sich bringen,[40] was sich dann in teils immenser Marktmacht dieser Unternehmen widerspiegelt, die ihrerseits zum Schaden des Wettbewerbs missbraucht werden kann. Aufgrund dieser Wirkungsfolge ist in einem Wirtschaftssystem mit reguliertem Wettbewerb eine kartellrechtliche Bewertung von unternehmensinitiierten Standardisierungsprozessen bzw. der Vermarktung von Industriestandards notwendig.

In diesem Teil der Arbeit soll im ersten Kapitel (2.1) geklärt werden, was unter einem Industriestandard zu verstehen ist und wie sich der Begriff der Norm davon abgrenzt. Daran schließt sich die Klärung des Begriffs der Kompatibilität an. Im darauffolgenden Kapitel (2.2) wird dargelegt, welche Bedeutung Standards für Wirtschaft und Wettbewerb haben. In diesem Zusammenhang soll das Konzept der Netzwerkeffekte in Bezug auf Standards und Standardisierungsprozesse erläutert werden. Nachdem die begrifflichen Grundlagen und die ökonomische Bedeutung von Standards geklärt sind, wird im dritten Kapitel (2.3) auf die strategische Bedeutung von Standards für Unternehmen eingegangen.

2.1 Begriffliche Grundlagen

Die Begriffe Standard, Norm und Kompatibilität sind im Verständnis dieser Arbeit eng miteinander verbunden. Obschon oftmals synonym verwendet, werden die Begriffe Standard und Norm in dieser Arbeit nicht als bedeutungsgleich angesehen. Daher widmet sich dieses Kapitel zunächst der Abgrenzung dieser beiden Begriffe. Sodann soll der komplexe Begriff der Kompatibilität eingeführt und in Bezug zu Standards gesetzt werden.

2.1.1 Standards, Standardisierung und Industriestandards

In der wissenschaftlichen Literatur finden sich zahlreiche, unterschiedliche Definitionen des Begriffs „Standard".[41] Aufgrund dieser Bedeutungsvielfalt ist eine Konkretisierung des Begriffs im Verlauf dieses Unterkapitels unerlässlich. Im Anschluss daran erfolgt eine schrittweise Kategorisierung des Standardbegriffs anhand unterschiedlicher Kriterien, sodass der in dieser Arbeit im Mittelpunkt stehende Begriff eines Industriestandards geklärt und innerhalb der Hierarchie von Standards eingeordnet wird.

---

[40] Borowicz/Scherm (2001, S. 395).

[41] Siehe z. B. Sagers (2010, S. 791 ff.) oder Fräßdorf (2009, S. 4 f.).

2.1.1.1   Begriffsbestimmung

Knorr verbindet mit der Definition von Standards generell die Reduktion von Vielfalt.[42] Andere Autoren verstehen unter einem Standard das Ergebnis eines Prozesses der Vereinheitlichung.[43] Beide Formulierungen drücken schließlich dasselbe aus,[44] was Kleinemeyer als „Auswahl [...] aus einem Pool von Möglichkeiten"[45] beschreibt.

Standards können also als Ergebnis eines Prozesses der Vereinheitlichung gesehen werden und stellen damit eine Auswahl aus einem Pool von Möglichkeiten dar.[46] Der Prozess der Vereinheitlichung, der in seinem Ergebnis einen Standard hervorbringt, wird als Standardisierung bezeichnet.[47] Ein Standard ist folglich das Ergebnis eines Standardisierungsprozesses.

Im Folgenden soll die nun abstrakt gefasste Definition eines Standards präzisiert und schließlich auf den für diese Arbeit relevanten Begriff des Industriestandards heruntergebrochen werden.

2.1.1.2   Bezugsbereiche von Standards

Standards existieren in unterschiedlichsten Bereichen, sodass zuerst eine Eingrenzung des Standardbegriffs hinsichtlich des Bezugsgebietes vorgenommen werden muss. Als Beispiele für Bereiche, in denen Standardisierungsprozesse von Bedeutung sind, nennt Fräßdorf neben der Technik auch die Gebiete Verhalten, Recht und Kultur,[48] während andere Autoren eine weniger detaillierte Unterscheidung potenzieller Bezugsbereiche von Standards vornehmen[49]. In dieser

---

[42] Knorr (1993, S. 26).

[43] Vgl. z. B. Arlt (1968, S. 45). Kleinemeyer (1998, S. 52) bezeichnet den Standard als Oberbegriff für Formen kollektiver Vereinheitlichung. Borowicz/Scherm (2001, S. 394) ergänzen, dass ein (Kompatibilitäts-)Standard lediglich das Ergebnis dieser kollektiven Vereinheitlichung darstellt. Siehe auch Fräßdorf (2009, S. 8), welcher die vereinheitlichende Wirkung als Hauptfunktion (technischer) Standards beschreibt.

[44] Auch Knorr (1993, S. 23) bezeichnet Standardisierung als „Vereinheitlichung nach bestimmten Regeln oder Mustern" und stellt später (S. 26) fest, dass Standards grundsätzlich mit der Reduktion von Vielfalt einhergehen.

[45] Kleinemeyer (1998, S. 52), dem folgend Borowicz/Scherm (2001, S. 394).

[46] In Anlehnung an Borowicz/Scherm (2001, S. 394).

[47] Für Grindley (1995, S. 25) ist der Standardisierungsprozess die Methode, um einen Standard zu erreichen und zu erhalten. Farrell/Saloner (1986a, S. 3) beschreiben Standardisierung als einen Prozess zur Erreichung von Kompatibilität, also eines Kompatibilitätsstandards. David/ Greenstein (1990, S. 3) unterscheiden vier Prozesse zur Setzung von Standards.

[48] Fräßdorf (2009, S. 5) zählt beispielhaft die Bereiche Technik, Kultur, Recht und Verhalten auf, wobei die Bereiche Kultur, Recht und Verhalten in dieser Arbeit als gesellschaftsbezogene Bereiche bezeichnet werden.

[49] Beth (2005, S. 38) unterscheidet zwischen sozialen und technischen Standards. Knorr (1993, S. 23, Fn. 1) erwähnt, dass es neben ökonomischen Standards bspw. auch moralische Standards gibt. Vgl. dazu auch Hess (1993, S. 19), der in einer Grafik zwar nicht diese beiden Kategorien

Arbeit sollen Standards in nur zwei Bereiche eingeteilt werden: gesellschaftsbezogene und technische Standards.

Denn die von Fräßdorf genannten Beispiele der Verhaltens-, Kultur- und
Rechtsstandards haben im Grunde eines gemeinsam: Allesamt definieren sie den
Ordnungsrahmen des Zusammenlebens in einer bestimmten Gesellschaft und
werden so unmittelbar durch die Mitglieder einer Gesellschaft geformt und angewendet, wobei im Fall des Abweichens von diesen gesellschaftsbezogenen
Standards gewöhnlich Sanktionen drohen.[50] Technische Standards sind zumindest nicht direkt von den Wertevorstellungen einer Gesellschaft abhängig und
werden nur von denjenigen Teilen einer Gesellschaft angewandt, die Nutzer der
entsprechenden Technologie sind, sodass gewöhnlich auch keine Sanktionen
drohen, wenn vom Standard abgewichen wird.[51] Während gesellschaftliche
Standards also von den Mitgliedern einer bestimmten Gesellschaft etabliert werden, werden technische Standards in Bezug auf bestimmte Gebiete der Technik
von den Entwicklern und Nutzern dieser Technologien gebildet.[52]

Im weiteren Fokus dieser Arbeit stehen Standardisierungsprozesse bzw.
Standards im Bereich der Technik, also technische Standards.

2.1.1.3 Anwendungsbereiche von Standards

Technische Standards werden anhand ihres Anwendungsbereichs unterschieden:
Innerbetriebliche Standards werden nur innerhalb eines Unternehmens angewandt und auch als Typen[53] oder Werknormen[54] bezeichnet. Überbetriebliche
Standards finden über die Grenzen des Unternehmens hinweg durch eine Vielzahl von Wirtschaftsakteuren Anwendung.

Die Relevanz von Standards für den Wettbewerb – und daher ggf. auch für
das Kartellrecht – ergibt sich jedoch erst aus der Beteiligung mehrerer Marktak-

---

verwendet, jedoch zwischen Produkt- und Produktionsstandards (d. h. technisch) sowie Standards zur Gruppeninteraktion (d. h. sozial) auf einer Ebene unterscheidet. Wey (1999, S. 27 f.)
unterscheidet bei Standards zwischen sozialen Konventionen, die sich auf menschliches Verhalten beziehen, und technischen Standards, die Eigenschaften von Produkten regeln.

[50] Wer von Rechtsstandards abweicht, wird u. U. von einem Gericht verurteilt, wer von Verhaltens-
oder Kulturstandards abweicht, wird ggf. von der Gesellschaft, die diese Standards definiert hat,
geächtet, usw.

[51] Selbst das Abweichen von technischen Normen, die eine größere rechtliche Verbindlichkeit
aufweisen wie De-facto-Standards, wird nicht notwendigerweise sanktioniert. Vgl. dazu Abschnitte 2.1.1.4 und 2.1.2.4.

[52] Der Entwickler einer Technologie schafft dabei die Auswahlmöglichkeit für den (potenziellen)
Nutzer einer Technologie. Ein Standard wird schließlich dadurch etabliert, dass sich möglichst
viele Nutzer für eine Technologie entscheiden.

[53] Maaßen (2006, S. 11), Kleinaltenkamp (1993, S. 20 f.).

[54] Kleinemeyer (1998, S. 53). Vgl. auch DIN 820-3:2010-07 (Abschn. 3.3.18, S. 10).

teure.[55] Da die kartellrechtliche Beurteilung von Standardisierungsprozessen den Kern dieser Arbeit bildet, sind innerbetriebliche Standards in dieser Arbeit nicht weiter von Bedeutung.

Eine weitere Detaillierung in dieser Unterscheidungskategorie ist möglich: Beispielsweise können Standards etwa regional, national oder international[56] bzw. nur in einer speziellen Branche[57] angewendet werden. Eine derart detaillierte Eingrenzung des Standardbegriffs ist im Rahmen dieser Arbeit jedoch nicht notwendig, sodass Technische Standards, wie sie hier behandelt werden, daher schlicht als überbetriebliche Standards zu verstehen sind.

2.1.1.4   Verbindlichkeit von Standards

Standards können allgemein hinsichtlich ihrer rechtlichen Verbindlichkeit unterschieden werden. Handelt es sich um einen gesetzlich vorgeschriebenen Standard, so ist in der Literatur von De-jure-Standards die Rede:[58] beispielsweise die durch Steuergesetze geregelte Pflicht eines Bürgers, eine definierte Höhe an Steuern zu zahlen. Dabei gibt es unterschiedlich intensive und umfassende Mitwirkungsmöglichkeiten des Staates, einen Standard zu gestalten.[59] Das Gegenstück bilden De-facto-Standards, welche sich durch eine freiwillige Übernahme seitens der Wirtschaftsakteure am Markt etablieren:[60] beispielsweise die weit verbreitete Verwendung eines bestimmten Kommunikationsmediums oder eines bestimmten Betriebssystems. Daneben existieren Mischformen[61], die nicht eindeutig einer der beiden Kategorien zugeordnet werden können und an dieser Stelle nicht weiter erörtert werden.[62]

---

[55]   Vgl. Fräßdorf (2009, S. 5).

[56]   Vgl. z. B. Rabinowitz/Lee (2012, S. 2) oder Borowicz/Scherm (2001, S. 392).

[57]   Vgl. Hess (1993, S. 31 f.) oder Fräßdorf (2009, S. 5).

[58]   Vgl. dazu Beth (2005, S. 36) und Knorr (1993, S. 25 f.). Kleinemeyer (1998, S. 53) bezeichnet diese Kategorie als Hierarchiestandard. David/Greenstein (1990, S. 4) sprechen von „mandated standards". Grindley (1995, S. 25) zählt auch diejenigen Standards zu dieser Kategorie, die keine gesetzliche Verbindlichkeit besitzen, jedoch von offiziell anerkannten Organisationen erarbeitet wurden (z. B. Normen).

[59]   Für eine detaillierte Aufzählung unterschiedlicher Stufen staatlicher Beteiligung an Standardisierungsprozessen siehe Kleinemeyer (1998, S. 163 ff.) oder Thum (1995, S. 146 ff.).

[60]   Vgl. Beth (2005, S. 36), Pohlmeier (2004, S. 41, 36), Knorr (1993, S. 25 f.) und Hess (1993, S.19). Kleinaltenkamp (1993, S. 22) versteht unter De-facto-Standards hingegen Standards, welche „durch Vorgaben in öffentlichen Ausschreibungen unterstützt" werden und damit einen offiziellen Charakter erlangen.

[61]   Bspw. Normen, siehe dazu Unterkapitel 2.1.2.

[62]   Hess (1993, S. 19 f.) unterscheidet zwischen staatlich festgelegten, durch Normungsorganisationen erarbeiteten und marktlich organisierten Standards. Vgl. auch Fräßdorf (2009, S. 15).

Standards, wie sie in dieser Arbeit im Mittelpunkt stehen, werden durch Marktakteure etabliert und schließlich freiwillig angewendet. Sie zählen deshalb zur Gruppe der De-facto-Standards.

2.1.1.5 Arten von Standards

Technische Standards werden anhand ihrer Funktion[63] bzw. ihres Zwecks[64] kategorisiert, sodass unterschiedliche Arten von Standards existieren. Die Literatur differenziert im Wesentlichen zwischen Qualitäts- und Kompatibilitätsstandards.[65] Wie Grindley feststellt, besteht der Hauptunterschied dieser beiden Arten von Standards darin, dass sich Qualitätsstandards mit den Eigenschaften eines Produktes selbst befassen, während Kompatibilitätsstandards darauf abzielen, Produkte mit anderen Produkten oder Dienstleistungen zu verbinden.[66]

Demnach legen Qualitätsstandards das Minimum einer geforderten Qualität[67] oder bestimmte Eigenschaften[68] eines Produktes fest. Kompatibilitätsstandards dienen hingegen zur Vereinheitlichung von Schnittstellen, um Kompatibilität[69] zwischen Produkten oder Systemen[70] herzustellen.[71] Kompatibilitätsstandards definieren nach Grindley sowohl die Schnittstellen[72] zwischen komplementären Produkten bzw. Dienstleistungen unterschiedlicher Funktionsebenen (z. B. Videokassette und Videokassettenrecorder, Wartung eines Pkw)

---

[63] Knorr (1993, S. 26).

[64] Beth (2005, S. 36) unterscheidet technische Standards anhand des Regelungszwecks.

[65] In Anlehnung an Grindley (1995, S. 21). Auch Knorr (1993, S. 27) kategorisiert Standards ausgehend von einer detaillierteren Untergliederung schließlich nur noch in Qualitäts- und Kompatibilitätsstandards, und auch Farrell/Saloner (1986a, S. 1) sowie Wey (1999, S. 17 ff.) schenken neben Kompatibilitätsstandards lediglich Qualitätsstandards Aufmerksamkeit. Fräßdorf (2009, S. 5) und Hess (1993, S. 19) unterscheiden zwischen Qualitäts-, Sicherheits- und Kompatibilitätsstandards. David/Greenstein (1990, S. 4) differenzieren hingegen zwischen Referenz-, Qualitäts- und Kompatibilitätsstandards.

[66] Grindley (1995, S. 21).

[67] David/Greenstein (1990, S. 4), Grindley (1995, S. 21 f.).

[68] Grindley (1995, S. 21). Nach Wey (1999, S. 28) werden durch einen Qualitätsstandard wohldefinierte Anforderungen bzw. Charakteristika festgelegt, denen ein Produkt genügen bzw. die ein Produkt aufweisen muss.

[69] Zum Begriff der Kompatibilität siehe Unterkapitel 2.1.3.

[70] Nach Economides (1989, S. 1165 f.) besteht ein System aus mindestens zwei zueinander kompatiblen Produkten. Diese Ansicht vertreten auch Katz/Shapiro (1994, S. 93 ff.).

[71] Vgl. Stango (2004, S. 2), Borowicz/Scherm (2001, S. 394), Hess (1993, S. 19) und Grindley (1990, S. 76). Knorr (1993, S. 32) versteht unter einem Kompatibilitätsstandard „vielfaltsreduzierende regulatorische Vorgaben oder Übereinkünfte [...] [um] die vollständige Substituierbarkeit von Gütern hinsichtlich einer vorgegebenen Schnittstellenfunktion n [zu] ermöglichen".

[72] Eine weiterführende Definition des Begriffs der Schnittstelle ist in Unterabschnitt 2.1.3.3.1 zu finden.

als auch zwischen gleichartigen Produkten im Sinne eines direkten Netzwerks (z. B. Telefone im Telefonnetz).[73]

Im weiteren Fokus der Betrachtungen innerhalb dieser Arbeit stehen Kompatibilitätsstandards, da diese den größten Einfluss auf den marktlichen Wettbewerb haben.[74]

2.1.1.6   Involvierung von Unternehmen in den Standardisierungsprozess

De-facto-Standards lassen sich schließlich wieder in zwei Kategorien untergliedern. Unterscheidungskriterium ist, inwiefern ein oder mehrere Unternehmen wirtschaftliche Interessen mit der Durchsetzung eines De-facto-Standards verbinden oder dieser aus einer rein „evolutorischen" Entwicklung heraus den Markt dominiert.[75] In der wissenschaftlichen Literatur hat sich daher die Unterscheidung in gesponserte (sponsored) und nicht-gesponserte (unsponsored) De-facto-Standards durchgesetzt.[76]

Verbinden ein oder mehrere Unternehmen direkte oder indirekte wirtschaftliche Interessen mit der Etablierung eines Standards, weil beispielsweise Eigentumsrechte an dem entsprechenden Standard gehalten werden,[77] ist von einem gesponserten Standard die Rede.[78] Beispiele für derlei industrieinduzierte Standards sind der IBM-PC[79] oder das Betriebsystem Windows[80]. So definiert van Wegberg ein Unternehmen als Sponsor wie folgt:

> „A sponsor is a firm that actively supports a particular specification for a standard through a standardization process."[81]

---

[73]   Grindley (1995, S. 22 f.) bzw. Grindley (1990, S. 76).

[74]   Nach Grindley (1990, S. 75 f.) sind die ökonomischen Kräfte, die von anderen Standardtypen ausgehen, weit geringer als diejenigen, die durch Kompatibilitätsstandards freigesetzt werden. Wie Blind (2004, S. 14 f.) erörtert, kommt Kompatibilitätsstandards eine immense ökonomische Bedeutung zu (insbesondere in Märkten der Informations- und Kommunikationsbranche), sodass unter Berücksichtigung der ökonomischen Effekte Wettbewerbsvorteile durch Unternehmen erzielt werden können.

[75]   Katz/Shapiro (1986a, S. 830 f.) unterscheiden konkret zwischen „Technology Sponsorship" und „Industry Evolution".

[76]   Vgl. Maaßen (2006, S. 13), Beth (2005, S. 37), Pohlmeier (2004, S. 41), DIN (2000, S. 82), Thum (1995, S. 46) und Knorr (1993, S. 66 ff.). Katz/Shapiro (1986a, S. 830 ff.) untersuchen die Auswirkungen des Sponserns von Standards durch Unternehmen anhand eines mathematischen Modells. David/Greenstein (1990, S. 4 ff.) kategorisieren schließlich in gesponserte und nicht gesponserte De-facto-Standard einerseits, De-jure-Standards andererseits.

[77]   Vgl. Gabel (1993, S. 14 ff.).

[78]   Vgl. David/Greenstein (1990, S. 4).

[79]   Farrell/Saloner (1986a, S. 4). Siehe auch Grindley (1995, S. 131 ff.) oder Gabel (1993, S. 109 ff.).

[80]   Maaßen (2006, S. 12) oder Stango (2004, S. 4).

[81]   van Wegberg (2004, S. 24).

Ein nicht-gesponserter Standard hat sich gewissermaßen unabhängig auf dem Markt entwickelt und ist keiner identifizierbaren Partei zuzuordnen, die Eigentumsrechte an ihm hält oder wirtschaftliche Interessen mit ihm verfolgt.[82] Ein vielgenanntes Beispiel für einen nicht-gesponserten Standard ist die QUERTY/QUERTZ-Tastatur, die sich bis heute auf dem Markt als technischer Standard halten und gegen andere, sogar technisch überlegene, gesponserte Standardisierungsinitiativen bestehen konnte.[83]

Standardisierung wird in dieser Arbeit unter dem Aspekt möglicher Wertschöpfung für Unternehmen betrachtet, weshalb an dieser Stelle eine begriffliche Eingrenzung auf gesponserte Standards vorgenommen wird. Der in dieser Arbeit verwendete Begriff des Industriestandards entspricht inhaltlich der Kategorie der gesponserten Standards.[84] Diese Definition soll auf die Intention der Standardisierungstätigkeit durch Unternehmen abstellen, da standardsetzende Unternehmen die Chance haben, eine in der jeweiligen Branche bzw. Industrie führende Position besetzen zu können.[85]

Die Begriffe Industriestandard und Standard werden im weiteren Verlauf der Arbeit synonym verwendet, sodass sich die Arbeit im Allgemeinen auf gesponserte Standards bezieht.

2.1.1.7   Anzahl involvierter Unternehmen

Prinzipiell sind zwei mögliche Unterkategorien eines Industriestandards denkbar, die im Verlauf dieser Arbeit von Relevanz sein werden:[86] Unter unilateralen

---

[82]   Vgl. Maaßen (2006, S. 13) und David/Greenstein (1990, S. 4). Diese Kategorie Standard wird von Kleinemeyer (1998, S. 53) auch als Wettbewerbsstandard bezeichnet.

[83]   Ausführlich dazu David (1985), dem folgend David/Greenstein (1990, S. 68). Vgl. auch Maaßen (2006, S. 13 f.), DIN (2000, S. 82) und Thum (1995, S. 17 ff.).

[84]   In Anlehnung an Gabel (1993, S. 18 f.), der im Fall von PCs der Firma IBM in den 80er Jahren von einem „De-facto-Industriestandard" spricht. In ähnlicher Weise definiert Kleinaltenkamp (1993, S. 22) „Industrie-Standards" als technische Spezifikationen von Herstellern, die sich aufgrund großer Installationszahlen als Standard etabliert haben, ohne Industriestandards eindeutig zur Kategorie der De-facto-Standards zu zählen. Walther/Baumgartner (2008, S. 159) und Weck (2009, S. 1184) verstehen einen Industriestandard als synonyme Bezeichnung für einen Defacto-Standard, wobei von Walther/Baumgartner (2008, S. 159) die sponsernde Tätigkeit eines einzelnen Marktteilnehmers als Entwickler des Standards im Kontext erwähnt wird. Fräßdorf (2009, S. 5) leitet den Begriff des Industriestandards hingegen von der weiten Verbreitung des Standards innerhalb der Industrie ab. Vgl. auch Katz/Shapiro (1985, S. 435).

[85]   Vgl. Economides (1989, S. 1180), der mit der Konsequenz der Etablierung eines „industry standard" eine in der Industrie führende Stellung des standardsetzenden Unternehmens verbindet.

[86]   Maaßen (2006, S. 14) nimmt eine ähnliche Unterscheidung zwischen kooperativen (in dieser Arbeit als multilateral bezeichnet) und nicht-kooperativen (in dieser Arbeit als unilateral bezeichnet) Standards vor. Knorr (1993, S. 25) unterscheidet zwischen expliziten und impliziten Übereinkünften zwischen Unternehmen, wobei eine explizite Übereinkunft einem multilateralen

Industriestandards sind Industriestandards zu verstehen, die von lediglich einem Unternehmen etabliert oder unterstützt werden. Handelt es sich um eine Kooperation mehrerer Unternehmen, die an der Etablierung desselben Standards beteiligt sind, kann von einem multilateralen Industriestandard gesprochen werden.[87]

Ein anschauliches Beispiel zur Unterscheidung dieser beiden Standardformen stellt der Wettbewerb um das Nachfolgemedium der DVD dar: Während sich auf der einen Seite ein Konsortium aus zwei und später weiteren Unternehmen zur Etablierung der HD DVD (multilateraler Standard) bildete, stand auf der anderen Seite das Unternehmen Sony mit dem in Eigenregie entwickelten Blu-ray-Standard (unilateraler Standard).[88]

2.1.1.8   Kontrollierbarkeit eines Standards

Eine weitere Unterscheidung von Industriestandards kann anhand der Kontrollierbarkeit durch ein oder mehrere Unternehmen in Bezug auf die Nutzung eines Standards durch Dritte gemacht werden. Industriestandards, die hinsichtlich ihres Zugangs von einem oder mehreren Unternehmen kontrolliert bzw. beschränkt werden können, werden als proprietäre Standards bezeichnet.[89] Beispielsweise kann ein Standard immaterialgüterrechtlich geschützt und damit nicht mehr ohne die Einholung von Nutzungsrechten nutzbar sein.[90] Ein proprietärer Standard kann auch kostenlos nutzbar sein, obschon er durch ein Immaterialgüterrecht geschützt und daher prinzipiell hinsichtlich des Zugangs kontrollierbar ist, zum Beispiel indem die Inhaber der Schutzrechte kostenlose Lizenzen vergeben.[91] Erst wenn ein Industriestandard für alle Marktteilnehmer frei nutzbar ist und keine Zugangskontrolle durch ein oder mehrere Unternehmen erfolgt, so handelt

---

und eine implizite Übereinkunft einem unilateralen Standard in dieser Arbeit entspricht. Vgl. auch Farrell/Saloner (1986a, S. 3).

[87] In DIN (2000, S. 82) werden von privaten Unternehmenskonsortien forcierte Standards ebenfalls als Komitee-Standard bezeichnet und damit parallel zu anerkannten Normungsinstitutionen betrachtet.

[88] Siehe Christ/Slowak (2009) für eine detaillierte Auseinandersetzung mit dem Wettbewerb der beiden konkurrierenden Standards.

[89] Für Beth (2005, S. 39) handelt es sich um einen proprietären Standard, wenn der „Hersteller [des Standards] der alleinige Verfügungsberechtigte an dem Standard ist".

[90] Maaßen (2006, S. 13) erwähnt als einzige Möglichkeit der Zugangsbeschränkung proprietärer Standards Immaterialgüterrechte. Weitere Möglichkeiten der Zugangsbeschränkung, z. B. durch unternehmensinternes Know-how, werden von Maaßen an dieser Stelle nicht weiter thematisiert.

[91] Vgl. Maaßen (2006, S. 13). Es wird der Ansicht von Beth (2005, S. 39) gefolgt, wonach ein Standard als proprietär bezeichnet wird, sofern der Zugang zu dem Standard von einem Eigentümer kontrolliert werden kann, unabhängig davon, ob er tatsächlich kontrolliert wird bzw. Lizenzgebühren erhoben werden. Eine eingehendere Unterscheidung wird in Abschnitt 2.3.1 durchgeführt.

es sich um einen nicht-proprietären oder offenen Standard.[92] Dies betrifft beispielsweise Standards, die für jedermann frei zugänglich sind, da sie nicht durch Immaterialgüterrechte geschützt sind bzw. auf die Durchsetzung von bestehenden Immaterialgüterrechten verzichtet wird.[93]

An dieser Stelle soll darauf hingewiesen werden, dass die Unterscheidung zwischen proprietären und nicht-proprietären Standards nicht in jedem Fall der Unterscheidung zwischen gesponserten und nicht-gesponserten Standards entspricht.[94] In der Vergangenheit wurden beispielsweise Softwarestandards von Unternehmen initiiert und als Open-Source-Software veröffentlicht. Damit sind diese Softwarestandards ohne Einschränkungen frei für jedermann nutzbar, und es erfolgt keine Zugangskontrolle durch ein Unternehmen. Beispiele für solche nicht-proprietären Industriestandards sind Open-Source-Plattformen wie das Smartphone-Betriebssystem Android von Google oder das Webserverbetriebssystem Apache.[95]

Gleichzeitig bestätigt ein nicht-proprietärer Standard jedoch die allgemeine Annahme, dass Industriestandards mit dem wirtschaftlichen Interesse der sponsernden Unternehmen verbunden sind: Im Falle der angestrebten Verbreitung des Smartphone-Betriebssystems Android profitiert Google beispielsweise indirekt durch die Bindung der Betriebssystemnutzer.[96]

---

[92] Thum (1995, S. 23). Als traditionelles Beispiel für einen offenen Standard wird der Fall der X/OPEN Group zitiert, die als Unternehmensverbund nicht-proprietäre Standards auf Basis des Betriebssystems UNIX einführen und damit in Konkurrenz zum proprietären Betriebssystem IBMs treten wollte, vgl. dazu z. B. Saloner (1990, S. 146 ff.), Gabel (1987a, S. 91 ff.) und Grindley (1995, S. 16 f.).

[93] Maaßen (2006, S. 13) zählt auch diejenigen Standards zu den nicht-proprietären, die durch ein Immaterialgüterrecht geschützt sind, für die jedoch kostenlose Lizenzen vergeben werden. Ebenso auch Hess (1993, S. 27), der auch von einem offenen Standard spricht, wenn keine „wesentliche" Einschränkung vorliegt, d. h. bspw. eine Registrierungspflicht besteht oder Identifikationsnummern vergeben werden. Diesen Ansichten wird nicht gefolgt, da auch eine kostenlose Lizenzierung die Kontrollfähigkeit eines oder mehrerer Unternehmen impliziert, vgl. Beth (2005, S. 39).

[94] Pohlmeier (2004, S. 41, Fn. 81) erwähnt, dass diese beiden Unterscheidungsformen häufig synonym verwendet werden. Dem widerspricht Maaßen (2006, S. 13) implizit.

[95] Android war Ende 2012 weltweit das bei Smartphones führende Betriebssystem, vgl. Yarow (2012, Internetquelle), und für Software-Entwickler frei verfügbar, wobei jedoch Markenrechte an dem Namen bestehen, vgl. Android (o. J., Internetquelle). Apache ist seit 1996 auf dem Bereich der Webserver das führende Betriebssystem, vgl. Netcraft (2012, Internetquelle), und ebenfalls als Open-Source-Software für Entwickler frei verfügbar.

[96] Für die Nutzung von Android ist ein Google-Nutzeraccount notwendig. Für die Erstellung eines solchen Accounts muss der Nutzer persönliche Daten preisgeben, die von Google zur Schaltung personalisierter Werbung genutzt werden können. Weiterhin ermöglicht der Google-Nutzeraccount dem Nutzer den Zugang zu anderen Google-Diensten, wodurch wiederum das gesamte Geschäftsmodell Googles unterstützt wird.

2.1.1.9   Ergebnis

Anhand der vorgenommenen Eingrenzungen (siehe Abbildung 2), ergibt sich für diese Arbeit die folgende Definition für den Begriff des Industriestandards:

> Ein Industriestandard ist das Ergebnis eines von einem bzw. mehreren Unternehmen initiierten Prozesses der Vereinheitlichung technischer, unternehmensübergreifender Schnittstellen, der mit wirtschaftlichen Interessen des bzw. der beteiligten Unternehmen(s) einhergeht.

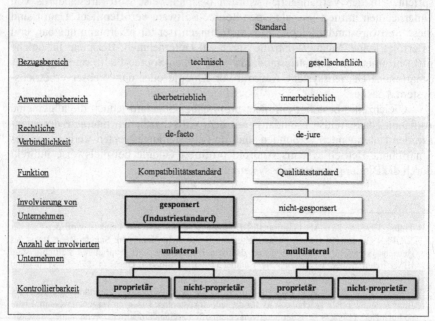

Abbildung 2:   Systematik der Standards[97]

Über die Eingrenzung des Begriffs des Industriestandards hinausgehend, wurden unterschiedliche Ausprägungsformen von Industriestandards vorgestellt. So wurden Varianten von Industriestandards einerseits anhand der Anzahl der an dem Industriestandard beteiligten Unternehmen und andererseits in Bezug auf deren Zugänglichkeit erörtert.

---

[97]   Quelle: Darstellung in Anlehnung an Beth (2005, S. 38).

2.1.2 Normen

Der Begriff „Norm" wird oftmals synonym für einen Standard verwendet.[98] Einerseits wird dies mit der Übersetzung der Begriffe, andererseits mit sprachlichen Traditionen begründet.[99] So gibt es in Deutschland das Deutsche Institut für Normung (DIN), während auf internationaler Ebene die „International Organization for Standardization" (ISO) tätig ist. Selbst innerhalb der deutschen Sprache waren Abgrenzungsschwierigkeiten zu vermerken: So wurden Normen in der DDR als Standards bezeichnet.[100]

Am Versuch, aus den in der vorhandenen, wissenschaftlichen Literatur etablierten Definitionen eine einheitliche Abgrenzung dieser beiden Begrifflichkeiten vorzunehmen, sind bereits einige Autoren gescheitert.[101] Die hier vorgenommene Abgrenzung der Begriffe Norm und Standard erhebt daher keinen Anspruch auf Allgemeingültigkeit, soll allerdings in dieser Arbeit für Klarheit sorgen. Dabei sollen Normen gemäß dem Verständnis anerkannter Normungsinstitutionen definiert werden und damit maßgeblich auf den Bereich der technischen Normung eingegrenzt werden.

2.1.2.1 Begriffsbestimmung und Abgrenzung zu Standards

Nach dem Selbstverständnis des europäischen Normungswesens versteht man unter einer Norm ein „Dokument, das mit Konsens erstellt und von einer anerkannten Institution angenommen wurde und das für die allgemeine und wiederkehrende Anwendung Regeln, Leitlinien oder Merkmale für Tätigkeiten oder deren Ergebnisse festlegt, wobei ein optimaler Ordnungsgrad in einem gegebenen Zusammenhang angestrebt wird"[102]. Die Erarbeitung der Normen soll dabei „auf den gesicherten Ergebnissen von Wissenschaft, Technik und Erfahrung

---

[98] So z. B. Thum (1995, S. 23) oder Knorr (1993, S. 24). Kleinaltenkamp (1993, S. 22) spricht z. B. synonym von De-facto-Normen und -Standards. Die Monopolkommission (1992, Tz. 815) verwendet die Begriffe Standardisierung und Normierung synonym. Das Deutsche Institut für Normung (DIN) unterscheidet in der europäisch harmonisierten Definition von Normungsarbeit nicht eindeutig zwischen Normung und Standardisierung, vgl. DIN 820-3:2010-07 (Abschn. 313, S. 5) mit Verweis auf DIN EN 45020:2007-03.

[99] So führt Knorr (1993, S. 24) letztendlich sprachliche Unterschiede als Argument an, wieso in bestimmten Ländern von einer „Norm" und in anderen Ländern von einem „Standard" die Rede ist. Es wird also kein inhaltlicher Versuch der Abgrenzung unternommen. Knorr verwendet im ökonomischen Kontext seiner Arbeit daher die Begriffe Standardisierung, Normung und Typisierung synonym.

[100] Maaßen (2006, S. 15). Vgl. z. B. Arlt (1968, insb. S. 48 f.).

[101] Vgl. Kleinemeyer (1998, S. 51 f.).

[102] DIN EN 45020:2007-03 (Abschn. 3.2, S. 25). Neben dem DIN existieren zahlreiche weitere anerkannte Normungsinstitutionen auf nationaler (z. B. Verein Deutscher Ingenieure, kurz VDI), europäischer (z. B. Comité Européen de Coordination de Normalisation, kurz CEN) und internationaler Ebene (z. B. International Organization for Standardization, kurz ISO).

basieren"[103]. Eine Norm ist damit – so wie auch ein Standard – letztendlich das Ergebnis eines vorangegangenen Prozesses, der als Normungsarbeit bezeichnet wird.[104]

Das Prinzip der institutionellen Normung ist naturgemäß für eine überbetriebliche Anwendung ausgelegt:[105] Normungsarbeit soll der Allgemeinheit gewidmet sein, indem sie auf die „Förderung optimaler Vorteile für die Gesellschaft abzielt"[106]. Insbesondere dürfen Normen „nicht zu einem wirtschaftlichen Sondervorteil Einzelner führen"[107]. Den vorgenannten Zielen Rechnung tragend, wird angestrebt, dass keinerlei Güter Bestandteil von Normen werden, die immaterialgüterrechtlichem Schutz unterliegen. [108] Weiterhin sollen Normen selbst nicht Gegenstand urheberrechtlichen Schutzes Dritter sein.[109]

Dementsprechend ist eine Kategorisierung von Normen analog zu Standards nach den Kriterien Anwendungsbereich, Beteiligung von Unternehmen sowie Zugänglichkeit hier nicht weiter notwendig. Das entscheidende Unterscheidungskriterium einer Norm zu einem Standard ist die Berücksichtigung des allgemeinen Konsenses: Sobald eine Norm nicht mit vollem Konsens aller interessierten Kreise[110] zustande kommt oder die Öffentlichkeit nicht miteinbezogen wird[111], spricht man nicht mehr von einer Norm, sondern – nur noch – von einem Standard. [112] Dementsprechend können Normen als Ausprägungsform eines Standards bezeichnet werden, sodass zwar jede Norm ein Standard, aber nicht jeder Standard eine Norm ist.

2.1.2.2   Tätigkeitsfelder der Normung

So wie Standards in unterschiedlichen Bereichen existieren, können auch Normen hinsichtlich ihres thematischen Bezugs eingeteilt werden.

---

[103] DIN EN 45020:2007-03 (Abschn. 3.2, S. 25).

[104] Hartlieb et al. (2009, S. 30).

[105] Vgl. Hartlieb et al. (2009, S. 30 f.).

[106] DIN EN 45020:2007-03 (Abschn. 3.2, S. 25). Vgl. auch BGH-Urteil vom 13.07.2004 „Standard-Spundfaß" (BGHZ,160, S. 67, Rn. 28).

[107] DIN 820-1:2009-05 (Abschn. 4, S. 4).

[108] DIN 820-1:2009-05 (Abschn. 7.9 f., S. 7 f.).

[109] Nach DIN 820-1:2009-05 (Abschn. 9, S. 9) liegt das alleinige Urheberrecht von DIN-Normen beim DIN selbst und externe Mitarbeiter sind zur Übertragung sämtlicher Urhebernutzungs- und -verwertungsrechte, die möglicherweise nach der Mitarbeit an einer Norm geltend zu machen sind, an das DIN verpflichtet.

[110] Beispiele für interessierte Kreise finden sich in der DIN 820-1:2009-05 (Abschn. 5.4, S. 5).

[111] Die Öffentlichkeit muss über Normungsarbeiten informiert werden und vor der Veröffentlichung einer Norm die Möglichkeit zur Abgabe einer Stellungnahme haben, vgl. dazu DIN 820-1:2009-05 (Abschn. 7.3, S. 7).

[112] DIN 820-3:2010-07 (Abschn. 3.1.3.2, S. 5). Vgl. auch Hartlieb et al. (2009, S. 30 f.) und Maaßen (2006, S. 16).

Zwar liegen die historischen Wurzeln dessen, was heute unter Normungsarbeit zu verstehen ist, in der Vereinheitlichung von Sprache, Schrift und Einheiten wie Länge, Masse, Temperatur oder Zeit.[113] Jedoch konzentriert sich Normungsarbeit spätestens seit dem Aufkommen der Industrialisierung zunehmend auf Bereiche der Technik.[114] Vom Maschinenbau ausgehend, hielten Normen sodann Einzug in diverse andere Branchen, wie beispielsweise die Elektrotechnik, Luftfahrt oder die Textilindustrie.[115] Ab den 1960er Jahren wurde das Spektrum der Normungsarbeit schließlich um Bereiche wie Informationsverarbeitung, Umweltschutz oder Managementsysteme erweitert.[116] Ein überwiegend technischer Kontext der Normung besteht jedoch bis heute, weshalb synonym auch von technischer Normung die Rede ist.[117]

2.1.2.3   Arten von Normen

Normen können anhand ihres Inhalts, d. h. anhand des materiellen oder immateriellen Normungsgegenstands[118], kategorisiert werden. Ein Großteil der in den offiziellen Normwerken genannten Normarten legt spezifische Eigenschaften oder bestimmte Anforderungen hinsichtlich der Gestaltung materieller Güter fest: Beispiele hierfür sind Gebrauchstauglichkeits-, Maß-, Stoff- und Qualitätsnormen.[119] Weitere Arten von Normen definieren Grundsätze und Anforderungen in Bezug auf immaterielle Normungsgegenstände wie Verfahren, Dienstleistungen oder sonstige immaterielle Güter: Als Beispiele dafür können Liefer-, Planungs- oder Verständigungsnormen genannt werden.[120]

---

[113] Siehe dazu Muschalla (1992, S. 15 ff.).

[114] Vgl. Hartlieb et al. (2009, S. 30 f.) und Muschalla (1992, S. 234.). Für die Anfänge technischer Normung im Europa des Mittelalters siehe Muschalla (1992, S. 119 ff.).

[115] Hartlieb et al. (2009, S. 29).

[116] Hartlieb et al. (2009, S. 30 f.).

[117] Vgl. z. B. Maaßen (2006, S. 15) oder Kleinaltenkamp (1993, S. 22 ff.).

[118] Nach DIN 820-1:2009-05 (Abschn. 4, S. 4) wird durch Normung „eine planmäßige, durch die interessierten Kreise gemeinschaftlich durchgeführte Vereinheitlichung von materiellen und immateriellen Gegenständen zum Nutzen der Allgemeinheit erreicht".

[119] Diese Normen werden in DIN 820-3:2010-07 (Abschn. 3.5, S. 11) genannt und beziehen sich konkret auf Eigenschaften materieller Güter. Analog zur Gebrauchstauglichkeitsnorm wird in DIN EN 45020:2007-03 (Abschn. 5.4, S. 37) die Produktnorm genannt, welche sich auf Anforderungen an Produkte zur Sicherstellung der Zweckdienlichkeit (anstatt Gebrauchstauglichkeit) bezieht.

[120] Diese Normen werden in DIN 820-3:2010-07 (Abschn. 3.5, S. 11) genannt. In DIN EN 45020:2007-03 (Abschn. 5.1 ff., S. 35 ff.) werden zusätzlich die Grund-, Prüf-, Verfahrens- und Dienstleistungsnorm sowie eine Norm für anzugebende Daten aufgezählt. Die in DIN EN 45020:2007-03 (Abschn. 5.2, S. 37) genannte Terminologienorm gehört zur Gruppe der Verständigungsnormen, vgl. DIN 820-3:2010-07 (Abschn. 3.5.8, S. 11).

Andere Normen sind hinsichtlich des Normungsgegenstandes nicht auf materielle oder immaterielle Gegenstände konkretisiert,[121] wie die sogenannte Schnittstellennorm, die „Anforderungen festlegt, die sich mit der Kompatibilität […] von Produkten oder Systemen an Verbindungsstellen beschäftigen"[122]. Schnittstellennormen können sich also sowohl auf immaterielle als auch auf materielle Gegenstände bzw. Schnittstellen beziehen und sind als konsens- und gremienbasierte Form von Kompatibilitätsstandards zu verstehen.

2.1.2.4 Verbindlichkeit von Normen

Die von Normungsgremien veröffentlichten Normen sind per se nicht rechtlich verbindlich, sondern privat veranlasst und können daher nur freiwillig angewendet werden.[123] Normen sind vielmehr als Hilfestellung bzw. Empfehlung zu rechtskonformem Handeln zu verstehen.[124] Doch können Normen dann rechtliche Verbindlichkeit erlangen, wenn auf sie in Rechtsvorschriften Bezug genommen wird.[125]

Dabei werden in der Literatur unterschiedliche Möglichkeiten der Berücksichtigung von Normen in Gesetzen genannt, denen jeweils unterschiedliche Ausprägungen rechtlicher Verbindlichkeit zukommen (für einen Überblick siehe Abbildung 3).[126] So wird die Anwendung von Normen dann rechtlich verpflichtend, sobald Norminhalte vollständig oder teilweise in ein Gesetz übernommen werden (Inkorporation) oder ausdrücklich auf eine Norm mit Angabe von Normnummer und –titel verwiesen wird.[127] Oft erfolgt der Verweis auf technische Normen in Gesetzen mit der Angabe des Ausgabedatums (starrer Verweis), sodass die Norm mit dem entsprechenden Datum anzuwenden ist.[128] Wird ohne

---

[121] So die in DIN 820-3:2010-07 (Abschn. 3.5.6, S. 11) genannte Sicherheitsnorm und die in DIN EN 45020:2007-03 (Abschn. 5.7, S. 39) genannte Schnittstellennorm.

[122] DIN EN 45020:2007-03 (Abschn. 5.7, S. 39).

[123] Vgl. Hartlieb et al. (2009, S. 77 ff.), Maaßen (2006, S. 11), David/Greenstein (1990, S. 4). So auch Kleinemeyer (1998, S. 53 f.), der Normen als Komiteestandards bezeichnet. Vgl. Kommissionsentscheidung vom 10.10.2001 „Schneider/Legrand" (ABl. 2004, L 101, S. 1, Rn. 47), wonach zur Einhaltung technischer Normen „kein zwingendes Recht" besteht.

[124] Vgl. Hartlieb et al. (2009, S. 77) und Kleinaltenkamp (1993, S. 23).

[125] Maaßen (2006, S. 11).

[126] Vgl. Hartlieb et al. (2009, S. 78 f.), Rese (1993, S. 15 f.).

[127] Vgl. Rese (1993, S. 15 f.). Fräßdorf (2009, S. 17) spricht erst von legislativer Standardisierung, „wenn der Staat verbindlich bestimmte technische Spezifikationen festschreibt".

[128] Vgl. Hartlieb et al. (2009, S. 78 f.). Vgl. dazu z. B. § 7 Abs. 5 BImSchG, wo die Verweisung auf technische Normen („jedermann zugängliche Bekanntmachungen sachverständiger Stellen") mit Angabe des Datums als mögliche Vorgehensweise zur Definition von Anforderungen an Anlagen im Gesetz verankert wurde. Ein Beispiel für einen starren Verweis findet sich in § 37b BImSchG, wo zur Einordnung von Bioethanol als Biokraftstoff auf Anforderungen verwiesen wird, die in DIN EN 15376 (Ausgabe März 2008 oder November 2009) festgelegt sind. Weitere starre

Datumsangabe verwiesen, ist die aktuellste Ausgabe der entsprechenden Norm anzuwenden (gleitender Verweis),[129] was jedoch eine vom Gesetzgeber unerwünschte „Verlagerung von Rechtssetzungsbefugnissen"[130] zur Konsequenz haben kann. Bei der Verwendung sogenannter Generalklauseln, in welchen die Berücksichtigung des „Stands der Technik" oder die Anwendung von „anerkannten Regeln der Technik" gefordert wird, kann von der Norm abgewichen werden, sofern nachgewiesen wird, dass die gesetzlich geforderten Anforderungen dennoch eingehalten werden.[131]

Damit sind Normen in ihrer Gesamtheit nicht eindeutig zu einer der Kategorien De-facto- oder De-jure-Standards zuzuordnen,[132] sondern bilden gewissermaßen als Mischform eine dritte Verbindlichkeitskategorie zwischen den beiden bereits genannten (siehe Abbildung 3).[133]

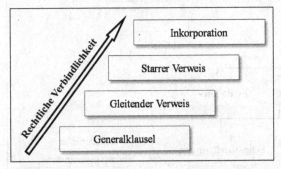

Abbildung 3:   Rechtliche Verbindlichkeit von Normen[134]

Verweise sind bspw. in der TA Luft vom 24.07.2002 oder der TA Lärm vom 26.08.1998 zu finden.

[129] Bspw. wird in § 11 Abs. 3 Nr. 2 ElektroG gleitend auf die DIN EN 45012 und die DIN EN ISO 9001 sowie 9004 verwiesen. Weitere Beispiele finden sich auch in Maaßen (2006, S. 55).

[130] BMJ (2008, Internetquelle). Vgl. auch Hartlieb et al. (2009, S. 78 f.), Maaßen (2006, S. 56).

[131] Hartlieb et al. (2009, S. 77) sehen auch die Anwendung von Normen, auf die in Gesetzen verwiesen wird, „oftmals" als fakultativ an, solange nachgewiesen wird, dass den gesetzlichen Anforderungen auch bei Nichtanwendung der Norm entsprochen wird. Eine Anwendungspflicht von Normen sehen die Autoren nur in wenigen Fällen gegeben. Rese (1993, S. 16) hingegen sieht die Anwendung von Normen selbst in diesem Fall als faktisch verpflichtend an, da ein extern einzuholendes Gutachten zum Nachweis der Einhaltung gesetzlicher Anforderungen ohne die Berücksichtigung verwiesener Normen gewöhnlich mit immensen Kosten verbunden sei. Ausführlich dazu auch Maaßen (2006, S. 58 ff.).

[132] Anders Grindley (1995, S. 25), der Normen klar zur Kategorie der De-jure-Standards zählt, da sie von einer offiziell anerkannten Organisation erarbeitet wurden, auch wenn diese nicht gesetzlich verbindlich sind.

[133] Vgl. Hess (1993, S. 19 f.).

[134] Quelle: Eigene Darstellung.

2.1.2.5   Ergebnis

Bei Normen handelt es sich um technische Standards, die unter Beteiligung der
Öffentlichkeit und mit Konsens aller interessierten Kreise von einem (privaten,
aber ggf. staatlich anerkannten) Gremium erarbeitet und verabschiedet werden,
ohne einzelnen Normungsbeteiligten einen Sondervorteil zukommen zu lassen.
Folglich stellen Normen eine Untergruppe von Standards dar (siehe Abbildung
4).

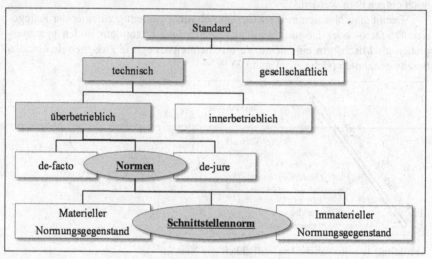

Abbildung 4:   Eingliederung von Normen in die Systematik der Standards[135]

Normen unterscheiden sich maßgeblich von Industriestandards, da letztge-
nannte gerade aufgrund eines potenziellen wirtschaftlichen Vorteils der an der
Standardisierung beteiligten Unternehmen initiiert werden und Normen eben
diesen Sondervorteil zu vermeiden bestrebt sind. Während Standards über
Schutzrechte geistigen Eigentums geschützt und daher deren Zugänglichkeit und
Verfügbarkeit eingeschränkt werden kann, sollen Normen der Allgemeinheit
uneingeschränkt zur Verfügung stehen, ohne dass einzelne Unternehmen exklusive Vorteile aus den Normen für sich ableiten können.

Prinzipiell besteht die Möglichkeit, dass Industriestandards zur Norm „erhoben" werden, was für die Untersuchungen in dieser Arbeit wiederum von
Relevanz ist.[136]

---

[135] Quelle: Darstellung in Anlehnung an Beth (2005, S. 38).

[136] Die Durchsetzung von Industriestandards über anerkannte Normungsgremien wird in Abschnitt
2.3.4.2 näher behandelt.

2.1.3   Kompatibilität

Wie zuvor dargelegt, ist es der Zweck bestimmter Arten von Standards (Kompatibilitätsstandards) und Normen (Schnittstellennormen), Kompatibilität zwischen Produkten oder Systemen herzustellen. Insofern ist es von Interesse, was genau unter dem Begriff der „Kompatibilität" zu verstehen ist.

2.1.3.1   Begriffsbestimmung

Allgemein spricht man von Kompatibilität zwischen Produkten oder Systemen, wenn diese miteinander verträglich sind, also „irgendwie zusammen passen"[137]. Daraus leitet Knorr in Bezug auf Kompatibilität „allgemein einen Zustand der Vereinbarkeit von bestimmten Einheiten"[138] ab. Nach Pfeiffer bezieht sich diese Vereinbarkeit auf die Erfüllung einer bestimmten Funktion, d. h. zwei Elemente eines Systems sind für ihn dann kompatibel, wenn sie eine „Funktion in gleicher Weise ausführen können"[139]. Dem Zustandsgedanken folgend sieht Beth Kompatibilität als eine relative Eigenschaft eines Produktes an.[140]

Andere Definitionen werden bereits konkreter, indem sie darauf abzielen, dass kompatible Produkte dazu befähigt sind, zusammenzuwirken.[141] Eine offizielle Definition von Kompatibilität in der europäischen Normungsarbeit sieht im Rahmen dieser Zusammenwirkung die Erfüllung „maßgebliche[r] Anforderungen ohne unannehmbare gegenseitige Auswirkungen"[142] im Vordergrund. Andere Autoren betonen, dass die Fähigkeit des Zusammenwirkens nicht mit der Entstehung zusätzlicher Gebühren für den Anwender einhergehen darf.[143] Eine konkretere Aussage darüber, was unter der Zusammenwirkung zu verstehen ist, wird anschließend im Abschnitt 2.1.3.2 getroffen.

---

[137] So beschreibt Gabel (1993, S. 1) Kompatibilität auf der untersten Ebene nach dem Verständnis eines „Laien". Vgl. auch DIN EN 45020:2007-03 (Abschn. 5.7, S. 39), wo Kompatibilität mit dem Begriff Verträglichkeit gleichgesetzt wird.

[138] Knorr (1993, S. 27).

[139] Pfeiffer (1989, S. 11).

[140] Beth (2005, S. 38).

[141] Vgl. Farrell/Saloner (1986a, S. 1): „Compatibility is the result of coordinated product design." Vgl. auch Hess (1993, S. 18), der Kompatibilität als „die Fähigkeit zweier Produkte, zusammenarbeiten zu können", beschreibt.

[142] Nach DIN EN 45020:2007-03 (Abschn. 2.2, S. 23) ist Kompatibilität definiert als „Eignung von Produkten, Prozessen oder Dienstleistungen, gemeinsam unter bestimmten Bedingungen benützt werden zu können, um maßgebliche Anforderungen ohne unannehmbare gegenseitige Auswirkungen zu erfüllen".

[143] Vgl. die Definition von Kompatibilität von Economides (1989, S. 1165): „Components produced by different manufacturers are compatible if it is feasible for the consumers to combine them costlessly into a working system." Auch dazu Economides (1996, S. 676). Vgl. auch Borowicz/Scherm (2001, S. 393).

Kompatibilität zwischen technischen Produkten oder Systemen ist dabei nicht als zufällige Erscheinung anzusehen. Vielmehr ist Kompatibilität in diesem Gebiet das Ergebnis koordinierter Produktgestaltung, um Produkte auf eine bestimmte Weise zusammenarbeiten zu lassen.[144] Es handelt sich somit um eine bewusste strategische Entscheidung eines Produkt- oder Systemherstellers, Produkte oder Systeme kompatibel zu gestalten oder nicht.[145] Dieser unternehmerischen Entscheidungsdimension Rechnung tragend, sprechen Farrell/Saloner bei kompatiblen Produkten auch von „standardisierten" Produkten, wenn unterschiedliche Hersteller ihre Produkte zur Zusammenarbeit befähigen.[146]

Pfeiffer betont den ökonomischen Unterschied zwischen Kompatibilität und Komplementarität: Produkte sind nach seiner Definition dann zueinander kompatibel, wenn sie hinsichtlich einer bestimmten Schnittstellenfunktion bzw. auf einer gleichen Funktionsebene substituierbar sind (siehe Güter A und B in Abbildung 5) Produkte sind hingegen dann zueinander komplementär, wenn sie unterschiedlichen Funktionsebenen angehören und in Kombination miteinander verwendet werden (so z. B. bei den Güterkombinationen A-C und B-C in Abbildung 5).[147]

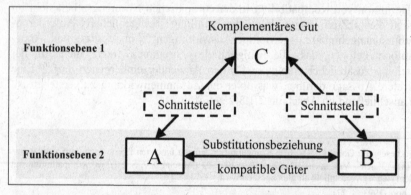

Abbildung 5:   Unterschied zwischen Kompatibilität und Komplementarität[148]

---

[144] Vgl. Farrell/Saloner (1986a, S. 1): „We call products compatible when their design is coordinated in some way, enabling them to work together."

[145] Vgl. Gabel (1993, S. 1 f.), der zwar Produktkombinationen nennt, die natürlicherweise zueinander kompatibel sind – bspw. Nahrungsmittel wie Tee und Zitrone –, aber betont, dass es sich bei
technischen Produkten um eine bewusste, strategische Entscheidung handelt, ob und inwiefern
Kompatibilität erreicht werden soll oder nicht.

[146] Farrell/Saloner (1985, S. 70).

[147] Vgl. Pfeiffer (1989, S. 23).

[148] Quelle: Darstellung in Anlehnung an Pfeiffer (1989, S. 23).

In ähnlicher Weise definieren Katz/Shapiro Kompatibilität:

„If two brands of hardware can use the same software, then the hardware brands are said to be compatible."[149]

Der Unterschied zwischen Kompatibilität und Komplementarität wird auch in dieser Arbeit berücksichtigt, jedoch wird Komplementarität als bestimmte Form der Kompatibilität angesehen.[150] Damit wäre auch Software als kompatibel zu einer Hardware zu bezeichnen, wenn die Software zusammen mit der Hardware verwendet werden kann.

Diesem Ansatz folgend wird Kompatibilität hier wie folgt definiert:

Kompatibilität ist das Ergebnis koordinierter Produktgestaltung, das zwei oder mehr Produkten bzw. Systemen ermöglicht, zusammenzuarbeiten, ohne dass dadurch zusätzliche Kosten für den Anwender entstehen.[151]

2.1.3.2 Ausprägungen von Kompatibilität

Es existieren unterschiedliche Formen von Kompatibilität, die ihrerseits anhand von drei Kriterien systematisiert werden können. Nachfolgend werden zunächst zwei Dimensionen der Kompatibilität vorgestellt, bevor Kompatibilität weiter in unterschiedliche Klassen unterteilt wird. Zuletzt wird auf unterschiedliche Kompatibilitätsgrade eingegangen.

2.1.3.2.1 Dimensionen der Kompatibilität

Zunächst kann Kompatibilität nach Gabel in die beiden Dimensionen herstellerübergreifend und modellübergreifend eingeteilt werden.[152] Herstellerübergreifende Kompatibilität unterteilt Gabel dann wiederum in die beiden Unterarten der direkten und indirekten Kompatibilität. Was unter der direkten, herstellerübergreifenden Kompatibilität zu verstehen ist, wird im folgenden Unterabschnitt 2.1.3.2.2 als Kommunikationskompatibilität vorgestellt. Die indirekte, herstellerübergreifende Kompatibilität kommt wiederum dem gleich, was im Folgenden[153] als physische Kompatibilität Erwähnung findet. Unter modellübergreifender Kompatibilität versteht Gabel die Kompatibilität

---

[149] Katz/Shapiro (1985, S. 425). Vgl. auch Katz/Shapiro (1986b, S. 146).

[150] Auch Gabel (1993, S. 1 ff.) unterstellt typischen Komplementärgütern die Eigenschaft der Kompatibilität. Pfeiffer (1989, S. 23) sieht in dieser Vorgehensweise eine Verfälschung des ökonomischen Systemzusammenhangs, was jedoch für den Zweck dieser Arbeit nur formal relevant ist.

[151] In Anlehnung an Farrell/Saloner (1986a, S. 1) und Borowicz/Scherm (2001, S. 393).

[152] Gabel (1993, S. 2 f.).

[153] Siehe Unterabschnitt 2.1.3.2.2.

aufeinanderfolgender Produktgenerationen eines Herstellers, die ebenfalls direkt oder indirekt ausgeprägt sein kann.[154]

Von herstellerübergreifender Kompatibilität kann beispielsweise in Telekommunikationsnetzen die Rede sein: So funktionieren Mobilfunktelefone unterschiedlicher Hersteller mit denselben Frequenzen und sind daher zueinander kompatibel.

Ein treffendes Beispiel für modellübergreifende Kompatibilität ist der Fall eines Betriebssystem-Upgrade bei Microsoft Windows: Beim Umstieg von einer älteren Betriebssystemgeneration auf eine neue – z. B. im Falle eines Upgrade von Windows XP auf Windows 7 – sind die Betriebssysteme dann kompatibel, wenn Windows-XP-fähige Software auch unter Windows 7 betriebsfähig ist und – sofern Windows XP weiterhin auf anderen Geräten im Einsatz bleibt – vice versa.

Im Rahmen dieser Arbeit ist die modellübergreifende Kompatibilität nicht weiter relevant und wurde daher nur der Vollständigkeit halber mitberücksichtigt.[155]

2.1.3.2.2   Kompatibilitätsklassen

Nach Farrell/Saloner lässt sich Kompatibilität in drei Klassen unterteilen: "Physical Compatibility" (im Folgenden auch als physische Kompatibilität bezeichnet), "Communications Compatibility" (im Folgenden auch als Kommunikationskompatibilität bezeichnet[156]) und "Compatibility by Convention".[157]

Physische Kompatibilität beschreibt die physikalische oder elektromagnetische Fähigkeit von Produkten, zusammenzupassen[158] und sodann auch zusammenzuwirken[159]. Diese Art der Kompatibilität stellt die Fähigkeit zur Nutzung desselben Produktzubehörs, sogenannter Ergänzungsprodukte[160], durch unter-

---

[154] Gabel (1993, S. 2 f.).

[155] Diese Art Kompatibilität wird auch von der Kompatibilitätsdefinition von Economides (1989, S. 1165) nicht umfasst, da Kompatibilität dort nur als Eigenschaft von Produkten unterschiedlicher Hersteller beschrieben wird.

[156] In Anlehnung an Knorr (1993, S. 28).

[157] Farrell/Saloner (1986a, S. 1 ff.). Hess (1993, S. 18 f.) unterscheidet dabei lediglich zwischen den beiden Kategorien, die hier als Kommunikationskompatibilität und physische Kompatibilität bezeichnet werden.

[158] Vgl. auch Knorr (1993, S. 27), der sich an Farrell/Saloner (1986a, S. 1 ff.) anlehnt.

[159] Vgl. Pfeiffer (1989, S. 22), der diese Kompatibilitätsklasse als „Interface-Kompatibilität" bezeichnet

[160] Gabel (1993, S. 1) nutzt den Begriff der Ergänzungsprodukte in Anlehnung an eine Definition aus der Volkswirtschaft, indem er zwei sich ergänzenden Produkten die Eigenschaft zuschreibt, dass die Absatzsteigerung eines Produktes zur Absatzsteigerung eines ergänzenden Produktes führt. Hess (1993, S. 18 f.) spricht hier von Komplementärprodukten.

schiedliche Produkte in den Vordergrund. Diese Form der Kompatibilität entspricht demnach einer indirekten Kompatibilität von Produkten einer Art mit Produkten anderer Arten.[161] Weitere Beispiele für physische Kompatibilität sind unter anderem Produktgruppen wie Stecker und Steckdosen oder Muttern und Schraubengewinde.[162] Es ist also nicht zwingend die Fähigkeit der Zusammenwirkung von Produkten oder Systemen derselben Ebene zueinander entscheidend. Vielmehr kommt es bei dieser Art Kompatibilität darauf an, inwiefern Produkte einer Ebene dieselben Ergänzungsprodukte (einer anderen Ebene) nutzen können.

Kommunikationskompatibilität drückt hingegen die Fähigkeit von bestimmten Einheiten aus, untereinander kommunizieren[163] bzw. interagieren[164] zu können. In diesem Fall handelt es sich um eine direkte Kompatibilität zwischen artgleichen Produkten bzw. Systemen, die auf derselben Ebene miteinander kommunizieren bzw. interagieren können. Zum Beispiel muss jedes internetfähige Gerät die beiden Netzprotokolle TCP und IP unterstützen, um mit anderen Geräten über das Internet zu kommunizieren. Produkte bzw. Systeme derselben Nutzungsebene sind in diesem Fall Computer (Produkte) oder ganze Serverfarmen (Systeme), die gegenseitig Daten austauschen, also folglich miteinander kommunizieren.

Unter Compatibility by Convention fällt schließlich der Anwendungsbereich, dass „die Nutzen der Kompatibilität überwiegend extern sind"[165], wie dies beispielsweise bei Bankkartensystemen, Zeit oder Währungen der Fall ist.[166] Knorr interpretiert daraus, dass Farrell/Saloner auf die Bedeutung von Kompatibilität als öffentliches Gut anspielen.[167] Aus dieser Erkenntnis kann auch abgeleitet werden, dass Kompatibilität sowohl von privater als auch von öffentlichrechtlicher Seite aus koordiniert werden kann.

2.1.3.2.3   Kompatibilitätsgrade

Farell/Saloner betonen, dass viele kompatible Güter nicht eindeutig einer der drei vorgestellten Kompatibilitätsklassen zuzuordnen sind, sondern oftmals mehreren

---

[161] Das entspricht der in Abbildung 5 erläuterten Komplementärbeziehung.

[162] Gabel (1993, S. 1 f.).

[163] Vgl. auch Knorr (1993, S. 28), der sich an Farrell/Saloner (1986a, S. 1 ff.) anlehnt. Vgl. auch Pfeiffer (1989, S. 21), der Kommunikationskompatibilität als Peer-to-peer-Kompatibilität bezeichnet.

[164] Hess (1993, S. 19).

[165] Knorr (1993, S. 28) in Anlehnung an Farrell/Saloner (1986a, S. 2).

[166] Farrell/Saloner (1986a, S. 2).

[167] Knorr (1993, S. 28).

Klassen gleichzeitig zugeordnet werden können.[168] Beispielsweise ist bei einer Kreditkartenzahlung über ein Kreditkartenterminal mit diesem Kompatibilität sowohl im Sinne einer Kommunikationskompatibilität als auch auf physischer Ebene vorhanden, wobei gleichzeitig externer Nutzen gestiftet wird.[169]

Weiterhin wird in der Literatur angemerkt, dass innerhalb der vorgenannten Klassen unterschiedlich große Ausprägungen an Kompatibilität existieren können,[170] die im Folgenden als Kompatibilitäts-[171] oder Standardisierungsgrade bezeichnet werden.[172] Gabel spricht dabei von einem Zwiespalt zwischen einem hohen Kompatibilitätsgrad und dementsprechenden Anwendungsvorteilen für Verbraucher einerseits sowie der Hemmung der Innovationsfähigkeit der Hersteller aufgrund der gestalterischen Einschränkungen, welche ein hoher Kompatibilitätsgrad mit sich bringt, andererseits.[173]

2.1.3.3   Herstellung von Kompatibilität

Nachdem die unterschiedlichen Ausprägungen von Kompatibilität vorgestellt wurden, werden nun Wege der Herstellung von Kompatibilität untersucht. Dabei soll geklärt werden, inwiefern Kompatibilität sowohl ex ante als auch ex post erreicht werden kann.

2.1.3.3.1   Ex-ante-Herstellung von Kompatibilität

Bei Standardisierung handelt es sich um einen Prozess, durch den Kompatibilität erreicht werden kann.[174] Nach Pfeiffer muss Standardisierung zur Erreichung technischer Kompatibilität an Schnittstellen erfolgen (siehe auch Abbildung 7).[175] Die Standardisierung von Schnittstellen wird sogar als der wichtigste Weg zur Herstellung von Kompatibilität beschrieben.[176]

Pfeiffer definiert den Begriff einer Schnittstelle zunächst abstrakt: Nach seiner Definition stellt eine Schnittstelle „die Gesamtheit aller Festlegungen über die mechanischen Eigenschaften […], Signale […], Bedeutung der Signale […]

---

[168] Farrell/Saloner (1986a, S. 2). Vgl. auch Pfeiffer (1989, S. 22).

[169] Vgl. Knorr (1993, S. 28), der noch weitere zutreffende Beispiele nennt.

[170] Vgl. Farrell/Saloner (1986a, S. 2), Farrell/Saloner (1992, S. 32), Gabel (1993, S. 3).

[171] In Anlehnung an Pfeiffer (1989, S. 14).

[172] Pfeiffer (1989, S. 14 ff.) erklärt unterschiedliche Kompatibilitätsgrade anschaulich am Beispiel eines Computers mit dem Betriebssystem Microsoft DOS.

[173] Gabel (1993, S. 3). Vgl. auch Pfeiffer (1989, S. 12).

[174] Vgl. Katz/Shapiro (1985, S. 434), Farrell/Saloner (1986a, S. 3), Katz/Shapiro (1986a, S. 823), Farrell/Saloner (1992, S. 9), Economides/White (1994, S. 652), Beth (2005, S. 38). Vgl. auch Gabel (1993, S. 3 f.), der Standardisierung als eine „besondere Art, Produkte passend zu machen" bezeichnet.

[175] Pfeiffer (1989, S. 12).

[176] Borowicz/Scherm (2001, S. 393).

und Orte, an denen Schnittstellenleitungen mechanisch oder elektrisch unterbrochen werden, dar"[177]. Sowohl physische Kompatibilität als auch Kommunikationskompatibilität können also durch eine Vereinheitlichung der betreffenden Schnittstellen erreicht werden.[178] Während Kommunikationskompatibilität bei Produkten auf virtuellen Schnittstellen wie speziellen Kommunikationsprotokollen, Programmiersprachen oder Frequenzen beruht, sind die Schnittstellen zur Herstellung physischer Kompatibilität in einer solchen Weise physisch verkörpert, dass Produkte körperlich zur Zusammenwirkung befähigt werden. Borowicz/Scherm unterscheiden daher zwischen Hardware-, Software- und Benutzerschnittstellen.[179]

2.1.3.3.2 Ex-post-Herstellung von Kompatibilität

Anstatt Kompatibilität ex ante durch Standardisierung von Produktschnittstellen herzustellen, sehen Katz/Shapiro in der Entwicklung einer Adaptertechnologie[180] die einzige Möglichkeit, Kompatibilität zwischen Produkten ex post herzustellen.[181] Dabei würde der Adapter als Brückentechnologie zwischen zwei Produkten fungieren und so zwei an sich inkompatible Schnittstellen miteinander verbinden.[182] Während also Produkte mit standardisierten Schnittstellen bereits ex ante kompatibel sind, können Adapter Kompatibilität ex post herstellen[183] und bilden damit den Ersatz für eine kompatible Schnittstelle. Die Verwendung von Adaptertechnologien hat jedoch den Nachteil, dass sie gewöhnlich mit zusätzlichen Kosten einhergeht – nämlich jenen für die Entwicklung bzw. Beschaffung des Adapters.[184] Demnach widerspricht diese Variante zunächst der oben in Abschnitt 2.1.3.1 festgelegten Definition von Kompatibilität, die ein Entstehen zusätzlicher Kosten (für den Anwender) ausschließt. Außerdem wird angeführt, dass durch Adapter oft nicht dieselbe Qualität bzw. derselbe Grad an Kompatibilität erreicht werden kann, wie wenn Kompatibilität ex ante zwischen Produkten hergestellt würde.[185]

---

[177] Pfeiffer (1989, S. 12).

[178] Vgl. Borowicz/Scherm (2001, S. 393). Vgl. auch Hess (1993, S. 18), der in diesem Zusammenhang von der Abstimmung der Schnittstellen der betrachteten Produkte spricht.

[179] Borowicz/Scherm (2001, S. 393).

[180] Thum (1995, S. 30) spricht diesbezüglich auch von Konvertern.

[181] Katz/Shapiro (1985, S. 434) bzw. Katz/Shapiro (1994, S. 110). Vgl. auch Thum (1995, S. 30) oder Bester (2007, S. 183).

[182] Vgl. Thum (1995, S. 30) oder Gabel (1993, S. 8 f.). Beth (2005, S. 38) spricht in der Softwarebranche von „Brückenprogrammen" zur Überbrückung von Softwarestandards.

[183] Vgl. Farrell/Saloner (1992, S. 10 ff.).

[184] Vgl. Katz/Shapiro (1986b, S. 147), Katz/Shapiro (1994, S. 110), Thum (1995, S. 30), Pfeiffer (1989, S. 24).

[185] Vgl. Katz/Shapiro (1994, S. 110), Thum (1995, S. 30).

An dieser Stelle stellt sich die Frage, inwiefern zumindest Kommunikationskompatibilität auch ex post hergestellt werden kann, ohne dass zusätzliche Kosten für Hersteller oder Anwender entstehen. Gabel nennt zum Beispiel die Möglichkeit, standardübergreifende Produkte, d. h. Produkte, die mit mehreren Standards kompatibel sind, zu erzeugen.[186] So besteht bei softwarebasierten Systemen die Möglichkeit, Updates mit erweiterten Schnittstelleninformationen[187] zu implementieren, ohne dass diese für Anwender oder Hersteller mit nennenswerten Kosten verbunden wären. Auf diese Möglichkeit geht auch Thum – wenngleich unzureichend – ein, indem er bei der nachträglichen Herstellung von Kompatibilität bei Software oder Dateiformaten jeweils nur unvollständige Kompatibilität postuliert.[188] Farrell/Saloner schließen zumindest nicht aus, dass Kompatibilität zumindest bis zu einem gewissen Grad ex post hergestellt werden kann, ohne dass zusätzliche Kosten entstehen.[189]

Gabel zählt schließlich drei Möglichkeiten auf, wie sich zwei inkompatible Standards entwickeln können, ohne dass die Eigenschaften bzw. Schnittstellen der betroffenen Produkte verändert werden (siehe auch Abbildung 6):[190]

1) Standardisierung durch Wettbewerb:[191] Zwei inkompatible Netzwerke stehen miteinander im Wettbewerb, wobei sich letztendlich nur eines der beiden durchsetzt, das andere verdrängt und sich als Standard etabliert. Derartige Prozesse können auch als Diffusionsprozesse bezeichnet werden.[192]

2) Vereinbarung eines neutralen Standards: Zwei inkompatible Netzwerke werden durch ein neues Produkt bzw. System abgelöst, welches sodann von allen Nutzern der beiden ursprünglichen Produkte bzw. Systeme anstelle dieser genutzt wird und sich so zum Standard etabliert.

3) Kompatibilität durch Überbrückung: Zwei inkompatible Netzwerke werden mithilfe einer Adaptertechnologie miteinander verbunden, sodass Kompatibilität hergestellt wird.

---

[186] Gabel (1993, S. 5 f.).

[187] Denkbare Schnittstellen bei Software könnten bspw. Datenbanken sein, für die nachträglich eine Zugangsberechtigung gesetzt wird. Außerdem können mittels Softwareupdates neue Kommunikationsprotokolle implementiert werden, die bspw. die Kompatibilität zwischen Instant Messaging Software herstellen.

[188] Vgl. Thum (1995, S. 30 f.).

[189] Farrell/Saloner (1992, S. 32).

[190] Gabel (1993, S. 7 ff.).

[191] Dabei handelt es sich um einen Inter-Standard-Wettbewerb, siehe dazu auch Unterabschnitt 2.3.2.2.

[192] Vgl. Farrell et al. (1992, S. 29). Vgl. dazu auch Wendt et al. (2000, S. 425), die entsprechende Diffusionsprozesse von Standards in IuK-Märkten in einem Simulationsmodell untersuchen.

Zusammenfassend kann somit festgehalten werden, dass Kompatibilität zwischen zwei inkompatiblen Produkten bzw. Systemen nur dann unter gleichzeitigem Fortbestehen der beiden Produkte bzw. Systeme hergestellt werden kann, sofern ein Adapter verwendet wird (Kompatibilität durch Überbrückung). Die beiden anderen, von Gabel angeführten Fälle implizieren jeweils das Aufgeben mindestens eines der beiden ursprünglichen Produkte bzw. Systeme, sodass Katz/Shapiro schließlich recht behalten, wenn sie in der Entwicklung einer Adaptertechnologie die einzige Alternative zur Herstellung von Kompatibilität zwischen zwei bestehenden Produkten sehen.

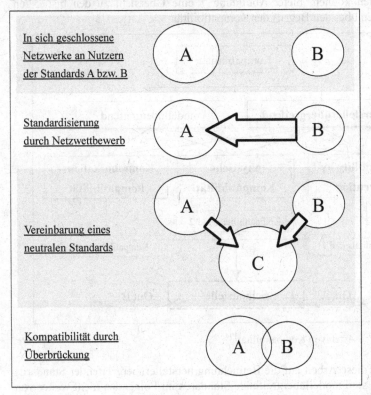

Abbildung 6:   Entwicklungsmöglichkeiten zweier inkompatibler Standards[193]

---

[193]   Quelle: Darstellung in Anlehnung an Gabel (1993, S. 7 ff.).

2.1.3.4   Ergebnis

Zusammenfassend kann Kompatibilität also anhand unterschiedlicher Kriterien unterschieden werden: Zunächst kann zwischen hersteller- und modellübergreifender Kompatibilität differenziert werden, was die Dimension und die Reichweite der Kompatibilität erkennen lässt. Innerhalb dieser beiden Kategorien kann sodann zwischen den Kompatibilitätsklassen unterschieden werden. Unter Berücksichtigung der Tatsache, dass Produkte gleichzeitig unterschiedlichen Kompatibilitätsklassen – mit jeweils unterschiedlichen Kompatibilitätsgraden – zugeordnet werden können, bietet Abbildung 7 eine Übersicht zu den bisherigen Erkenntnissen über den Begriff der Kompatibilität.

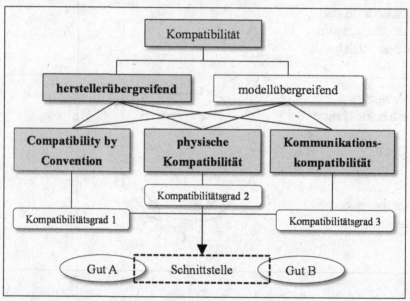

Abbildung 7:   Arten von Kompatibilität[194]

Da sich diese Arbeit auf die Betrachtung herstellerübergreifender Standards konzentriert, sind modellübergreifende Standards im Folgenden nicht weiter von Bedeutung.

Nach der Kompatibilitätsdefinition dieser Arbeit wird Kompatibilität gewöhnlich durch Standardisierung, d. h. durch eine Vereinheitlichung von Schnittstellen zwischen Produkten oder Systemen, ex ante hergestellt. Adaptertechnologien zur Ex-post-Herstellung von Kompatibilität werden nur unter der

---

[194] Quelle: Darstellung in Anlehnung an Pfeiffer (1989, S. 23).

Annahme betrachtet, dass die Verwendung eines Adapters ohne zusätzliche Kosten für den Anwender erfolgt und Produkte bzw. Systeme unter der Verwendung eines Adapters mit derselben Kompatibilitätsqualität zusammenwirken können, wie wenn Kompatibilität ex ante hergestellt worden wäre.

2.1.4   Zwischenfazit: Industriestandards im Fokus der Betrachtungen

Im vorliegenden Kapitel wurde der Begriff des Industriestandards definiert und es wurde eine inhaltliche Abgrenzung zur technischen Norm vorgenommen. Zwar handelt es sich sowohl beim Industriestandard als auch bei der Norm jeweils um technische Standards. Allerdings werden Industriestandards von privatwirtschaftlichen Unternehmen entwickelt und finanziert, sodass es sich dabei um unternehmerische Tätigkeiten mit Gewinnerzielungsabsicht handelt, während Normungsgremien exklusive Vorteile für einzelne an der Normung beteiligte Unternehmen ausschließen. Die später folgenden kartellrechtlichen Untersuchungen[195] beziehen sich dabei in erster Linie auf Industriestandards.

Sowohl Industriestandards als auch Schnittstellennormen zielen darauf ab, Kompatibilität herzustellen. Aus diesem Grund wurden unterschiedliche Ausprägungen der Kompatibilität vorgestellt und gezeigt, auf welchen Wegen Kompatibilität hergestellt werden kann.

2.2   Standardisierung und Wettbewerb

Unternehmen entscheiden sich gewöhnlich freiwillig dazu, Standardisierung von Produkten, Systemen oder Dienstleistungen durchzuführen.[196] Doch sind Anreize nötig, um Firmen zu Standardisierungsprozessen zu motivieren,[197] denn die Gestaltung kompatibler Produkte ist auch mit Kosten verbunden[198]. Freiwillige Standardisierungsprozesse sind für Firmen schließlich nur dann rentabel, wenn die Kosten der Standardisierungsarbeiten durch entsprechende Einnahmen (über-)kompensiert werden.[199] Einnahmen können dabei beispielsweise durch entsprechende Ausgleichszahlungen oder Lizenzgebühren erfolgen, die dem Anwender als Entgelt für die Inanspruchnahme der Vorteile durch Kompatibilität

---

[195] Siehe Teile 3 und 0.

[196] Vgl. Katz/Shapiro (1985, S. 425). Nach Farrell/Saloner (1985, S. 71) wird Standardisierung in den meisten Fällen freiwillig durch Unternehmen initiiert, ohne dass Standardisierung von staatlicher Seite aus gefordert wird. Ein populäres Beispiel staatlich initiierter Standardisierung ist die Initiative der EU zur Etablierung eines EU-weit einheitlichen Standards für Ladegeräte, siehe dazu Kommission (o. J. a, Internetquelle) sowie ausführlich zu diesem Thema Rabinowitz/Lee (2012, S. 1 ff.).

[197] Vgl. Katz/Shapiro (1985, S. 425).

[198] Vgl. Katz/Shapiro (1986b, S. 147).

[199] Vgl. Katz/Shapiro (1985, S. 434 f.).

berechnet werden.[200] Jedoch sind Produkte mit herstellerübergreifender Kompatibilität für Unternehmen nicht nur von Vorteil: Viele Firmen sehen von der Vereinheitlichung ihrer Produktschnittstellen ab, weil durch die Angleichung von Schnittstellen Markteintrittsbarrieren für Konkurrenten entfernt werden[201], infolgedessen die exklusive Bindung von Konsumenten an die eigenen Produkte nicht mehr aufrecht erhalten werden kann und ihnen dadurch Marktanteile an andere Unternehmen verloren gehen[202].

Aus Unternehmenssicht kommt dem Thema Standardisierung daher eine strategische Bedeutung zu.[203] Denn einerseits kann die Etablierung neuer Standards im Markt dem Unternehmen eine wettbewerbliche Vorrangstellung ermöglichen[204] oder gar neue Massenmärkte erschließen[205]. Andererseits ist die Einhaltung eines bestehenden Standards oft mehr als nur eine Chance: Denn in vielen Märkten ist ein Standard eine notwendige Bedingung, um diese überhaupt zu betreten[206], oder ein Unternehmen ist aufgrund eines äußerst wettbewerbsintensiven Marktes in der Situation, durch die frühe Etablierung der eigenen Produkte oder Dienstleistungen als Standard einen nachhaltigen Wettbewerbsvorteil zu erzielen[207]. Dabei erweist sich die Etablierung eines unilateralen Standards für ein einziges Unternehmen als umso schwieriger, je mehr Anbieter mit vergleichbarem Technologie- und Preisniveau auf den Markt drängen.[208]

Grund für die meist freiwillige Etablierung von Industriestandards durch ein oder mehrere Unternehmen ist das Verhalten von Nachfragern. Denn für Nachfrager erleichtert die Investition in einen etablierten Marktstandard maßgeblich

---

[200] Vgl. Katz/Shapiro (1985, S. 435).

[201] Vgl. z. B. Economides (1989, S. 1180).

[202] Vgl. Katz/Shapiro (1985, S. 434). Siehe Unterkapitel 2.2.3 für das hiermit in Verbindung stehende Phänomen des Lock-in-Effekts.

[203] Siehe dazu z. B. Grindley (1995, S. 20 ff.) bzw. Grindley (1990). Vgl. auch Borowicz/Scherm (2001, S. 395), Gabel (1993, S. 2), Hess (1993, S. 1). Strategievarianten der Standardisierung werden außerdem ausführlich in Kapitel 2.3 behandelt.

[204] Vgl. z. B. Grindley (1995, S. 20), Borowicz/Scherm (2001, S. 395).

[205] Vgl. Hartlieb et al. (2009, S. 2), Borowicz/Scherm (2001, S. 391).

[206] Borowicz/Scherm (2001, S. 394) sprechen in diesem Zusammenhang von einer "conditio sine qua non".

[207] Vgl. Katz/Shapiro (1986b, S. 148), Klemperer (1987c, S. 100), Arthur (1989, S. 126 f.), Katz/Shapiro (1994, S. 107), Hess (1993, S. 2), Grindley (1995, S. 9). Das Erreichen einer frühen Führung kann nach Meinung von Arthur (1989, S. 127) dabei von kleinen, eher unbedeutenden Ereignissen abhängen, die erst im späteren Verlauf der Produktentwicklung als bedeutsam erachtet werden. Klemperer (1987c, S. 100) stellt jedoch fest, dass es auch ein strategischer Vorteil sein kann, einen Markt in einer späteren Phase zu betreten und aus dieser Position heraus einen Marktführer anzugreifen. Bereits kleine Wettbewerbsvorteile können nach Grindley (1990, S. 76) in frühen Marktphasen darüber entscheiden, wie erfolgreich sich ein Standard längerfristig entwickelt.

[208] Vgl. Hess (1993, S. 2).

die Kaufentscheidung: Allgemein werden sich Konsumenten im Zweifel für ein Produkt entscheiden, welches sich bereits am Markt durchgesetzt hat, also den Standard für die jeweilige Produktkategorie bildet.[209] Das Kriterium der jetzigen und zukünftigen Verbreitung eines Produkts wiegt bei Kaufentscheidungen oft sogar schwerer als die technische Leistungsfähigkeit eines Produkts.[210] Insbesondere trifft dies in Märkten zu, in denen Kompatibilität eine für Konsumenten ausschlaggebende Produkteigenschaft ist.[211] In diesen sogenannten Netzeffektmärkten steigt die Wertschätzung eines Produkts seitens der Nutzer, wenn es zu Produkten anderer Nutzer kompatibel ist.[212]

2.2.1 Netzwerktheorie

Um das Wesen von Netzeffektmärkten zu verstehen, bedarf es zunächst der Erläuterung der Theorie der Netz(werk)effekte. Dazu soll in diesem Unterkapitel die Basis gelegt werden, indem der für Netzwerkeffekte essentielle Begriff eines Netzwerks erläutert und die inhaltliche Verbindung zur Standardisierung hergestellt wird.

2.2.1.1 Netzwerkbildung durch Standardisierung

Sind Produkte zueinander kompatibel, bilden diese bzw. deren Konsumenten[213] ein Netzwerk.[214] Dieses Netzwerk kann auch als installierte Basis[215] oder System[216] bezeichnet werden. Existieren also zwei Standardsysteme in einem Markt, deren Komponenten jeweils nur untereinander kompatibel sind, handelt es sich

---

[209] Vgl. Hess (1993, S. 2 f.).

[210] Vgl. Hess (1993, S. 1). Ausführlich zu diesem Effekt im Fall der QUERTY-Tastatur David (1985, S. 332 ff.).

[211] Chou/Shy (1990, S. 259, 270) stellten anhand eines Beispiels in der Computerindustrie fest, dass Konsumenten in erster Linie deshalb dazu tendieren, in einen Marktstandard eines Computers zu investieren, da Kompatibilität von Software oder Services für Computer eine wichtige Produkteigenschaft darstellen. In diesem Fall war also weniger entscheidend, dass viele Konsumenten dasselbe Produkt kaufen, sondern primär der große Umfang des Angebots an kompatiblem Zubehör bzw. Services.

[212] Farrell/Saloner (1985, S. 70 ff.), Katz/Shapiro (1985, S. 424 ff.), Pfeiffer (1989, S. 27). In einem ökonomischen Modell konnte Economides (1989, S. 1180 f.) ferner darlegen, dass Kompatibilität in einem Produktmarkt zu einem Anstieg der Preise und folglich der Unternehmensgewinne führt.

[213] Für Katz/Shapiro (1986b, S. 147) besteht dieses Netzwerk aus „physical capital", also den Produkten, sowie aus „human capital", also den Nutzern, welche die Produkte bedienen (können).

[214] Vgl. Katz/Shapiro (1985, S. 424), Farrell/Saloner (1986a, S. 6).

[215] Vgl. Katz/Shapiro (1986b, S. 147), Economides (1996, S. 694).

[216] Katz/Shapiro (1994, S. 93 ff.) sprechen von einem System, sobald zwei oder mehr Produkte aufgrund einer kompatiblen Schnittstelle zusammenarbeiten können.

um zwei separate Netzwerke. Repräsentiert ein Produkt einen Knoten in einem Netzwerk, so kann die Kompatibilität zwischen unterschiedlichen Produkten durch eine Verbindung der Knoten mit einem virtuellen Switch (S) dargestellt werden (siehe Abbildung 8a). Der Switch kann als standardisierte Schnittstelle der Produkte verstanden werden, durch welche die Produkte zur Kommunikation bzw. Interaktion befähigt werden. Durch die Verwendung der Produkte ist es Konsumenten letztendlich möglich, Nutzen aus dem Netzwerk zu generieren.

Economides/White unterscheiden dabei zwischen „one-way networks" (siehe Abbildung 8b) und „two-way networks" (siehe Abbildung 8a):[217] Unter two-way networks werden Netzwerke verstanden, in denen jedem Produkt ein Konsument zugeordnet werden kann. Über eine standardisierte Schnittstelle der Produkte kann eine Verbindung von jedem Knoten des Netzwerks zu einem anderen hergestellt werden. Dazu zählen nach Economides/White beispielsweise ein Telefon-, Bahnschienen- oder Straßennetz.[218] Zum Beispiel kann innerhalb eines Telefonnetzwerks eine Telefonverbindung von einem Telefon zu jedem anderen Telefon hergestellt werden. In vergleichbarer Weise trifft diese Art von Netzwerk auch auf andere Kommunikationstechnologien, wie beispielsweise Faxgeräte, E-Mails oder soziale Netzwerke wie Facebook zu. Zur weiteren Veranschaulichung soll die Betrachtung dieses Netzwerktyps im Folgenden auf Kommunikationstechnologien beschränkt werden, sodass der Begriff Kommunikationsnetzwerk synonym für two-way networks verwendet wird.[219]

Als Beispiele für one-way networks gelten Geldautomaten- oder Fernsehnetze.[220] Bei diesem Netzwerktyp kann nicht jedem Konsument ein Netzwerkknoten zugeordnet werden, denn es existieren unterschiedliche Typen von Knoten, was in Abbildung 8b durch weiße und schwarze Knoten gekennzeichnet ist. Hier ist die Kombination der Knotentypen entscheidend, da die Kombination gleichartiger Knoten ebenso wenig einen Sinn ergibt[221] wie die Nutzung eines einzelnen Knotens[222]. Beispielsweise können in einem Netzwerk Geldautomaten (schwarze Knoten) und Bankkarten diverser Banken (weiße Knoten) als unterschiedliche Knotentypen vorhanden sein, die jeweils nur durch die Kombination miteinander Sinn für den Anwender stiften.[223] Die Verbindung der beiden Switches S1 und S2 kann in diesem Fall als standardisierte Schnittstelle zweier Produktarten verstanden werden, die so zur Zusammenwirkung befähigt werden.

---

[217] Vgl. Economides/White (1994, S. 651 ff.) bzw. Economides (1996, S. 675 ff.).

[218] Economides/White (1994, S. 652) bzw. Economides (1996, S. 675).

[219] Vgl. Katz/Shapiro (1994, S. 94 ff.) und Gandal (2002, S. 80 ff.), die direkte Netzwerkeffekte ebenfalls anhand von Kommunikationsnetzwerken erläutern.

[220] Economides/White (1994, S. 653).

[221] Vgl. Economides/White (1994, S. 653 f.).

[222] Vgl. Katz/Shapiro (1994, S. 97 f.).

[223] Vgl. Economides (1996, S. 675 f.).

Da one-way networks auf dem Kompatibilitätsprinzip von Hardware und Software basieren, sprechen Katz/Shapiro allgemein von Hardware-Software-Systemen, sobald eine Art von Produkt mit einer anderen Art kombiniert werden muss, um sinnvoll nutzbar zu sein.[224] Tabelle 1 gibt einen Überblick über die von den Autoren genannten Beispiele. Im Folgenden werden one-way networks deshalb auch synonym als Hardware-Software-Netzwerke bezeichnet.

Tabelle 1: Hardware-Software-Systeme[225]

System	Hardware	Software
Kreditkartennetz	Kreditkarte	Akzeptierende Stellen/ Bankautomaten
Servicenetzwerk eines Autoherstellers	Auto	Servicewerkstätten/ spezialisierte Mechatroniker
Tastaturstandard	Tastatur	Erfahrung mit der Tastatur

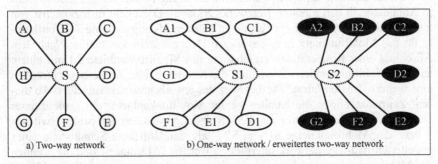

a) Two-way network   b) One-way network / erweitertes two-way network

Abbildung 8: Two-way network und one-way network[226]

Neben der oben beschriebenen Netzwerktheorie von Economides finden sich in der Literatur noch einige andere netzwerktheoretische Varianten, die ebenfalls zwischen zwei Netzwerktypen unterscheiden.[227] Zur folgenden Erläuterung von Netzwerkeffekten kann mit der Netzwerktheorie von Economides gearbeitet werden, da andere Theorien schließlich auf demselben Prinzip basie-

---

[224] Katz/Shapiro (1994, S. 94 ff.), Gandal (2002, S. 80 ff.).

[225] Quelle: In Anlehnung an Katz/Shapiro (1994, S. 98 f.).

[226] Quelle: Darstellung in Anlehnung an Economides/White (1994, S. 653) bzw. Economides (1996, S. 675 f.).

[227] Pohlmeier (2004, S. 37 ff.) geht in ihren Ausführungen detailliert auf drei unterschiedliche Netzwerktheorien ein.

ren:[228] Einerseits gibt es also Netzwerke, deren Elemente alle derselben Funktionsebene zugehörig sind und so miteinander kommunizieren können. Andererseits existieren Netzwerke, deren Elemente unterschiedlichen Funktionsebenen zugehörig sind und nur in bestimmter Kombination miteinander Nutzen stiften.

2.2.1.2   Standardisierung bestehender Netzwerke

Zwei zueinander inkompatible Netzwerke lassen sich verbinden, sobald Kompatibilität zwischen den zugrunde liegenden Produkten hergestellt wird.[229] Dementsprechend folgern Katz/Shapiro aus der Eigenschaft der Kompatibilität:

> „If two firms' systems are interlinked, or compatible, then the aggregate number of subscribers to the two systems constitutes the appropriate network."[230]

Durch standardisierte Schnittstellen von zwei gleichartigen Produkten wird also Kompatibilität zwischen den zugehörigen Netzwerken erreicht, sodass die Nutzer beider Produkte fortan ein gemeinsames Netzwerk bilden.[231]

Dieses Szenario lässt sich gut anhand einer alternativen Interpretation[232] des in Abbildung 8b dargestellten Netzwerks erklären. Dazu geht man zunächst von zwei Mobilfunknetzbetreibern aus, deren Kunden bislang nur eine Telefonflatrate für das Mobilfunknetz ihres jeweiligen Heimnetzanbieters hatten: Nach dem Abschluss einer Kooperationsvereinbarung des Mobilfunkanbieters 1 mit einem anderen Mobilfunkanbieter 2 erhalten die Kunden beider Anbieter nachträglich eine weitere Telefonflatrate für das Netz des jeweils anderen Anbieters. Ab diesem Zeitpunkt bilden die Kunden beider Mobilfunkanbieter ein gemeinsames Netzwerk.[233] In diesem Fall kann die Verbindung zwischen den beiden Switches – bzw. der Mobilfunknetze S1 und S2 – als standardisierte Schnittstelle eines erweiterten two-way network interpretiert werden.[234] Demnach sind die Kunden des Mobilfunkanbieters 1 bzw. 2 nach wie vor in der Lage, innerhalb des Mobilfunknetzes S1 bzw. S2 kostenlos zu telefonieren, können aber – aufgrund der

---

[228] Auch Pohlmeier (2004, S. 39 f.) stellt am Ende ihrer Untersuchungen von drei unterschiedlichen Netzwerktheorien fest, dass die Netzwerktheorie von Economides für die Untersuchung von Netzwerkeffekten geeignet ist und andere Theorien entweder auf analogen Annahmen basieren oder keinen zusätzlichen Erkenntnisgewinn liefern.

[229] Siehe dazu auch Abschnitt 2.1.3.3. So könnte Kompatibilität nachträglich durch die Entwicklung eines Adapters oder standardübergreifender Produkte hergestellt werden.

[230] Katz/Shapiro (1985, S. 424). Vgl. auch Katz/Shapiro (1994, S. 109).

[231] Vgl. auch Katz/Shapiro (1986b, S. 148).

[232] Vgl. Economides (1996, S. 675 f.).

[233] Unter der Annahme, dass alle Endgeräte der Kunden die Netze beider Anbieter unterstützen. Economides (1996, S. 676) spricht in diesem Zusammenhang auch von „long distance network externalities".

[234] Vgl. dazu Economides (1996, S. 675 f.), der das Beispiel von Orts- und Ferngesprächen anführt.

nun standardisierten Schnittstelle zwischen den Netzen – auch in das Netz des Anbieters 2 bzw. 1 kostenlos telefonieren.

An dieser Stelle soll keine Einschränkung dieses Aggregationseffekts auf Kommunikationsnetzwerke erfolgen. Prinzipiell soll auch die Möglichkeit der Standardisierung zweier Hardware-Software-Netzwerke nicht ausgeschlossen werden, sodass auch in einem solchen Fall zwei kleine Netzwerke zu einem großen Netzwerk aggregiert werden können.

2.2.2 Theorie der Netzwerkeffekte

Auf der eben erläuterten Netzwerktheorie basiert das von Katz/Shapiro beschriebene Konzept der Netzwerkexternalitäten.[235] Netzwerkexternalitäten werden dabei auch als Netzwerkeffekte[236] oder Netzeffekte[237] bezeichnet und stellen einen volkswirtschaftlichen Erklärungsansatz für die Herausbildung von Standards in einer Gesellschaft dar.[238]

2.2.2.1 Arten positiver Netzwerkeffekte

Von positiven Netzwerkeffekten spricht man, sobald der Nutzen eines Produkts für einen Konsumenten steigt, je mehr Konsumenten das Produkt verwenden.[239] Bei langfristigen Investitionsentscheidungen spielt für den Konsumenten neben der aktuell installierten Basis an Produkten auch die Wahrscheinlichkeit eine Rolle, wie hoch die Nachfrage nach einem Produkt voraussichtlich in Zukunft sein wird.[240]

Allgemein lassen sich zwei Arten positiver Netzwerkeffekte unterscheiden:[241]

1) Direkte Netzwerkeffekte: Mit zunehmender Größe der installierten Basis nimmt der Nutzen eines Produktes direkt zu.[242] Ein viel zitiertes Beispiel

---

[235] Katz/Shapiro (1985, S. 424) sprechen von "network externalities".

[236] So z. B. Katz/Shapiro (1994, S. 94).

[237] So z. B. Borowicz/Scherm (2001, S. 392).

[238] Vgl. Borowicz/Scherm (2001, S. 392).

[239] Siehe dazu in erster Linie Farrell/Saloner (1985) und Katz/Shapiro (1985). Auch so z. B. Farrell/Saloner (1986a, S. 6), Katz/Shapiro (1986b, S. 148) oder Hess (1993, S. 20). Negative Netzwerkeffekte werden in dieser Arbeit nicht betrachtet.

[240] Vgl. z. B. Katz/Shapiro (1986a, S. 824), Katz/Shapiro (1994, S. 96 f.), Pohlmeier (2004, S. 32).

[241] Vgl. Katz/Shapiro (1986b, S. 146), Economides (1996, S. 679). Katz/Shapiro (1985, S. 424) unterscheiden ursprünglich zwischen drei Arten an Netzwerkeffekten. Neben direkten Netzwerkeffekten wird konkret zwischen zwei Arten von indirekten Netzwerkeffekten unterschieden: Die einen, die mit zunehmender Nutzerzahl auf ein größeres Angebot an Produktzubehör abzielen, und die anderen, die mit zunehmender Nutzerzahl zu einem größeren Angebot an Service-Dienstleistungen führen.

sind Telekommunikationsmärkte:[243] Je mehr Konsumenten ein Faxgerät besitzen, desto größer ist der Nutzen eines Faxgerätes für den einzelnen Konsumenten.[244] Im Umkehrschluss ist ein Faxgerät dann für einen Konsumenten nutzlos, wenn keiner seiner Bekannten ein Faxgerät besitzt.[245] Dieser Netzwerkeffekt ist symptomatisch für Kommunikationsnetzwerke[246] und kann in analoger Form bei modernen Kommunikationsmedien wie E-Mail, Facebook oder WhatsApp beobachtet werden.

2) Indirekte Netzwerkeffekte: Mit zunehmender Größe der installierten Basis eines Produkts nimmt die Anzahl und Vielfalt an Komplementärprodukten zu bzw. es werden mehr und qualitativ hochwertigere produktbezogene Serviceleistungen angeboten.[247] In der Folge steigt indirekt auch der Nutzen des Produkts selbst, da der Funktionsumfang erweitert wird bzw. mehr Serviceangebote vorhanden sind.[248] Gewöhnlich führen indirekte Netzwerkeffekte deshalb dazu, dass jeweils das System bevorzugt wird, welches weiter verbreitet ist.[249] Im Fall von Betriebssystemen etwa steigt mit zunehmender Verbreitung die Anzahl verfügbarer Software und damit auch die Anzahl der Programmierer und Experten, die systembezogene Serviceleistungen anbieten können.[250] Von einem indirekten Effekt spricht man deshalb, weil Konsumenten nicht direkt zu den Netzwerkkomponenten zugeordnet werden, sondern nur indirekt durch die Verfügbarkeit weiterer komplementärer Zu-

---

[242] Arthur (1989, S. 116) stellt fest, dass Produkte mit zunehmender Nutzerzahl immer weiter verbessert werden, da immer mehr Erfahrung mit dem Produkt gewonnen wird.

[243] Vgl. z. B. Gandal (2002, S. 80), Wendt et al. (2000, S. 422), Katz/Shapiro (1994, S. 96).

[244] Vgl. Katz/Shapiro (1994, S. 96). Siehe auch Farrell et al. (1992, S. 65), die in den ersten zwei Jahrzehnten des Faxgeräts in den USA einen rapiden Anstieg der Nutzung von Faxgeräten feststellten, je größer die installierte Basis wurde.

[245] Katz/Shapiro (1994, S. 97).

[246] Vgl. Katz/Shapiro (1994, S. 95 f.), Gandal (2002, S. 80), Pfeiffer (1989, S. 22).

[247] Vgl. auch Katz/Shapiro (1994, S. 99). Nach Gabel (1993, S. 1) führt eine Absatzsteigerung eines Produkts zu einer Absatzsteigerung eines anderen Produkts, sofern sich die Produkte ergänzen.

[248] Vgl. auch Arthur (1989, S. 116), wonach die zunehmende Verbreitung eines Produkts zur ständigen Verbesserung der Technologie führt, die Erfahrung mit dem Produkt dadurch stetig steigt und das Produkt deshalb zukünftig noch stärker nachgefragt wird.

[249] Katz/Shapiro (1994, S. 99).

[250] So z. B. in der Kommissionsentscheidung vom 24.05.2004 „Microsoft" (ABl. 2007, L 32, S. 23, Rn. 17), wo derartige, indirekte Netzwerkeffekte bei Betriebssystemen von Arbeitsgruppenservern ermittelt wurden. Ähnlich im EuG-Urteil vom 17.09.2007 „Microsoft" (Slg. 2007, S. II-3601, Rn. 1061), wo dargestellt wurde, dass umso mehr Investitionen in Produkte mit Kompatibilität zu einer bestimmten Softwareplattformen fließen, je mehr Nutzer diese Plattform nutzen. Vgl. auch Pohlmeier (2004, S. 42).

behör- bzw. Serviceprodukte profitieren.[251] Dieser Effekt tritt typischerweise in Hardware-Software-Netzwerken auf.[252]

Dem durch Netzwerkeffekte generierten Netznutzen eines Produkts steht nach Borowicz/Scherm der originäre Produktnutzen eines einzelnen Produkts gegenüber, sodass sich der Gesamtnutzen eines Produkts aus der Addition dieser beiden Nutzenkategorien ergibt.[253] Bei Hardware-Software-Netzwerken ist der originäre Nutzen eines Produkts zusätzlich zum Netznutzen von Bedeutung, während in Kommunikationsnetzwerken dem Netznutzen natürlicherweise die größere Bedeutung zukommt.[254] In Märkten mit indirekten Netzwerkeffekten streben Unternehmen daher neben dem Erreichen großer Nutzerzahlen beispielsweise danach, das eigene System anhand der gezielten Auswahl und Gestaltung der Komplementärprodukte möglichst attraktiver zu gestalten als das der Konkurrenten.[255] So kann sich ein System mit einer kleineren installierten Basis gegenüber einem größeren System durch eine höhere Wertschätzung der originären Produkteigenschaften durch die Systemnutzer behaupten.[256]

Direkte und indirekte Netzwerkeffekte treten auch in Kombination miteinander auf, sie schließen sich daher nicht gegenseitig aus. Beispielsweise ist der zunächst rasante Auf- und Ausbau des Kommunikationsnetzwerks Facebook sowohl auf direkte als auch auf indirekte Netzwerkeffekte zurückzuführen: Während die für Kommunikationsnetzwerke typischen, direkten Netzwerkeffekte zunächst für das rasante Wachstum an Nutzerzahlen und die rapide Verdrängung anderer sozialer Netzwerke sorgten,[257] traten in späteren Phasen indirekte Netzwerkeffekte hinzu, da zu diesem Zeitpunkt zusätzliche Komplementärprodukte eingeführt wurden[258].

---

[251] Vgl. Economides/White (1994, S. 654), Thum (1995, S. 8).

[252] Vgl. Katz/Shapiro (1994, S. 95 f.), Economides/White (1994, S. 654) und Gandal (2002, S. 80 f.).

[253] Borowicz/Scherm (2001, S. 397 f.).

[254] Vgl. Borowicz/Scherm (2001, S. 397 f.), die bei einem Telefon als reinem Netzwerkeffektprodukt den Gesamtnutzen maßgeblich auf den Netznutzen zurückführen, während Produkte wie Automobile oder Videorecorder – klassische Hardware-Software-Kombinationen – zusätzlichen Nutzen durch die originären Produkteigenschaften stiften.

[255] Katz/Shapiro (1994, S. 105 ff.) nennen das Beispiel von Nintendo: Das Unternehmen ist Exklusivverträge mit Spieleentwicklern eingegangen, um für ihre Konsolen Spiele zur Verfügung zu haben, die auf anderen Konsolen nicht verfügbar sind.

[256] Vgl. Katz/Shapiro (1994, S. 106), Pohlmeier (2004, S. 63 f.). Dazu auch ausführlich Shankar/Bayus (2003, S. 375 ff.), die neben der Größe der installierten Basis auch die Stärke eines Netzwerks („network strength") als entscheidendes Erfolgskriterium ansehen.

[257] Vgl. Haucap/Heimeshoff (2013, S. 12 f.).

[258] So zum Beispiel die Musik-Streaming-Software Spotify, die in den ersten Monaten des Betriebs nur in Verbindung mit einem Facebook-Konto genutzt werden konnte, vgl. Engelien/Jöcker (2012, Internetquelle).

2.2.2.2   Auswirkungen von Netzwerkeffekten

In Abhängigkeit von diversen Faktoren[259] geht das Auftreten von Netzwerkeffekten oft mit einer Tendenz einher, dass sich nur eine Technologie als Standard
durchsetzt:[260]

„Where compatibility is an issue markets tend to converge on a single standard."[261]

Diese Tatsache ist der Natur der Netzwerkeffekte geschuldet: Wie oben festgestellt wurde,[262] gewinnen Produkte bzw. Systeme in Netzwerkmärkten für aktuelle und zukünftige Nachfrager mit der Anzahl ihrer Nutzer an Attraktivität und
Wert. Sobald sich eine solche Technologie hinsichtlich der Nutzerzahlen für
einen zukünftigen Konsumenten als führend darstellt, hat diese für ihn den größten Nutzen.[263] Eine frühe Führung bezüglich der Größe der installierten Basis
einer Technologie kann damit auf lange Sicht zu einem nur schwer aufholbaren
Wettbewerbsvorteil für das vermarktende Unternehmen führen.[264] Ursache für
diesen Wettbewerbsvorteil ist der sogenannte Lock-in-Effekt, der Konsumenten
an einem Wechsel zu einer anderen Technologie hindert.[265]

Unabhängig von der absoluten Größe einer installierten Basis kann die Er-
wartung der Konsumenten hinsichtlich des zukünftigen Erfolgs einer Technologie dazu führen, dass sich Konsumenten für diese Technologie entscheiden und
sich diese Technologie schließlich als Standard etabliert.[266] Falls ein Netzwerk
jedoch nicht wie erwartet wächst, hat dies fatale Folgen: Für Konsumenten stellt
die Investition in eine solche Technologie nachträglich eine Fehlinvestition dar,
da sie sodann an eine „verwaiste" Technologie gekettet sind.[267] In der Volkswirtschaftstheorie wird ein solcher Fall als „excess momentum" beschrieben.[268] Ver-
stärkt wird dieser Effekt dadurch, dass Zubehörlieferanten ein System ebenfalls

---

[259] Shankar/Bayus (2003, S. 375 ff.) nennen so z. B. die Stärke eines Netzwerks als entscheidende
Erfolgsdeterminante. Wendt et al. (2000, S. 425) führen noch einige andere Faktoren an, wovon
die Diffusion von Technologien in Nutzernetzwerken abhängt, so z. B. die Kosten einer Technologie, Funktionalität der Technologie ohne Netzwerk, der Einfluss von Kommunikationspart-
nern, personal network exposure, Intra-Gruppen-Druck zu Konformität, Meinungsführerschaft
und Intensität der Kommunikation.

[260] Vgl. z. B. Katz/Shapiro (1994, S. 105), Gandal (2002, S. 81), Shapiro/Varian (1999, S. 10).

[261] Grindley (1990, S. 82).

[262] Siehe Abschnitt 2.2.2.1.

[263] Gandal (2002, S. 81).

[264] Vgl. Klemperer (1987c, S. 100), Gandal (2002, S. 81).

[265] Vgl. Klemperer (1987c, S. 100). Eine detaillierte Beschreibung des Lock-in-Effekts findet sich
in Unterkapitel 2.2.3.

[266] Gandal (2002, S. 81). Vgl. auch Pohlmeier (2004, S. 64).

[267] Gandal (2002, S. 81). Vgl. auch Grindley (1995, S. 29).

[268] Shy (2001, S. 83), Farrell/Saloner (1986b, S. 940).

nicht mehr unterstützen, sobald ihre Erwartungen in Bezug auf das weitere Netzwerkwachstum sinken.[269]

2.2.3 Lock-in-Effekt

Wie bereits erörtert, tendieren Netzeffektmärkte aufgrund des Auftretens von Netzwerkeffekten zur Herausbildung eines einzigen Standardsystems oder nur weniger Standardsysteme, da der Nutzen eines Systems mit der Anzahl seiner Nutzer zunimmt.

Ein bedeutender, volkswirtschaftlicher Nachteil von Netzwerkeffekten liegt dabei in der Schwierigkeit, den Wechsel von einem bestehenden, aber technologisch unterlegenen Standard hin zu einem effizienteren Standard zu vollziehen: Denn mit dem dynamischen Aufbau einer installierten Basis eines Standards wird es umso schwieriger, den Prozess der Festlegung auf diesen Standard zu stoppen, obwohl dieser Standard im Vergleich zu anderen Technologien inzwischen vielleicht technologisch unterlegen ist.[270] Konsumenten sind so oftmals gewissermaßen an das System mit den größten Nutzerzahlen gebunden.

2.2.3.1 Lock-in-Effekt in Kommunikationsnetzwerken

Betrachtet man die in Abschnitt 2.2.1.1 vorgestellten Netzwerktypen, so ist der Nutzen eines Produkts in einem reinen Kommunikationsnetzwerk nahezu ausschließlich von der Anzahl der Nutzer abhängig. Der Wechsel eines Kommunikationsnetzwerkes macht also gewöhnlich nur dann für einen Nutzer Sinn, wenn das neue Kommunikationsnetzwerk von mindestens genauso vielen (ihm bekannten) Nutzern genutzt wird.[271]

Ein kompletter Umstieg von einem Faxgerät zu einer E-Mail-Adresse[272] macht also für den einzelnen Nutzer nur unter den Umständen Sinn, dass jeder Kontakt, mit dem vorher ausschließlich via Faxgerät kommuniziert wurde, auch über eine E-Mail-Adresse verfügt.

2.2.3.2 Lock-in-Effekt in Hardware-Software-Netzwerken

In Hardware-Software-Netzwerken kommt ein Lock-in-Effekt indirekt in Abhängigkeit von der Anzahl der Nutzer zustande. Primär sind die Nutzer eines Hardwaretyps an die Verwendung bestimmter Software- bzw. Zubehörtypen

---

[269] Gandal (2002, S. 81).

[270] Vgl. Arthur (1989, S. 117), Katz/Shapiro (1994, S. 106).

[271] Weiteren, individuellen Nutzendimensionen des individuellen Kommunikationsmediums soll an dieser Stelle keine Beachtung geschenkt werden.

[272] Unter Annahme eines deckungsgleichen Funktionsspektrums beider Technologien: Bspw. können Bilder, Zeitungsartikel oder handgeschriebene Seiten eingescannt und ebenfalls per E-Mail versendet werden.

gebunden, die mit diesem Hardwaretyp kompatibel sind.[273] Für Systemnutzer gibt es daher nur die Alternativen, weiterhin kompatible Software über den bisherigen Systemlieferanten zu beziehen oder das gesamte System zu wechseln.[274] Systemhersteller haben daher großes Interesse daran, Konsumenten durch den Verkauf günstiger Hardware möglichst frühzeitig an das eigene System zu binden, um sich ein Netzwerk aus Abnehmern für Software und/oder Zubehör aufzubauen.[275] In der ökonomischen Fachliteratur ist in diesem Zusammenhang auch von einem „monopolisierenden System-Effekt" die Rede.[276]

Ein typisches Beispiel für ein solches Systemgut stellen Spiegelreflexkameras dar: Die Investition in eine Spiegelreflexkamera eines Herstellers bindet den Konsumenten bei den weiteren Investitionsentscheidungen an kompatibles Zubehör: Entscheidende Schnittstellen einer Spiegelreflexkamera lassen nur die Verwendung des herstellereigenen bzw. des lizenzierten Zubehörs zu.[277] Mit der Investition in die Spiegelreflexkamera eines bestimmten Herstellers sind Konsumenten also hinsichtlich weiterer Investitionen an den einen Hersteller bzw. an von ihm lizenzierte Zubehörlieferanten gebunden. Die gesamte Anzahl an Nutzern von Spiegelreflexkameras eines Kamerasystems ist für den einzelnen Nutzer dann insofern von Bedeutung, als beispielsweise der Markt an (Gebraucht-) Zubehör entsprechend wächst und der einzelne Nutzer weitere Handlungsspielräume bei zukünftigen Investitionsentscheidungen erhält.

Wie David ausführlich dokumentiert, liegt ein Lock-in-Effekt derselben Art aber auch bei der QUERTY- bzw. QUERTZ-Tastatur vor:[278] Da sich dieser Tastaturtyp als erster De-facto-Standard seiner Art in weiten Regionen der Welt etabliert hatte, waren schon frühzeitig entsprechend viele Tastaturnutzer mit diesem Tastaturtyp vertraut.[279] Bei der Weiterentwicklung von Tastaturen (= Hardware) spielte somit die bisherige Erfahrung von Tastaturnutzern (= Software) eine größere Rolle als beispielsweise die gesteigerte Effizienz einer neuen

---

[273] Farrell/Shapiro (1988, S. 123), Katz/Shapiro (1994, S. 98). Vgl. auch EuG-Urteil vom 17.09.2007 „Microsoft" (Slg. 2007, S. II-3601, Rn. 650).

[274] Saloner (1990, S. 137).

[275] Vgl. z. B. Beggs/Klemperer (1992, S. 652). In der englischen Literatur ist von einem „aftermarket" die Rede, sofern Konsumenten durch den Kauf eines Primärprodukts hinsichtlich zukünftiger Käufe kompatiblen Zubehörs oder kompatibler Dienstleistungen an ein bestimmtes System gebunden sind, vgl. Shapiro/Teece (1994, S. 135 ff.). Vgl. auch Katz/Shapiro (1994, S. 99).

[276] Günter (1979, S. 235 ff.) betrachtet den monopolisierenden System-Effekt aus absatzstrategischer Perspektive. Körber (2004a, S. 572) führt diesen anschaulich am Beispiel des Betriebssystem Windows vor.

[277] Die beiden wichtigsten physischen Schnittstellen einer Spiegelreflexkamera beziehen sich auf das Anbringen von Objektiven (Bajonett) sowie den Anschluss für einen externen Blitz (Blitzschuh).

[278] Siehe dazu David (1985, S. 334 ff.).

[279] Vgl. David (1985, S. 333 f.).

Tastatur (= neue Hardware), da für einen neuen Tastaturtyp nicht genügend erfahrene Anwender (= Software für neue Hardware) vorhanden waren.[280]

2.2.3.3 Wechselkosten als Ursache des Lock-in-Effekts

Die Ursache für die Hemmnisse, die bei Konsumenten beim Wechsel von einer aktuell genutzten Technologie hin zu einer neuen, funktional identischen[281] bzw. fortschrittlicheren[282] Technologie auftreten, sind sogenannte Wechselkosten.[283] So können beispielsweise monetäre Kosten entstehen, wenn sich Konsumenten dazu entscheiden, ein Konto bei einer Bank zu schließen und bei einer anderen zu eröffnen,[284] oder es werden Gebühren verlangt, wenn beim Wechsel eines Mobilfunkbetreibers die Rufnummer vom alten zum neuen Anbieter transferiert werden soll[285]. Auch die Belohnung von Wiederholungskäufen, beispielsweise durch Rabatte, Coupons oder Bonusprogramme, kann zur Kategorie der Wechselkosten gezählt werden,[286] da diese Preisvorteile unternehmensgebunden sind.

Doch Wechselkosten müssen nicht notwendigerweise monetär quantifizierbar sein, sondern können auch immaterieller oder psychologischer Natur sein.[287] So können die erworbene Erfahrung im Umgang mit einem Produkt oder die Gewöhnung an ein bestimmtes Produkt insofern als Wechselkosten verstanden werden, als Konsumenten den Umgang mit einem neuen Produkt wieder neu

---

[280] Vgl. David (1985, S. 336).

[281] Vgl. Klemperer (1987a, S. 138), Klemperer (1987b, S. 375), Klemperer (1995, S. 515).

[282] Vgl. z. B. Arthur (1989, S. 126), David (1985, S. 332).

[283] Vgl. Klemperer (1987a, S. 138). In der englischsprachigen Fachliteratur ist von „switching costs" die Rede, vgl. Klemperer (1987a, S. 138 ff.), Klemperer (1987b, S. 375), Klemperer (1995, S. 515), Farrell/Shapiro (1988, S. 123 ff.). Pfeiffer (1989, S. 24) versteht unter switching costs Substitutionskosten und definiert diese als „Kosten, die anfallen, wenn zwei nicht-kompatible [...] Produkte [...] kompatibel angepasst werden", bspw. durch einen Adapter. Diese Definition trifft an dieser Stelle nicht zu, da nicht von der Herstellung von Kompatibilität, sondern dem Wechsel eines Herstellersystems ausgegangen wird.

[284] Klemperer (1987c, S. 99), Klemperer (1987b, S. 375), Beggs/Klemperer (1992, S. 651), Klemperer (1995, S. 517).

[285] Klemperer (1987a, S. 138) bzw. Klemperer (1987b, S. 375) nennt den Wechsel eines Telefonanbieters für Ferngespräche als Beispiel.

[286] Beggs/Klemperer (1992, S. 651), Klemperer (1995, S. 517 f.).

[287] Vgl. Klemperer (1987c, S. 99). Nach Klemperer (1987b, S. 375 f.) existieren mindestens drei unterschiedliche Arten von Wechselkosten: „transaction costs", „learning costs" und „artificial or contractual costs". Klemperer (1995, S. 517 f.) führt bereits vier Hauptkategorien an Wechselkosten an: physische, informelle, künstliche sowie psychologische Wechselkosten. Das EuG nennt Aufwände „wie Einarbeitung, Umstellung von Gewohnheiten, Installation, Software" als Beispiele für höhere Wechselkosten, vgl. EuG-Urteil vom 15.12.2010 „CEAHR" (WuW/E, 2011/2, S. 190 ff., Tz. 78).

erlernen bzw. sich an dieses wieder neu gewöhnen müssen.[288] Die Arbeitskräfte, die sich beispielsweise an die Nutzung einer QUERTY bzw. QUERTZ-Tastatur über Jahre hinweg gewöhnt und sich eine effektive Anschlagquote erarbeitet haben, müssten sich im Falle der Einführung eines neuen Tastaturtyps wieder neu an diesen anderen Tastaturtyp gewöhnen und dessen Nutzung neu erlernen.[289] Diese immateriellen Kosten sind zu Teilen auch monetär quantifizierbar, wenn beispielsweise Umschulungen bezahlt werden müssen oder Arbeitsvorgänge temporär weniger effizient durchgeführt werden. Alleine die Unsicherheit über die Funktionsweise und Qualität eines Konkurrenzprodukts kann so als Bindungsfaktor an ein altes Produkt verstanden werden.

Bei Systeminvestitionen sind Wechselkosten für Konsumenten von besonderer Bedeutung. Wie bereits erörtert,[290] muss bei Hardware-Software-Systemen neue Software und sonstiges Zubehör grundsätzlich passend zur Hardware gekauft werden.[291] Zusätzlich findet eine Gewöhnung des Systemnutzers an die Hardware statt.[292] Wechselt beispielsweise ein ambitionierter Hobbyfotograph den Hersteller seiner Spiegelreflexkamera, so müssen folglich alle Objektive und Blitze ebenfalls vom neuen Hersteller erworben werden. Weiterhin muss sich ein Kunde an das System des neuen Herstellers gewöhnen, sodass zusätzlich zu den ohnehin erhöhten monetären Kosten Wechselkosten in Form der Umgewöhnung entstehen.[293]

Auch die Einbußen hinsichtlich der Anzahl potenzieller Kommunikationspartner beim Wechsel eines Kommunikationsnetzwerks können als ein Kostenfaktor angesehen werden.[294] Wenn der Nutzen eines Kommunikationsnetzwerks für den einzelnen Nutzer von der Zahl der Mitglieder des Kommunikationsnetzwerks abhängt,[295] können die Wechselkosten eines Nutzers vereinfacht als die Reduktion des Nutzens durch den Wechsel eines Kommunikationsnetzwerks mit großer installierter Basis hin zu einem Kommunikationsnetzwerk mit kleinerer

---

[288] Vgl. Klemperer (1987a, S. 138), Klemperer (1987c, S. 99), Farrell/Shapiro (1988, S. 123), Klemperer (1995, S. 517).

[289] Vgl. David (1985, S. 336).

[290] Vgl. Abschnitt 2.2.1.1.

[291] Für Klemperer (1995, S. 517) werden durch dieses Kompatibilitätserfordernis bereits Wechselkosten begründet. Vgl. auch Körber (2004a, S. 572).

[292] Vgl. Klemperer (1987b, S. 375), Klemperer (1995, S. 517).

[293] Klemperer (1987b, S. 375) führt das Beispiel eines Computersystems an: Nutzer eines solchen Computersystems haben demnach einen großen Anreiz, aufgrund der Gewöhnung an das System auch in Zukunft weiterhin Computerhardware desselben Systems zu erwerben. Davon unabhängig muss die zur Hardware kompatible Software erworben werden. Vgl. dazu auch Klemperer (1995, S. 517).

[294] Doch findet sich diese Art Wechselkosten nicht in der ausführlichen Kategorisierung von Klemperer (1995, S. 517) wieder.

[295] Vgl. Abschnitt 2.2.1.1.

installierter Basis dargestellt werden.[296] Wechselt ein Konsument beispielsweise von einem Kommunikationsnetzwerk A mit der Mitgliederzahl X zu einem Kommunikationsnetzwerk B mit der Mitgliederzahl Y, so würde die Differenz der Mitgliederzahlen beider Netzwerke Y-X der Nutzenveränderung entsprechen.[297]

2.2.3.4 Folgen für den Wettbewerb

Die bisherigen Betrachtungen der Auswirkungen von Netzwerkeffekten konzentrierten sich auf die Perspektive der Konsumenten. Hier konnte festgestellt werden, dass Verbraucher durch einen von Wechselkosten verursachten Lock-in-Effekt umso mehr an ein Netzeffektgut gebunden werden, je mehr Nutzer dieses hat. Dieser Mechanismus hat Konsequenzen für den Wettbewerb zwischen Unternehmen auf Netzeffektmärkten, die nachfolgend in diesem Kapitel unter den Schlagworten der Monopolbildung und der Errichtung von Marktzutrittsbeschränkungen beschrieben werden.

2.2.3.4.1 Tendenz zur Monopolbildung

Netzeffektmärkte sind oftmals durch das Auftreten (zumindest temporärer) Monopole und dementsprechenden Monopolwettbewerb gekennzeichnet.[298] Denn Konsumenten werden in Netzeffektmärkten oftmals an das Produkt oder System des Unternehmens gebunden, welches die größten Nutzerzahlen hat. Diese Bindung hängt maßgeblich von den Kosten ab, die für den Konsumenten aus einem möglichen Wechsel entstehen.[299] Sind die Wechselkosten hoch genug, wird ein Nutzer sogar dauerhaft von demselben Unternehmen kaufen.[300] Die so erreichte Loyalität[301] gebundener Kunden verschafft anbietenden Unternehmen Monopolmacht.[302] Nach Klimisch/Lange kommt einem Standard somit die Eigenschaft

---

[296] Vgl. Pohlmeier (2004, S. 47 f. und insb. S. 63).

[297] Es werden zwei technologisch identische Kommunikationsnetzwerke angenommen, wobei eine positive Differenz einen Nutzengewinn und eine negative Differenz einen Nutzenverlust (d. h. Wechselkosten) repräsentiert.

[298] Vgl. Katz/Shapiro (1994, S. 112), welche speziell auf Systemgütermärkten das Auftreten von Oligopol- und Monopolwettbeweb sowie (zumindest temporären) Monopolen verzeichnen.

[299] Vgl. Beggs/Klemperer (1992, S. 651).

[300] Vgl. Klemperer (1987a, S. 139).

[301] Klemperer (1995, S. 537) verwendet den Begriff der Wechselkosten synonym zum Begriff der Markenloyalität.

[302] Vgl. Farrell/Shapiro (1988, S. 123), David/Greenstein (1990, S. 13). Klemperer (1987b, S. 391) zeigt, dass das Auftreten von Wechselkosten zu Monopolrenten führen kann. Vgl. dazu auch Klemperer (1995, S. 519).

eines natürlichen Monopols[303] zu, wenn er mit zunehmender Verbreitung immer nützlicher für die Anwender wird.[304] Bei Systemkäufen wird sich ein neuer Nutzer außerdem im Zweifel für das System mit den meisten Nutzern und demnach auch dem größten Angebot an Zubehör und Service entscheiden.[305] Ab dem Erreichen einer gewissen Größe einer installierten Basis kommt es also zu einer gewissermaßen selbstverstärkenden Wirkung der Marktmacht des Unternehmens (siehe Abbildung 9).[306]

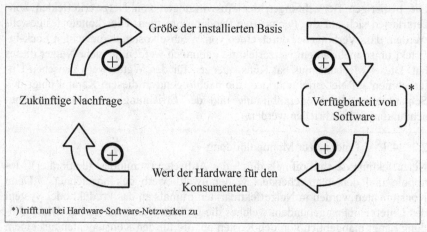

Abbildung 9:   Selbstverstärkende Wirkung von Kompatibilitätsstandards in Hardware-Software-Märkten[307]

Eine solche, durch Netzwerkeffekte bedingte Monopolstellung geht mit den für Monopole typischen Verhaltensweisen im Markt einher: Sobald ein Unternehmen eine hinreichend große Anzahl an Konsumenten an sich gebunden, d. h. eine entsprechend große installierte Basis geschaffen hat, ist es als standardsetzendes Unternehmen bestrebt, die Preise auf Monopolniveau anzuheben.[308] Solange die Preiserhöhung die potenziellen Wechselkosten eines Konsumenten

---

[303] Von einem natürlichen Monopol spricht man nach Knieps (2008, S. 23) allgemein dann, wenn „ein einziger Anbieter einen Markt kostengünstiger versorgen kann als mehrere Anbieter".

[304] Klimisch/Lange (1998, S. 18). Knieps (2008, S. 22) beschreibt, dass es in klassischen Netzmärkten wie Telekommunikations-, Elektrizitäts- oder Transportmärkten oftmals zu Bündelungsvorteilen kommt, die schließlich die Grundlage für ein natürliches Monopol bilden.

[305] Saloner (1990, S. 140).

[306] Vgl. Hill (1997, S. 9), Grindley (1995, S. 27, 39).

[307] Quelle: Darstellung in Anlehnung an Hill (1997, S. 9).

[308] Katz/Shapiro (1994, S. 99). Vgl. auch Saloner (1990, S. 138).

nicht übersteigt, wird dieser von einem Wechsel zu möglichen Konkurrenten, die neu in den Markt eintreten, absehen.[309]

Außerdem kommt es in Netzeffektmärkten regelmäßig zu dem, was in der volkswirtschaftlichen Fachliteratur als ruinöse Konkurrenz verstanden wird:[310] In frühen Perioden der Marktentwicklung[311] erfolgt ein aggressiver Preiskampf der konkurrierenden Unternehmen, da jedes Unternehmen den schnellen Aufbau einer möglichst großen installierten Basis bezweckt.[312] Um dieses Ziel konsequent zu verfolgen, kann es für Firmen sogar sinnvoll sein, Produkte unter den aktuellen Produktionskosten zu bepreisen.[313] Denn der aktuelle Marktanteil ist maßgeblich entscheidend für die Unternehmensgewinne in der Zukunft.[314] Je höher die Wechselkosten in den folgenden Marktentwicklungsperioden für Konsumenten gestaltet werden, desto weniger aggressiv werden die Preiskämpfe in diesen Perioden seitens des Monopolisten geführt.[315]

Ein durch Netzwerkeffekte bedingter Lock-in auf einen Technologiestandard kann weiterhin dazu führen, dass sich Technologien im Markt als Monopol etablieren und halten, die anderen verfügbaren Technologien von technischer oder gesellschaftlicher Perspektive her unterlegen sind.[316] Diese Situation wird in der Volkswirtschaftstheorie auch als „excess inertia" bezeichnet.[317]

2.2.3.4.2   Marktzutrittsbeschränkungen

In Netzeffektmärkten hat häufig derjenige einen Wettbewerbsvorteil, der einen Markt zuerst betritt:[318] Da es für Konsumenten noch keine Alternativen im Markt

---

[309] Vgl. Farrell/Shapiro (1988, S. 123), auch so Pohlmeier (2004, S. 63).

[310] Dazu auch Pohlmeier (2004, S. 72 ff.).

[311] Vgl. z. B. David/Greenstein (1990, S. 13 f.), die von einem „window of opportunity" sprechen: Dieses Fenster schließt sich den Autoren nach erst mit dem Erreichen einer kritischen Größe einer installierten Basis. Bis dahin steht zwei um die Monopolstellung in einem Markt konkurrierenden Marktteilnehmern die Möglichkeit offen, sich auf dem Markt als Monopolist zu platzieren und den Konkurrenten durch extreme Niedrigpreispolitik vom Markt zu verdrängen oder zumindest Einfluss auf den Standardisierungsprozess zu nehmen. Vgl. auch Grindley (1995, S. 28) und Bester (2007, S. 183).

[312] Vgl. David/Greenstein (1990, S. 13 f.), Klemperer (1987a, S. 139), Klemperer (1987b, S. 391), Katz/Shapiro (1994, S. 99).

[313] Vgl. Hill (1997, S. 16).

[314] Vgl. Klemperer (1987a, S. 139), Klemperer (1995, S. 515).

[315] Klemperer (1987c, S. 100).

[316] Vgl. Arthur (1989, S. 117, 128), David (1985, S. 332 ff.), Church/Gandal (1996, S. 334). Ähnlich auch Katz/Shapiro (1994, S. 112) oder Grindley (1995, S. 12). David/Greenstein (1990, S. 13) stellen dies auch bei Duopol-Märkten fest.

[317] Vgl. Shy (2001, S. 83), Farrell/Saloner (1985, S. 72), Farrell/Saloner (1986b, S. 954).

[318] Klemperer (1987c, S. 100) sieht allerdings in einem frühen Markteintritt im Sinne eines frühzeitigen Aufbaus einer installierten Basis nicht nur einen Vorteil: Er macht gleichzeitig darauf auf-

gibt, wird das Pionierunternehmen zunächst zum natürlichen Monopolisten.[319] Dieser zeitliche Vorteil ermöglicht dem Pionierunternehmen den frühzeitigen Aufbau einer installierten Basis, die sodann als mögliche Markteintrittsbarriere fungiert.[320] Sobald die installierte Basis dann eine gewisse Größe erreicht hat und so auch vermehrt Netzwerkeffekte zum Tragen kommen, wird es für Nachzügler im Markt umso schwieriger, dem bereits etablierten Monopolisten Konkurrenz zu machen.[321]

Nachahmer, die auf einen Markteintritt spekulieren, werden aufgrund der zum Aufbau einer konkurrenzfähigen, installierten Basis anfallenden Kosten abgeschreckt.[322] Beispielsweise führt eine hohe Anzahl an Nutzern in Hardware-Software-Märkten aufgrund indirekter Netzwerkeffekte, wie bereits dargestellt, zu einem breiten Angebot an Komplementärprodukten, was als Markteintritts-barriere auf potenzielle Konkurrenten wirken kann.[323] Ein Wettbewerber, der neu in den Markt eintritt, muss sich zunächst an diesem bestehenden Marktangebot orientieren und eine vergleichbare Auswahl an Komplementärprodukten für potenzielle Wechselkunden schaffen, um den aktuellen Marktführer erfolgreich in seiner marktbeherrschenden Stellung anzugreifen.[324]

Wechselkosten wirken außerdem als weitere Markteintrittsbarriere für neue Konkurrenten im Markt.[325] Will ein Nachahmer im neuen Markt Fuß fassen, so muss er durch die Gestaltung seines Produkts die Wechselkosten für Konsumen-

---

merksam, dass Pionierunternehmen in späteren Marktstadien beim Eintritt neuer Konkurrenten in den Markt auch in einer weniger vorteilhaften Situation sein können.

[319] Klemperer (1987c, S. 100).

[320] Vgl. Saloner (1990, S. 139 f.). Nach Klemperer (1987c, S. 100) sind besonders kleine, aber auch besonders große installierte Basen besonders effiziente Markteintrittshürden.

[321] Vgl. Bester (2007, S. 183). Vgl. auch Erläuterungen zu Art. 82 EGV (ABl. 2009, C 45, S. 7, Rn. 17).

[322] Katz/Shapiro (1994, S. 111).

[323] Vgl. Church/Gandal (1996, S. 331 ff.). Vgl. auch dazu Kommissionsentscheidung vom 24.05.2004 „Microsoft" (ABl. 2007, L 32, S. 23, Rn. 16).

[324] Thum (1995, S. 24).

[325] Vgl. Porter (1999, S. 41). Eine Markteintrittsbarriere besteht nach Farrell/Shapiro (1988, S. 134) lediglich in Bezug auf bereits gebundene Kunden: Das Vorliegen von Wechselkosten in einem Markt kann nach Aussage der Autoren vielmehr zum Markteintritt neuer Konkurrenten motivie-ren, um noch ungebundene Kunden zu versorgen. Vgl. auch dazu Klemperer (1987c, S. 100). Farrell/Shapiro (1988, S. 135) betonen weiterhin, dass das alleinige Vorliegen von Wechselkos-ten in einem Markt noch keine Markteintrittsbarriere darstellt, sondern diese erst durch zusätzli-ches Vorliegen von Skaleneffekten [z. B. in Form von Netzwerkeffekten] zustande kommt. Dies wird in vergleichbarer Weise auch von Blind (2004, S. 15) formuliert, der die Gefahr eines Lock-in-Effekts nur beim gleichzeitigen Vorliegen von Netzwerkeffekten und Wechselkosten sieht.

ten so gering wie möglich halten,[326] was wiederum mit entsprechendem Kostenaufwand verbunden sein kann.

2.2.3.5 Überwindung des Lock-in-Effekts

Sind die Wechselkosten eines Konsumenten hoch, so sieht Porter zwei Möglichkeiten, um diesen zu einem Wechsel des Produkts oder Systems zu bewegen:[327] Zunächst könnte ein Neuanbieter einen wesentlich niedrigeren Preis für ein alternatives Produkt oder System verlangen.[328] Open-Source-Software und offene Systeme in der IT-Branche basieren beispielsweise auf diesem Prinzip.[329] Alternativ müsste das Konkurrenzprodukt bessere Leistungen bieten als das etablierte Produkt.[330] Dabei scheint ein Wechsel für Konsumenten dann besonders aussichtsreich, wenn aufgrund der besseren Leistung des Konkurrenzprodukts erwartet werden kann, dass sich dieses Produkt dauerhaft als neuer Standard etabliert und damit keine nachhaltigen Nutzeneinbußen gefürchtet werden müssen.[331]

Weiterhin kann einem Nutzer durch die Herstellung von Kompatibilität zwischen einer neuen und einer alten Technologie[332] beim Wechsel seines Netzwerks die Angst genommen werden, dass er an Nutzen einbüßt, da die Anzahl der Nutzer des Netzwerks durch das neue Netzwerk lediglich erweitert wird.[333] Folglich werden die Wechselkosten des Nutzers reduziert und wird dadurch ein Wechsel vereinfacht.[334] Ist die neue Technologie zusätzlich technologisch überlegen, wird sie sich auf Dauer durchsetzen und die alte ablösen.[335] Allerdings erfährt die alte Technologie durch die Kompatibilität zur neuen Technologie ebenfalls eine Nutzensteigerung, sodass die Herstellung von Kompatibilität einer neuen Technologie zu einer alten nur in Frage kommt, wenn die installierte Basis der alten Technologie relativ hoch ist.[336]

Farrell/Shapiro nennen eine letzte Variante, wie der Lock-in-Effekt in Bezug auf eine Standardtechnologie langfristig durch den natürlichen Produkt-

---

[326] Vgl. Pohlmeier (2004, S. 64), welche die Höhe der Wechselkosten in Abhängigkeit von der „Art und Ausgestaltung des in Frage kommenden Konkurrenzproduktes" sieht.

[327] Porter (1999, S. 41).

[328] Vgl. auch Klemperer (1987c, S. 100).

[329] Vgl. Mustonen (2003, S. 99 ff.) zu Open-Source-Software und Saloner (1990, S. 143) für offene Systeme.

[330] Vgl. Shapiro/Teece (1994, S. 144), Pohlmeier (2004, S. 64).

[331] Vgl. Pohlmeier (2004, S. 64), ähnlich auch Saloner (1990, S. 140).

[332] Vgl. Abschnitt 2.2.1.2.

[333] Vgl. Pohlmeier (2004, S. 63 f.), Farrell/Saloner (1985, S. 71).

[334] Vgl. Hill (1997, S. 16).

[335] Bester (2007, S. 184).

[336] Bester (2007, S. 184 f.).

bzw. Firmenlebenszyklus an Wirkung verlieren kann:[337] Nach Ansicht dieser Autoren werden ungebundene Konsumenten in der ersten Phase eines Produktlebenszyklus auf das Produkt aufmerksam und schließlich an dieses gebunden. In der nächsten Phase des Produktlebenszyklus nehmen die Autoren an, dass zwar noch immer neue Nutzer geworben werden, sich das Unternehmen in seiner Absatzpolitik in Bezug auf dieses Produkt jedoch zunehmend auf bereits gebundene Kunden konzentriert. Für Neukunden wird das Produkt durch den neuen Fokus der Absatzpolitik oft zunehmend uninteressant, da für Markteinsteiger beispielsweise die Preise zu hoch sind oder die Qualität nicht mehr zeitgemäß ist. In der letzten Phase des Produktlebenszyklus wird das Produkt schließlich nur noch von den gebundenen Kunden genutzt, bis diese den Markt verlassen oder durch eine Neuinvestition vom Gebrauch des Produkts absehen, sodass das Produkt letztendlich aus dem Markt ausscheidet.

2.2.4   Zwischenfazit: Wettbewerbsvorteile durch Industriestandards

Netzwerkeffekte sind damit die ökonomische Basis für unternehmerische Entscheidungen hinsichtlich der Ausgestaltung der Kompatibilität zwischen Produkten[338] und damit ursächlich für die große Bedeutung von Standardisierung in vielen Branchen[339]. So werden drei Hauptvorteile genannt, die Industriestandards aufgrund der Wirkung von Netzwerkeffekten zugeschrieben werden können:[340]

1) Erleichterung von Kommunikation bzw. Konnektivität,

2) Ermöglichung von Interoperabilität[341] bzw. Austauschbarkeit von Komplementärprodukten sowie

3) Kosteneinsparungen aufgrund von Massenproduktion.

Innerhalb des Wettbewerbs kommt Industriestandards für Unternehmen größte Bedeutung zu. Sie stellen Kompatibilität zwischen Produkten oder Systemen her und bilden dadurch Nutzernetzwerke, in welchen das Auftreten von Netzwerkeffekten ermöglicht wird.[342] Standardsetzende Unternehmen können von der Durchsetzung eines Standards in einem Netzeffektmarkt auf zwei Stufen profitieren: Zunächst durch die von Netzwerkeffekten beförderte (temporäre) Vormachtstellung im Markt sowie ggf. zusätzliche Einnahmen durch die Vergabe

---

[337] Farrell/Shapiro (1988, S. 135).

[338] Vgl. Katz/Shapiro (1985, S. 434).

[339] Farrell/Saloner (1986b, S. 940). Vgl. auch Gabel (1993, S. 10 f.).

[340] Vgl. Farrell/Saloner (1986b, S. 940), Grindley (1990, S. 76), Grindley (1995, S. 25 f.).

[341] Interoperabilität kann dabei als eine Form von Kompatibilität verstanden werden, vgl. EuG-Urteil vom 17.09.2007 „Microsoft" (Slg. 2007, S. II-3601, Rn. 105).

[342] Vgl. z. B. van Wegberg (2004, S. 19).

von Lizenzen an Wettbewerber und Komplementärguthersteller. Danach sorgt der Lock-in der gewonnenen Nutzer dafür, dass sich der Wettbewerbsvorteil mit zunehmender Größe der installierten Basis der Standardtechnologie verfestigt. Konkurrenten, die zu einem späteren Zeitpunkt den Markt betreten, haben daher mit Marktzutrittsbeschränkungen zu kämpfen, deren Überwindung nur durch Berücksichtigung der Marktsituation bei der Gestaltung der Konkurrenzprodukte erreicht werden kann. Abbildung 10 fasst diesen Zusammenhang nochmals zusammen.

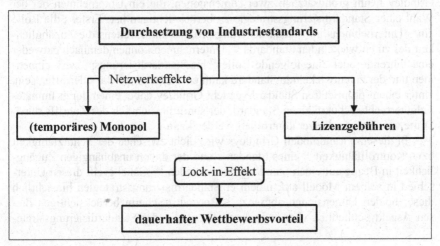

Abbildung 10:   Wettbewerbsvorteile durch Industriestandards[343]

2.3   Standardisierungsstrategien für Unternehmen

Nachdem die begrifflichen Grundlagen zu Standards und Standardisierungsprozessen gelegt und eine ökonomische Bewertung und Einordnung von Industriestandards durchgeführt wurden, sollen in diesem Kapitel unterschiedliche Ausprägungsformen von unternehmerischen Standardisierungsstrategien vorgestellt werden.

Wie bereits festgestellt wurde,[344] kommt Industriestandards in Netzeffektmärkten für den Erfolg eines Unternehmens erhebliche Bedeutung zu, weshalb

---

[343] Quelle: Darstellung in Anlehnung an Borowicz/Scherm (2001, S. 396).
[344] Siehe Abschnitt 2.2.3.4 und Unterkapitel 2.2.4.

es für Unternehmen essentiell ist, sich im Wettbewerb um die Durchsetzung von Standards mit gangbaren Strategien zu beschäftigen.[345]

Wie sich herausstellt, werden im Folgenden teils die gleichen Kriterien zur Kategorisierung für Standardisierungsstrategien verwendet, wie dies bereits im Rahmen der Systematisierung von Standards in Unterkapitel 2.1.1 erfolgt ist.

2.3.1 Typologie unternehmerischer Standardisierungsstrategien

Grindley nennt grundsätzlich zwei Dimensionen, die ein Unternehmen bei der Wahl einer Standardisierungsstrategie zu berücksichtigen hat: Erstens die Rolle eines Unternehmens im Standardisierungsprozess und zweitens die Zugänglichkeit des zu entwickelnden Standards.[346] Unternehmen können demnach entweder eine führende oder eine folgende Rolle[347] im Standardisierungsprozess einnehmen und der zu entwickelnde Standard kann entweder proprietär oder offen sein. Unter einem proprietären Standard versteht Grindley dabei einen durch Immaterialgüterrechte schutzfähigen Standard, der somit hinsichtlich des Zugriffs durch Dritte vom Standardsetzer kontrolliert werden kann.

In diesem Grundmodell Grindleys wird nicht zwischen der Schutzfähigkeit bzw. Kontrollfähigkeit[348] eines Standards und der davon unabhängigen Zugänglichkeit in Bezug auf einen Standard unterschieden.[349] Gabel greift diesen Unterschied in seinem Modell auf, indem er Standardisierungsstrategien hinsichtlich dieser beiden Dimensionen abgrenzt.[350] Borowicz/Scherm berücksichtigen diesen Aspekt schließlich ebenso in ihrer Typologie der Standardisierungsstrate-

---

[345] Franck/Jungwirth (1998, S. 497) stellen diesbezüglich nochmals heraus, dass es nur dann zu einem Standardwettbewerb kommt, wenn ein Produkt- oder Systemstandard in einem Markt gesetzt wird, in dem Netzwerkeffekte auftreten, d. h. nur „wenn ein Produkt ohne ein entsprechendes Substitut […] oder Komplement […] seine Funktion nicht erfüllen kann".

[346] Grindley (1995, S. 20, 29 f.). Vgl. auch Franck/Jungwirth (1998, S. 498) sowie Choung et al. (2011, S. 825).

[347] Borowicz/Scherm (2001, S. 401) sprechen von einer aktiven bzw. einer passiven Rolle im Standardisierungsprozess, während Grindley (1995, S. 30) ursprünglich von einer Führer- (Lead/Develop) bzw. Folgerposition (Follow/Adopt) im Standardisierungsprozess spricht.

[348] Neben der immaterialgüterrechtlichen Schutzfähigkeit werden von Grindley (1995, S. 37) auch andere Möglichkeiten in Betracht gezogen, einen Standard zu kontrollieren.

[349] Diese Unterscheidung wurde in Abschnitt 2.1.1.8 noch nicht durchgeführt, wobei bereits darauf hingewiesen wurde, dass ein eigentumsrechtlich geschützter Standard frei zugänglich gemacht werden kann und ein Standard erst dann offen ist, wenn keine Zugangskontrolle durch ein oder mehrere Unternehmen mehr erfolgt.

[350] Gabel (1993, S. 13) unterscheidet zwischen einem geschützten Standard mit beschränktem Zugang, einem geschützten Standard mit offenem Zugang sowie einem öffentlichen Standard mit offenem Zugang – ein öffentlicher Standard mit beschränktem Zugang wird als Widerspruch deklariert und daher in der Betrachtung ausgeschlossen. Ein öffentlicher Standard wird nach Gabel nicht von einer einzigen Firma kontrolliert und stellt einen Branchenstandard (das entspricht nach dem Verständnis dieser Arbeit einer Norm) dar.

gien, sodass nun zwischen einem proprietär-geschlossenen, einem proprietär-offenen und einem öffentlichen Standard unterschieden wird.[351]

Im Vergleich zu dem Modell Grindleys wird bei Borowicz/Scherm jedoch eine öffentliche Standardisierungsstrategie grundsätzlich mit der gremienbasierten Erarbeitung eines Standards gleichgesetzt.[352] Die Möglichkeit, dass ein offener Standard von einzelnen Unternehmen bzw. Unternehmenskooperationen erarbeitet wird,[353] ohne den Weg über ein offiziell anerkanntes Standardisierungsgremium zu gehen, wird in der Typologie von Borowicz/Scherm per se nicht in Betracht gezogen. Da sich diese Arbeit jedoch vornehmlich unternehmerischen Standardisierungsstrategien und deren kartellrechtlichen Bewertungen widmet, soll die in Tabelle 2 dargestellte Typologie als Kombination der Modelle von Grindley und Borowicz/Scherm zur Vorstellung der in dieser Arbeit zu behandelnden Basisstandardisierungsstrategien[354] verwendet werden, wobei die offene Standardisierungsstrategie zunächst ohne die Beteiligung einer Normungsorganisation betrachtet wird[355].

Tabelle 2: Typologie der Basisstandardisierungsstrategien[356]

		Zugang		
		proprietär-geschlossen	**proprietär-offen**	**offen**
Rolle	**aktiv (Führer)**	Monopolstrategie	Vergabestrategie	Sponsorstrategie
	passiv (Folger)	Umgehungs-strategie	Lizenznehmer-strategie	Trittbrettfahrer-strategie

Hill unterscheidet in seinem Beitrag über aktive Standardisierungsstrategien bereits zwischen der Schutzfähigkeit und Zugänglichkeit eines Standards, wobei

---

[351] Borowicz/Scherm (2001, S. 401).

[352] Vgl. Borowicz/Scherm (2001, S. 402, 404). Borowicz/Scherm (2001, S. 399) setzen ihren Fokus bei der Betrachtung offener Standardisierungsstrategien bewusst auf die Standardisierung in anerkannten Standardisierungsgremien, da sie an den Arbeiten von Gabel (1993) und Grindley (1995) bemängeln, dass diesen gremienbasierten Standardisierungsszenarien nur unzureichend Aufmerksamkeit geschenkt wurde.

[353] Wie z. B. frei zugängliche Open-Source-Software.

[354] Borowicz/Scherm (2001, S. 401) sprechen dabei von den Grundtypen an Standardisierungsstrategien.

[355] In Abschnitt 2.3.4.2 wird auf die Durchsetzung von Standards über anerkannte Normungsorganisationen eingegangen.

[356] Quelle: In Anlehnung an Grindley (1995, S. 30) sowie Borowicz/Scherm (2002, S. 401).

er die Möglichkeit der Entwicklung eines offenen Standards ausklammert.[357] Allerdings wird von Hill explizit eine Standardisierungsvariante berücksichtigt, die über die proprietär-offenen Strategietypen hinaus geht und anstatt der Vergabe bzw. dem Erwerb von Lizenzen eine tiefergehende, verbindlichere Kooperation mit einem oder mehreren Unternehmen impliziert, um gemeinschaftlich einen Standard zu erarbeiten und zu vermarkten.[358] Dieser zusätzlichen Strategievariante der Allianzbildung wird später separat Beachtung geschenkt,[359] jedoch ist diese in der Typologie in Tabelle 2 aus Übersichtsgründen nicht aufgeführt.

Die in Tabelle 2 dargestellten Basisstandardisierungsstrategien werden hier sowohl anhand der Rolle des Unternehmens beim Standardisierungsprozess als auch anhand der Zugänglichkeit des zu entwickelnden Standards auf ihre jeweiligen Spezifika hin untersucht. Die Standardisierungsstrategie der Allianzbildung sowie die Durchsetzung eines Standards in anerkannten Normungsgremien werden als Sonderfälle im Anschluss betrachtet.

2.3.2   Führer- versus Folgerstrategie

Für Grindley steht fest: Zuerst muss sich eine Firma darüber im Klaren werden, ob sie einen Standardisierungsprozess selbst anführen oder an einen bestehenden Standard anknüpfen möchte; erst im Anschluss daran machen Überlegungen der möglichen Ausgestaltung eines Standards hinsichtlich des Zugangs oder eines möglichen, eigentumsrechtlichen Schutzes Sinn.[360] In diesem Unterkapitel soll daher dargestellt werden, unter welchen Bedingungen ein Unternehmen eine aktive oder passive Rolle in einem Standardisierungsprozess einnimmt.

2.3.2.1   Führerstrategie

Nimmt ein Unternehmen eine aktive Rolle in einem Standardisierungsprozess ein, so wird es versuchen, einen Standard selbst zu entwickeln, diesen im Markt durchzusetzen und ihn gegen mögliche Wettbewerber zu verteidigen.[361] Nur in diesem Fall besteht überhaupt die Möglichkeit, über Zugänglichkeit, Art und

---

[357] Hill (1997, S. 24) unterscheidet konkret zwischen den Standardisierungsstrategien „Aggressive Sole Provider" (1), „Passive Multiple Licensing" (2), „Aggressive Multiple Licensing" (3) und „Selective Partnering" (4). Vergleicht man die Strategietypen Hills mit denen von Borowicz/Scherm (2001, S. 401), so entspricht Strategietyp 1 der Monopolstrategie, und die Strategietypen 2 und 3 sind als Varianten der Vergabestrategie zu verstehen. Strategietyp 4 berücksichtigt dabei die Möglichkeit, eine strategische Allianz mit Partnerunternehmen einzugehen, um gemeinschaftlich einen Standard zu erarbeiten und vermarkten.

[358] Hill (1997, S. 12 ff.) betont die grundsätzlichen Gemeinsamkeiten zwischen den lizenzgebundenen Standardisierungsstrategien und der Bildung einer strategischen Allianz.

[359] Siehe dazu Abschnitt 2.3.4.1.

[360] Grindley (1995, S. 36).

[361] Grindley (1995, S. 30).

Umfang eines eigentumsrechtlichen Schutzes des Standards sowie mögliche Lizenzgebühren zu bestimmen.[362]

2.3.2.1.1 Vorteile für einen Standardsetzer

Die Vorteile eines standardsetzenden Unternehmens liegen klar auf der Hand: Zunächst liegen intern sämtliche operative Entscheidungen bezüglich der technischen und finanziellen Ausgestaltung des potenziellen Standards auf Seiten des die Standardisierung anführenden Unternehmens. Weiterhin erwerben standardsetzende Unternehmen oftmals eine bessere Reputation und ernten dementsprechend auch die positiveren Kundenreaktionen als Unternehmen, die einem Standard folgen.[363]

Wird der Industriestandard eines Unternehmens von einer großen installierten Basis an Nutzern akzeptiert, bevor ein Wettbewerber mit einem konkurrierenden Standard den Markt betritt bzw. selbst eine konkurrenzfähige Basis aufbauen kann, so kann das standardsetzende Unternehmen vom First-Mover-Vorteil profitieren.[364] In Ermangelung der Alternativen bei einer innovativen Technologie sind Nachfrager sogar gezwungen, bei dem einen Unternehmen zu kaufen, welches die neuartige Technologie entwickelt hat.[365] Die ersten Nutzer können somit an den Standard gebunden werden, woraus sich das standardsetzende Unternehmen einen Wettbewerbsvorteil bis hin zu einem (temporären) Monopol erarbeiten kann.[366]

Die erfolgreiche Etablierung eines Industriestandards stellt letztendlich vor allem große Renditen für das standardsetzende Unternehmen in Aussicht,[367] die einerseits durch die bereits angesprochenen Einnahmen durch gebundene Konsumenten der Standardtechnologie erfolgen und andererseits durch Lizenzgebühren an Marktfolger bzw. Komplementärprodukthersteller erzielt werden können.[368]

2.3.2.1.2 Determinanten und Risiken eines Standardsetzers

Die Entscheidung, einen Standardisierungsprozess in Eigenregie anzuführen, hängt in erster Linie davon ab, ob ein Unternehmen in Bezug auf seine technischen und finanziellen Mittel in der Lage ist, ein vom Markt akzeptiertes Stan-

---

[362] Vgl. Franck/Jungwirth (1998, S. 498).

[363] Borowicz/Scherm (2001, S. 402).

[364] Farrell/Saloner (1985, S. 82), Grindley (1995, S. 32 f.).

[365] Klemperer (1987c, S. 100).

[366] Vgl. Klemperer (1987c, S. 100) und Abschnitt 2.2.3.4.

[367] Vgl. Grindley (1995, S. 33).

[368] Die genannten Vorteile ergeben sich in erster Linie aus der potenziellen Monopolstellung des Inhabers eines Industriestandards, siehe dazu z. B. Unterkapitel 2.2.3.

darddesign zu entwerfen und zu vermarkten.[369] Zum einen ist die Entwicklung eines eigenen Standards teuer und erfordert entsprechendes technisches Knowhow. Zum anderen ist es für das standardsetzende Unternehmen selbst ohne ernstzunehmende Wettbewerber mit großen Anstrengungen verbunden, einen Standard branchenweit am Markt durchzusetzen.[370] Denn die Einführung eines Industriestandards ist nicht mit der Anwendung klassischer Wettbewerbsstrategien zu bewältigen,[371] bei denen beispielsweise anfängliche Fehler im Produktdesign Schritt für Schritt in späteren Produktgenerationen ausgebessert werden können[372]. Vielmehr muss sich ein Unternehmen mit führender Rolle von Anfang an dem Standard verpflichten und bedeutende Investitionen tätigen, um schneller eine installierte Basis aufzubauen als mögliche Konkurrenten.[373] In Hardware-Software-Märkten muss neben dem Aufbau der installierten Basis der Hardware auch Sorge dafür getragen werden, dass eine adäquate Auswahl an Komplementärprodukten bereitgestellt wird.[374]

Die größte Herausforderung liegt darin, Nutzer von der neuen Technologie zu überzeugen und deren Erwartungen zu bestärken, dass sich diese Technologie als Standard durchsetzt.[375] Eine zusätzliche finanzielle Belastung stellt dabei die Tatsache dar, dass hohe Entwicklungskosten zunächst nicht durch entsprechend hohe Preise bei der Vermarktung des Standards amortisiert werden können, sondern vielmehr die konsequente Anwendung von Niedrigpreisstrategien die Voraussetzung für einen schnellen Aufbau einer installierten Basis darstellen kann.[376] Soll ein bereits bestehender Standard im Markt abgelöst werden, so bedarf es besonders aggressiver Positionierungsstrategien, um Überzeugungsarbeit bei Konsumenten zu leisten.[377]

---

[369] Vgl. Grindley (1995, S. 30, 36) und Hill (1997, S. 20).

[370] Grindley (1995, S. 12).

[371] Vgl. Grindley (1990, S. 72). Nach Borowicz/Scherm (2001, S. 396) können die klassischen Wettbewerbsstrategien nach Porter (1999, S. 70 ff.) – Kostenführerschaft, Differenzierung, Konzentration auf Marktnischen – erst wieder nach der Einigung auf einen Industriestandard, d. h. nach Abschluss des Inter-Standard-Wettbewerbs, Anwendung finden.

[372] Vgl. Grindley (1995, S. 12) bzw. Grindley (1990, S. 72).

[373] Vgl. Grindley (1995, S. 12, 39) bzw. Grindley (1990, S. 72, 77, 80).

[374] Vgl. Grindley (1995, S. 41) bzw. Grindley (1990, S. 72). Für den Standardsetzer stellt die Bereitstellung von Komplementärprodukten dann eine besondere (finanzielle) Herausforderung bzw. Belastung dar, wenn keine Lizenznehmer oder Kooperationspartner akquiriert werden können und damit die Herstellung der Komplementärprodukte ebenfalls alleine vom Standardsetzer abhängt, vgl. Hill (1997, S. 21).

[375] Vgl. Grindley (1990, S. 79).

[376] Grindley (1990, S. 77).

[377] Neben einer Preispenetrationsstrategie sollten nach Hill (1997, S. 16) die besonderen Eigenschaften und Vorteile einer neuen Technologie betont werden, um Nutzer zum Wechsel zu der

Trotz oder vielmehr wegen der großen finanziellen Risiken, die mit einer Standardentwicklung verbunden sind, muss sich ein Unternehmen bis zu dem Punkt mit voller Kraft zu dem Standard bekennen und diesen unterstützen, bis klar sein sollte, dass eine mögliche Standardsetzung scheitern wird.[378] Dieses bedingungslose Bekenntnis zum eigenen Standard muss vor allem bei der Entwicklung eines proprietären Standards gegeben sein, ist jedoch ebenso bei der führenden Entwicklung eines offenen Standards von Nöten, da auch dieser (weiter)entwickelt und beworben werden muss.[379] Die mit einer Standardsetzung verbundenen Risiken können zwar reduziert werden, indem man mögliche Anzeichen des Marktes berücksichtigt, die auf ein Scheitern der Standardsetzung hindeuten, jedoch können Risiken nicht gänzlich ausgeschlossen werden.[380]

2.3.2.2 Formen des Inter-Standard-Wettbewerbs

Die Durchsetzung eines Standards wird für ein Unternehmen dann zusätzlich erschwert, wenn es mit anderen Unternehmen im Wettbewerb steht, die ebenfalls eine führende Rolle in der Entwicklung eines konkurrierenden Standards innehaben.[381] Besen/Farrell unterscheiden insgesamt drei Szenarios, in denen zwei Unternehmen bei der Etablierung eines neuen Standards im Markt beteiligt sind.[382] Zwei dieser Szenarios stellen eine Konfliktsituation zweier Unternehmen dar, die beide an einer führenden Rolle im Standardisierungsprozess interessiert sind:[383] Das erste Szenario, „Tweedledum and Tweedledee" genannt, sieht einen Kampf zwischen zwei Unternehmen um einen Technologiestandard vor, der letztendlich den Markt dominieren soll. Es handelt sich also um einen bewusst geführten Inter-Standard-Wettbewerb zweier Unternehmen,[384] die hinsichtlich

---

neuen Technologie zu bewegen. Dazu gehört bspw. auch die Betonung möglicher Kompatibilität zu älteren Standardtechnologien.

[378] Vgl. Grindley (1995, S. 36).

[379] Vgl. Grindley (1995, S. 37).

[380] Grindley (1995, S. 12).

[381] Vgl. Katz/Shapiro (1986b, S. 164), wonach ein harter Wettbewerb in frühen Phasen der Standardsetzung zu erwarten ist, wenn mehrere Unternehmen konkurrierende Standards durchsetzen wollen und daher intensiv um den schnellen Aufbau einer installierten Basis wetteifern.

[382] Besen/Farrell (1994, S. 121 ff.). Dieses Modell ist in Abwandlung auch auf Szenarien mit mehr als zwei Unternehmen anwendbar, vgl. Besen/Farrell (1994, S. 122).

[383] Im dritten Szenario – Besen/Farrell (1994, S. 126 ff.) sprechen hier vom „Pesky Little Brother" – nimmt ein Unternehmen eine aktive und das andere Unternehmen eine passive Rolle ein. Diese Situation ist zwar ebenfalls von einem Wettbewerbskonflikt geprägt, da das aktive Unternehmen ggf. nicht mit der Übernahme des Standards durch das passive Unternehmen einverstanden ist, jedoch findet hier kein Wettbewerb zwischen zwei konkurrierenden Standards statt.

[384] Besen/Farrell (1994, S. 120), sprechen diesbezüglich von „inter-technology competition". Borowicz/Scherm (2001, S. 396) bezeichnen diese Situation schließlich als „Inter-Standard-Wettbewerb". Kleinaltenkamp (1993, S. 80) bezeichnet die Phase, in der dieser Wettbewerb ge-

ihrer Marktposition und der technologischen Entwicklung vergleichbar sind und an dessen Ende bevorzugterweise nur der Standard des eigenen Unternehmens steht[385] oder die beiden Standards parallel existieren. Im zweiten Szenario, dem sogenannten „Battle of the sexes"[386], wird zwar eigentlich Kompatibilität zwischen den Standards zwischen zwei Unternehmen präferiert, jedoch ist man sich hinsichtlich der konkreten Ausgestaltung des Standards (noch) nicht einig,[387] sodass eine Einigung mittels Verhandlungen, der Bildung von Allianzen oder durch den Wettbewerb im Markt erzielt werden muss[388]. Während sich ein nachhaltiger Inter-Standard-Wettbewerb im erstgenannten Szenario nicht vermeiden lässt, ist im letztgenannten Szenario eine Kompromisslösung bzw. Einigung zwischen den beiden um die Standardsetzung konkurrierenden Unternehmen wahrscheinlich, da Kompatibilität in diesem Fall von größerer Bedeutung ist.[389] In Abbildung 11 wird diese Variante des Inter-Standard-Wettbewerbs als „synchroner Wettbewerb" bezeichnet, wobei zweierlei Standards gleichzeitig in Periode p_2 um eine dominante Marktstellung konkurrieren.

Sofern bereits ein Industriestandard im Markt implementiert ist, kommt es zu einem Wettbewerb um die Ablösung des bestehenden Standards, was insofern für das Unternehmen eine besondere Herausforderung darstellt, als dass die Nutzer des alten Standards von der Nutzung eines neuen Standards überzeugt werden müssen.[390] Dabei unterscheiden die Autoren Shapiro/Varian Inter-Standard-Wettbewerbe danach, ob ein neu eingeführter Standard kompatibel[391] oder inkompatibel zu einem bisher bestehenden Standard ist:[392] Bei Kompatibilität sprechend die Autoren von einer „Evolutionsstrategie", bei Inkompatibilität von einer „Revolutionsstrategie". Unter der Annahme, dass zwei Unternehmen um die Ablösung eines bestehenden Technologiestandards wetteifern und der neue Standard dazu entweder kompatibel oder inkompatibel ist, lassen sich vier Szenarien ableiten, wobei jeweils impliziert wird, dass die beiden neu eingeführten

---

führt wird, als Prä-Standardphase, die schließlich mit der Herausbildung eines Standards als beendet angesehen wird.

[385] Vgl. Besen/Farrell (1994, S. 122).

[386] Borowicz/Scherm (2001, S. 400) übersetzen dieses Szenario als „Kampf der Geschlechter" und ziehen daraus Parallelen zu koordinierten Standardisierungsprozessen in Normungsgremien, in denen eine ähnliche Situation hinsichtlich des Wunsches nach einem Standard vorherrscht, die interessierten Kreise jedoch hinsichtlich der Ausgestaltung des Standards uneinig sind.

[387] Besen/Farrell (1994, S. 124 ff.).

[388] Grindley (1995, S. 33).

[389] Vgl. Besen/Farrell (1994, S. 124 f.).

[390] Hier werden Wechselkosten relevant, siehe dazu Abschnitt 2.2.3.3.

[391] In diesem Fall spricht man von Abwärtskompatibilität.

[392] Vgl. Shapiro/Varian (1999, S. 15 f.).

Standards zueinander inkompatibel sind.[393] Im Fall der Rivalität zweier neuer Industriestandards, von denen einer kompatibel und der andere inkompatibel zum bestehenden Standard ist, handelt es sich um den interessanten Fall des Wettbewerbs zwischen Abwärtskompatibilität – bei der Evolutionsstrategie – und überlegener technischer Performance – bei der Revolutionsstrategie.[394] Da eine Evolutionsstrategie an einen bestehenden Standard anknüpft, entspricht dieses Szenario letztendlich dem eines Standardfolgers, der mittels technologischer Differenzierung die Ablösung eines bestehenden Standards in einem Intra-Standard-Wettbewerb erwirken möchte.[395] In Abbildung 11 wird der Wettbewerb neuer Standards mit einem bestehenden Standard als „versetzter Wettbewerb" bezeichnet, wobei der bereits implementierte Standard in Periode p_1 gesetzt wurde und in Periode p_2 neue Standards um die Ablösung kämpfen.

2.3.2.3 Folgerstrategie

Nachdem ein Industriestandard erfolgreich durch einen aktiven Standardsetzer im Markt implementiert wurde, kommt es oftmals dazu, dass dieser Standard von Unternehmen übernommen wird, die den Markt zu einer späteren Zeit betreten.[396] Denn ist ein Standard erst im Markt etabliert, ist es für Konkurrenten, die den Markt zu einem späteren Zeitpunkt betreten, umso schwerer, den Vorsprung des First Mover hinsichtlich der bereits installierten Basis oder der zwischenzeitlich erworbenen Reputation[397] einzuholen.[398]

Die Übernahme eines Standards kann dabei entweder durch die Einholung einer Lizenz für einen proprietär-offenen Standard (Lizenznehmerstrategie) oder durch komplette Nachahmung eines offenen Standards (Trittbrettfahrerstrategie) geschehen.[399] Dabei wird gewöhnlich die Übernahme eines offenen Standards

---

[393] Shapiro/Varian (1999, S. 16) sprechen von „Rival Evolutions", sofern zwei neue Standards kompatibel zu einem bestehenden Industriestandard sind, von „Rival Revolutions", sofern zwei neue Standards inkompatibel zu einem bestehenden Industriestandard sind und von „Revolution versus Evolution" bzw. „Evolution versus Revolution", wenn ein neuer Standard kompatibel und ein anderer inkompatibel zu einem bestehenden Industriestandard ist. Die Rivalität der beiden neuen Standards zueinander entspricht einem zusätzlich zum versetzten Inter-Standard-Wettbewerb geführten synchronen Inter-Standard-Wettbewerb nach Abbildung 11.

[394] Shapiro/Varian (1999, S. 15).

[395] Borowicz/Scherm (2001, S. 402) sehen bspw. die Möglichkeit für Standardfolger, die eine Nutzungslizenz für einen Standard erworben haben, diesen schließlich selbst weiterzuentwickeln und selbst eigentumsrechtlich zu schützen.

[396] Vgl. Farrell/Saloner (1986a, S. 4), die dieses Standardisierungsszenario als „follow-the-leader" bezeichnen. Besen/Farrell (1994, S. 126 ff.) bezeichnen dasselbe Szenario als „Pesky Little Brother".

[397] Vgl. auch Borowicz/Scherm (2001, S. 402).

[398] Katz/Shapiro (1994, S. 111). Vgl. auch Besen/Farrell (1994, S. 126 f.).

[399] Grindley (1995, S. 30).

bevorzugt, da hier keine Lizenzgebühren anfallen und der Standardfolger weniger abhängig vom Standardsetzer ist.[400] Die Adaption von Standards, die einen stark monopolisierenden Charakter des Standardsetzers implizieren, wird sowohl von Wettbewerbern als auch von Nutzern gewöhnlich vermieden.[401] Einen Sonderfall der Folgerstrategie stellt die Nachahmung eines proprietär-geschlossenen Standards dar (Umgehungsstrategie): So können mit Methoden des „Engineering Around"[402] sogar eigentumsrechtlich geschützte Technologien ohne Zustimmung des Standardsetzers durch alternative Konstruktions- oder Fertigungsweisen imitiert werden. Durch „Reverse Engineering" kann hingegen geheimes Knowhow nutzbar gemacht werden, welches keinem immaterialgüterrechtlichen Schutz unterliegt.[403]

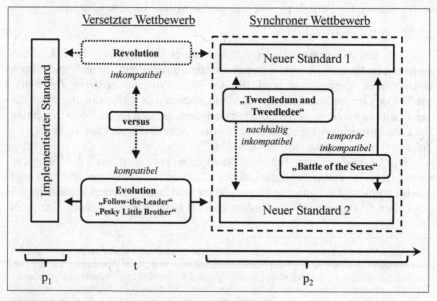

Abbildung 11:   Formen von Standard-Wettbewerben[404]

---

[400]   Grindley (1995, S. 38).

[401]   Grindley (1995, S. 32).

[402]   Vgl. Borowicz/Scherm (2001, S. 401).

[403]   Vgl. Borowicz/Scherm (2001, S. 401) und Kochmann (2009, S. 48 ff.). Hill (1997, S. 19) nimmt diese Unterscheidung nicht vor, indem er Reverse-Engineering-Methoden als geeignet zur Umgehung von Patenten beschreibt.

[404]   Quelle: Eigene Darstellung.

Sobald derartige Adaptionsprozesse in Netzeffektmärkten einsetzen, gehen Farrell/Saloner davon aus, dass es eher zu einer Art Schneeballeffekt kommt, als dass es sich dabei um einen selbstbegrenzenden Effekt handeln würde.[405] Dementsprechend verstärken zunehmende Übernahmen eines Standards durch Wettbewerber die Wirkung von Netzwerkeffekten und sorgen damit für eine weitere Verbreitung des Standards.

2.3.2.3.1 Motivation für den Standardfolger

Zwei große Vorteile für Unternehmen, die einen bestehenden Standard adaptieren, anstatt diesen selbst zu entwickeln, bestehen in der Kostenersparnis und einem Zeitgewinn.[406] Ein Standardfolger entgeht gleichzeitig dem Risiko, den Markt mit zusätzlichen, inkompatiblen Technologien zu fragmentieren,[407] und erhöht damit gleichzeitig die Erfolgschancen für den Gemeinschaftsstandard[408]. Sofern ein Unternehmen also erst gar nicht über die notwendigen technischen oder finanziellen Mittel verfügt, die zur Entwicklung und Durchsetzung eines eignen Standards notwendig sind, stellt die Übernahme eines bestehenden Standards die einzige Möglichkeit dar, einen Markt zu betreten.[409]

Und selbst wenn ein Unternehmen die Ressourcen für die Entwicklung eines Standards bereitstellen kann, ist die Übernahme eines bestehenden Standards insofern eine attraktive Option, als dass der hart geführte, vorgelagerte Inter-Standard-Wettbewerb vermieden und anstelle dessen ein Intra-Standard-Wettbewerb auf Basis klassischer Wettbewerbsstrategien geführt werden kann:[410] Obschon ein Abhängigkeitsverhältnis zum Standardsetzer besteht, kann ein Standardfolger beispielsweise einen Nischenmarkt innerhalb des Standardmarkts besetzen,[411] eine Kostenführerschaftsstrategie verfolgen[412] oder gar versuchen, den Standard des Standardsetzers durch technische Modifikation fortzuentwickeln und sich als Differenzierer zu positionieren[413].

---

[405] Farrell/Saloner (1986a, S. 4) sowie Unterkapitel 2.2.2.

[406] Grindley (1995, S. 38).

[407] Grindley (1995, S. 32).

[408] Grindley (1995, S. 31).

[409] Grindley (1995, S. 38). Vgl. auch Borowicz/Scherm (2001, S. 402).

[410] Vgl. Katz/Shapiro (1986b, S. 164), Grindley (1995, S. 38).

[411] Grindley (1995, S. 38).

[412] Diese Möglichkeit bietet sich nach Borowicz/Scherm (2001, S. 402) für Standardfolger besonders unter dem Aspekt an, dass ein Standardfolger von den geringen Kosten für Forschung und Entwicklung oder angebotsseitigen Skaleneffekten profitieren kann.

[413] Borowicz/Scherm (2001, S. 402).

2.3.2.3.2   Auswirkungen für den Standardsetzer

Die mögliche Übernahme eines Standards kann für Standardsetzer zu einem Dilemma werden:[414] Einerseits kann der Anschluss an einen Industriestandard durch andere Unternehmen – beispielsweise Hersteller von Komplementärprodukten – zwar dazu führen, dass der Standard eine stabilere Stellung im Markt erlangt und die Erwartungen der Konsumenten an den Erfolg des Standards gestärkt werden.[415] Denn eine weite Verbreitung des Standards im Markt – sowohl auf Seiten der Nutzer als auch auf Seiten der Hersteller von Komplementärprodukten – ist für den Erfolg des Standards entscheidend.[416] Andererseits sieht sich der Standardsetzer nach dem bereits durchlaufenen Inter-Standard-Wettbewerb einer neuen Form des Wettbewerbs – dem Intra-Standard-Wettbewerb – ausgesetzt, sobald andere Wettbewerber sich seinem Standard anschließen.[417] Im Intra-Standard-Wettbewerb gewinnen die klassischen Wettbewerbsstrategien nach Porter wieder neu an Bedeutung.[418] Der Standardsetzer muss dabei einen Verlust an Marktanteilen fürchten, da er nicht mehr alleiniger Anbieter seiner Technologie ist[419] und damit seine vorteilhafte Wettbewerbsposition des Differenzierers verliert[420]. Grindley empfiehlt Standardsetzern daher dennoch, die Technologieführerschaft in Bezug auf die Fortentwicklung und Erweiterung des Standards zu besetzen und diese nicht an andere Wettbewerber abzugeben, um einen Wettbewerbsvorteil als Differenzierer zumindest immer wieder temporär zu erhalten, bis der technologische Fortschritt erneut von Wettbewerbern übernommen wird.[421]

Durch den Eintritt weiterer Wettbewerber in den Markt, die fortan dieselbe Standardtechnologie für ihre eigenen Produkte nutzen, wird außerdem ein Preiswettbewerb forciert.[422] Akzeptiert der Hersteller die Nutzung des Standards durch weitere Wettbewerber, ist er also nicht länger in der Lage, den Standard unter Monopolpreisniveau zu vermarkten.[423]

---

[414] Vgl. z. B. Grindley (1995, S. 32).

[415] Vgl. Farrell/Saloner (1986a, S. 4).

[416] Vgl. Grindley (1995, S. 32).

[417] Vgl. Besen/Farrell (1994, S. 117 f., 120) und Borowicz/Scherm (2001, S. 396). Sofern Kompatibilität zwischen den Produkten zweier Hersteller bereits frühzeitig besteht und demnach keiner der beiden einen Vorsprung hinsichtlich der Größe der installierten Basis erzielen konnte, zeigen Katz/Shapiro (1986b, S. 164), dass der Intra-Standard-Wettbewerb unter diesen Bedingungen umso härter geführt werden wird.

[418] Vgl. Borowicz/Scherm (2001, S. 396).

[419] Vgl. Farrell/Saloner (1986a, S. 4).

[420] Kleinaltenkamp (1993, S. 146).

[421] Vgl. Grindley (1995, S. 50 f.).

[422] Vgl. Farrell/Saloner (1986a, S. 4), Katz/Shapiro (1986b, S. 151).

[423] Vgl. Hill (1997, S. 11), ähnlich Gabel (1993, S. 14).

2.3.3 Gestaltung der Zugänglichkeit des Standards

Unternehmen, die sich zur Entwicklung eines eigenen Standards entschlossen haben, müssen sich im nächsten Schritt mit der Frage beschäftigen, wie dieser Standard hinsichtlich der Zugänglichkeit für weitere Marktteilnehmer gestaltet werden soll.[424] In Anlehnung an Borowicz/Scherm kann dabei zwischen drei grundsätzlichen Strategievarianten für den Standardsetzer unterschieden werden:[425] Bei der Monopolstrategie wird ein proprietär-geschlossener Standard entwickelt, der ausschließlich vom Standardsetzer kontrolliert und in dessen Produkten genutzt wird. Verfolgt ein Unternehmen die Vergabestrategie, ist der entwickelte Standard zwar ebenfalls eigentumsrechtlich geschützt und wird damit vom Standardsetzer kontrolliert, jedoch werden Lizenzen an Wettbewerber vergeben, die somit den Standard für eigene Produkte verwenden können. Entscheidet sich ein Standardsetzer schließlich für eine Sponsorstrategie, ist keine Einholung von Lizenzen zur Nutzung des Standards notwendig, da entweder keine Immaterialgüterrechte am Standard bestehen oder diese bewusst vom Standardsetzer nicht durchgesetzt werden.

2.3.3.1 Möglichkeiten der Zugangsbeschränkung

Zunächst gilt es aufzuzeigen, welche Möglichkeiten ein Unternehmen zum Schutz eines Standards hat. Dabei kann grob zwischen immaterialgüterrechtlichem Schutz auf der einen und sonstigen Möglichkeiten der Zugangsbeschränkung auf der anderen Seite unterschieden werden.[426] Als Beispiele relevanter Schutzrechte, die beim Vorliegen entsprechender Voraussetzungen auf einen Industriestandard angewendet werden können, sind insbesondere zu nennen:[427]

■ Patente, sofern der Industriestandard eine technische Erfindung im Sinne des Patentgesetzes darstellt sowie die Schutzvoraussetzungen für die Erteilung eines Patents erfüllt sind,[428]

---

[424] Grindley (1995, S. 36).

[425] Vgl. Borowicz/Scherm (2001, S. 401) bzw. Tabelle 2.

[426] Hess (1993, S. 30) unterscheidet zwischen drei Möglichkeiten: erstens „staatliche Schutzrechte" (d. h. Immaterialgüterrechte), zweitens Know-how-Schutz und drittens kontinuierliche Veränderung des Produktdesigns, um mögliche Imitationen anhand des zeitlichen Imitationsaufwands zu unterbinden.

[427] Gabel (1993, S. 14) beschränkt sich in seinen Ausführungen auf die Erwähnung der Möglichkeit, einen Standard patent- oder urheberrechtlich zu schützen. Der Beschränkung der Schutzfähigkeit von Industriestandards auf nur diese beiden Immaterialgüterrechte wird an dieser Stelle nicht gefolgt werden, weshalb im Folgenden auch weitere Immaterialgüterrechtstypen in Bezug auf den Schutz von Industriestandards vorgestellt werden.

[428] Nach § 1 Abs. 1 PatG muss eine technische Erfindung neu sein, auf erfinderischer Tätigkeit beruhen und gewerblich anwendbar sein, um den Schutz durch ein Patent zu erlangen.

- Gebrauchsmuster, sofern der Industriestandard eine Erfindung im Sinne des Gebrauchsmustergesetzes darstellt sowie die Schutzvoraussetzungen für die Erteilung eines Gebrauchsmusters erfüllt sind,[429]

- Geschmacksmuster, um optisch wahrnehmbare Erscheinungsmerkmale eines Industriestandards zu sichern,[430]

- Markenrechte, um die zur produktidentifizierenden Kennzeichnung eines Industriestandards genutzten Marken im Sinne des Markengesetzes zu schützen[431] sowie

- Urheberrechte, die neben dem eigentlich im Mittelpunkt stehenden Schutz von Werken aus Literatur, Wissenschaft und Kunst[432] auch den Schutz des Quellcodes von Software gewährleisten kann,[433] die zum Gegenstand eines Industriestandards geworden ist.

Aufgrund der kartellrechtlichen Schwerpunktsetzung dieser Arbeit soll auf die konkrete Ausgestaltung und Anwendbarkeit geistiger Schutzrechte in Bezug auf unterschiedliche Formen von Industriestandards an dieser Stelle nicht weiter eingegangen werden.

Grundsätzlich ist zu berücksichtigen, dass Standards – in Abhängigkeit von der Branche bzw. dem Markt – mehr oder weniger durch Immaterialgüterrechte geschützt werden können.[434] Sofern ein Industriestandard nicht oder nur unzureichend von geistigen Schutzrechten erfasst wird, bleibt einem Unternehmen nur die Möglichkeit, sich entsprechender Methoden des Know-how-Schutzes

---

[429] Nach § 1 Abs. 1 GebrMG muss eine Erfindung neu sein, auf einem erfinderischen Schritt beruhen und gewerblich anwendbar sein, um den Schutz durch ein Gebrauchsmuster zu erlangen. Prinzipiell orientiert sich das Gebrauchsmuster hinsichtlich Schutzzweck und -voraussetzungen am Patent, weshalb synonym auch von einem „kleinen Patent" die Rede ist, vgl. z. B. Bunke (1957). Im Gegensatz zum Patent genügt anstatt des Vorliegens einer erfinderischen Tätigkeit ein erfinderischer Schritt zur Erteilung eines Gebrauchsmusters, was ein geringeres Maß an erfinderischer Leistung erfordert, vgl. Osterrieth (2010, Rn. 670). Weiterhin greift der Gebrauchsmusterschutz nach Osterrieth (2010, Rn. 664 f.) bereits mit der bloßen Eintragung der Erfindung, ohne dass eine vorangegangene Prüfung notwendig wäre.

[430] Vgl. Eichmann in: Eichmann/Falckenstein (2010, § 2, Rn. 7).

[431] Nach § 3 MarkenG sind als Marken „alle Zeichen, insbesondere Wörter [...], Abbildungen, Buchstaben, Zahlen, Hörzeichen, dreidimensionale Gestaltungen [...] sowie sonstige Aufmachungen einschließlich Farben und Farbzusammenstellungen" als Marke schutzfähig, sofern die entsprechenden Rechtsvoraussetzungen gegeben sind.

[432] Siehe § 2 UrhG.

[433] Ausführlich dazu z. B. Marly (2012, S. 776 ff.).

[434] Vgl. Grindley (1995, S. 30). Wie Hill (1997, S. 19) weiterhin feststellt, bedarf es bei der Verwendung von Immaterialgüterrechten zur Abwehr von Imitation oder Produktpiraterie oftmals einer umfassenden Strategie, welche die Kombination mehrerer Schutzrechte umfasst, um einen Standard tatsächlich effizient vor der Nachahmung oder dem Zugriff durch Dritte zu schützen.

durch Geheimhaltung zu bedienen.[435] Dabei kann Know-how als „eine spezielle Art expliziten oder impliziten Wissens" definiert werden,[436] was im industriellen Kontext beispielsweise das Wissen über bestimmte Produkteigenschaften, Prozessabläufe, Gründe für Gestaltungsentscheidungen bzgl. bestimmter Produkte, Produktfunktionen oder den Lebenszyklus bzw. den Betrieb eines Produktes umfasst. [437] Unter zusätzlicher Berücksichtigung von Reverse Engineering, wodurch eine Umgehung von Know-how-Schutz möglich wird, können schwer nachahmbare Konstruktions- oder Fertigungsmechanismen bzw. kurze· Fertigungszeiten indirekt als Imitationsschutz dienen.[438]

Es ist weiterhin zu beachten, dass Märkte existieren, in welchen Unternehmen befähigt sind, sich einseitig für Kompatibilität durch einen Adapter oder Inkompatibilität durch die Verhinderung von Adaptertechnologien zu entscheiden.[439] Derartige Marktbedingungen sind bei der unternehmerischen Entscheidung bezüglich der Zugangsgestaltung ebenfalls zu beachten.

2.3.3.2 Standardisierungsstrategien mit eingeschränktem Zugang zum Standard

Die Beschränkung des Zugangs zu einem Standard ermöglicht einem standardsetzenden Unternehmen die volle Kontrolle bezüglich des Anwenderkreises des Standards und damit die Steuerung der Marktmacht, die dem Standardsetzer durch den Standard zuteilwird.[440] Durch die Beschränkung des Zugangs zu einem Standard wird dieser außerdem gewissermaßen rar gemacht, was für das standardsetzende Unternehmen den Vorteil der Erwirtschaftung von sogenannten „Raritätsgebühren" mit sich bringt.[441] Dazu sieht Gabel schließlich zwei Möglichkeiten:[442] Erstens den Ausschluss sämtlicher anderer Hersteller von der Nutzung des Standards (Monopolstrategie) und zweitens die Vergabe von Lizenzen zur Ermächtigung der Nutzung des Standards durch andere Hersteller (Vergabestrategie). Wie Grindley jedoch anmerkt, sollte bei der Entscheidung über die Gestaltung der Zugänglichkeit zu einem Standard nicht alleine der daraus resul-

---

[435] Vgl. Kochmann (2009, S. 2), der neben dem Schutz von Know-how durch geistige Eigentumsrechte die Geheimhaltung dieses Know-how als gangbare Alternative für Unternehmen sieht.

[436] Kochmann (2009, S. 23).

[437] Vgl. Lindemann et al. (2012, S. 18 f.), welche diese Kategorien zur Einteilung von Inhalten des Technologiewissens verwenden und dabei Beispiele für die jeweiligen Kategorien nennen.

[438] Grindley (1995, S. 37) nennt schwer nachzuahmende Fertigungsmethoden bzw. entsprechend kurze Fertigungszeiten als Möglichkeiten des Imitationsschutzes, wenn dieser nicht hinreichend über Immaterialgüterrechte zu realisieren ist. Vgl. auch Hess (1993, S. 30).

[439] Katz/Shapiro (1994, S. 109 ff.).

[440] Vgl. Grindley (1995, S. 30).

[441] Gabel (1993, S. 14).

[442] Gabel (1993, S. 14).

tierende Wettbewerbsvorteil eines Unternehmens isoliert im Vordergrund stehen, da der Erfolg eines Standards von der allgemeinen Verbreitung und nicht alleine von der Kontrollierbarkeit abhängt.[443] Neben der Maximierung der Einnahmen durch einen Standard gilt es dementsprechend auch die Verbreitung bzw. die Gewinnung von Unterstützern des Standards bei Entscheidungen bezüglich der Beschränkung des Zugangs zu berücksichtigen.[444]

2.3.3.2.1 Monopolstrategie

Eine Maximierung der Standardeinnahmen bis hin zum Monopolpreis ist über eine restriktive Monopolstrategie[445] zu erreichen, bei welcher der Standardsetzer als einziger Inhaber und Nutzer des Standards auf dem Markt auftritt.[446] In einem solchen Fall wäre das standardsetzende Unternehmen auch alleiniger Profiteur auftretender Netzwerkeffekte, weshalb bei erfolgreicher Etablierung eines Standards der Lock-in-Effekt zu nachhaltigen Monopolrenten beim Standardsetzer führen kann.[447] Dementsprechend hat der Standardsetzer in Ermangelung sämtlicher Konkurrenz als Monopolist auch den größten Marktanteil und dementsprechend hohe Absatzzahlen im Markt des Standards.[448]

Diese Strategievariante ist maßgeblich abhängig von einer ausreichend effizienten Schutzfähigkeit des Standards.[449] Dabei muss angemerkt werden, dass der Schutz eines Standards durch Immaterialgüterrechte gewöhnlich zeitlich begrenzt ist und lediglich zu einer Verlangsamung des Imitationsprozesses führt.[450] Der Standardsetzer kann in der monopolistischen Strategievariante aber zumindest Zeit gewinnen, um seine installierte Basis aufzubauen, ohne dabei in einem Intra-Standard-Wettbewerb mit anderen Firmen zu stehen.[451] Zeitlich begrenzte, monopolistische Mehreinnahmen können so zur Deckung von Entwicklungskosten für den Standard verwendet werden, ohne dass Abstriche an

---

[443] Grindley (1995, S. 32).

[444] Vgl. Grindley (1995, S. 30, 32).

[445] Hill (1997, S. 22) bezeichnet diese Strategievariante als „Aggressive Sole Provider".

[446] Vgl. Hill (1997, S. 12), Gabel (1993, S. 13 ff.).

[447] Vgl. Gabel (1993, S. 14 f.).

[448] Vgl. Grindley (1995, S. 30), Economides (1989, S. 1180).

[449] Vgl. Hill (1997, S. 20, 22).

[450] Bspw. zeigt die empirische Erhebung von Mansfield et al. (1981, S. 917), dass bereits vor über 30 Jahren viele Erfindungen bereits vor Ablauf der per se begrenzten Laufzeit eines Patents oder Gebrauchsmusters von Wettbewerbern imitiert wurden und daher die Dauer des Technologiemonopols noch weiter verkürzt wird. Basierend auf einer Umfrage stellt Harabi (1994, S. 983) fest, dass sich Patente zum Schutz von innovationsbasierten Wettbewerbsvorteilen im Vergleich zu anderen Methoden des Know-how-Schutzes als weniger effizient erweisen.

[451] Vgl. Hill (1997, S. 18 f.).

dritte Unternehmen gemacht werden müssen, die keine Entwicklungsausgaben zu tragen hatten.[452]

Der Ausschluss sämtlicher Dritthersteller hat für den Standardsetzer bei Multikomponentensystemen (d. h. Hardware-Software-Netzwerken) jedoch auch zur Konsequenz, dass dieser nicht nur für die Produktion und Vermarktung des Primärprodukts (d. h. der Hardware), sondern auch für die der Komplementärprodukte (d. h. der Software) zu sorgen hat.[453] Für ein Einzelunternehmen fallen die Chancen oft eher gering aus, einen Standard gänzlich ohne die Unterstützung von Mitstreitern erfolgreich im Markt zu etablieren oder gar gegenüber konkurrierenden Standards zu dominieren, da sämtliche Kosten für Entwicklung, Produktion sowie den Aufbau der installierten Basis alleine zu tragen sind.[454] Die Konsequenz aus restriktiver Zugangspolitik ohne entsprechenden Rückhalt im Markt ist dann oft bestenfalls in der Bildung einer nur kleinen Marktnische für den Standardsetzer zu sehen.[455]

Sofern andere Hersteller Interesse an der Herstellung komplementärer Güter haben, wird eine Monopolstrategie jedoch kaum dauerhaft anwendbar, vielleicht nicht einmal wünschenswert sein.[456] In wettbewerbsintensiven Märkten kann eine zu restriktive Gestaltung des Zugangs zu einer neuen Technologie sogar dazu führen, dass weitere, wettbewerbsfähige Konkurrenten zur Entwicklung von Alternativtechnologien motiviert werden.[457] Folglich sinken die Chancen auf den Erfolg eines Standards mit dem Entwicklungsgrad konkurrierender Standards und der finanziellen oder technischen Ausstattung der Konkurrenz. In derartig intensiven Wettbewerbsumgebungen sind daher andere Standardisierungsstrategien zu bevorzugen.[458] Unter derartig intensiven Wettbewerbsbedingungen kann auch eine Monopolstrategie nicht mehr für Profitabilität garantieren.[459]

Lukrativ ist eine Monopolstrategie vor allem für Unternehmen, die über ausgeprägte finanzielle und technische Ressourcen verfügen, um eine Standard-

---

[452] Vgl. Gabel (1993, S. 12).

[453] Vgl. Borowicz/Scherm (2001, S. 403), Hill (1997, S. 14 f., 22), Grindley (1995, S. 30), Gabel (1993, S. 14).

[454] Vgl. Grindley (1995, S. 30 ff.), Gabel (1993, S. 15), Franck/Jungwirth (1998, S. 499 f.).

[455] Vgl. Grindley (1995, S. 12, 21, 36).

[456] Gabel (1993, S. 13).

[457] Hill (1997, S. 20 ff.). Vgl. auch Gabel (1993, S. 13).

[458] Hill (1997, S. 20) rät in derlei Situationen zu einer Vergabestrategie oder der Gründung von Standardisierungsallianzen mit anderen Unternehmen. Jedoch kann in bestimmten Fällen auch eine Sponsorenstrategie mehr Erfolg versprechen als eine Monopolstrategie, bspw. wenn ein Standard schlecht schützbar ist.

[459] Vgl. Gabel (1993, S. 16), Grindley (1995, S. 37).

entwicklung alleine bewältigen zu können.[460] Unternehmen haben es außerdem leichter, einen Standard auf eigene Faust zu etablieren, wenn sie bereits über eine gute Reputation im Markt verfügen[461] und demnach bereits ein Vertrauensvorschuss bestimmter Konsumentengruppen in Bezug auf den Erfolg des Standards gegeben ist.

2.3.3.2.2   Vergabestrategie

Um Unterstützer für einen Standard zu finden, kann ein standardsetzendes Unternehmen die Nutzung seines Standards mittels der Vergabe von Lizenzen an Hersteller von Komplementärprodukten oder gar an Wettbewerber derselben Produktionsstufe freigeben.[462] Dem Standardsetzer kommt dabei zugute, dass er die Produktion von Komplementärgütern an Lizenznehmer auslagern kann und dadurch eigene Investitionsrisiken minimiert.[463] In Märkten mit gering ausgeprägten Imitationsbarrieren für einen Standard können Unternehmen durch die Anwendung einer Vergabestrategie so dafür sorgen, dass sich potenzielle Wettbewerber eher einem Standard anschließen als eine konkurrierende Technologie zu entwickeln.[464] Die Nutzung des Standards durch weitere Unternehmen hat außerdem eine positive Wirkung auf den Markt: Zum einen wird weiteren, potenziellen Herstellern von Komplementärgütern die Zukunftsfähigkeit des neuen Standards signalisiert und somit deren Investitionsfreudigkeit erhöht.[465] Zum anderen lassen sich auch Nutzer eher zur Verwendung des neuen Standards überzeugen, wenn dieser bereits von mehreren Unternehmen getragen wird.[466]

Nach Gabel sind zwei extreme Varianten der Vergabestrategie denkbar:[467] Erstens eine gewinnmaximierende Vergabestrategie, bei welcher der strategische Fokus auf der Maximierung des Unternehmensgewinns liegt, und zweitens eine

---

[460] Grindley (1995, S. 37).

[461] Vgl. Katz/Shapiro (1994, S. 111).

[462] Gabel (1993, S. 17).

[463] Vgl. Borowicz/Scherm (2001, S. 404), Grindley (1995, S. 36).

[464] Vgl. Borowicz/Scherm (2001, S. 404), Hill (1997, S. 22 ff.).

[465] Vgl. Hill (1997, S. 11).

[466] Vgl. Hill (1997, S. 10), Grindley (1990, S. 79).

[467] Gabel (1993, S. 17). Vgl. auch Hess (1993, S. 28). Hill (1997, S. 22 f.) unterscheidet ebenfalls zwischen zwei Varianten an Vergabestrategien, einer passiven („Passive Multiple Licensing") und einer aggressiven Vergabestrategie („Aggressive Multiple Licensing"). Die passive Vergabestrategie entspricht dabei der Strategie, die hier unter marktanteilsmaximierender Vergabestrategie verstanden wird (niedrige Lizenzgebühren und möglichst viele Lizenznehmer mit dem Ziel eines großen Marktanteils). Die aggressive Vergabestrategie ist ähnlich der Strategie, die hier als gewinnmaximierende Vergabestrategie bezeichnet wird: Lizenzen werden hier nicht zwangsweise an jedes interessierte Unternehmen vergeben, und es wird gezielt versucht, ernstzunehmende Konkurrenten zur Nutzung des eigenen Standards zu überzeugen und dementsprechend eine Monopolstellung in Bezug auf die Kontrolle des Standards zu forcieren.

marktanteilsmaximierende Vergabestrategie, die auf eine Maximierung des Marktanteils zielt.

Bei der gewinnmaximierenden Vergabestrategie werden sogenannte Gewinnmaximierungsgebühren erhoben, aus welchen die gesamten Einnahmen aus einem Standard mit hohem Marktwert erwirtschaftet werden.[468] Unter bestimmten Wettbewerbsverhältnissen kann der Standardsetzer so in Bezug auf die Inhaberschaft des Standards weiterhin als Monopolist betrachtet werden.[469] Im Vergleich zur Monopolstrategie, wo eine Monopolstellung lediglich in Bezug auf die Preisgestaltung auf Seiten der Verbraucher besteht, wäre im Fall einer gewinnmaximierenden Vergabestrategie eine Monopolstellung in Bezug auf die Auswahl und Kontrolle der Komplementärguthersteller und Wettbewerber zu besetzen.[470] Eine exklusive Form einer Lizenz wäre beispielsweise ein OEM-Vertrag, in welchem ausgewählte Hersteller zur Nutzung der Standardtechnologie unter eigenem Namen ermächtigt werden.[471]

Bei der marktanteilsmaximierenden Strategie steht die Maximierung des Marktanteils in Bezug auf die Technologie des Standards im Vordergrund, wobei die Höhe der Lizenzgebühren gering gehalten wird bzw. ggf. gar kostenlose Lizenzen vergeben werden.[472] Eine solche Strategie erfolgt getreu dem Motto: Je mehr Unternehmen im Markt zur Nutzung des neuen Standards animiert werden können, desto größer sind die Chancen, dass sich der neue Standard durchsetzt. Mit dieser Strategievariante werden nicht nur die Erfolgschancen für die Etablierung des Standards erhöht, sondern es werden auch höhere Absatzvolumina erreicht, die sich schließlich positiv auf die Gewinnsituation eines Unternehmens niederschlagen.[473] Insbesondere für Unternehmen mit geringen Ressourcen erscheint eine freizügige Vergabe von Lizenzen angebracht, um Unterstützung von weiteren, leistungsfähige(re)n Unternehmen zu akquirieren, welche die neue Technologie nutzen und kompatibles Zubehör bereitstellen.[474]

Ein bedeutender Nachteil bei der Anwendung von Vergabestrategien besteht in der Gefahr, dass lizenznehmende Unternehmen dazu übergehen, die lizenzierte Technologie weiterzuentwickeln, bis diese ggf. nicht länger Gegen-

---

[468] Gabel (1993, S. 17).

[469] Vgl. Gabel (1993, S. 17).

[470] Vgl. Franck/Jungwirth (1998, S. 499). Vgl. auch Hill (1997, S. 23), wonach Unternehmen bei Anwendung einer aggressiven Lizenzierungsstrategie ihren Fokus auf die gezielte Überzeugung von potenziellen Wettbewerbern zur Nutzung des eigenen Standards setzen, um Konkurrenz zu vermeiden.

[471] Vgl. Hess (1993, S. 28). Auch dazu Hill (1997, S. 10).

[472] Gabel (1993, S. 17).

[473] Vgl. Grindley (1995, S. 13), Franck/Jungwirth (1998, S. 501).

[474] Vgl. Hill (1997, S. 22), Grindley (1995, S. 32).

stand der Nutzungslizenz ist.[475] Diesem Umstand kann jedoch durch entsprechende Gestaltung der Lizenzvereinbarungen begegnet werden.[476] Weiterhin werden durch die freizügige Vergabe von Lizenzen weitere Wettbewerber auf dem Markt des Standards angezogen, sodass es zu dem bereits angesprochenen Intra-Standard-Wettbewerb mit entsprechendem Preisverfall kommt.[477] Ein weiteres Risiko in der Vergabe von Lizenzen sieht Hill darin, dass Konsumenten die Marken von Lizenznehmern ggf. subjektiv positiver einschätzen als die Marken des Lizenzgebers und aufgrund dieser Präferenzen gegenüber Drittanbietern die Lizenzeinnahmen nicht zur Kompensation von Entwicklungskosten ausreichen.[478]

Dennoch bezeichnet Grindley es als Hauptziel eines Standardsetzers, den Standard zu verbreiten, auch wenn dies neue Wettbewerber mit auf den Markt ruft,[479] denn „[…] it's better to share a market rather than to have no market at all"[480].

2.3.3.3   Sponsorstrategie

Das Gegenstück zu proprietären Standards bilden nicht-proprietäre, also offene Standards, für deren Nutzung keine Einholung einer Lizenz erforderlich ist und die somit für jedermann frei zugänglich sind.[481] Grindley sieht auch in diesem Fall – zumindest in der Anfangsphase – den Bedarf nach einem sponsernden Unternehmen, welches den Standard (weiter)entwickelt und bewirbt.[482] Entscheidet sich ein Unternehmen zu eben dieser Entwicklung eines nicht-proprietären Standards, so ist in dieser Arbeit von einer Sponsorstrategie die Rede.[483]

Gerade wenn ein Unternehmen selbst wenige Ressourcen zur Entwicklung und Vermarktung eines Standards bereitstellen kann und zudem wenig Zeit zur Verfügung steht, ist die Verfolgung einer Sponsorstrategie in Erwägung zu ziehen.[484] Ebenfalls gewinnt diese Variante an Priorität, wenn die immaterialgüter-

---

[475] Vgl. Hill (1997, S. 11), Franck/Jungwirth (1998, S. 501).
[476] Vgl. Franck/Jungwirth (1998, S. 501), Hill (1997, S. 11).
[477] Vgl. Unterabschnitt 2.3.2.3.2.
[478] Hill (1997, S. 12).
[479] Grindley (1995, S. 12 f.).
[480] Grindley (1995, S. 37).
[481] Vgl. Abschnitt 2.1.1.8.
[482] Grindley (1995, S. 37).
[483] Borowicz/Scherm (2001, S. 404) verstehen unter der Sponsorstrategie per se die Durchsetzung eines Standards über ein organisiertes Standardisierungs- bzw. Normungsgremium. Dieser Ansicht wird nicht gefolgt, wobei die Strategie der Durchsetzung von Standards über anerkannte Gremien in Abschnitt 2.3.4.2 folgt.
[484] Vgl. Grindley (1995, S. 37).

rechtliche Schutzfähigkeit eines Standards nicht (hinreichend) gegeben ist.[485] Erfolgversprechend ist diese Strategievariante sogar dann, wenn ein bereits bestehender Standard mit stark dominanter installierter Basis abgelöst werden soll.[486] Umgekehrt sind Unternehmen mit einer guten Reputation, bekannten Marken und entsprechendem Zugriff auf finanzielle Ressourcen dementsprechend weniger von dieser Strategievariante abhängig.[487]

Zweifelsohne ist der Hauptvorteil einer Sponsorstrategie, dass ein offener Standard bevorzugt von Wettbewerbern bzw. Komplementärproduktherstellern oder Nutzern übernommen wird und daher eine größere Unterstützung im Markt erfährt, als dies bei proprietären Standards der Fall ist.[488] Die Ursache für die größere Unterstützung offener Standards ist die Vermeidung eines Lock-in-Effekts:[489] Da keine finanziellen Vorleistungen zur Nutzung des Standards getätigt werden müssen, wird das Investitionsrisiko für Nutzer und Dritthersteller gering gehalten und ein Wechsel vom System wäre somit möglich, ohne eine Fehlinvestition getätigt zu haben.

Am schwersten wiegt sicherlich der Nachteil, dass ein Unternehmen, welches einen offenen Standard entwickelt, per se auf eine exklusive Nutzung bzw. Kontrolle der eigenen Entwicklungsarbeit verzichtet und damit den wettbewerblichen Vorteil eines Differenzierers zunächst verliert.[490] Grindley hingegen empfiehlt dennoch die weitere Verfolgung einer Differenziererstrategie, indem der offene Standard konstant durch den Standardsetzer weiterentwickelt und so technologische Führung erhalten wird.[491] Weitere Nachteile sind in den kleineren Marktanteilen und geringeren Gewinnen zu sehen, die mit einer solchen Strategie erreicht werden können, was jedoch mit der Schaffung eines größeren Gesamtmarkts einhergeht.[492]

---

[485] Vgl. Franck/Jungwirth (1998, S. 500).

[486] So z. B. im Fall der "open systems", in welchem die europäische Computerindustrie durch die Einführung des offenen Betriebssystems „Unix" als neuen Standard forcierte, um die marktbeherrschende Stellung von IBM im Bereich der PC-Betriebssysteme zu brechen. Vgl. zu diesem Fall z. B. Gabel (1993, S. 145 ff.), Saloner (1990, S. 135 ff.), Gabel (1987a, S. 91 ff), Grindley (1995, S. 16 f., 37). Vgl. auch Mustonen (2003, S. 99 ff.), der die ökonomischen Auswirkungen freier Software (konkret handelt es sich um Software, welche einer Copyleft-Lizenz unterliegt) auf kommerzielle Software mit dominierendem Marktanteil am Beispiel von Linux und Microsoft Windows untersucht.

[487] Katz/Shapiro (1994, S. 107).

[488] Vgl. Grindley (1995, S. 37), Franck/Jungwirth (1998, S. 500).

[489] Vgl. Saloner (1990, S. 142).

[490] Vgl. Hess (1993, S. 23), Gabel (1993, S. 15), Franck/Jungwirth (1998, S. 500).

[491] Grindley (1995, S. 37). Vgl. auch dazu Franck/Jungwirth (1998, S. 500).

[492] Vgl. Grindley (1995, S. 31).

2.3.3.4   Zwischenergebnis

Während die Monopol- und die Sponsorstrategie jeweils extreme Varianten einer Standardisierungsstrategie darstellen, besteht eine optimale Standardisierungsstrategie wohl aus einem Mittelweg.[493] Einerseits sollte ein Standard mit einer großen Wahrscheinlichkeit etabliert werden können, jedoch müssen andererseits für den Standardsetzer gewisse Kontrollmöglichkeiten bestehen,[494] wodurch beispielsweise die Amortisation der Entwicklungskosten durch Lizenzgebühren ermöglicht wird.

2.3.4   Standardisierungskooperationen

Sofern Unternehmen nicht über die notwendigen finanziellen oder technologischen Möglichkeiten verfügen, um einen Standard aus eigener Kraft zu entwickeln und im Markt zu positionieren, besteht die Möglichkeit der Bildung von Standardisierungskooperationen zur Entwicklung multilateraler Standards.[495] Insbesondere kann eine Kooperation aus Unternehmen auch genutzt werden, um Kräfte zur Ablösung eines bestehenden, ggf. gut geschützten, Standards zu bündeln.[496]

2.3.4.1   Standardisierungskooperationen im Vergleich zu
            Basisstandardisierungsstrategien

Eine Standardisierungskooperationsstrategie[497] ist prinzipiell ähnlich geartet wie eine Vergabe- oder Sponsorstrategie: Ähnlich wie bei diesen beiden bereits behandelten Strategievarianten[498] muss die Entwicklung und Vermarktung eines neuen Standards nicht alleine von einem Unternehmen durchgeführt werden.[499] Eine weitere Vergleichbarkeit liegt in der Vermeidung von Marktfragmentierungen, da im Rahmen von Standardisierungskooperationen ebenfalls eine marktliche Einigung auf einen Standard seitens mehrerer Hersteller erfolgt und dement-

---

[493] Grindley (1995, S. 45 f.).

[494] Vgl. Grindley (1995, S. 45 f.).

[495] Vgl. Hill (1997, S. 19 f.), Katz/Shapiro (1985, S. 439). Hill (1997, S. 12) und Grindley (1995, S. 42) sprechen diesbezüglich auch von Allianzen („Alliances"). Borowicz/Scherm (2001, S. 404) sprechen pauschal von Joint Ventures. Van Wegberg (2004, S. 18 f.) fasst die unterschiedlichen Formen von pluralistisch organisierten Standardisierungsgremien allgemein als Koalitionen („coalitions") zusammen.

[496] Vgl. Hill (1997, S. 23), Grindley (1995, S. 42).

[497] Hill (1997, S. 23) bezeichnet diese Standardisierungsstrategie als „Selective Partnering".

[498] Siehe dazu Unterabschnitt 2.3.3.2.2 bzw. Abschnitt 2.3.3.3.

[499] Vgl. Grindley (1995, S. 42).

sprechend Marktirritationen vermieden werden.[500] Der Zusammenschluss von Unternehmen kann so auch Investitionsanreize für weitere Dritthersteller setzen, die sich sodann dem neuen Standard unter der Führung des Standardisierungskonsortiums anschließen.[501] Zudem werden die Erwartungen der Nutzer an den neuen Standard gestärkt, wenn dieser aus einer Kooperation mehrerer (namhafter) Unternehmen erwächst:[502] Die Adaptionsrate eines gemeinsam entwickelten Standards kann so deutlich über dem liegen, was zwei individuelle, aber konkurrierende Standards zusammen hätten erreichen können.[503]

2.3.4.1.1 Vorteile von Standardisierungskooperationen

Die Bildung einer Standardisierungskooperation schafft allerdings weit mehr Verbindlichkeit zwischen den am Standardisierungsprozess beteiligten Unternehmen, als dies bei anderen Standardisierungsstrategien der Fall ist, da sich die Unternehmen hinsichtlich der Entwicklung und Vermarktung des Standards gänzlich auf Augenhöhe begegnen und Chancen wie auch Risiken teilen.[504] Im Rahmen einer Standardisierungskooperation agieren die Kooperationspartner als geschlossener Verbund wie ein Standardführer,[505] insbesondere wenn die Kooperation durch die Gründung einer Kooperationsgesellschaft zusätzlich formalen Charakter erhält[506]. Insofern erweist sich die Gründung einer Standardisierungskooperation zwischen potenziell konkurrierenden Unternehmen, die jeweils selbst über entsprechende Mittel und Kompetenzen zur Etablierung eines neuen Standards verfügen, im Vergleich zu einer Vergabestrategie als erfolgversprechender.[507]

Neben der Verteilung der finanziellen Last zwischen den an der Standardisierungskooperation beteiligten Unternehmen[508] besteht dabei der Vorteil gebündelter Kompetenzen: Jedes an der Kooperation beteiligte Unternehmen kann die technologischen, wirtschaftlichen oder sonstigen Erfahrungen in die Entwicklung und Vermarktung des Standards einbringen, bei denen es den anderen Ko-

---

[500] Vgl. Hill (1997, S. 12 ff., 21), Grindley (1995, S. 42), Grindley (1990, S. 79), Katz/Shapiro (1986b, S. 164).

[501] Hill (1997, S. 13), Grindley (1990, S. 79).

[502] Vgl. Hill (1997, S. 13), Grindley (1990, S. 79).

[503] Hill (1997, S. 21).

[504] Vgl. Hill (1997, S. 12 ff.), Borowicz/Scherm (2001, S. 404).

[505] Vgl. Hill (1997, S. 23). Siehe dazu auch Abschnitt 2.3.2.1.

[506] Vgl. Borowicz/Scherm (2001, S. 404).

[507] Hill (1997, S. 13, 23).

[508] Vgl. Hill (1997, S. 23), Grindley (1995, S. 42).

operationspartnern voraus ist, sodass letztendlich ein Standard auf höchstem Branchenniveau aus der Kooperation hervorgebracht werden kann.[509]

2.3.4.1.2   Nachteile und Risiken von Standardisierungskooperationen

Jedoch ist das Eingehen einer Standardisierungskooperation nicht ohne Risiko für die beteiligten Unternehmen. Wie auch bei der Vergabe- und Sponsorstrategie ist auch in dieser Strategievariante davon auszugehen, dass ein intensiverer Intra-Standard-Wettbewerb mit niedrigeren Preisen vorliegt, als dies im Fall einer Monopolstrategie der Fall wäre.[510] Ebenso besteht das Risiko, dass einzelne Kooperationsunternehmen – vielleicht gar entgegen den getroffenen Vereinbarungen im Kooperationsvertrag – bestimmte Technologien anderer Kooperationspartner ausspähen und für sich selbst verwenden.[511] Zuletzt muss den an einer Standardisierungskooperation beteiligten Unternehmen bewusst sein, dass es mit zunehmender Größe der Standardisierungskooperation immer häufiger gilt, Kompromisse zwischen teils gegenläufigen Interessenströmen zu finden, was den Prozess zur Standardfindung deutlich verlangsamt.[512]

2.3.4.1.3   Verbindlichkeit von Standardisierungskooperationen

Die Gründung von Joint-Venture-Gesellschaften[513] durch die einzelnen Kooperationspartner ist eine Möglichkeit zur Erhöhung der Verbindlichkeit des Kooperationsvorhabens für die einzelnen Partner.[514] Durch die adäquate Gestaltung der Beteiligungsverhältnisse der einzelnen Kooperationspartner an dem Joint Venture werden Gewinne und Verluste fair verteilt und es werden Mitspracherechte zur Durchführung des Standardisierungsvorhabens geschaffen.[515]

Alternativ besteht immer auch die Möglichkeit, dass eine Standardisierungskooperation lediglich die Koordination und Etablierung eines bestimmten Standards zum Ziel hat und die beteiligten Unternehmen nach der erfolgreichen

---

[509]   Vgl. Hill (1997, S. 12 f.), der das Beispiel der Unternehmen Philips und Sony bei der Entwicklung der CD anbringt: Während Philips das überlegene Design für eine CD beisteuerte, konnte Sony die überlegene Fehlerkorrekturtechnologie in den neuen CD-Standard einfließen lassen. Vgl. auch Grindley (1995, S. 42).

[510]   Vgl. Hill (1997, S. 14).

[511]   Vgl. Hill (1997, S. 14).

[512]   Vgl. van Wegberg (2004, S. 23), der mit zunehmender „Zentralisierung" einer Standardisierungskooperation eine zunehmende Verlangsamung des Standardisierungsprozesses vermutet. Mestmäcker/Schweitzer (2004, § 29, Rn. 8) erwähnen die allgemeine Schwierigkeit, die „partikulären Interessen der Partnerunternehmen" mit der gemeinsamen Forschungsagenda in Einklang zu bringen und im Verbund auf Marktentwicklungen zu reagieren.

[513]   Götz (1996, S. 25 f.) spricht in diesem Zusammenhang von Gemeinschaftsunternehmen.

[514]   Hill (1997, S. 14).

[515]   Hill (1997, S. 14). Vgl. auch Borowicz/Scherm (2001, S. 404).

Umsetzung dieses Vorhabens wieder getrennte Wege gehen[516] und die Standardtechnologie sogar für ihre jeweiligen Bedürfnisse weiterentwickeln[517]. Für derartig projektbezogene Vorhaben können gezielte Kooperations- und erweiterte Know-how- bzw. Lizenzverträge zwischen an der Standardisierung beteiligten Unternehmen geschlossen werden, ohne die Gründung eines gemeinschaftlichen Unternehmens zu forcieren.[518]

2.3.4.2 Normungsgremien als Sonderfall von Standardisierungskooperationen

Van Wegberg unterscheidet bei der Entwicklung eines multilateralen Standards außerdem zwischen zwei unterschiedlichen Determinanten von Koalitionsstrukturen: Einerseits die Anzahl unterschiedlicher Standardisierungskooperationen im Markt, welche die Entwicklung jeweils konkurrierender Standards auf demselben Bereich vorantreiben, andererseits die Anzahl der an den einzelnen Standardisierungskooperationen beteiligten Unternehmen, d. h. die Größe der einzelnen Kooperationen.[519] Als zentralisierteste Form einer Standardisierungskooperation wird dabei die „grand coalition" genannt, welche die Beteiligung sämtlicher, an der Entwicklung eines bestimmten Standards interessierter Unternehmen einschließt und damit die Anzahl an Unternehmen in einer Standardisierungskooperation maximiert sowie die Anzahl konkurrierender Standardisierungskooperationen im Markt minimiert.[520] Diese Form der Standardisierungskooperation kommt schließlich einem offiziell anerkannten Normungsgremium gleich, welches ebenfalls keine Zugangsbeschränkungen kennt.[521]

2.3.4.2.1 Nachteile der Durchsetzung von Industriestandards über Normungsgremien

Da die Standardfindung in einem Normungsgremium unter der Beteiligung aller interessierten Kreise stattfindet, muss in diesem Fall die größte Vielzahl an Interessen unterschiedlicher Parteien bei der Standardfindung berücksichtigt werden.[522] Nicht zuletzt tritt die Normungsorganisation selbst als ein zusätzlicher Marktakteur auf, der mit der Entwicklung eines Standards eigene Interessen verfolgt.[523] Selbst wenn ein einzelnes Unternehmen innerhalb des Normungsaus-

---

[516] Vgl. Grindley (1995, S. 42).

[517] Hill (1997, S. 14).

[518] Vgl. Götz (1996, S. 25 f.).

[519] van Wegberg (2004, S. 19). Vgl. auch Bloch (1995, S. 553).

[520] Vgl. van Wegberg (2004, S. 19), Bloch (1995, S. 552).

[521] van Wegberg (2004, S. 19).

[522] Vgl. van Wegberg (2004, S. 19).

[523] Vgl. Grindley (1995, S. 13, 45). Normungsgremien handeln bei der Entwicklung von Standards nach ihren eigenen Statuten, die bspw. die Konformität mit dem eigenen Normenwerk oder den

schusses eine überlegene Technologie entwickelt hat, ist dieses schließlich von der Unterstützung der anderen Parteien des entsprechenden Ausschusses abhängig.[524] Dementsprechend nimmt der Standardisierungsprozess innerhalb von Normungsgremien sehr viel mehr Zeit in Anspruch, als wenn ein Standard durch nur ein einziges oder wenige Unternehmen entwickelt und im Markt platziert wird.[525] Dabei spielt Zeit gerade bei der Entwicklung neuer Technologiestandards und deren Durchsetzung im Markt eine herausragende Rolle.[526]

Weiterhin wird von Unternehmen, die eine eigene Technologie in die Normentwicklung einbringen, mit gewisser Selbstverständlichkeit erwartet, dass diese zur Vergabe von Nutzungslizenzen für die Technologie bereit sind.[527] Demnach ist die Durchsetzung eines Standards über Normungsgremien per se unvereinbar mit einer restriktiven Lizenzvergabepolitik, wie dies im Rahmen von proprietären Standardisierungsstrategien der Fall ist.[528] Für ein privatwirtschaftliches Unternehmen stellt die Durchsetzung eines Standards über ein offizielles Normungsgremium darum im Vergleich zu anderen Standardisierungsstrategien eine wenig effiziente Lösung dar.[529]

2.3.4.2.2 Vorteile der Durchsetzung von Industriestandards über Normungsgremien

Für mehrere privatwirtschaftliche Unternehmen oder Standardisierungskooperationen macht der Weg über Normungsgremien dann Sinn, wenn eine Fragmentierung des Marktes durch die Implementierung mehrerer, konkurrierender und daher inkompatibler Standards verhindert werden soll.[530] So können in Normungsgremien Standards mit größtmöglicher Kompatibilität erarbeitet und folglich auch die größten Netzwerkeffekte realisiert werden.[531]

Für Bloch stellen branchenvereinigende Standardisierungsgremien damit die gesellschaftlich optimale Form der Standardisierung dar.[532] Erst in diesem Fall können nach Aussage dieses Autors alle Vorteile einer Kooperation reali-

---

größtmöglichen Nutzen für die Allgemeinheit miteinschließen, vgl. DIN 820-1:2009-05 (Abschn. 4 f., S. 4 ff.).

[524] Borowicz/Scherm (2001, S. 404). Vgl. DIN 820-4:2010-07 (Abschn. 4.1.2.3, S. 6 f.).

[525] van Wegberg (2004, S. 19 f., 27, 30). Vgl. auch Grindley (1995, S. 13, 45).

[526] Grindley (1995, S. 45) bzw. Grindley (1990, S. 72).

[527] Borowicz/Scherm (2001, S. 405).

[528] Vgl. Borowicz/Scherm (2001, S. 400 ff.), welche die Variante der Standarddurchsetzung über anerkannte Standardisierungsgremien oder –foren als öffentlich kategorisieren und damit als gegensätzlich zu proprietären Standardisierungsstrategien einstufen.

[529] Grindley (1995, S. 13, 45).

[530] Vgl. van Wegberg (2004, S. 19 f., 30).

[531] van Wegberg (2004, S. 19).

[532] Bloch (1995, S. 552).

siert werden, sodass die marginalen Kosten hier für alle Firmen am geringsten und die Ausbringungsmenge im Markt sowie die Konsumentenrente am höchsten sind.[533] Da Normen einen breiten Konsens innerhalb einer Branche repräsentieren, genießen sie zudem in der Regel eine hohe Akzeptanz im Markt.[534]

2.3.5 Zwischenfazit: Proprietäre und kooperative Standardisierungsstrategien sind kartellrechtlich relevant

Unternehmen bieten sich unterschiedliche Möglichkeiten, technische Standards für die eigene Wettbewerbssituation nutzbar zu machen. Unter Berücksichtigung bestimmter unternehmens- und wettbewerbsspezifischer Determinanten konnte in diesem Kapitel die grundsätzliche Bedeutung von Standards für Unternehmen dargelegt werden, welche an der eigenständigen Erarbeitung eines Standards oder der Übernahme bestehender Standards interessiert sind. Während die eigenständige Entwicklung eines Standards mit hohen Kosten und Risiken, gleichzeitig aber auch mit den größten Steuerungs- und Einflussmöglichkeiten des standardsetzenden Unternehmens verbunden ist, finden sich Standardfolger zwar in einer weniger risikobehafteten Situation, jedoch besteht ein größeres Abhängigkeitsverhältnis zum Standardsetzer. Das größte Interesse für die weiteren Überlegungen dieser Arbeit kommt den ebenfalls vorgestellten proprietären Standardisierungsstrategien von Unternehmen zu, da offene Standards kartellrechtlich insofern unbedenklich sind, als sie für jedermann frei zugänglich und nutzbar sind.

Im Rahmen von Standardisierungskooperationen bieten sich Unternehmen schließlich Möglichkeiten, einerseits finanzielle Risiken zu teilen und technologisches Know-how zu vereinen und andererseits dennoch die Kontrolle und Steuerung hinsichtlich der Vermarktung des Standards zu behalten. Mit zunehmender Größe der Standardisierungskooperation werden mögliche Vorteile der Risikostreuung jedoch durch den zeitlichen Mehraufwand der Kompromissfindung ausgeglichen oder gar überwogen. Im weiteren Verlauf der Arbeit sind insbesondere diejenigen Standardisierungskooperationen interessant, die nur eine begrenzte Anzahl an Akteuren einer Branche einbeziehen und damit grundsätzliche Möglichkeiten der einseitigen Wettbewerbsverzerrung im Rahmen von Marktabsprachen offen lassen.

2.4 Fazit

Im zweiten Teil der Arbeit wurden Industriestandards als von Unternehmen initiierte und unterstützte Kompatibilitätsstandards vorgestellt, die sowohl

---

[533] Bloch (1995, S. 552).
[534] Vgl. Borowicz/Scherm (2001, S. 408).

proprietär als auch nicht-proprietär ausgestaltet sein können. Im Verlauf der Ausführungen konnte die weitreichende ökonomische Bedeutung dieser Gruppe von Standards erläutert werden, die sich hauptsächlich aus Netzwerkeffekten und damit in Verbindung stehenden Konsequenzen ableiten lässt.

Aus der hohen ökonomischen Relevanz wurde schließlich die unternehmensstrategische Bedeutsamkeit von Standardisierung herausgearbeitet, indem unterschiedliche Strategien bezüglich der Entwicklung bzw. Übernahmen von Industriestandards durch Unternehmen vorgestellt und hinsichtlich unternehmens- und wettbewerbsbezogener Kriterien bewertet wurden. Unabhängig von der gewählten unternehmerischen Strategievariante ist Standardisierung eine besondere Herausforderung für Unternehmen. Zusammenfassend beschreibt van Wegberg diese Problematik aus unternehmerischer Sicht treffend wie folgt:

„Standard setting is a conflicted, political process."[535]

In diesem Teil der Arbeit wurde somit die ökonomisch-technische Grundlage für die nun folgende kartellrechtliche Bewertung von Industriestandards bzw. der diesen zugrunde liegenden unternehmerischen Standardisierungsstrategien gelegt.

---

[535] van Wegberg (2004, S. 21).

3 Kartellrechtliche Herausforderungen bei der Umsetzung von Standardisierungsstrategien

Es ist bereits im vorangegangenen Teil angeklungen, dass von Industriestandards, wie sie in dieser Arbeit definiert werden,[536] ökonomisches Macht- und damit wettbewerbsrechtliches Konfliktpotenzial ausgehen kann. In diesem Teil soll dargestellt werden, unter welchen Bedingungen standardsetzende Unternehmen kartellrechtlichen Interventionen ausgesetzt sein und inwiefern diese vermieden werden können.

Nachdem die begrifflichen und inhaltlichen Grundlagen zum Kartellrecht dargestellt wurden, soll zunächst das Verhältnis des europäischen zum deutschen Recht erläutert werden. Für den Fortgang der Arbeit soll damit die Anwendung europäischen Rechts legitimiert werden. Im Anschluss werden die Teilgebiete des Kartellrechts vorgestellt und hinsichtlich ihrer Schutzzwecke und Rechtsquellen beleuchtet.

3.1 Grundlegendes zum europäischen und deutschen Kartellrecht

Zunächst sollen in gebotener Kürze der Regelungsbereich des Kartellrechts umrissen und die für den Untersuchungsgegenstand relevanten Bereiche unter Verweis auf die rechtlichen Grundlagen benannt werden. Von grundlegender Bedeutung für die Beurteilung kartellrechtlicher Sachverhalte ist die Abgrenzung der relevanten Märkte, worauf nach Darstellung des Regelungsbereichs gesondert eingegangen wird. Zuletzt soll in diesem Kapitel die Bedeutung des Kartellrechts für Unternehmen, insbesondere für standardsetzende Unternehmen, herausgearbeitet werden.

3.1.1 Begriffsklärung und -eingrenzung

Unter dem Begriff des Kartellrechts werden üblicherweise die folgenden drei Regelungskategorien verstanden: das Verbot wettbewerbsbeschränkender Vereinbarungen und abgestimmter Verhaltensweisen – kurz Kartellverbot – (Art. 101 AEUV bzw. § 1 GWB), das Verbot des Missbrauchs marktbeherrschender bzw. – nach deutschem Recht – auch nur marktstarker Stellungen (Art. 102 AEUV bzw. §§ 18 – 21 GWB) sowie die Kontrolle von Unternehmenszusam-

---

[536] Siehe dazu insbesondere Abschnitt 2.1.1.9.

menschlüssen – kurz Fusionskontrolle (Fusionskontrollverordnung[537] – kurz FKVO – bzw. §§ 35 – 43 GWB).[538] In diesem Zusammenhang ist auch von den „drei Säulen des Kartellrechts"[539] die Rede. Alle Säulen des Kartellrechts eint der gemeinsame Regelungszweck: Der Schutz der Institution des Wettbewerbs.[540]

Inzwischen werden teilweise weitere Rechtsgebiete unter den Rahmen des Kartellrechts subsumiert, die ihren Regelungszweck mit dem traditionellen Kartellrecht teilen.[541] So wurde das deutsche Vergaberecht seit der 6. Novelle als eigenständiger Teil in das Gesetz gegen Wettbewerbsbeschränkungen integriert (§§ 97 ff. GWB)[542] und auf europäischer Ebene wird das Beihilferecht (Art. 107 ff. AEUV) im selben Kapitel geregelt wie die Vorschriften zum Kartell- und Missbrauchsverbot[543]. Doch auch Rechtsgebiete wie das Anti-Dumping- und Anti-Subventionsrecht (Art. 207 AEUV) sollen den Wettbewerb zwischen Unternehmen schützen und werden daher in Verbindung mit dem Kartellrecht gebracht.[544]

Jedoch unterscheiden sich die letztgenannten Rechtsgebiete hinsichtlich der Rechtsadressaten von den traditionellen Säulen des Kartellrechts: Während die

---

[537] Gemeint ist die Verordnung (EG) Nr. 139/2004 des Rates vom 20. Januar 2004 über die Kontrolle von Unternehmenszusammenschlüssen (ABl. 2004, L 24, S. 1).

[538] Vgl. Meessen in: Loewenheim et al. (2009, Einführung, Rn. 4), Dietze/Janssen (2011, Rn 26 ff.), Beckmann/Müller in: Hoeren et al. (2014, Teil 10, Rn. 20).

[539] Khan in: Geiger et al. (2010, Art. 101 AEUV, Rn. 5). Beckmann/Müller in: Hoeren et al. (2014, Teil 10, Rn. 20) sprechen in diesem Zusammenhang von den „drei Instrumentarien des Wettbewerbsrechts".

[540] Meessen in: Loewenheim et al. (2009, Einführung, Rn. 5). Lampert/Matthey in: Hauschka (2010, § 26, Rn. 2) sprechen dabei vom „wirksamen und funktionsfähigen Wettbewerb". In den Leitlinien zur Anwendung von Art. 81 Abs. 3 EGV (ABl. 2004, C 101, S. 97, Ziff. 13) wird dem ehemaligen Art. 81 EGV der Schutz des Wettbewerbs als Zweck zugeschrieben, mit dem weiterführenden Ziel, „den Wohlstand der Verbraucher zu fördern und eine effiziente Ressourcenallokation zu gewährleisten".

[541] Vgl. Meessen in: Loewenheim et al. (2009, Einführung, Rn. 5), Dietze/Janssen (2011, Rn. 33).

[542] Entspricht dem vierten Teil des GWB. Meessen in: Loewenheim et al. (2009, Einführung, Rn. 4) erkennt zwar die Zuordnung der vergaberechtlichen Passagen zum deutschen Kartellrecht an, europäisches Vergaberecht wird jedoch nicht als Teil des europäischen Kartellrechts angesehen.

[543] Meessen in: Loewenheim et al. (2009, Einführung, Rn. 5) leitet die Zuordnung des Beihilferechts auf europäischer Ebene aus der Zuordnung zum Abschnitt der Wettbewerbsregeln ab. Dietze/Janssen (2011, Rn. 33) zählen das Beihilferecht sowie das Vergaberecht nicht unmittelbar zum Kartellrecht, sondern sehen diese als eigenständige Rechtsgebiete neben dem Kartellrecht, die jedoch denselben Zweck – den Schutz des Wettbewerbs zwischen Unternehmen – verfolgen.

[544] Vgl. Dietze/Janssen (2011, Rn. 33). Art. 207 AEUV ist nach Weiß in: Grabitz et al. (2014, AEUV Art. 207, Rn. 1) als zentrale Befugnisnorm zur Regelung der gemeinsamen Handelspolitik zu verstehen, welche durch die Ausweitung der EU-Zuständigkeiten die Handlungsfähigkeit der EU gegenüber internationalen Organisationen wie der WTO zu verbessern versucht.

traditionellen Säulen des Kartellrechts an Unternehmen adressiert sind, richtet sich das Vergaberecht an die öffentliche Hand.[545] Weiterhin sind das Beihilferecht[546] sowie das Anti-Dumping- und Anti-Subventionsrecht (zunächst) an die EU selbst bzw. die EU-Mitgliedsstaaten gerichtet. Um Konsistenz und Klarheit zu wahren, sowie der Zielsetzung der Arbeit nachkommend – Handlungsanleitung für Unternehmen zu sein – sollen in dieser Arbeit unter dem Begriff Kartellrecht lediglich die Regelungsbereiche der drei traditionellen Säulen verstanden werden. Andere Rechtsgebiete mit entsprechendem Schutzzweck werden als Kartellrecht im weiteren Sinne verstanden und als solche beim Namen genannt. Abbildung 12 veranschaulicht den Zusammenhang der genannten Rechtsgebiete.

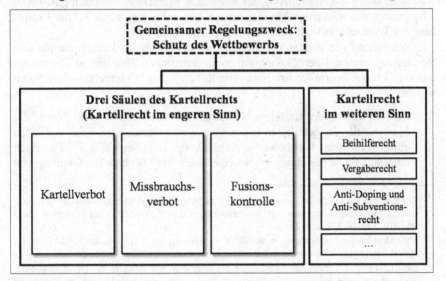

Abbildung 12: Rechtsgebiete mit dem Schutz des Wettbewerbs als gemeinsamen Regelungszweck[547]

Die Betrachtungen im weiteren Verlauf werden sich auf die beiden Säulen des Kartell- und Missbrauchsverbots konzentrieren.[548] Nur wo es aus Gründen der inhaltlichen Vollständigkeit angezeigt scheint, wird das Rechtsgebiet der Fusionskontrolle beiläufig betrachtet.

---

[545] Meessen in: Loewenheim et al. (2009, Einführung, Rn. 16).

[546] Die europäischen Vorschriften zum Beihilferecht finden sich – obschon Teil des Kapitels „Wettbewerbsregeln" – unter dem eigenen Abschnitt „Staatliche Beihilfen" und sind somit nach Hoffmann in: Dauses (2014, H. I. § 1, Rn. 3) an Mitgliedsstaaten adressiert.

[547] Quelle: Eigene Darstellung.

[548] Vgl. dazu auch Abbildung 15.

3.1.2 Marktabgrenzung als Beurteilungsgrundlage

Ist die Institution des Wettbewerbs das Schutzobjekt des Kartellrechts, so ist der Markt im Sinne des Kartellrechts als jener multidimensionale Ort[549] zu verstehen, auf dem der Wettbewerb stattfindet.[550] Für die Beurteilung jeglicher kartellrechtlicher Sachverhalte ist deshalb die Abgrenzung eines für den Sachverhalt relevanten Marktes notwendig,[551] um jenen Bereich zu definieren, in welchem Unternehmen miteinander in Wettbewerb stehen[552]. Der Begriff des Wettbewerbs steht in diesem Sinne synonym für die sogenannten Wettbewerbskräfte[553], die auf dem relevanten Markt auf die beteiligten Unternehmen einwirken und welche es durch die Abgrenzung des relevanten Marktes zu ermitteln gilt.[554] Die Abgrenzung des relevanten Marktes basiert jedoch hauptsächlich auf der Ermittlung der Wettbewerbskraft der Nachfragesubstituierbarkeit.[555]

Ausgehend von dem so definierten „relevanten Markt" können die für eine Beurteilung notwendigen ökonomischen Informationen über die an einem kartellrechtlich zu beurteilenden Sachverhalt beteiligten Unternehmen erarbeitet werden:[556]

- ■ Bei der Prüfung des Kartellverbotstatbestands nach Art. 101 AEUV sind die Marktanteile der beteiligten Unternehmen zu bestimmen, um das Vorliegen einer spürbaren Wettbewerbsbeschränkung zu überprüfen.[557] Demnach muss auf Basis des abgegrenzten relevanten Marktes eine Bestimmung von

---

[549] Die Kommission spricht im Zusammenhang mit der Abgrenzung des Marktes von der sachlichen und der räumlichen Dimension, vgl. Bekanntmachung über die Definition des relevanten Marktes (ABl. 1997, C 372, S. 5, Tz. 2).

[550] Vgl. Meessen in: Loewenheim et al. (2009, Einführung, Rn. 12). Vahrenholt (2011, S. 42) spricht beim Markt auch von einem Schauplatz eines wettbewerblichen Prozesses.

[551] Lettl (2013, S. 13) misst der Abgrenzung des relevanten Marktes „für die Beurteilung eines Sachverhaltes nach den EU-Wettbewerbsregeln" eine „grundlegende Bedeutung" zu. Vahrenholt (2011, S. 41) spricht beim Begriff des (kartellrechtlich relevanten) Marktes von einer „zentralen Denkfigur" des Kartellrechts.

[552] Vgl. Bekanntmachung über die Definition des relevanten Marktes (ABl. 1997, C 372, S. 5, Tz. 2).

[553] Konkret wird dabei in der Bekanntmachung über die Definition des relevanten Marktes (ABl. 1997, C 372, S. 5, Tz. 13) zwischen der Nachfragesubstituierbarkeit, der Angebotssubstituierbarkeit und dem potenziellen Wettbewerb unterschieden.

[554] Bekanntmachung über die Definition des relevanten Marktes (ABl. 1997, C 372, S. 5, Tz. 2).

[555] Vgl. Bekanntmachung über die Definition des relevanten Marktes (ABl. 1997, C 372, S. 5, Tz. 13), wonach die Nachfragesubstituierbarkeit als die „unmittelbarste und wirksamste disziplinierende Kraft" bezeichnet wird.

[556] Vgl. Bekanntmachung über die Definition des relevanten Marktes (ABl. 1997, C 372, S. 5, Tz. 2).

[557] Emmerich in: Dauses (2014, H. I. § 2, Rn. 70) bzw. Emmerich (2008, S. 69). Vgl. auch Lettl (2013, S. 13 f.).

Marktanteilen erfolgen. [558] Neben der Beurteilung von Wettbewerbsbeschränkungen definieren Marktanteile bei der Freistellung vom Kartellverbot die Anwendungsgrenzen von Gruppenfreistellungsverordnungen.[559]

▪ Bei der Prüfung auf den Tatbestand des Missbrauchs einer marktbeherrschenden Stellung muss zunächst der relevante Markt ermittelt werden, in welchem ein Unternehmen eine marktbeherrschende Stellung innegehabt haben könnte.[560] Anschließend kann unter anderem anhand der Anteile des betreffenden Unternehmens am relevanten Markt seine Stellung in diesem bestimmt werden.[561]

▪ Bei der Fusionskontrolle ist es notwendig, den relevanten Markt der am Zusammenschluss beteiligten Unternehmen zu kennen, um anhand deren Marktanteile Prognosen über die Veränderung der Marktstrukturen abgeben zu können.[562]

Der relevante Markt wird dabei in eine sachliche, räumliche und zeitliche Dimension unterteilt. Diese Dimensionen korrespondieren jeweils mit einer Dimension des Wettbewerbs, nämlich mit dem Produktwettbewerb, dem geografischen Wettbewerb und dem Zeitraum des Wettbewerbs.[563] Dabei kommt der sachlichen Marktabgrenzung die größte Bedeutung zu.[564] Daneben ist die Berücksichtigung der räumlichen Definition zur Abgrenzung des relevanten Marktes von großer Bedeutung.[565] Der zeitlich relevante Markt stellt hingegen die unstrittigste und damit die unbedeutendste Dimension des relevanten Marktes dar.[566]

---

[558] Vgl. Bekanntmachung über die Definition des relevanten Marktes (ABl. 1997, C 372, S. 5, Tz. 2, 53 ff.).

[559] Emmerich in: Dauses (2014, H. I. § 2, Rn. 70) bzw. Emmerich (2008, S. 69). Siehe dazu Abschnitt 3.3.3.3.

[560] Lettl (2013, S. 14). Vgl. auch Dietze/Janssen (2011, Rn. 371), Khan in: Geiger et al. (2010, Art. 102 AEUV, Rn. 7).

[561] Bekanntmachung über die Definition des relevanten Marktes (ABl. 1997, C 372, S. 5, Tz. 2).

[562] Vgl. Lettl (2013, S. 14).

[563] Lettl (2013, S. 13).

[564] Vgl. Schmidt (2012, S. 68).

[565] In der Bekanntmachung über die Definition des relevanten Marktes (ABl. 1997, C 372, S. 5, Tz. 2) wird die Abgrenzung des Marktes neben der sachlichen noch in eine räumliche Dimension unterteilt. Weiterhin wird bspw. in § 18 Abs. 1 S. 1 GWB die Marktbeherrschung eines Unternehmens maßgeblich anhand des sachlich und räumlich relevanten Marktes bemessen, ohne noch zusätzlich auf die zeitliche Dimension einzugehen. Vgl. auch Meessen in: Loewenheim et al. (2009, Einführung, Rn. 12), der ebenfalls nur auf die sachliche und räumliche Marktabgrenzung eingeht.

[566] In der Bekanntmachung über die Definition des relevanten Marktes (ABl. 1997, C 372, S. 5, Tz. 2, 8) werden nur die sachliche und die räumliche Dimension des Marktes als relevant zur

In der Bekanntmachung der Kommission über die Definition des relevanten Marktes wurden Kriterien und Nachweise kommuniziert, die bei der Abgrenzung des sachlich und räumlich relevanten Marktes seitens der Kommission zugrunde gelegt werden.[567] Dadurch soll für Unternehmen Transparenz hergestellt und eine Hilfestellung zur Beurteilung von Entscheidungen bezüglich der Gründung von Joint Ventures oder des Abschlusses bestimmter Vereinbarungen gegeben werden.[568] Die folgenden Ausführungen zur Abgrenzung des sachlich und räumlich relevanten Marktes orientieren sich deshalb maßgeblich an der genannten Bekanntmachung der Kommission.

3.1.2.1   Sachlich relevanter Markt

Zur Abgrenzung des sachlich relevanten Marktes (auch Produktmarktabgrenzung[569] genannt), wird der produktbezogene Wettbewerb analysiert. Es wird also aus ökonomischer Sicht die Frage gestellt, welche Produkte[570] „in wirksamer Konkurrenz miteinander stehen"[571] – oder anders formuliert: welche Produkte gegenseitig miteinander austauschbar sind[572]. Denn diese Austauschbarkeit begrenzt maßgeblich den Handlungsspielraum der anbietenden Unternehmen, welche die entsprechenden Produkte anbieten,[573] und damit auch den Wettbewerb, dem sich die anbietenden Unternehmen ausgesetzt sehen. Also sinken Marktanteil und Marktmacht eines einzelnen Anbieters mit steigender Zahl an Produkten im sachlich relevanten Markt, die als Substitut für das eigene Produkt dienen können.[574]

Die Austauschbarkeit von Produkten ist dabei stets aus der Perspektive der Marktgegenseite zu untersuchen, sodass beispielsweise das Produktangebot eines

---

Bewertung von Wettbewerbsfragen erachtet. Nach Vahrenholt (2011, S. 44) ist die zeitliche Abgrenzung des Marktes „in der Regel keine Streitfrage". Nach Lettl (2013, S. 19) ist der zeitlich relevante Markt nur in Ausnahmefällen von Bedeutung.

[567] Die Rede ist von der Bekanntmachung über die Definition des relevanten Marktes (ABl. 1997, C 372, S. 5).

[568] Bekanntmachung über die Definition des relevanten Marktes (ABl. 1997, C 372, S. 5, Tz. 4).

[569] Z. B. Meessen in: Loewenheim et al. (2009, Einführung, Rn. 14). Der Begriff des Produktmarkts wird auch in der Bekanntmachung über die Definition des relevanten Marktes (ABl. 1997, C 372, S. 5, Tz. 7) verwendet.

[570] Die Kommission verwendet anstelle des Produktbegriffs den Terminus der „Erzeugnisse oder Dienstleistungen", vgl. z. B. EuGH-Urteil vom 26.11.1998 „Bronner" (Slg. 1998, S. I-7791, Rn. 33). Dementsprechend werden unter dem hier verwendeten Begriff des Produktes auch Dienstleistungen miteinbezogen.

[571] Vgl. Bester (2007, S. 20).

[572] Bester (2007, S. 21). Vgl. auch EuGH-Urteil vom 26.11.1998 „Bronner" (Slg. 1998, S. I-7791, Rn. 33).

[573] Lettl (2013, S. 14).

[574] Bester (2007, S. 21).

Marktes aus Sicht der Nachfrager auf Austauschbarkeit hin untersucht werden muss.[575] Der sachlich relevante Markt umfasst deshalb nach der Definition der Kommission all jene Produkte, „die von den Verbrauchern hinsichtlich ihrer Eigenschaften, Preise und ihres vorgesehenen Verwendungszwecks als austauschbar oder substituierbar angesehen werden"[576]. Das in dieser Definition enthaltene Kriterium des vorgesehenen Verwendungszwecks eines Produktes zielt schließlich auf die Befriedigung eines bestimmten Bedarfs der Nachfrager ab, der nur durch das betreffende Produkt oder entsprechende Substitute gedeckt werden kann.[577] Um den Bedarf eines Nachfragers nach einem bestimmten Produkt ebenso durch ein Substitut zu befriedigen, ist deshalb bereits ein „hinreichender Grad an Austauschbarkeit [...] im Hinblick auf die gleiche Verwendung"[578] ausreichend. Die Produkte müssen also nicht hinsichtlich ihrer physikalisch-technischen oder chemischen Beschaffenheit identisch sein, um als austauschbar begriffen zu werden.[579] Jedoch muss das Substitut „sowohl in wirtschaftlicher als auch in technischer Hinsicht eine vernünftige Alternative" für das Produkt darstellen.[580] Diese bedarfsbezogene Abgrenzung des sachlich relevanten Marktes wird auch als Bedarfsmarktkonzept[581] oder Konzept der funktionellen Austauschbarkeit[582] bezeichnet. Pfeiffer weist deshalb im Kontext der Abgrenzung des sachlich relevanten Marktes auf die Bedeutung der Kompatibilität als Produkteigenschaft hin, die zueinander kompatible Produkte substituierbar macht.[583] Neben dem Bedarfsmarktkonzept werden zwar noch weitere Konzepte

---

[575] Meessen in: Loewenheim et al. (2009, Einführung, Rn. 13), Bekanntmachung über die Definition des relevanten Marktes (ABl. 1997, C 372, S. 5, Tz. 15).

[576] Bekanntmachung über die Definition des relevanten Marktes (ABl. 1997, C 372, S. 5, Tz. 7).

[577] Dietze/Janssen (2011, Rn. 376). Der Bedarfsbegriff findet so auch Einzug in die in Gerichtsurteilen angeführte Definition des sachlich relevanten Marktes, vgl. z. B. EuGH-Urteil vom 26.11.1998 „Bronner" (Slg. 1998, S. I-7791, Rn. 33).

[578] EuGH-Urteil vom 13.02.1979 „Hoffmann-La Roche" (Slg. 1979, S. 461, Rn. 28).

[579] Vgl. Götting in: Loewenheim et al. (2009, GWB § 19, Rn. 13).

[580] Kommissionsentscheidung vom 17.10.2001 „CVC/Lenzing" (ABl. 2004, L 82, S. 20, Rn. 32). So auch Kommissionsentscheidung vom 30.09.1992 „Du Pont/ICI" (ABl. 1993, L 7, S. 13, Rn. 23).

[581] So z. B. Lettl (2013, S. 15), Dietze/Janssen (2011, Rn. 376).

[582] So z. B. Götting in: Loewenheim et al. (2009, GWB § 19, Rn. 12). Dietze/Janssen (2011, Rn. 374) sprechen von der „funktionalen Äquivalenz".

[583] Vgl. Pfeiffer (1989, S. 25). Wie in Abschnitt 2.1.3.1 dargestellt, schreibt Pfeiffer Produkten, die zueinander kompatibel (zu unterscheiden von komplementär) sind, nach seiner Definition die Eigenschaft der Substituierbarkeit zu. Zur Veranschaulichung diente Abbildung 5.

der Marktabgrenzung diskutiert,[584] allerdings kommt dem Bedarfsmarktkonzept in der Praxis noch immer die größte Bedeutung zu[585].

Praktisch erfolgt die Abgrenzung des sachlich relevanten Marktes anhand des sogenannten hypothetischen[586] Monopolistentests, der von der Kommission aus den amerikanischen Horizontal Merger Guidelines übernommen wurde.[587] Dazu wird überprüft, inwiefern Nachfrager eines Produkts „als Reaktion auf eine angenommene kleine, bleibende Erhöhung der relativen Preise [...] für die betreffenden Produkte [...] auf leicht verfügbare Substitute ausweichen würden"[588], wobei von einer relativen Preiserhöhung von 5-10 % ausgegangen wird.[589] Aus diesem Grund wird dieser Test auch „Small-but-significant-and-nontransitory-increase-in-price-Test", kurz SSNIP-Test, genannt.[590]

Die Kommission stellt bei der Auswertung dieses Experiments maßgeblich auf einen erwirtschafteten Zusatzgewinn für den Anbieter des untersuchten Produkts (in der folgenden Erläuterung Testprodukt genannt) ab: Solange durch eine Preiserhöhung eine Abwanderung von Kunden von einem Testprodukt hin zu einem Substitutionsprodukt in dem Maß erreicht wird, dass durch die Preiserhöhung kein zusätzlicher Gewinn erwirtschaftet wird, so wird der sachlich relevante Markt neben dem Testprodukt um das Substitutionsprodukt ergänzt.[591] Dieser Test wird solange mit weiteren Substitutionsprodukten wiederholt, bis durch eine Preiserhöhung des Testprodukts ein Zusatzgewinn erwirtschaftet werden kann, weil die getesteten Substitutionsprodukte von den Verbrauchern in Bezug auf das Testprodukt nicht mehr als hinreichend substituierbar wahrgenommen werden.[592] Schlussendlich ist der sachlich relevante Markt bestimmt und besteht

---

[584] Auf diese alternativen Konzepte soll an dieser Stelle nicht näher eingegangen werden. Zum Konzept der Wirtschaftspläne siehe z. B. Fuchs/Möschel in: Immenga/Mestmäcker (2014, GWB § 18, Rn. 49). Zum Konzept der Kreuz-Preis-Elastizität siehe z. B. Fuchs/Möschel in: Immenga/Mestmäcker (2014, GWB § 18, Rn. 46 ff.).

[585] Vgl. Körber in: Immenga/Mestmäcker (2012, FKVO Art. 2, Rn. 61).

[586] Die Kommission bezeichnet den Test als „gedankliches Experiment", Bekanntmachung über die Definition des relevanten Marktes (ABl. 1997, C 372, S. 5, Tz. 15).

[587] Emmerich in: Immenga/Mestmäcker (2012, AEUV Art. 101 Abs. 1, Rn. 157). So ist der Test bspw. in der aktuellen Version der Horizontal Merger Guidelines des U.S. Department of Justice and the Federal Trade Commission vom 19.08.2010 einsehbar, siehe FTC (2010, S. 9, Internetquelle).

[588] Bekanntmachung über die Definition des relevanten Marktes (ABl. 1997, C 372, S. 5, Tz. 17). Vgl. auch Kommissionsentscheidung vom 30.09.1992 „Du Pont/ICI" (ABl. 1993, L 7, S. 13, Rn. 23) und Kommissionsentscheidung vom 17.10.2001 „CVC/Lenzing" (ABl. 2004, L 82, S. 20, Rn. 32).

[589] Bekanntmachung über die Definition des relevanten Marktes (ABl. 1997, C 372, S. 5, Tz. 17).

[590] FTC (2010, S. 9, Internetquelle).

[591] Bekanntmachung über die Definition des relevanten Marktes (ABl. 1997, C 372, S. 5, Tz. 18).

[592] Bekanntmachung über die Definition des relevanten Marktes (ABl. 1997, C 372, S. 5, Tz. 18). Vgl. auch Dietze/Janssen (2011, Rn. 376).

neben dem Testprodukt aus all jenen Substitutionsprodukten, die bei der Preiserhöhung des Testprodukts zu einer so starken Abwanderung hin zum Substitutionsprodukt führten, dass der Anbieter des Testprodukts keinen Zusatzgewinn durch die Preiserhöhung erwirtschaften konnte.[593] Ferner berücksichtigt die Kommission bei ihren Betrachtungen individuelle Verbraucherpräferenzen, sodass bei einigen Produkten die funktionelle Austauschbarkeit kein hinreichendes Kriterium ist, um ihre Zugehörigkeit zum relevanten Produktmarkt zu belegen.[594] In solchen Fällen kann es folglich vorkommen, dass funktionell austauschbare Produkte dennoch verschiedenen sachlich relevanten Märkten zugeordnet werden,[595] sodass Marketing-Informationen, wie z. B. individuelle Markenpräferenzen, mit in die Beurteilung einbezogen werden müssen.[596] Dies kann beispielsweise bei Luxusgütern wie Automobilen der Oberklasse der Fall sein, wo der Preis zur elementaren Produkteigenschaft wird und demnach aus Verbrauchersicht hochpreisige Güter nicht mit niedrigpreisigen austauschbar sind,[597] oder bei hoch technologisierten Gütern, die spezielle Verbrauchergruppen ansprechen[598]. Auch für Sekundärprodukte, für welche die Kompatibilität mit einem bestimmten Primärprodukt ausschlaggebend ist,[599] kann eine engere Abgrenzung des Marktes vorgenommen werden:[600] Sofern ein Verbraucher beispielsweise beim Bezug von Ersatzteilen für ein Primärprodukt nicht auf andere Hersteller ausweichen kann und die Wechselkosten[601] zum Wechsel auf ein anderes Primärprodukt unwirtschaftlich hoch sind.[602]

---

[593] Vgl. Bekanntmachung über die Definition des relevanten Marktes (ABl. 1997, C 372, S. 5, Tz. 18). Vgl. auch Dietze/Janssen (2011, Rn. 376).

[594] Vgl. Bekanntmachung über die Definition des relevanten Marktes (ABl. 1997, C 372, S. 5, Tz. 41).

[595] Emmerich in: Immenga/Mestmäcker (2012, AEUV Art. 101 Abs. 1, Rn. 161).

[596] Bekanntmachung über die Definition des relevanten Marktes (ABl. 1997, C 372, S. 5, Tz. 41).

[597] Vgl. Emmerich in: Immenga/Mestmäcker (2012, AEUV Art. 101 Abs. 1, Rn. 161).

[598] Vgl. Emmerich in: Immenga/Mestmäcker (2012, AEUV Art. 101 Abs. 1, Rn. 162). So wird bspw. zwischen „Kugellagern der gängigen Art" und „anderen Kugellager-Systemen wie Nadellagern, Rollenlager oder Kugellager besonderer Art" unterschieden, vgl. Kommissionsentscheidung vom 29.11.1974 „Kugellager" (ABl. 1974, L 343, S. 19 ff., Punkt 2. a) der Sachverhaltsklärung).

[599] Vgl. auch dazu die ökonomische Theorie der Hardware-Software-Netzwerke in Unterkapitel 2.2.1 ff.

[600] Bekanntmachung über die Definition des relevanten Marktes (ABl. 1997, C 372, S. 5, Tz. 56).

[601] Zum Begriff der Wechselkosten siehe Abschnitt 2.2.3.3.

[602] EuG-Urteil vom 15.12.2010 „CEAHR" (WuW/E, 2011/2, S. 190 ff., Tz. 78 f.).

3.1.2.2   Räumlich relevanter Markt

Der räumlich relevante Markt zielt auf die eine geographische Dimension des Marktes ab.[603] Er ist zusätzlich zum sachlich relevanten Markt zu ermitteln, falls die Wettbewerbsbedingungen vom (geographischen) Wirtschaftsraum abhängen und es sich um keinen weltweiten Markt[604] handelt.[605] Dazu wird der Wettbewerb zwischen Marktteilnehmern analysiert, indem die Frage gestellt wird, welche Produzenten in wirksamer Konkurrenz zueinander stehen.[606] Somit sinken Marktanteile und Marktmacht eines einzelnen Anbieters mit zunehmender Anbieterzahl im räumlich relevanten Markt.[607]

Analog zu der Bestimmung des sachlich relevanten Marktes wird auch der räumlich relevante Markt unter Zuhilfenahme des SSNIP-Tests abgegrenzt.[608] Während bei der Produktmarktabgrenzung jedoch eine Abwanderung der Nachfrager auf Substitutionsprodukte infolge einer Preiserhöhung im Fokus der Beobachtung stand, ist nun von Bedeutung, inwiefern Nachfrager bei einer Preiserhöhung einen Wechsel zu einem Unternehmen an einem anderen Standort in Kauf nehmen.[609]

Die Begrenzung des räumlich relevanten Marktes kann sowohl durch nachfrage- als auch angebotsseitige Faktoren bedingt sein:[610] So führt die Kommission einerseits Vorlieben von Verbrauchern für einheimische Marken, Sprachen, Kulturen oder Lebensstile als Beispiele für Nachfragebedingungen an, die einen räumlichen Markt begrenzen können.[611] Andererseits können auch bestimmte Angebotsbedingungen, wie beispielsweise das Vorliegen von Transportkosten bzw. Zollgebühren oder Transporterschwernissen[612] sowie das Erfordernis der

---

[603] Vgl. Bekanntmachung über die Definition des relevanten Marktes (ABl. 1997, C 372, S. 5, Tz. 8).

[604] Als Beispiele für einen weltweiten Markt nennt Lettl (2013, S. 18) den Markt für Verkehrsflugzeuge. In der Kommissionsentscheidung vom 29.09.1999 „BP Amoco/Arco" (ABl. 2001, L 18, S. 1, Rn. 16), wird der Markt für die Erschließung, die Förderung und den Absatz von Rohöl als weltweiter Markt eingestuft.

[605] Lettl (2013, S. 18).

[606] Bester (2007, S. 20).

[607] Bester (2007, S. 21).

[608] Vgl. Bekanntmachung über die Definition des relevanten Marktes (ABl. 1997, C 372, S. 5, Tz. 29).

[609] Bekanntmachung über die Definition des relevanten Marktes (ABl. 1997, C 372, S. 5, Tz. 29).

[610] Vgl. Montag/Kacholt in: Dauses (2014, H. I. § 4, Rn. 69 f.).

[611] Bekanntmachung über die Definition des relevanten Marktes (ABl. 1997, C 372, S. 5, Tz. 46).

[612] Vgl. Bekanntmachung über die Definition des relevanten Marktes (ABl. 1997, C 372, S. 5, Tz. 50).

Einhaltung nationaler Normen oder Qualitätskennzeichen[613], dazu führen, dass der räumlich relevante Markt begrenzt wird.

Während noch in den 1990er Jahren der räumlich relevante Markt auf den deutschen Inlandsmarkt begrenzt wurde, hat der Abbau von Handelsschranken dazu geführt, dass nunmehr zunehmend auch europaweite räumlich relevante Märkte angenommen werden.[614]

3.1.2.3 Zeitlich relevanter Markt

Während der sachlich relevante Markt auf die Produkte und der räumlich relevante Markt auf die geographische Lage der im selben relevanten Markt befindlichen Unternehmen abzielen, wird bei der Abgrenzung des zeitlich relevanten Marktes der Zeitraum definiert, in welchem die Wettbewerbsverhältnisse auf eine Wettbewerbsbeschränkung hin untersucht werden.[615] Diese Dimension ist nur dann abzugrenzen, falls Märkte nur vorübergehend existieren[616] oder die Wettbewerbsverhältnisse zeitlich nicht konstant bleiben[617]. Dies trifft hauptsächlich dann zu, wenn Produkte nicht konstant, sondern nur zu bestimmten Zeiten angeboten werden. Als typische Beispiele werden unter anderem Saisonprodukte[618] oder Tickets für spezielle Veranstaltungen[619] genannt.

3.1.2.4 Relevante Märkte für standardsetzende Unternehmen

Die Kommission zählt die aus ihrer Sicht für (kooperative) Standardisierung potenziell relevanten Märkte in ihren Horizontal-Leitlinien[620] (im Folgenden als H-LL bezeichnet) auf:[621]

---

[613] Vgl. Kommissionsentscheidung vom 10.10.2001 „Schneider/Legrand" (ABl. 2004, L 101, S. 1, Rn. 56, 194).

[614] Meessen in: Loewenheim et al. (2009, Einführung, Rn. 15).

[615] Vgl. Emmerich (2008, S. 72). Vgl. auch Götting in: Loewenheim et al. (2009, GWB § 19, Rn. 24).

[616] Lettl (2013, S. 19).

[617] Götting in: Loewenheim et al. (2009, GWB § 19, Rn. 24).

[618] Schmidt (2012, S. 69).

[619] Lettl (2013, S. 19).

[620] Gemeint sind die Leitlinien zur Anwendbarkeit von Artikel 101 des Vertrages über die Arbeitsweise der Europäischen Union auf Vereinbarungen über horizontale Zusammenarbeit (ABl. 2011, C 11, S. 1 ff.). Vorgänger waren die Leitlinien zur Anwendbarkeit von Artikel 81 EG-Vertrag auf Vereinbarungen über horizontale Zusammenarbeit (ABl. 2001, C 3, S. 2 ff.). Ausführlich zu den H-LL siehe Unterabschnitt 3.3.2.3.2.

[621] Die Kommission verwendet in ihren H-LL (ABl. 2011, C 11, S. 1) die Begriffe der Norm und der Normung nach analog zu den in dieser Arbeit verwendeten Begriffen des Standards und der Standardisierung. Eine begriffliche Auseinandersetzung dazu findet sich in Unterabschnitt 3.3.2.3.2. Die folgende Aufzählung ist den H-LL (ABl. 2011, C 11, S. 1, Tz. 261) entnommen.

1) Die Produkt- und Dienstleistungsmärkte, auf welche sich der Standard bezieht,

2) der Technologiemarkt, sofern die Technologie für einen Standard im Rahmen des Standardisierungsprozesses ausgewählt wird und die für den Standard relevanten Rechte geistigen Eigentums getrennt von den Produkten vermarktet werden,

3) der Markt für die Festsetzung von Normen, falls mehrere Unternehmen oder Standardisierungskooperationen um die Durchsetzung eines Standards konkurrieren,

4) ggf. ein eigenständiger Markt für die Prüfung und Zertifizierung des neuen Standards.

Picht nimmt in seinen Ausführungen zur Abgrenzung der für Standardisierung relevanten Märkte teilweise Bezug zu den oben dargestellten Ausführungen der Kommission, indem er ebenfalls auf den Technologiemarkt und den Produktmarkt verweist, jedoch die Märkte für die Festsetzung von Normen und für die Prüfung und Zertifizierung unerwähnt lässt.[622] Darüber hinaus nennt er jedoch Komplementärmärkte, die in einer Verbindung zum Technologie- oder Produktmarkt stehen, weil beispielsweise Zubehör für die Standardprodukte angeboten wird.[623] Da Zubehör für einen Standard jedoch eine entsprechende Standardkompatibilität aufweisen muss und sich der Standard insofern ebenfalls auf das Zubehör bezieht, werden Komplementärmärkte bereits von der abstrakt gehaltenen Definition der Produkt- und Dienstleistungsmärkte der Kommission erfasst.

3.1.2.5   Herausforderungen bei der Marktabgrenzung für standardsetzende Unternehmen

Als maßgebliche Belege, die zur Darlegung der Nachfragesubstitution zwischen Produkten anerkannt werden, zählt die Kommission vor allem Daten über bereits aufgetretene Substitutionseffekte in jüngster Vergangenheit, eine Reihe ökonometrischer und statistischer Tests sowie die Darlegung des Standpunkts von Kunden und Wettbewerbern.[624] Um Angaben über Marktgrößen und Marktanteile in der Praxis zu erheben, bedient sich die Kommission oftmals marktnaher und externer Quellen, wie beispielsweise Angaben und Studien von Unternehmen, Wirtschaftsberatern oder Wirtschaftsverbänden.[625]

---

[622] Picht (2014, S. 7).

[623] Picht (2014, S. 7).

[624] Bekanntmachung über die Definition des relevanten Marktes (ABl. 1997, C 372, S. 5, Tz. 38 ff.).

[625] Bekanntmachung über die Definition des relevanten Marktes (ABl. 1997, C 372, S. 5, Tz. 53).

Für standardsetzende Unternehmen stellt diese Vorgehensweise zur Erhebung von Nachweisen insofern ein Problem dar, als dass sich der Großteil dieser Nachweisoptionen auf Marktdaten der Vergangenheit oder zumindest auf etablierte Produktmärkte bezieht. Insofern könnte es innovativen standardsetzenden Unternehmen bei der Verfolgung einer Führerstrategie[626] schwerer fallen, ex ante einen Nachweis über die konkrete Struktur und Beschaffenheit des sachlichen und räumlichen Marktes vorzubereiten. Die am ehesten auf Sicherheit bedachte Vorgehensweise für innovative Standardsetzer stellt deshalb die Annahme eines getrennten Marktes für den innovativen Standard dar, in welchem der Standardsetzer im Fall der Durchsetzung des Standards als Monopolist angesehen wird.[627] Gleichzeitig wird mit der Entwicklung eines innovativen Standards oftmals auch ein neuer Markt entwickelt, sodass zu Beginn der Standardisierungstätigkeit noch keine Marktanteile bestimmt werden können.[628]

3.1.3 Unternehmen als Rechtsadressaten

Wie bereits erwähnt,[629] richten sich die Vorschriften des Kartellrechts direkt an Unternehmen.[630] Dabei sind sowohl privatwirtschaftliche als auch öffentliche Unternehmen angesprochen.[631] Der EuGH definiert Unternehmen sehr allgemein als „jede eine wirtschaftliche Tätigkeit ausübende Einheit unabhängig von ihrer Rechtsform und der Art ihrer Finanzierung."[632] Dies wird auch als funktionaler Unternehmensbegriff bezeichnet,[633] da es nur auf die Tätigkeit einer Institution und nicht auf deren konkrete Kennzeichnung als Unternehmen ankommt.[634]

Die Größe der besagten „Einheit" ist dabei ebenso irrelevant wie ihre rechtliche Selbstständigkeit, sodass im Zweifel eine einzelne, natürliche Person als

---

[626] Siehe dazu Abschnitt 2.3.2.1.

[627] Dies kann auch aus dem Wesen der Monopolstrategie gefolgert werden, vgl. Unterabschnitt 2.3.3.2.1. Nach § 18 Abs. 1 Nr. 1 bzw. 2 GWB gilt ein Unternehmen als marktbeherrschend, wenn es ohne Wettbewerber bzw. keinem wesentlichen Wettbewerb ausgesetzt ist.

[628] Vgl. Franz/Fest (2013, S. 165).

[629] Vgl. Unterkapitel 3.1.3.

[630] Im Vertrag über die Arbeitsweise der Europäischen Union werden die Artikel 101 bis 106 auch als eben solche „Vorschriften für Unternehmen" betitelt. In analoger Form richtet sich die FKVO an Unternehmen, vgl. Montag/Kacholt in: Dauses (2014, H. I. § 4, Rn. 8).

[631] Im deutschen Kartellrecht kann dies aus § 130 Abs. 1 GWB gefolgert werden. Auf europäischer Ebene ergibt sich dies aus Art. 106 Abs. 1 AEUV.

[632] EuGH-Urteil vom 19.01.1994 "SAT/Eurocontrol" (Slg. 1994, S. I-55, Rn. 18). Diese Definition gilt für die Anwendung der FKVO entsprechend, vgl. Montag/Kacholt in: Dauses (2014, H. I. § 4, Rn. 8).

[633] Vgl. z. B. Khan in: Geiger et al. (2010, Art. 101 AEUV, Rn. 9), Weiß in: Calliess/Ruffert (2011, AEUV Art. 101, Rn. 25), Montag/Kacholt in: Dauses (2014, H. I. § 4, Rn. 8), Emmerich in: Immenga/Mestmäcker (2012, AEUV Art. 101 Abs. 1, Rn. 8).

[634] Montag/Kacholt in: Dauses (2014, H. I. § 4, Rn. 8).

Regelungsadressat genauso in Frage kommt[635] wie Unternehmensvereinigungen[636] oder Verbände[637], solange eine wirtschaftliche Tätigkeit vorliegt. Der Begriff der Einheit ist dabei im Sinne einer „wirtschaftlichen Einheit" zu verstehen,[638] was insbesondere bei verbundenen Unternehmen[639] bzw. Konzernen[640] von Belang ist, wo unterschiedliche Rechtspersönlichkeiten (z. B. Tochtergesellschaften und Muttergesellschaft) unter Umständen dennoch als eine wirtschaftliche Einheit zu betrachten sind.[641] So werden potenziell wettbewerbsbeschränkende Tatbestände innerhalb eines Konzerns auch nicht als solche geahndet, wenn die betreffenden Unternehmen wirtschaftlich im Sinne einer Einheit miteinander verbunden sind.[642] Im Fall einer solchen wirtschaftlichen Abhängigkeit verbundener Unternehmen, beispielsweise der Tochtergesellschaft von der Muttergesellschaft, kann für wettbewerbsbeschränkende Maßnahmen der Tochtergesellschaft auch die Muttergesellschaft verantwortlich gemacht werden.[643]

---

[635] Vgl. z. B. Kommissionsentscheidung vom 26.07.1976 „Reuter/BASF" (ABl. 1976, L 254, S. 40, 45) oder Kommissionsentscheidung vom 26.05.1978 „RAI/UNITEL" (ABl. 1978, L 157, S. 39 f.). Im Rahmen des deutschen Kartellrechts können natürliche Personen in der Funktion als Manager oder Geschäftsführer auch für kartellrechtliche Verstöße ihrer Unternehmen zur Verantwortung gezogen werden, vgl. Lampert/Matthey in: Hauschka (2010, § 26, Rn. 11).

[636] Dies trifft insbesondere auf Art. 101 Abs. 1 AEUV zu, wo auch Unternehmensvereinigungen mitgenannt werden. Im EuGH-Urteil vom 19.02.2002 „Wouters" (Slg. 2002, S. I-1577, Rn. 64) wird der Berufsverband der Niederländischen Rechtsanwaltskammer als Unternehmensvereinigung gewertet.

[637] So z. B. die FIFA als Weltfußballverband, der nach Ansicht der Kommission neben sportlichen Tätigkeiten auch wirtschaftliche ausübt und damit ein Unternehmen im Sinne des (damaligen) Art. 85 EWGV darstellt, vgl. Kommissionsentscheidung vom 27.10.1992 „Fußball WM 1990" (ABl. 1992, L 326, S. 31, Rn. 47 ff.).

[638] Vgl. Emmerich in: Immenga/Mestmäcker (2012, AEUV Art. 101 Abs. 1, Rn. 11), Hoffmann in: Dauses (2014, H. I. § 1, Rn. 76 f.).

[639] Eine Auflistung unterschiedlicher Arten von verbundenen Unternehmen findet sich in §§ 15 ff. AktG.

[640] Vgl. § 18 AktG.

[641] Nach Emmerich in: Immenga/Mestmäcker (2012, AEUV Art. 101 Abs. 1, Rn. 11) liegt diese wirtschaftliche Einheit innerhalb eines Konzerns insbesondere dann vor, „wenn die Muttergesellschaft zu (fast) 100 % an einer Tochtergesellschaft beteiligt ist".

[642] Vgl. EuGH-Urteil vom 25.11.1971 „Béguelin" (Slg. 1971, S. 949, 959), wo eine Alleinvertriebsvereinbarung, die von der in einem Mitgliedstaat ansässigen Muttergesellschaft mit der wirtschaftlich als nicht selbstständig angesehenen Tochtergesellschaft, ansässig in einem anderen Mitgliedstaat, getroffen wurde, nicht als Wettbewerbsstörung angesehen wird.

[643] Vgl. Kommissionsentscheidung vom 05.12.2001 „Zitronensäure" (ABl. 2002, L 239, S. 18, Rn. 178, 187 f.), wonach „eine Muttergesellschaft für das rechtswidrige Verhalten einer Tochtergesellschaft verantwortlich zu machen ist, [...] [wenn] die Tochtergesellschaft ihr Marktverhalten nicht autonom bestimmt, sondern im Wesentlichen Weisungen der Muttergesellschaft befolgt".

Der Begriff der wirtschaftlichen Tätigkeit zeichnet sich schließlich dadurch aus, dass „Güter oder Dienstleistungen auf einem bestimmten Markt"[644] angeboten werden. Die Absicht zur Gewinnerzielung ist bei der wirtschaftlichen Tätigkeit dabei nicht von Belang.[645] Jedoch erfüllen Tätigkeiten, „die [ausschließlich[646] in der] Ausübung hoheitlicher Befugnisse erfolgen", das Kriterium des wirtschaftlichen Charakters nicht.[647]

Nachdem bereits an früherer Stelle zwischen Industriestandards und Normen differenziert wurde,[648] stellt sich auch an dieser Stelle die Frage nach der Abgrenzung eines standardisierenden Unternehmens zu einer Normungsorganisation. Diesbezüglich äußerte sich das Gericht im Fall SELEX explizit in Bezug auf Organisationen, die Normen erlassen: Danach kann Organisationen, die Normen ausarbeiten und diese sodann erlassen, nur dann eine wirtschaftliche Tätigkeit zugesprochen werden, wenn es einen Markt für „Dienstleistungen der technischen Normung" in Bezug auf das Normungsfeld bzw. einen Markt für die Ergebnisse der Normungsarbeit, also die Normen selbst, gibt.[649] Andernfalls trifft die Maßgabe, dass Güter oder Dienstleistungen auf einem bestimmten Markt angeboten werden, nicht zu. Im vorliegenden Fall konnte die Organisation vor allem auch deshalb nicht als Unternehmen gesehen werden, da sie kein eigenes und unabhängiges Interesse mit der Normungstätigkeit verband, sondern als internationale Organisation, die von bestimmten Staaten mit der Erarbeitung von Normen beauftragt wurde, „ein im Allgemeininteresse liegendes Ziel" verfolgte.[650]

3.1.4 Zwischenfazit für standardsetzende Unternehmen

Daraus kann gefolgert werden, dass standardsetzende Unternehmen mit der Erarbeitung ihres Standards auch unabhängige Ziele verfolgen müssen, die mit dem

---

[644] EuGH-Urteil vom 24.10.2002 "Aéroports de Paris" (Slg. 2002, S. I-9334, Rn. 79).

[645] So wird im EuGH-Urteil vom 11.12.1997 „Job Centre" (Slg. 1997, S. I-7119, Rn. 21 ff.) Arbeitsvermittlung als eine wirtschaftliche Tätigkeit interpretiert, obwohl diese ohne Gewinnerzielungsabsicht ausgeübt wird.

[646] Vgl. EuG-Urteil vom 12.12.2006 „SELEX" (Slg. 2006, S. II-4797, Rn. 54), wo das Gericht darauf hinweist, dass Hoheitsträger auch wirtschaftliche Tätigkeiten durchführen können (und dürfen), sofern diese von der hoheitlichen Tätigkeit unterscheidbar sind.

[647] EuGH-Urteil vom 26.03.2009 „SELEX/Kommission und Eurocontrol" (Slg. 2009, S. I-2207, Rn. 70). Vgl. dazu EuG-Urteil vom 12.12.2006 „SELEX" (Slg. 2006, S. I-4797, Rn. 51). Siehe auch EuGH-Urteil vom 04.05.1988 „Bodson/Pompes Funèbres" (Slg. 1988, S. 2479, Rn. 18), wo festgestellt wird, dass „Gemeinden, die in ihrer Funktion als Träger öffentlicher Gewalt handeln, und Unternehmen, die mit der Wahrnehmung einer öffentlichen Aufgabe betraut werden", nicht als Unternehmen im Sinne des Artikel 85 EGV zu verstehen sind.

[648] Vgl. Kapitel 2.1.

[649] Vgl. EuG-Urteil vom 12.12.2006 „SELEX" (Slg. 2006, S. II-4797, Rn. 61).

[650] EuG-Urteil vom 12.12.2006 „SELEX" (Slg. 2006, S. II-4797, Rn. 58).

Angebot des erarbeiteten Standards auf einem bestimmten Markt verbunden sein müssen, um als Adressat der europäischen Wettbewerbsregeln in Frage zu kommen. Bei anerkannten Normungsorganisationen, deren originäre Aufgabe in der Erarbeitung und Verabschiedung von Normen liegt, wobei gleichzeitig die Steigerung des Allgemeinwohls im Vordergrund steht,[651] sind diese Anforderungen daher nochmals in einem anderen Licht zu klären.

So müsste bei anerkannten Normungsorganisationen zunächst geklärt werden, inwiefern ihre Arbeit als wirtschaftliche Tätigkeit angesehen werden kann, um sie in den Adressatenkreis des Kartellrechts zu integrieren.[652] Zwar wurde diese Frage bisher nicht abschließend durch den EuGH geklärt,[653] jedoch interpretiert Schweitzer die aktuellen Ansichten der Kommission so, das Art. 101 Abs. 1 AEUV auf formelle Normungsorganisationen wie das DIN oder die ISO keine Anwendung findet[654]. Während Standardsetzung durch formelle Normungsinstitutionen also eher nicht vom europäischen Kartellrecht erfasst wird, stehen privatwirtschaftliche Unternehmen, die mit der Erarbeitung von Standards eigene, kommerzielle Ziele verfolgen, umso mehr im Adressatenkreis des Kartellrechts.

In Bezug auf standardsetzende Unternehmen kann deshalb im Hinblick auf die drei Säulen des Kartellrechts untersucht werden, unter welchen Bedingungen

- ■ mehrere Unternehmen Absprachen zur gemeinsamen Entwicklung eines multilateralen Standards vornehmen dürfen, ohne gegen das Verbot wettbewerbsbeschränkender Vereinbarungen zu verstoßen.

- ■ Unternehmen proprietäre Standards kommerziell verwalten dürfen, ohne die auf dem Markt des Standards marktbeherrschende (oder nur marktstarke) Stellung zu missbrauchen.

- ■ Unternehmen eine Fusion mit anderen Unternehmen durchführen dürfen, die im Ergebnis dazu geeignet ist, einen neuen Industriestandard im Markt zu etablieren.

Allerdings beschränkt sich diese Arbeit auf die absprache- und missbrauchsrechtliche Betrachtung standardsetzender Unternehmen, sodass Aspekte der Fusionskontrolle nur der Vollständigkeit halber aufgeführt werden.

---

[651] Siehe dazu Abschnitt 2.1.2.1.

[652] Vgl. Schweitzer (2012, S. 769).

[653] Schweitzer (2012, S. 769).

[654] Das folgert Schweitzer (2012, S. 769) aus den H-LL (ABl. 2011, C 11, S. 1, Tz. 280).

3.2   Verhältnis des europäischen zum deutschen Kartellrecht

Das Verhältnis zwischen europäischem und deutschem Kartellrecht gilt selbst in der kartellrechtlichen Fachliteratur nicht als klar geregelt.[655] Doch muss an dieser Stelle zumindest der Versuch unternommen werden, das Verhältnis des deutschen Kartellrechts zu den entsprechenden Vorschriften des Unionsrechts zu klären. Damit sollen für die unternehmerische Praxis Hinweise bezüglich der Priorität und Anwendbarkeit nationalen und europäischen Rechts gegeben werden, da es für unternehmerische Entscheidungen von zentraler Bedeutung ist, nach welchem Recht mögliche Wettbewerbsbeschränkungen beurteilt werden.[656]

Inzwischen entsprechen sich die Regelungen zum Kartellverbot auf deutscher und europäischer Ebene – bis auf die im europäischen Recht enthaltene Zwischenstaatlichkeitsklausel – quasi vollkommen.[657] Und die Regelungen zum Missbrauchsverbot sind zumindest insoweit inhaltlich übereinstimmend, als sie – wie im Folgenden erörtert wird – unter Umständen parallel anwendbar sind. Obwohl das deutsche Kartellrecht somit dem europäischen folgt, ist es deshalb aber nicht obsolet. Denn wie ebenfalls gezeigt wird, verbleiben durchaus noch exklusive Anwendungsbereiche des nationalen Rechts. Meessen spricht deshalb eher von einem „Ineinanderwirken" als von einem bloßen Verweis der deutschen Vorschriften auf das europäische Recht.[658]

3.2.1   Voraussetzungen für die Anwendung der europäischen Wettbewerbsregeln

Die allgemeine Voraussetzung für die Anwendung der europäischen Wettbewerbsregeln leitet sich aus der Zwischenstaatlichkeitsklausel ab.[659] Danach sind die Art. 101 und 102 AEUV anwendbar, wenn die Vereinbarungen oder Verhaltensweisen von Unternehmen dazu geeignet sind, den Handel zwischen Mitgliedsstaaten zu beeinträchtigen.[660] Der Begriff des Handels wird dabei weit

---

[655]   Vgl. Meessen in: Loewenheim et al. (2009, Einführung, Rn. 82).

[656]   Dies ist bspw. in Fragen des Gerichtsstands entscheidend.

[657]   Bechtold in: Bechtold (2013, § 1, Rn. 1). Weiterhin ist § 1 GWB nach Bechtold in: Bechtold (2013, § 1, Rn. 4) „exakt so anzuwenden und auszulegen […] wie Art. 101 Abs. 1 AEUV".

[658]   Meessen in: Loewenheim et al. (2009, Einführung, Rn. 82).

[659]   In den Leitlinien zum Begriff der Beeinträchtigung des zwischenstaatlichen Handels (ABl. 2004, C 101, S. 81, Tz. 12) wird umgekehrt formuliert, dass das europäische Wettbewerbsrecht nicht auf jene Vereinbarungen oder Verhaltensweisen angewendet werden kann, „die nicht geeignet sind, den Handel zwischen Mitgliedsstaaten spürbar zu beeinträchtigen".

[660]   Vgl. Art. 101 Abs. 1 AEUV und Art. 102 Abs. 2 AEUV. Eine ausführliche Beschreibung der Auslegung der Zwischenstaatlichkeitsklausel findet sich in den Leitlinien zum Begriff der Beeinträchtigung des zwischenstaatlichen Handels (ABl. 2004, C 101, S. 81, Tz. 1 ff.).

ausgelegt und umfasst jeglichen Waren-, Dienstleistungs- und Kapitalverkehr, sodass man auch vom gesamten Wirtschaftsverkehr sprechen kann.[661]

Diese Anwendungsvoraussetzung wird weit ausgelegt[662] und gilt als erfüllt, „wenn sich anhand der Gesamtheit objektiver rechtlicher oder tatsächlicher Umstände mit hinreichender Wahrscheinlichkeit voraussehen lässt, dass die Vereinbarung unmittelbar oder mittelbar, tatsächlich oder der Möglichkeit nach den Warenverkehr zwischen Mitgliedsstaaten beeinflussen kann"[663]. Aus dieser Auslegungsformel ergibt sich, dass bereits die Eignung zur Beeinträchtigung des Handels als Anwendbarkeitskriterium gilt und es folglich nicht notwendig ist, dass der Handel tatsächlich beeinträchtigt wird.[664] Es ist vielmehr lediglich erforderlich, dass eine Beeinflussung des Wirtschaftsverkehrs mit hinreichender Wahrscheinlichkeit eintritt.

Jedoch muss die (potenzielle) Beeinträchtigung des zwischenstaatlichen Handels auch spürbar sein, sodass eine geringfügige Beeinträchtigung noch nicht zum Eingreifen der Zwischenstaatlichkeitsklausel[665] und damit zur Anwendung des Unionsrechts genügt. Zur Beurteilung der Spürbarkeit stellt der EuGH insbesondere auf die „Stellung und Bedeutung der Parteien auf dem Markt"[666] ab. Grundsätzlich gilt in diesem Zusammenhang, dass mit zunehmender Stärke der Marktstellung eines Unternehmens die Wahrscheinlichkeit für die Spürbarkeit der Beeinträchtigung des zwischenstaatlichen Handels durch eine Vereinbarung oder Verhaltensweise steigt.[667] Dabei wird seitens der Kommission betont, dass

---

[661] Jung in: Grabitz et al. (2014, AEUV Art. 102, Rn. 362).

[662] Dietze/Janssen (2011, Rn. 115).

[663] EuGH-Urteil vom 30.06.1966 „Société Technique/Maschinenbau Ulm" (Slg. 1966, S. 281, 303). Ähnlich EuGH-Urteil vom 09.07.1969 „Völk/Vervaecke" (Slg. 1969, S. 295, Rn. 5) und EuGH-Urteil vom 09.11.1983 „NBI Michelin" (Slg. 1983, S. 3461, 3489), wobei in den letztgenannten beiden Urteilen anstatt vom „Warenverkehr" vom „Handel" die Rede ist. Die Kommission hat Hinweise zur Auslegung dieser Formulierung in ihren Leitlinien zum Begriff der Beeinträchtigung des zwischenstaatlichen Handels (ABl. 2004, C 101, S. 81, Tz. 23 ff.) zusammengefasst.

[664] Vgl. z. B. EuGH-Urteil vom 23.04.1991 „Höfner/Macrotron" (Slg. 1991, S. I-1979, Rn. 32) oder EuGH-Urteil vom 06.04.1995 „Magill" (Slg. 1995, S. I-743, Rn. 69). In der BKartA-Entscheidung „Stadt Nordhorn" vom 28.02.1996 (WuW/E BKartA, S. 2859, 2866) berief sich das Bundeskartellamt auf einschlägige Urteile des EuGH und stellte ebenfalls klar, dass eine Beeinträchtigung des zwischenstaatlichen Wirtschaftsverkehrs nicht notwendigerweise „tatsächlich in einem negativen Sinne spürbar" sein muss, sondern bereits die „Eignung der festgestellten Wettbewerbsbeschränkung zu einer spürbaren Beeinträchtigung des [zwischenstaatlichen] Handels" zur Erfüllung der Zwischenstaatlichkeitsklausel genügt und damit europäisches Recht anzuwenden ist.

[665] Vgl. EuGH-Urteil vom 09.07.1969 „Völk/Vervaecke" (Slg. 1969, S. 295, Rn. 7).

[666] EuGH-Urteil vom 28.04.1998 „Javico" (Slg. 1998, S. I-1983, Rn. 17).

[667] Leitlinien zum Begriff der Beeinträchtigung des zwischenstaatlichen Handels (ABl. 2004, C 101, S. 81, Tz. 45). Vgl. auch EuG-Urteil vom 01.04.1993 „BPB Industries und British Gypsum" (Slg. 1993, S. II-389, Rn. 138), wo eine Beeinträchtigung des Handels aufgrund „der starken

das Kriterium der Spürbarkeit grundsätzlich fallspezifisch beurteilt werden muss.[668]

Es werden auch jene – eigentlich für den Handel positiven – Beeinträchtigungen eingeschlossen, die zu einer Ausweitung des Handelsvolumens führen[669] oder führen könnten[670]. Daraus folgert Klose, dass das Kriterium der Beeinträchtigung des Handels bereits erfüllt ist, wenn sich „infolge der betreffenden Maßnahme [des Unternehmens] der zwischenstaatliche Handel anders als in einem System unverfälschten Wettbewerbs entwickelt oder sich entwickeln könnte"[671].

Wie der EuGH entschied, kann der Handel zwischen den Mitgliedsstaaten bereits durch ein Kartell beeinflusst werden, dessen Mitgliedsunternehmen nur in einem Mitgliedsstaat agieren: Durch ein solches Kartell wird nach Ansicht des EuGH die „gewollte gegenseitige wirtschaftliche Durchdringung"[672] verhindert. Potenziellen Marktteilnehmern aus anderen Mitgliedsstaaten wird dadurch der Eintritt in den „abgeschotteten" nationalen Markt erschwert, was als Beeinträchtigung des Handels ausgelegt wird.[673]

3.2.2 Vorrang der europäischen Wettbewerbsregeln vor deutschem Recht

Sobald europäisches Recht anwendbar ist, genießt dieses – bei gleichzeitiger Anwendbarkeit nationalstaatlichen Rechts, d. h. bei einem Normenkonflikt – nach der Entscheidungspraxis des EuGH grundsätzlich Vorrang vor nationalstaatlichem Recht.[674] So wurde vom EuGH auch in kartellrechtlichen Angelegenheiten formuliert: „Normenkonflikte zwischen Gemeinschafts- und innerstaatlichem Kartellrecht sind daher nach dem Grundsatz des Vorrangs des Gemeinschaftsrechts zu lösen."[675]

Stellung [...] auf dem britischen und dem Weltmarkt [...] als hinreichend bedeutsam" angesehen wurde.

[668] Leitlinien zum Begriff der Beeinträchtigung des zwischenstaatlichen Handels (ABl. 2004, C 101, S. 81, Tz. 45).

[669] Vgl. EuGH-Urteil vom 13.07.1966 „Grundig/Consten" (Slg. 1966, S. 321, 389 ff.).

[670] Vgl. EuGH-Urteil vom 29.10.1980 „Van Landewyck" (Slg. 1980, S. 3125, Rn. 169 f.).

[671] Klose (1998, S. 85).

[672] EuGH-Urteil vom 17.10.1972 „Vereeniging van Cementhandelaren" (Slg. 1972, S. 977, Rn. 29).

[673] Vgl. EuGH-Urteil vom 17.10.1972 „Vereeniging van Cementhandelaren" (Slg. 1972, S. 977, Rn. 28 ff.).

[674] Vgl. z. B. EuGH-Urteil vom 15.07.1964 „ENEL" (Slg. 1964, S. 1251, 1269 ff.).

[675] EuGH-Urteil vom 13.02.1969 „Walt Wilhelm" (Slg. 1969, S. 1, 14 ff.), auf welches auch in der weiteren Rechtsprechung verwiesen wird, wie z. B. in EuGH-Urteil vom 10.07.1980 „Guerlain" (Slg. 1980, S. 2327, Rn. 15).

Sofern die Zwischenstaatlichkeitsklausel erfüllt ist, sind deutsche Wettbewerbsbehörden spätestens seit Inkrafttreten der VO 1/2003[676] dazu verpflichtet, in Fällen des Verstoßes gegen das Kartell- oder Missbrauchsverbot europäisches Recht zunächst parallel zum deutschen Recht anzuwenden.[677] Wird demnach Art. 101 AEUV zur Anwendung gebracht, darf die Hinzunahme nationalen Rechts nicht mehr zu einem dem Art. 101 AEUV widersprechenden Ergebnis führen.[678] Sobald die Zwischenstaatlichkeitsklausel erfüllt ist, verdrängt europäisches Kartellrecht im Falle des Art. 101 AEUV somit abweichendes nationales Kartellrecht.[679] Hingegen schließt die Anwendung des Art. 102 AEUV nicht aus, dass auf Basis deutschen Kartellrechts strengere Urteile für missbräuchliches Verhalten gefällt werden.[680]

Dietze/Janssen formulieren daher folgende Faustregel für Fälle mit einer Eignung zur zwischenstaatlichen Handelsbeeinträchtigung: „Das deutsche Recht darf weder strenger noch milder sein als Art. 101 AEUV; es darf strenger, aber nicht milder sein als Art. 102 AEUV."[681] Wie bereits gezeigt wurde,[682] ist es dabei unerheblich, ob die an dem wettbewerbsbeschränkenden Tatbestand beteiligten Unternehmen in nur einem Mitgliedsstaat ansässig sind,[683] sodass auch bei Wettbewerbsbeschränkungen, die zum aktuellen Zeitpunkt nur Marktteilnehmer eines einzigen Mitgliedsstaats betreffen, im Zweifel Unionsrecht statt nationalem Recht zur Anwendung kommt.

3.2.3   Verhältnis der europäischen zur deutschen Zusammenschlusskontrolle

Im Gegensatz zu den Vorschriften der VO 1/2003, die Art. 101, 102 AEUV betreffen, wo eine parallele Anwendung nationalen und europäischen Rechts unter den oben beschriebenen Bedingungen legitimiert wird, gilt bei der Fusi-

---

[676] Gemeint ist die Verordnung (EG) Nr. 1/2003 des Rates vom 16. Dezember 2002 zur Durchführung der in den Artikeln 81 und 82 des Vertrags niedergelegten Wettbewerbsregeln (ABl. 2003, L 1, S. 1, Art. 3 Abs. 1).

[677] Vgl. VO 1/2003 (ABl. 2003, L 1, S. 1, Art. 3 Abs. 1).

[678] Bechtold (2013, Einführung, Rn. 70). So auch in VO 1/2003 (ABl. 2003, L 1, S. 1, Art. 3 Abs. 2) niedergeschrieben und dementsprechend unter § 22 Abs. 2 S. 1 GWB in deutsches Recht inkorporiert. Vgl. dazu auch die frühere Rechtsprechung des EuGH, z. B. EuGH-Urteil vom 27.01.1987 „Verband der Sachversicherer e.V." (Slg. 1987, S. 452, Tz. 19) oder EuGH-Urteil vom 10.07.1980 „Guerlain" (Slg. 1980, S. 2327, Rn. 16 f.).

[679] Dietze/Janssen (2011, Rn. 100 f., 114).

[680] Vgl. VO 1/2003 (ABl. 2003, L 1, S. 1, Art. 3 Abs. 2), wo dies für „einseitige Handlungen" betont wird.

[681] Dietze/Janssen (2011, Rn. 101).

[682] Siehe Unterkapitel 3.2.1.

[683] Vgl. EuGH-Urteil vom 17.10.1972 „Vereeniging van Cementhandelaren" (Slg. 1972, S. 977, Rn. 29 ff.).

onskontrolle der sogenannte „Grundsatz der alternativen Anwendbarkeit"[684]. Unternehmenszusammenschlüsse sind nach europäischem Recht zu beurteilen, sobald sie von „gemeinschaftsweiter Bedeutung" sind.[685] Gleichzeitig wird festgelegt, dass die EU-Mitgliedsstaaten bei Unternehmenszusammenschlüssen mit gemeinschaftsweiter Bedeutung von der Anwendung innerstaatlichen Wettbewerbsrechts abzusehen haben.[686] Nach dieser Vorschrift sind Unternehmenszusammenschlüsse zunächst entweder von gemeinschaftsweiter Bedeutung und werden demzufolge nach Gemeinschaftsrecht beurteilt oder sie sind es nicht und es wird auf Basis nationalen Rechts entschieden.

Der Begriff der gemeinschaftsweiten Bedeutung ist dabei in Art. 1 Abs. 2, 3 FKVO geregelt. Die Vorschrift stützt sich maßgeblich auf Umsatzschwellen, welche die beteiligten Unternehmen zusammen, also kumuliert, erbringen müssen,[687] um gemeinschaftsweite Bedeutung zu erlangen. Dieses quantitativ eindeutig zu bemessende Kriterium soll fusionierenden Unternehmen Rechtssicherheit hinsichtlich der Zuständigkeit der Beurteilung von Zusammenschlüssen geben.[688]

Anders als bei den Vorschriften zum Missbrauchs- und vor allem Kartellverbot, wo Unionsrecht beim Eingreifen des dortigen Zuständigkeitskriteriums der Zwischenstaatlichkeitsklausel unbedingt anzuwenden ist, können Unternehmenszusammenschlüsse trotz ihrer gemeinschaftsweiten Bedeutung unter gewissen Bedingungen[689] anstelle der Kommission durch die nationalen Wettbewerbs-

---

[684] Meessen in: Loewenheim et al. (2009, Einführung, Rn. 88). In der Mitteilung der Kommission über die Verweisung von Fusionssachen (ABl. 2005, C 56, S. 2, Rn. 2) beschreibt die Kommission das Verhältnis von nationalem zu europäischem Recht als nicht in Konkurrenz zueinander stehend; vielmehr würden Kompetenzen der jeweiligen Wettbewerbsbehörden klar voneinander abgegrenzt.

[685] Siehe FKVO (ABl. 2004, L 24, S. 1, Art. 1 Abs. 1).

[686] FKVO (ABl. 2004, L 24, S. 1, Art. 21 Abs. 3). Diese Regelung wurde durch § 35 Abs. 3 GWB in das deutsche Recht übertragen.

[687] Die FKVO (ABl. 2004, L 24, S. 1, Art. 5) gibt Hinweise zur Berechnung des relevanten Gesamtumsatzes.

[688] Mitteilung der Kommission über die Verweisung von Fusionssachen (ABl. 2005, C 56, S. 2, Rn. 3).

[689] Nach FKVO (ABl. 2004, L 24, S. 1, Art. 9 Abs. 2 f.) muss von dem Zusammenschluss erstens die Gefahr ausgehen, dass dieser den Wettbewerb auf einem Markt in einem Mitgliedsstaat, der einen wesentlichen Teil des Gemeinsamen Marktes darstellt, erheblich beeinträchtigt und zweitens, dass es sich bei diesem Markt um einen gesonderten Markt handelt. Stellt der Markt keinen wesentlichen Teil des Gemeinsamen Marktes dar, muss die Beeinträchtigung des Wettbewerbs nach FKVO (ABl. 2004, L 24, S. 1, Art. 9. Abs. 2 lit. b) nicht erheblich sein. Nach FKVO (ABl. 2004, L 24, S. 1, Art. 9 Abs. 7) zeichnet sich ein gesonderter Markt (im betreffenden Artikel als „räumlicher Referenzmarkt" bezeichnet) vor allem durch homogene Wettbewerbsbedingungen aus, die sich von denen in benachbarten Gebieten deutlich unterscheiden. Dieselben Verweisbedingungen gelten auch bei der durch Unternehmen oder Personen beantragten Verweisung an nationale Wettbewerbsbehörden, vgl. dazu FKVO (ABl. 2004, L 24, S. 1, Art. 4

behörden beurteilt werden. So ist es der Kommission möglich, Zusammenschlüsse von gemeinschaftlicher Bedeutung ganz oder zum Teil an die nationalen Wettbewerbsbehörden der Mitgliedsstaaten zu verweisen,[690] wenn sie der Ansicht ist, dass die Wettbewerbsbehörden des entsprechenden Staates eine höhere Kompetenz zur Beurteilung des betreffenden Zusammenschlusses aufweisen[691]. Umgekehrt ist es auch den nationalen Wettbewerbsbehörden möglich, Verfahren an die Kommission zu verweisen, obwohl die Umsatzschwellen in den betreffenden Verfahren das Kriterium der gemeinschaftsweiten Bedeutung nicht erfüllt haben.[692]

3.2.4   Zusammenfassung und Zwischenfazit

Zusammenfassend kann festgestellt werden, dass die europäischen Wettbewerbsregeln im Zweifel Vorrang vor deutschem Kartellrecht beanspruchen.[693] Dabei eröffnet die Anwendung deutschen Rechts im Rahmen der Missbrauchsaufsicht noch mehr Eingriffsmöglichkeiten als in Belangen des Kartellverbots. Die breite Auslegung der Zwischenstaatlichkeitsklausel lässt die Relevanz europäischen

---

Abs. 4 Unterabs. 1, 3). Eine tiefergehende Auseinandersetzung mit den Voraussetzungen für einen Verweis einer Fusionssache von der Kommission zu einem Mitgliedstaat findet sich z. B. in Westermann in: Loewenheim et al. (2009, VO 139/2004 Art. 9, Rn. 3 ff.).

[690]   Siehe FKVO (ABl. 2004, L 24, S. 1, Art. 9 Abs. 1). Ein solcher Verweis kann nach FKVO (ABl. 2004, L 24, S. 1, Art. 4 Abs. 4 Unterabs. 3 ff.) auch vor der Anmeldung eines Zusammenschlusses auf Antrag der den Zusammenschluss anzumeldenden Unternehmen oder Personen geschehen.

[691]   Laut der Mitteilung der Kommission über die Verweisung von Fusionssachen (ABl. 2005, C 56, S. 2, Rn. 4) waren Mitgliedsstaaten in der Vergangenheit bereits mehrmals „eher als die Kommission zur Durchführung der Untersuchung [eines Zusammenschlusses] geeignet". Die bereits angesprochenen Verweisbedingungen (siehe Fn. 689) verpflichten die Kommission keinesfalls dazu, einen Zusammenschluss an einen Mitgliedsstaat zu verweisen. Vielmehr behält sich die Kommission auch bei Erfüllung der Verweisbedingungen nach FKVO (ABl. 2004, L 24, S. 1, Art. 9 Abs. 3) vor, einen solchen Zusammenschluss dennoch selbst zu beurteilen.

[692]   Um ein Verfahren nach FKVO (ABl. 2004, L 24, S. 1, Art. 22 Abs. 1) an die Kommission zu verweisen, genügt es, wenn der in Rede stehende Zusammenschluss „den Handel zwischen Mitgliedsstaaten beeinträchtigt und den Wettbewerb im Hoheitsgebiet des beziehungsweise der antragstellenden Mitgliedsstaaten erheblich zu beeinträchtigen droht". Nach FKVO (ABl. 2004, L 24, S. 1, Art. 4 Abs. 5) können auch Unternehmen oder Personen, die nach FKVO (ABl. 2004, L 24, S. 1, Art. 4 Abs. 2) einen Zusammenschluss ohne gemeinschaftsweite Bedeutung anzumelden haben, der von den Wettbewerbsbehörden mindestens dreier Mitgliedsstaaten geprüft werden könnte, vor der Anmeldung des Zusammenschlusses einen Antrag auf Verweisung der Prüfung des Zusammenschlusses durch die Kommission stellen. Sofern keiner der ursprünglich an der Prüfung beteiligten Mitgliedsstaaten der Verweisung widerspricht, wird für den betreffenden Zusammenschluss nach FKVO (ABl. 2004, L 24, S. 1, Art. 4 Abs. 5 Unterabs. 5) eine gemeinschaftsweite Bedeutung vermutet und die alleinige Zuständigkeit für den Fall liegt sodann bei der Kommission.

[693]   Dies gilt insbesondere wenn die Zwischenstaatlichkeitsklausel für die Art. 101 f. AEUV erfüllt ist und europäisches Recht damit neben deutschem angewendet werden muss.

Rechts auch für jene Unternehmen steigen, deren wettbewerbsbeschränkende Vereinbarungen oder Verhaltensweisen sich auf den Markt nur eines Mitgliedsstaats erstrecken oder deren beeinträchtigende Wirkung auf den Wettbewerb auch nur mit hinreichender Wahrscheinlichkeit eintritt. Eine alleinige Zuständigkeit deutschen Rechts kann nur abgeleitet werden, falls die Beeinträchtigung des zwischenstaatlichen Handels durch die betreffende Vereinbarung oder Verhaltensweise ausgeschlossen werden kann.[694]

Für den Rechtsbereich der Fusionskontrolle kann festgestellt werden, dass hier zwar – anders als bei der Anwendung der Wettbewerbsregeln – das europäische Recht in der Beurteilungspraxis nicht zwingend unbedingten Vorrang genießt, wenn das europäische Zuständigkeitskriterium – in diesem Fall die gemeinschaftsweite Bedeutung – erfüllt ist. Allerdings behält sich die Kommission auch bei Zusammenschlüssen, welche die formalen Voraussetzungen für eine Verweisung an nationale Wettbewerbsbehörden erfüllen, letztendlich vor, ob jene Fälle tatsächlich verwiesen werden oder nicht.[695] Weiterhin ist die Kommission ermächtigt, Mitgliedsstaaten dazu aufzufordern, den Antrag auf Verweisung einer bislang auf nationaler Ebene anhängigen Fusionssache an die Kommission zu stellen, sofern die Kommission der Ansicht ist, dass durch den Zusammenschluss der zwischenstaatliche Handel beeinträchtigt wird und eine erhebliche Beeinträchtigung des Wettbewerbs im Hoheitsgebiet eines oder mehrerer Mitgliedsstaaten droht. Insofern beansprucht die Kommission auch im Rahmen des Fusionskontrollrechts zumindest teilweise Entscheidungsvorrang.

Aufgrund dieser ausgeprägten Bedeutung europäischen Rechts auch für vornehmlich national operierende Unternehmen sollten strategische Entscheidungen unbedingt vor dem Hintergrund geltenden europäischen Rechts getroffen werden. Insbesondere Fragen der Standardisierung, die sich aufgrund der Wirkung[696] von Netzwerkeffekten[697] möglicherweise schneller als erwartet über die Grenzen eines Mitgliedsstaates hinaus entwickeln,[698] sollten daher unbedingt im Lichte der europäischen Wettbewerbsregeln beantwortet werden.

Aus diesem Grund stehen die europäischen Vorschriften zum Kartellrecht im Fortgang der Arbeit im Fokus der Betrachtungen; deutsches Recht wird dort explizit berücksichtigt, wo Unternehmen bei paralleler oder alternativer Anwen-

---

[694] Vgl. Weiß in: Calliess/Ruffert (2011, AEUV Art. 101, Rn. 16). Dies lässt sich so auch aus den Leitlinien zum Begriff der Beeinträchtigung des zwischenstaatlichen Handels (ABl. 2004, C 101, S. 81, Tz. 12) ableiten.

[695] Vgl. FKVO (ABl. 2004, L 24, S. 1, Art. 9 Abs. 3 lit. a).

[696] Auf die Folgen von Netzwerkeffekten für den Markt und Wettbewerb wurde schon in Unterkapitel 2.2.3 eingegangen.

[697] Zur Entstehung von Netzwerkeffekten siehe bereits Unterkapitel 2.2.1 und 2.2.2.

[698] Auch Immenga (2007, S. 303) schreibt der Standardsetzung im Rahmen der kartellrechtlichen Relevanz in der Regel eine globale Wirkung zu.

dung ggf. strengere Ahndung von Verstößen zu fürchten haben.[699] Die Betrachtungen der Kartellverbotsvorschriften werden sich aufgrund des absoluten Vorrangs und des identischen Inhalts europäischen Rechts auf die europäische Norm des Art. 101 AEUV beschränken.

3.3   Beurteilung von multilateralen Standardisierungsstrategien im Rahmen des Kartellverbots

Standardisierungskooperationen zeichnen sich in erster Linie durch die Beteiligung mehrerer Unternehmen an einem Standardisierungsvorhaben aus. Beteiligte Unternehmen können so beispielsweise das finanzielle Risiko verringern und die Erfolgsquoten des Standards auf dem Markt erhöhen.[700] Aus kartellrechtlicher Sicht handelt es sich bei derartigen Unternehmenskooperationen um ein mehrseitiges Verhalten. Im Folgenden wird deshalb untersucht, wie diese kooperative Standardisierungsstrategie kartellrechtlich zu bewerten ist, wo Anwendungsgrenzen des Kartellverbots verortet sind und unter welchen Bedingungen eine Freistellung vom Kartellverbot in Aussicht steht.

3.3.1   Umfang des Kartellverbots nach Art. 101 AEUV

Art. 101 Abs. 1 AEUV verbietet unter zusätzlicher Berücksichtigung der Zwischenstaatlichkeitsklausel[701] zunächst allgemein[702] „alle Vereinbarungen zwischen Unternehmen, Beschlüsse von Unternehmensvereinigungen und aufeinander abgestimmte Verhaltensweisen, welche [...] eine Verhinderung, Einschränkung oder Verfälschung des Wettbewerbs innerhalb des Binnenmarkts bezwecken oder bewirken"[703]. Dementsprechende Vereinbarungen oder Beschlüsse werden nach Art. 101 Abs. 2 AEUV in der Folge als nichtig erklärt. Neben dem Schutz des Wettbewerbs zielt diese Vorschrift dabei insbesondere auf die Förderung des Wohlstandes und eine effiziente Ressourcenallokation ab.[704]

---

[699]   Insbesondere soll deutsches Recht damit bei den Regelungen der Missbrauchsaufsicht und der Fusionskontrolle berücksichtigt werden.

[700]   Vgl. Abschnitt 2.3.4.1.

[701]   Siehe dazu Unterkapitel 3.2.1.

[702]   Im EuGH-Urteil vom 13.07.1966 „Grundig/Consten" (Slg. 1966, S. 321, 387) wird deutlich gemacht, dass keine Unterscheidung nach wirtschaftlicher Funktion der beteiligten Unternehmen gemacht wird und Art. 85 EGV (heute Art. 105 AEUV) demnach „allgemein für alle den Wettbewerb im Gemeinsamen Markt verfälschenden Vereinbarungen" gilt.

[703]   Art. 102 Abs. 1 S. 1 AEUV.

[704]   Leitlinien zur Anwendung von Art. 81 Abs. 3 EGV (ABl. 2004, C 101, S. 97, Tz. 13).

Das Kartellverbot richtet sich damit dem Wortlaut nach außer an Unternehmen auch an Unternehmensvereinigungen.[705] Dies schließt auch Gemeinschaftsunternehmen im Sinne von Joint Ventures mit ein, sofern durch das Gemeinschaftsunternehmen das Wettbewerbsverhalten der Gründungsgesellschaften koordiniert bzw. dies bezweckt wird.[706] Weiterhin geht aus der Vorschrift hervor, dass Vereinbarungen, Beschlüsse und abgestimmte Verhaltensweisen nur dann verboten sind, wenn durch sie eine Beeinträchtigung des Wettbewerbs bezweckt oder tatsächlich bewirkt wird. Sofern aus der Vereinbarung selbst deshalb nicht hervorgeht, dass durch sie eine Beeinträchtigung des Wettbewerbs bezweckt wird, so müssen die Auswirkungen der Vereinbarung den Wettbewerb „tatsächlich spürbar verhindert, eingeschränkt oder verfälscht" haben, um unter das Kartellverbot zu fallen.[707] Nach der einschlägigen Rechtsprechung werden darunter sämtliche Absichtserklärungen – egal, ob förmlich oder nicht[708] – eines oder mehrerer Unternehmen[709] gegenüber anderen Unternehmen subsumiert, mit welchen „die Ungewißheit über das von ihm zu erwartende Marktverhalten [bzw. das Verhalten der Wettbewerber auf dem Markt] beseitigt oder zumindest erheblich verringert"[710] wird.

Für einen kartellrechtlichen Tatbestand ist es daher entscheidend, dass die Unternehmen ihr Verhalten im Wettbewerb nicht mehr selbstbestimmt durchführen, sondern sich an Absprachen mit anderen Unternehmen orientieren, „um damit das Wettbewerbsrisiko zu reduzieren, das ansonsten aus autonomem Handeln erwächst."[711] Nach Lampert/Matthey liegt die Schwierigkeit bei der Beurteilung möglicher Kartellrechtsverstöße deshalb oftmals darin, „bloßes" – also ungeplantes – paralleles Verhalten von Unternehmen von jenem geplanten – und daher aufeinander abgestimmten – Verhalten abzugrenzen.[712]

---

[705] Vgl. Unterkapitel 3.1.3.

[706] Vgl. Dietze/Janssen (2011, Rn. 233 f.).

[707] EuGH-Urteil vom 30.06.1966 „Société Technique/Maschinenbau Ulm" (Slg. 1966, S. 281, 303 f.). Vgl. auch Leitlinien zur Anwendung von Art. 81 Abs. 3 EGV (ABl. 2004, C 101, S. 97, Ziff. 24).

[708] Vgl. auch Lampert/Matthey in: Hauschka (2010, § 26, Rn. 12), die darauf hinweisen, dass kartellrechtlich relevante Vereinbarungen schriftlich, aber auch mündlich getroffen werden können.

[709] Unter Verweis auf dieselbe Rechtsprechung so in den Leitlinien zur Anwendung von Art. 81 Abs. 3 EGV (ABl. 2004, C 101, S. 97, Tz. 15) formuliert.

[710] EuG-Urteil vom 15.03.2000 „Cimenteries CBR" (Slg. 2000, S. II-491, Leitsatz 19). Vgl. analog EuG-Urteil vom 12.07.2001 „British Sugar" (Slg. 2001, S. II-2035, Rn. 58), wo Preisabsprachen zwischen Wettbewerbern mit dem Ziel, „im Voraus die Ungewißheit über das künftige Verhalten seiner Wettbewerber zu beseitigen", in Verbindung gebracht werden.

[711] Lampert/Matthey in: Hauschka (2010, § 26, Rn. 12).

[712] Lampert/Matthey in: Hauschka (2010, § 26, Rn. 12).

Die vom europäischen Kartellverbot erfassten wettbewerbsbeschränkenden Vereinbarungen und kollusiven Verhaltensweisen lassen sich schließlich in drei Fallgruppen von Wettbewerbsbeschränkungen aufteilen:[713]

■ horizontale Vereinbarungen zwischen Unternehmen derselben Marktstufe (Wettbewerbern),

■ vertikale Vereinbarungen zwischen Unternehmen unterschiedlicher Marktstufen (z. B. Lieferanten oder Zwischenhändler) und

■ die Ausübung von gewerblichen Schutzrechten im Rahmen von Lizenzverträgen.

Die Fallgruppen sollen fortfolgend kurz hinsichtlich der jeweiligen unternehmerischen Motivation und den unterschiedlichen Tatbestandsmerkmalen beschrieben und voneinander abgegrenzt werden.

3.3.1.1   Horizontale Vereinbarungen

Horizontale Absprachen sind als Absprachen zwischen Unternehmen derselben Marktstufe – also Wettbewerbern – zu verstehen und begründen damit ein klassisches Kartell.[714] Dazu ist es nicht zwingend notwendig, dass Unternehmen tatsächlich im Wettbewerb zueinander stehen. Vielmehr genügt es, wenn es sich dabei um potenzielle Wettbewerber handelt, die beispielsweise zwar im selben sachlichen Markt, aber nicht im selben räumlichen Markt tätig sind.[715] Da ein Unternehmen als wirtschaftliche Einheit definiert wird,[716] sind jene Absprachen und Beschränkungen, die innerhalb eines Konzerns getroffen werden, nicht von dem Verbot umfasst.[717]

Horizontale Absprachen zwischen Unternehmen sind am üblichsten in den Bereichen Forschung und Entwicklung, Produktion, Einkauf, Vermarktung und Normung bzw. Standardisierung anzutreffen.[718] Die Kommission unterscheidet bei horizontalen Vereinbarungen zwischen den folgenden Arten der Wettbewerbsbeschränkung:[719]

---

[713] Schmidt (2012, S. 244 ff.) fasst dabei die von Emmerich (2008, S. 81 ff.) dargestellten Beispiele und Anwendungsfälle des Kartellverbots zusammen.

[714] Vgl. Meessen in: Loewenheim et al. (2009, Einführung, Rn. 3).

[715] H-LL (ABl. 2011, C 11, S. 1, Tz. 1).

[716] Vgl. dazu Unterkapitel 3.1.3.

[717] Lampert/Matthey in: Hauschka (2010, § 26, Rn. 10).

[718] Vgl. H-LL (ABl. 2011, C 11, S. 1, Tz. 5).

[719] Vgl. H-LL (ABl. 2011, C 11, S. 1, Tz. 33).

▪ Exklusivität der Vereinbarung: Sie schränkt Unternehmen hinsichtlich ihrer autonomen Entscheidungskompetenz in Bezug auf den Abschluss weiterer Vereinbarungen mit anderen Unternehmen ein.

▪ Verpflichtung durch die Vereinbarung: Beeinträchtigung der Entscheidungsfreiheit von Unternehmen, weil die Vereinbarung zur Einbringung von erheblichen Vermögenswerten verpflichtet.

▪ Finanzielle Beeinträchtigung durch die Vereinbarung: Spürbare Beeinträchtigung der Entscheidungsfreiheit von Unternehmen, da diese finanziell im Rahmen der Vereinbarung oder an einer anderen Partei der Vereinbarung beteiligt sind.

Allen drei Arten an Wettbewerbsbeschränkungen ist gemeinsam, dass sie die Entscheidungsfreiheit von Unternehmen beeinträchtigen, sodass diese nach dem Abschluss der Vereinbarung Entscheidungen anders treffen, als sie dies ohne die Vereinbarung tun würden. Für das Funktionieren des Wettbewerbs wird jedoch eine dezentrale Entscheidungsautonomie aller Marktteilnehmer vorausgesetzt.[720] Der EuGH bestätigt diese Ansicht im Rahmen seiner ständigen Rechtsprechung, indem er wiederholt auf die Notwendigkeit des selbstbestimmten Agierens von Unternehmen hinweist, um die Rechtskonformität mit den Wettbewerbsvorschriften des Vertrages zu gewährleisten.[721]

Die Motivation für die Absprachen rührt dabei hauptsächlich von dem Ziel der Unternehmen her, durch die Einschränkung des Wettbewerbs untereinander höhere Preise bei Abnehmern durchzusetzen[722] und somit „den Gesamtgewinn einer Industrie sowie die Gewinne der einzelnen Unternehmen [...] zu erhöhen."[723] Knieps zieht daraus den Schluss, dass das kollusive Verhalten eines „perfekten Kartells" letztes Endes mit dem eines Monopolisten zu vergleichen ist.[724] Horizontale Wettbewerbsbeschränkungen finden dabei besonders häufig in Form von Preis- oder Marktaufteilungsabsprachen statt,[725] wobei man in diesem Kontext auch von Hard-Core-Kartellen spricht.[726]

---

[720] Ellger in: Immenga/Mestmäcker (2012, AEUV Art. 101 Abs. 3, Rn. 6).

[721] Vgl. vor allem EuGH-Urteil vom 16.12.1975 „Suiker Unie u. a." (Slg. 1975, S. 1663, Rn. 173). Darauf bezugnehmend z. B. EuGH-Urteil vom 31.03.1993 „Ahlström" (Slg. 1993, S. I-1307, Rn. 63), EuGH-Urteil vom 28.05.1998 „Deere" (Slg. 1998, S. I-3111, Rn. 86), EuG-Urteil vom 12.07.2001 „Tate & Lyle" (Slg. 2001, S. II-2035, Rn. 55).

[722] Vgl. Meessen in: Loewenheim et al. (2009, Einführung, Rn. 20).

[723] Knieps (2008, S. 115).

[724] Knieps (2008, S. 115). An derselben Stelle gibt Knieps einen Überblick über die (mikro-) ökonomische Funktionsweise von Kartellen.

[725] Diese werden daher auch in Art. 101 Abs. 1 lit. a bzw. c AEUV als Beispiele aufgezählt.

[726] Lampert/Matthey in: Hauschka (2010, § 26, Rn. 13, Fn. 10).

3.3.1.2   Vertikale Vereinbarungen

Obschon klassische Kartelle durch Absprachen von Unternehmen derselben Wirtschaftsstufe gebildet werden,[727] fallen unter das Kartellverbot auch sämtliche wettbewerbsverfälschenden Vereinbarungen zwischen Unternehmen unterschiedlicher Wirtschaftsstufen, da in der betreffenden Norm keine Unterscheidung nach der wirtschaftlichen Funktion der an einer wettbewerbsbeschränkenden Vereinbarung beteiligten Unternehmen vorgenommen wird.[728] Daher fallen auch jene wettbewerbsbeschränkenden Vereinbarungen unter den Verbotstatbestand, die ein Unternehmen mit seinen Abnehmern bzw. Zwischenhändlern (nachgelagerter Markt) oder Lieferanten (vorgelagerter Markt) trifft.[729] Eine wohldefinierte, bedingte Ausnahme von diesem Verbot bildet eine Gruppe vertikaler Vereinbarungen, die sich mit der Übertragung von geistigen Eigentumsrechten auf Käufer bzw. deren Nutzung durch denselben beziehen.[730]

Beispielsweise gelten Exportverbotsklauseln nach Ansicht des EuGH „ihrem Wesen nach" sowohl als Gefährdung für den zwischenstaatlichen Handel[731] als auch als wettbewerbsbeschränkend, da eine Isolierung des (Export-)Marktes bezweckt wird[732]. Dieser Argumentation folgend stellt der EuGH in einem späteren Urteil fest, dass dies nicht nur für Exportverbotsklauseln gilt, sondern in gleicher Weise auch für Klauseln, die einem Käufer den Weiterverkauf verbieten.[733]

Außerdem sind, wie auf horizontaler Ebene, auch auf vertikaler Ebene bindende Vereinbarungen über die Gestaltung von Preisen verboten, da es sich dabei um eine Kernbeschränkung handelt.[734] Lediglich unverbindliche Preisempfehlungen oder Höchstverkaufspreise dürfen seitens eines Lieferanten kommuni-

---

[727]   Vgl. z. B. Meessen in: Loewenheim et al. (2009, Einführung, Rn. 21).

[728]   Dies wurde so im EuGH-Urteil vom 13.07.1966 „Grundig/Consten" (Slg. 1966, S. 321, 387) sehr deutlich zur Sprache gebracht.

[729]   Meessen in: Loewenheim et al. (2009, Einführung, Rn. 21).

[730]   Siehe Vertikal-GFVO (ABl. 2010, L 102, S. 1, Erwägungsgründe 3 ff. und Art. 2) für die Umschreibung der besagten Gruppe vertikaler Vereinbarungen und die entsprechenden Rahmenbedingungen. In derselben GFVO wird jedoch nochmals klargestellt, dass insbesondere solche vertikalen Vereinbarungen, „die bestimmte Arten schwerwiegender wettbewerbsschädigender Beschränkungen enthalten," von dieser Freistellung ausgeschlossen sind, vgl. Vertikal-GFVO (ABl. 2010, L 102, S. 1, Erwägungsgrund 10 und Art. 4).

[731]   EuGH-Urteil vom 01.02.1978 „Miller International Schallplatten GmbH" (Slg. 1978, S. 131, Rn. 19).

[732]   EuGH-Urteil vom 01.02.1978 „Miller International Schallplatten GmbH" (Slg. 1978, S. 131, Rn. 7).

[733]   Vgl. EuGH-Urteil vom 31.03.1993 „Ahlström" (Slg. 1993, S. I-1307, Tz. 176), wo derlei Klauseln die grundsätzliche Eignung („dem Wesen nach") zugesprochen wird, Märkte abzuschotten und damit den Handel zu beeinträchtigen.

[734]   Emmerich (2008, S. 83).

ziert werden.[735] Bis auf bestimmte Ausnahmen sind außerdem auch vertikale Vereinbarungen bezüglich der Marktaufteilung verboten, da auch diese Art der Vereinbarung besonders schwerwiegende wettbewerbsbeschränkende Wirkung entfalten kann.[736]

3.3.1.3 Ausübung gewerblicher Schutzrechte im Rahmen von Lizenzverträgen

Als Teil einer Vereinbarung zwischen Unternehmen können Lizenzen über gewerbliche Schutzrechte[737] ebenfalls wettbewerbsbeschränkende Wirkung entfalten und damit den zwischenstaatlichen Handel beeinträchtigen, sodass sie damit relevant für Art. 101 Abs. 1 AEUV werden können.

So stellte der EuGH für den Fall von Markenschutzrechten zwar fest, dass diese für sich genommen nicht als wettbewerbsschädigende Vereinbarung angesehen werden können und damit nicht unter das Kartellverbot fallen.[738] Vielmehr wird die Ausübung von gewerblichen Schutzrechten dann kartellrechtlich relevant, „wenn sich herausstellt, dass [die Ausübung] Gegenstand, Mittel oder Folge einer Kartellabsprache ist"[739] und dadurch beispielsweise Einfuhren in oder von anderen Mitgliedsstaaten verhindert werden.[740] Es wird also auf den konkreten Zweck abgestellt, der mit der Ausübung des Schutzrechts verfolgt wird. Dieser darf dem Ziel der EU, die einzelnen, nationalen Märkte zu einem einheitlichen Gemeinschaftsmarkt zusammenzuschließen, nicht entgegenstehen.[741] Dabei eignet sich das Markenrecht nach Ansicht des EuGH „ganz besonders" dazu, Märkte aufzuteilen und dadurch den zwischenstaatlichen Handel zu beeinträchtigen.[742]

---

[735] Vgl. Vertikal-GFVO (ABl. 2010, L 102, S. 1, Erwägungsgrund 10 sowie Art. 4, lit. a).

[736] Vgl. Vertikal-GFVO (ABl. 2010, L 102, S. 1, Erwägungsgrund 10). Die Ausnahmen werden in der Vertikal-GFVO (ABl. 2010, L 102, S. 1, Art. 4 lit. b) aufgezählt.

[737] In Bezug auf Standards wurden zu unterschiedlichen Arten gewerblicher Schutzrechte bereits oben, in Abschnitt 2.3.3.1, nähere Ausführungen gemacht.

[738] EuGH-Urteil vom 18.02.1971 „Sirena" (Slg. 1971, S. 69, Rn. 9).

[739] EuGH-Urteil vom 18.02.1971 „Sirena" (Slg. 1971, S. 69, Rn. 9).

[740] EuGH-Urteil vom 18.02.1971 „Sirena" (Slg. 1971, S. 69, Rn. 9). Vgl. auch EuGH-Urteil vom 08.06.1971 „Deutsche Grammophon/Metro" (Slg. 1971, S. 487, Rn. 6), wo für die Ausübung von Urheberrechten analog entschieden wurde. Ähnlich wurde schon im EuGH-Urteil vom 13.07.1966 „Grundig/Consten" (Slg. 1966, S. 321, 391) die von einem eingetragenen Markenzeichen ausgehende Schutzwirkung als eine den Schutz gegen Parallelimporte verstärkende Maßnahme (zusätzlich zu einer in Rede stehenden, potenziell wettbewerbsbeschränkenden Vereinbarung) interpretiert.

[741] Vgl. EuGH-Urteil vom 08.06.1971 „Deutsche Grammophon/Metro" (Slg. 1971, S. 487, Rn. 12).

[742] EuGH-Urteil vom 18.02.1971 „Sirena" (Slg. 1971, S. 69, Rn. 7). In diesem Zusammenhang wird außerdem das Schutzobjekt des Zeichenrechts als weniger schutzwürdig und von geringerer Bedeutung gesehen als die Schutzobjekte anderer gewerblicher Schutzrechte.

Im sogenannten Maissaatgut-Fall[743] wurde der Erteilung einer ausschließlichen Lizenz für Maissaatgut, welches Schutzgegenstand von Sortenschutzrechten war, seitens der Kommission ebenfalls wettbewerbsbeschränkender Charakter zugesprochen, da sich der Lizenznehmer in der Folge von sämtlichen Konkurrenten befreien konnte. Im Fall von Maissaatgut konnte der EuGH auch keiner Freistellung zustimmen, da ein absoluter Gebietsschutz in diesem Fall nach Ansicht des Gerichts nicht für die Verbesserung der Erzeugung oder Verteilung bzw. für die Förderung des technischen Fortschrittes im Sinne des Art. 105 Abs. 3 AEUV (ehem. Art. 85 Abs. 3 EGV) notwendig ist.[744]

Im Zusammenhang mit dieser Art von wettbewerbsbeschränkenden Vereinbarungen ist für bestimmte Vereinbarungsgruppen, welche die Lizenzvergabe für gewerbliche Schutzrechte zur Nutzung von Technologien[745] beinhalten, eine bedingte Freistellung vom Kartellverbot möglich.[746] Vereinbarungen mit stark wettbewerbsschädigender Wirkung sind aber auch davon nicht betroffen.[747] Dabei wird insbesondere zwischen offenen und geschlossenen ausschließlichen Lizenzen unterschieden: Im Vergleich zu geschlossenen ausschließlichen Lizenzen enthalten offene ausschließliche Lizenzen kein zusätzliches Verbot von Parallelimporten eines Lizenznehmers in das exklusive Vertriebsgebiet eines anderen Lizenznehmers und sind damit – anders als geschlossene ausschließliche Lizenzen – nicht als wettbewerbsschädlich einzustufen.[748]

3.3.1.4   Anwendungsgrenzen: Vereinbarungen von geringer Bedeutung

Die Vorschrift des Kartellverbots findet jedoch nur auf jene Vereinbarungen Anwendung, die tatsächlich spürbar wettbewerbsbeschränkend sind.[749] Die Spürbarkeit der Wettbewerbsbeschränkung – nicht zu verwechseln mit der Spür-

---

[743] Der Kommissionsentscheidung vom 21.09.1978 „Maissaatgut" (ABl. 1978, L 286, S. 23 ff.) folgte das diese Ansicht letztendlich bestätigende EuGH-Urteil vom 08.06.1982 „Maissaatgut" (Slg. 1982, S. 2015, 2022 ff.).

[744] EuGH-Urteil vom 08.06.1982 „Maissaatgut" (Slg. 1982, S. 2015, Rn. 76).

[745] Vgl. dazu TT-GFVO (ABL. 2014, L 93, S. 17, Art. 1 Abs. 1 lit. b).

[746] In der TT-GFVO (ABL. 2014, L 93, S. 17, Erwägungsgrund 7) wird die Anwendung der Gruppenfreistellungsverordnung auf jene Vereinbarungen beschränkt, in denen Lizenzen für Technologien vergeben werden, um diese zur „Produktion von Waren oder Dienstleistungen zu nutzen". An selber Stelle wird die Anwendung dieser Verordnung für Technologiepools im Sinne einer Zusammenlegung von geschützten Technologien ausgeschlossen. Ab der Überschreitung gewisser Marktanteilsschwellen (in Erwägungsgründen 10 f. geregelt) ist außerdem nach der TT-GFVO (ABL. 2014, L 93, S. 17, Erwägungsgründe 12 f.) nicht mehr ohne weiteres davon auszugehen, dass diese unter das Kartellverbot fallen. In derartigen Fällen kann vielmehr eine Prüfung nach Art. 102 AEUV in Frage kommen.

[747] Vgl. TT-GFVO (ABL. 2014, L 93, S. 17, Erwägungsgrund 14 bzw. Art. 4).

[748] Vgl. Emmerich (2008, S. 104).

[749] Grundlegend dazu EuGH-Urteil vom 30.06.1966 „Société Technique/Maschinenbau Ulm" (Slg. 1966, S. 281, 304, 306).

barkeit der Beeinträchtigung des zwischenstaatlichen Handels, [750] die bereits zuvor für die Anwendbarkeit europäischen Rechts erfüllt sein muss[751] – kann somit auch als „ungeschriebenes Tatbestandsmerkmal"[752] verstanden werden. Wird dieses Spürbarkeitskriterium nicht erfüllt, ist in der Literatur auch von einem Bagatellkartell die Rede, welches – obschon es grundsätzlich alle Tatbestandsmerkmale eines Kartells aufweist – den Tatbestand eines Kartells nicht vollkommen erfüllt.[753]

Von einer nicht spürbaren Wettbewerbsbeschränkung geht die Kommission bei Unternehmen aus, die zusammen einen Marktanteil von 10 % (bei horizontalen Vereinbarungen und im Zweifel) bzw. 15 % (bei vertikalen Vereinbarungen) auf keinem der betroffenen relevanten Märkte überschreiten.[754] Auch das Überschreiten dieser Marktanteilsschwellen führt nach Ansicht der Kommission noch nicht zwingend dazu, dass die Wettbewerbsbeschränkungen der an der Kartellabsprache beteiligten Unternehmen als spürbar gewertet werden.[755] Auf der anderen Seite kann die Spürbarkeit einer Wettbewerbsbeschränkung auch bei geringeren Marktanteilen nachgewiesen werden, wenn es sich um große und bedeutende Unternehmen[756] oder um eine besonders schwere Wettbewerbsbeschränkung handelt.[757]

Die Beurteilung der Spürbarkeit der Wettbewerbsbeschränkung ist deshalb letztendlich stark von den individuellen Marktbedingungen und der Stellung des

---

[750] Vgl. dazu bereits Unterkapitel 3.2.1.

[751] Vgl. dazu in diesem Kontext die Bekanntmachung der Kommission über Vereinbarungen von geringer Bedeutung (ABl. 2001, C 368, S. 13, Tz. 3). Diese Bekanntmachung wird auch als „De-minimis-Bekanntmachung" oder „Bagatellbekanntmachung" bezeichnet.

[752] Dietze/Janssen (2011, Rn. 121). So auch Vahrenholt (2011, S. 51).

[753] Schneider (1994, S. 1 ff.), widmete seiner Dissertation den Titel „Das Bagatellkartell" und untersuchte vor diesem Hintergrund die Bedeutung des Spürbarkeitskriteriums im deutschen Kartellrecht. Das Kriterium der Spürbarkeit wird von ihm als Tatbestandseinschränkung bezeichnet.

[754] Bekanntmachung der Kommission über Vereinbarungen von geringer Bedeutung (ABl. 2001, C 368, S. 13, Tz. 7).

[755] In der Bekanntmachung der Kommission über Vereinbarungen von geringer Bedeutung (ABl. 2001, C 368, S. 13, Tz. 9) wird auch bei einem Überschreiten der Marktanteile von jeweils 2 % während zwei aufeinanderfolgender Kalenderjahre noch von einer wettbewerbsbeschränkenden Wirkung von Vereinbarungen ausgegangen. Auf die nicht absolute Bedeutung von Marktanteilsschwellen wird auch im EuG-Urteil vom 15.09.1998 „European Night Services" (Slg. 1998, S. II-3141, Rn. 102) aufmerksam gemacht.

[756] So z. B. im EuGH-Urteil vom 10.07.1980 „Distillers Company" (Slg. 1980, S. 2229, Rn. 28).

[757] Ausführlich dazu Emmerich in: Dauses (2014, H. I. § 2, Rn. 65 f.).

Unternehmens abhängig und kann nicht pauschal an Marktanteilsschwellen gemessen werden.[758]

3.3.2   System der Legalausnahme und Gruppenfreistellungsverordnungen

Die oben beschriebenen Fallgruppen sollten einen Überblick über den Umfang der Anwendbarkeit des Art. 101 Abs. 1 AEUV geben. Art. 101 Abs. 3 AEUV regelt den Fall der sogenannten Freistellung vom Kartellverbot, wonach das Verbot des Abs. 1 für Vereinbarungen, Beschlüsse oder abgestimmte Verhaltensweisen für unanwendbar erklärt wird, sofern die in der Vorschrift aufgezählten Voraussetzungen erfüllt sind. Sobald diese Voraussetzungen erfüllt sind, gilt auch das ansonsten kartellrechtlich unerlaubte Verhalten des Unternehmens nicht länger als wettbewerbswidrig.[759]

3.3.2.1   Unternehmerische Verantwortlichkeit für Rechtskonformität

Auch standardsetzende Unternehmen sehen sich heute einer gesteigerten Eigenverantwortung hinsichtlich ihres kartellrechtskonformen Handelns ausgesetzt: Denn inzwischen[760] obliegt die Verantwortung bezüglich der Beurteilung einer Vereinbarung, eines Beschlusses oder einer abgestimmten Verhaltensweise auf Kartellrechtskonformität bis auf Weiteres[761] allein dem Unternehmen.[762] Diese Regelung wird auch als Legalausnahme(system) bezeichnet.[763] Dieser Verantwortungsübertragung folgend, tragen Unternehmen fortan auch die Beweislast für die Erfüllung der angesprochenen Freistellungsvoraussetzungen.[764]

---

[758] Bornkamp/Becker (2005, S. 233) sehen einen deutlichen Widerspruch zwischen den von der Kommission genannten, zahlenbasierten Schwellenwerten und der tatsächlichen Rechtsprechung des EuGH.

[759] Weiß in: Calliess/Ruffert (2011, AEUV Art. 101, Rn. 153).

[760] Vor dem Inkrafttreten der VO 1/2003 (ABl. 2003, L 1, S. 1) musste die Freistellung von Vereinbarungen, Beschlüssen oder abgestimmten Verhaltensweisen per Antrag in Form einer Einzelfreistellung erfolgen. Vgl. dazu Weiß in: Calliess/Ruffert (2011, AEUV Art. 101, Rn. 153) und Ellger in: Immenga/Mestmäcker (2012, AEUV Art. 101 Abs. 3., Rn. 23, 67). VO 1/2003 (ABl. 2003, L 1, S. 1, Art. 1 Abs. 2) schaffte diese Anmeldepflicht ab, sodass Vereinbarungen, Beschlüsse oder abgestimmte Verhaltensweisen nun ohne vorherige Entscheidung der Kommission als „nicht verboten" einzustufen sind, sofern die Voraussetzungen des Art. 101 Abs. 3 AEUV erfüllt sind.

[761] D. h. bis es eventuell zu einer Klage z. B. eines Wettbewerbers kommt und die Kartellabsprache sodann ex post und nicht mehr ex ante durch eine Wettbewerbsbehörde auf Rechtskonformität untersucht wird.

[762] Vgl. Fuchs (2005, S. 22), Walther/Baumgartner (2008, S. 161).

[763] Ausführlich zur Entwicklung des heutigen Legalausnahmesystems siehe Ellger in: Immenga/Mestmäcker (2012, AEUV Art. 101 Abs. 3, Rn. 32 ff.).

[764] Vgl. VO 1/2003 (ABl. 2003, L 1, S. 1, Art. 3 Satz 2). Zuvor ebenso z. B. im EuG-Urteil vom 09.07.1992 „Publishers Association" (Slg. 1992, S. II-1995, Rn. 68) oder in der Kommissionsentscheidung vom 27.07.1992 „Quantel" (ABl. 1992, L 235, S. 9, Rn. 52) entschieden. Die Be-

Dadurch wird es Unternehmen auf der einen Seite möglich flexibler zu agieren [765] und so beispielsweise strategische Geschäftsentscheidungen über Kooperationsvorhaben mit anderen Unternehmen selbst zu entscheiden, ohne zusätzliche Wartezeiten durch Behördengänge einkalkulieren zu müssen[766]. Auf der anderen Seite unterliegen Entscheidungsträger in Unternehmen nun dem Risiko, dass ihre Einschätzung bezüglich der Rechtskonformität einer Kartellabsprache aus Sicht der Wettbewerbsbehörden nicht zutreffend war und es darum zu einer Untersagung der Maßnahme sowie zur eventuellen Verhängung von Sanktionen gegen das Unternehmen oder die Unternehmensleitung kommt.[767] Insbesondere bei der Gründung von Gemeinschaftsunternehmen[768] können somit erhebliche finanzielle Risiken mit der Unsicherheit über die Rechtskonformität des Joint Ventures verbunden sein, da der Vertrag zur Unternehmensgründung in einem ungünstigen Fall auch noch Jahre nach der Gründung als nichtig erklärt werden kann und dafür angeschaffte Unternehmensausrüstung in der Folge nutzlos werden würde.[769] Unzutreffende Beurteilungen oder unvorsichtige Einschätzungen von unternehmensstrategischen Entscheidungen können deshalb weitreichende Konsequenzen mit sich bringen.[770]

Das angesprochene Risiko kann in Form der Behebung von Informationsdefiziten zwar durch die Unterstützung von externen Beratern gemindert werden, jedoch kann die Verantwortung für mögliche Kartellrechtsverstöße dadurch nicht auf diese übertragen werden.[771]

3.3.2.2   Allgemeine Freistellungsvoraussetzungen

Für eine Freistellung vom Kartellverbot wird nach Abs. 3 des Art. 101 AEUV die Erfüllung aller folgenden vier Voraussetzungen gefordert:[772]

---

weislast für das Zutreffen eines Kartellverbotstatbestands obliegt hingegen nach VO 1/2003 (ABl. 2003, L 1, S. 1, Art. 3 Satz 1) der klagenden Partei oder Behörde.

[765] Vgl. Lampert/Matthey in: Hauschka (2010, § 26, Rn. 14).

[766] Vgl. Ellger in: Immenga/Mestmäcker (2012, AEUV Art. 101 Abs. 3, Rn. 64), wonach die ehemaligen Freistellungsverfahren der Kommission als „recht zeitaufwändig" beschrieben werden.

[767] Vgl. Lampert/Matthey in: Hauschka (2010, § 26, Rn. 14).

[768] Im Zusammenhang mit der Erarbeitung multilateraler Standards ist dieses Thema für standardsetzende Unternehmen von besonderer Bedeutung, vgl. dazu Unterkapitel 2.3.4.

[769] Vgl. Ellger in: Immenga/Mestmäcker (2012, AEUV Art. 101 Abs. 3, Rn. 65).

[770] Soltész/Wagner (2014, S. 1923 ff.) weisen diesbezüglich auf populäre Fehlvorstellungen im Kartellrecht hin, die regelmäßig z. B. mit Bußgeldern geahndet werden.

[771] Vgl. Ellger in: Immenga/Mestmäcker (2012, AEUV Art. 101 Abs. 3, Rn. 116 ff.).

[772] Die Freistellung gilt nur, wenn die Voraussetzungen alle, d. h. kumulativ, erfüllt sind. Vgl. dazu auch Khan in: Geiger et al. (2010, Art. 101 AEUV, Rn. 42), Schmidt (2012, S. 245). Dies geht auch aus den Leitlinien zur Anwendung von Art. 81 Abs. 3 EGV (ABl. 2004, C 101, S. 97, Tz. 34, 38, 42) hervor.

1) Es muss eine angemessene „Beteiligung der Verbraucher an dem [durch die betreffende Maßnahme] entstehenden Gewinn"[773] stattfinden.

2) Durch die betreffende Maßnahme muss mindestens eines der folgenden vier Ziele erreicht werden:[774]
   a) Eine Verbesserung der Warenerzeugung,
   b) eine Verbesserung der Warenverteilung,
   c) eine Förderung des technischen Fortschritts oder
   d) eine Förderung des wirtschaftlichen Fortschritts.

3) Die Kartellabsprache darf nur jene Beschränkungen enthalten, die zur Verwirklichung der unter 2. genannten Ziele „unerlässlich" sind.

4) Es dürfen keine Möglichkeiten eröffnet werden, für einen „wesentlichen Teil der betreffenden Waren den Wettbewerb auszuschalten"[775].

3.3.2.2.1 Angemessene Beteiligung der Verbraucher am entstehenden Gewinn

Als Verbraucher im Sinn dieser Vorschrift gilt nicht alleine der Endverbraucher, sondern allgemein die Marktgegenseite.[776] Eine Beteiligung der Verbraucher am entstehenden Gewinn ist nicht zwingend in der unmittelbar monetär messbaren Form von Preissenkungen notwendig.[777] Auch müssen sich die Gewinne weniger auf den einzelnen als vielmehr auf die Gesamtheit der Verbraucher in einem relevanten Markt auswirken,[778] weshalb die Auslegung dieser Freistellungsvoraussetzung als großzügig gewertet wird[779]. Der Begriff des Gewinns ist damit als jede Form eines wirtschaftlichen Vorteils zu verstehen,[780] weshalb auch etwas abstrakter von „Effizienzgewinnen" die Rede ist.[781]

---

[773] Art. 101 Abs. 3 S. 1 AEUV.

[774] Vgl. Weiß in: Calliess/Ruffert (2011, AEUV Art. 101, Rn. 157).

[775] Art. 101 Abs. 3 S. 1 lit. b AEUV.

[776] Dietze/Janssen (2011, Rn. 176). In den Leitlinien zur Anwendung von Art. 81 Abs. 3 EGV (ABl. 2004, C 101, S. 97, Tz. 84) werden neben Endkunden auch (produzierende) Unternehmen, Großhändler und Einzelhändler als Beispiele für Verbraucher im Sinne der Norm angeführt.

[777] So wurde in der Kommissionsentscheidung vom 12.12.1990 „KSB/Goulds/Lowara/ITT" (ABl. 1991, L 19, S. 25, Rn. 27) z. B. auch eine Qualitätsverbesserung von Wasserpumpen als wirtschaftlicher Vorteil für Verbraucher eingestuft.

[778] Vgl. Leitlinien zur Anwendung von Art. 81 Abs. 3 EGV (ABl. 2004, C 101, S. 97, Tz. 87).

[779] So z. B. Hoffmann in: Dauses (2014, H. I. § 2., Rn. 156). Ähnlich Ellger in: Immenga/Mestmäcker (2012, AEUV Art. 101 Abs. 3, Rn. 224), der noch ausführlicher auf den Verbraucherbegriff im Zusammenhang mit der betreffenden Norm eingeht.

[780] Dietze/Janssen (2011, Rn. 176).

[781] Beispiele für Effizienzgewinne nennt die Kommission in ihren Leitlinien zur Anwendung von Art. 81 Abs. 3 EGV (ABl. 2004, C 101, S. 97, Tz. 64 ff.).

Diesbezüglich äußerte sich die Kommission auch in Bezug auf standardsetzende Unternehmen. So wurde beispielsweise die leichtere Vergleichbarkeit von Angeboten infolge der Standardisierung von Geschäftsbedingungen zwischen den Mitgliedern einer Unternehmensvereinigung als wirtschaftlicher Vorteil für Verbraucher gewertet.[782] Weiterhin wurde eine durch Standardisierung erreichbare Effizienzsteigerung ebenfalls als Gewinnbeteiligung für Verbraucher gewertet.[783]

Angemessen ist die Beteiligung der Verbraucher an dem Gewinn dann, wenn die Nachteile, die aus der wettbewerbsschädlichen Absprache entstehen, mindestens von den Vorteilen für die Verbraucher ausgeglichen werden.[784]

3.3.2.2.2   Arten von Effizienzgewinnen

Nachdem zuvor exemplarisch erläutert wurde, wie eine Beteiligung der Verbraucher an erzielten Effizienzgewinnen stattfinden kann und inwiefern diese Beteiligung als angemessen zu verstehen ist, gilt es nun die unterschiedlichen Arten von Effizienzgewinnen näher zu umreißen. Die in der Norm bereits enthaltenen Kategorien von Effizienzgewinnen[785] sollen dabei im Folgenden weiter konkretisiert werden.

Bei der Verbesserung der Warenerzeugung kann allgemein zwischen quantitativen und qualitativen Effizienzgewinnen unterschieden werden.[786] Unter quantitativen Effizienzgewinnen sind dabei in erster Linie Kosteneinsparungen zu verstehen.[787] Diese können beispielsweise durch Synergien[788] oder Rationali-

---

[782] Kommissionsentscheidung vom 20.12.1989 „Concordato Incendio" (ABl. 1990, L 15, S. 25, Rn. 26). In diesem Fall wurden Mitglieder der betreffenden Unternehmensvereinigung aus der Versicherungsbranche aufgerufen, einheitlich die von der Unternehmensvereinigung herausgearbeiteten Begriffsbestimmungen und allgemeinen Geschäftsbedingungen anzuwenden sowie einheitliche Nettoprämiensätze zu verwenden, die ebenfalls von der Vereinigung kommuniziert werden.

[783] Vgl. Weiß in: Calliess/Ruffert (2011, AEUV Art. 101, Rn. 162), der dies aus der Zusammenfassung der Kommissionsentscheidung vom 14.10.2009 „Schiffsklassifikation" (ABl. 2010, C 2, S. 5) interpretiert.

[784] Nach Ansicht der Kommission werden Verbraucher ab dem Zeitpunkt nicht mehr geschädigt, wenn die Nachteile der Kartellabsprache durch deren Vorteile aufgewogen werden, vgl. dazu Leitlinien zur Anwendung von Art. 81 Abs. 3 EGV (ABl. 2004, C 101, S. 97, Tz. 85).

[785] Siehe dazu Abschnitt 3.3.2.2, Nr. 2 der Aufzählung von Freistellungsvoraussetzungen.

[786] Hoffmann in: Dauses (2014, H. I. § 2, Rn. 153). Eine derartige Unterscheidung trifft die Kommission auch in ihren Leitlinien zur Anwendung von Art. 81 Abs. 3 EGV (ABl. 2004, C 101, S. 97, Tz. 59 bzw. 64 ff., 69 ff.).

[787] Hoffmann in: Dauses (2014, H. I. § 2, Rn. 153), Ellger in: Immenga/Mestmäcker (2012, AEUV Art. 101 Abs. 3, Rn. 78).

[788] Durch die Zusammenlegung bestehender Vermögenswerte können nach Ansicht der Kommission Synergieeffekte entstehen, vgl. Leitlinien zur Anwendung von Art. 81 Abs. 3 EGV (ABl. 2004, C 101, S. 97, Tz. 65).

sierungseffekte sowie Spezialisierungen[789] infolge der Kartellabsprache bewirkt werden. Dementsprechende Kosteneinsparungen können beispielsweise auch durch die Wirkung von Netzwerkeffekten bei Industriestandards freigesetzt werden.[790]

Qualitative Effizienzgewinne hingegen sind Effizienzgewinne, die beispielsweise auf eine Qualitätsverbesserung bestehender Produkte[791], aber auch auf die Entwicklung, Herstellung und Vermarktung neuer Produkte[792] zurückzuführen sind und denen seitens der Kommission mindestens dieselbe Bedeutung beigemessen wird wie quantitativen Effizienzgewinnen.[793] Qualitative Effizienzgewinne können vor allem aus Forschungs- und Entwicklungskooperationen zwischen Unternehmen hervorgehen,[794] was auch Standardisierungskooperationen mit einschließt.

Eine Verbesserung der Warenverteilung stellt nach Hoffmann hingegen eher auf eine schnellere oder leichtere gegenseitige Durchdringung der Märkte ab, welche durch die Vereinbarung erzielt wurde.[795] Beispielsweise können aufgrund dieser Argumentation Vertriebsbeschränkungen freigestellt werden, wenn diese wegen der Beschränkung der zugelassenen Vertriebskanäle die Marktbearbeitung und folglich die –durchdringung intensivieren,[796] oder es kann ein Konkurrenzverbot als legal betrachtet werden, wenn daraus kürzere Lieferfristen für den Verbraucher resultieren[797].

Die Förderung des technischen oder wirtschaftlichen Fortschritts wird vor allem dann angenommen, wenn die Kartellabsprache zu einer schnelleren Entwicklung und Durchsetzung neuer Technologien beiträgt,[798] als wenn Bedingungen eines natürlichen Wettbewerbs vorlägen[799]. Nach Ansicht der Kommission

---

[789] Vgl. Kommissionsentscheidung vom 13.07.1983 „Rockwell/Iveco" (ABl. 1983, L 224, S. 19, 25 f.).

[790] Siehe dazu Unterkapitel 2.2.4.

[791] Vgl. z. B. Kommissionsentscheidung vom 20.12.1989 „Concordato Incendio" (ABl. 1990, L 15, S. 25, Rn. 24) für die Verbesserung von Versicherungsdienstleistungen, Kommissionsentscheidung vom 12.12.1990 „KSB/Goulds/Lowara/ITT" (ABl. 1991, L 19, S. 25, Rn. 27) für die Qualitätsverbesserung von Wasserpumpen, Kommissionsentscheidung vom 19.07.1989 „Niederländische Banken" (ABl. 1989, L 253, S. 1, Rn. 62) für die Verbesserung eines Zahlungssystems.

[792] Ellger in: Immenga/Mestmäcker (2012, AEUV Art. 101 Abs. 3, Rn. 157).

[793] Leitlinien zur Anwendung von Art. 81 Abs. 3 EGV (ABl. 2004, C 101, S. 97, Tz. 69).

[794] Ellger in: Immenga/Mestmäcker (2012, AEUV Art. 101 Abs. 3, Rn. 79).

[795] Hoffmann in: Dauses (2014, H. I. § 2. Art. 101, Rn. 154). Beispiele finden sich bei Weiß in: Calliess/Ruffert (2011, AEUV Art. 101, Rn. 159).

[796] Vgl. Kommissionsentscheidung vom 27.11.1985 „Ivoclar" (ABl. 1985, L 369, S. 1, Rn. 20).

[797] Vgl. Kommissionsentscheidung vom 23.12.1977 „Campari" (ABl. 1978, L 70, S. 69, Abschnitt III, A, Nr. 2 f. der Entscheidungsgründe).

[798] Weiß in: Calliess/Ruffert (2011, AEUV Art. 101, Rn. 160).

[799] Hoffmann in: Dauses (2014, H. I. § 2. Art. 101, Rn. 155).

kann beispielsweise eine „gemeinsame Auswertung sich ergänzenden industriellen Know-hows"[800] zu einer Förderung des technischen Fortschritts beitragen. Aus demselben Grund kann die Freistellung einer Unternehmenskooperation auch durch die planmäßige „Aufteilung der Forschungs- und Entwicklungsarbeiten" auf die beteiligten Unternehmen im Sinne einer „Konzentration [der jeweiligen Unternehmen] auf Vorhaben, die [...][ihrer] Ausrüstung und [...] Erfahrung entsprechen," legitimiert sein.[801] Auch wurde an anderer Stelle die durch die Schaffung erweiterter Kommunikationsmöglichkeiten gesteigerte Effizienz im Geschäftsleben als positives Argument für die Rechtskonformität eines Gemeinschaftsunternehmens angeführt, welches zunächst auf dem Markt des betreffenden Kommunikationsmediums eine Monopolstellung innehatte.[802]

Mit der erfolgreichen Durchsetzung eines neuen Industriestandards ist es auch standardsetzenden Unternehmen möglich, den technischen oder wirtschaftlichen Fortschritt zu fördern – ggf. sogar branchenübergreifend[803]. Durch Kooperation mit anderen Unternehmen können Synergieeffekte und andere Verbundvorteile freigesetzt werden, sodass die Wahrscheinlichkeit zur erfolgreichen Durchsetzung eines Standards bei der Bündelung von Kompetenzen steigt.[804]

3.3.2.2.3 Unerlässlichkeit der Wettbewerbsbeschränkungen zur Erreichung der Effizienzgewinne

Um die Unerlässlichkeit festzustellen, muss durch eine zweistufige Prüfung überprüft werden, inwiefern erstens die Vereinbarung insgesamt und zweitens die einzelnen, sich aus der Vereinbarung ergebenden Wettbewerbsbeschränkungen jede für sich „vernünftigerweise notwendig" sind.[805]

Im ersten Schritt muss deshalb zunächst von den beteiligten Unternehmen dargelegt werden, dass es „keine andere, wirtschaftlich machbare und weniger wettbewerbsbeschränkende Möglichkeit gibt"[806] als die Kartellvereinbarung, die es freizustellen gilt, um die Effizienzgewinne zu erzielen, mit welchen die Kartellvereinbarung begründet wird. Insbesondere muss erläutert werden, inwiefern

---

[800] Kommissionsentscheidung vom 13.07.1983 „Rockwell/Iveco" (ABl. 1983, L 224, S. 19, 25).

[801] Kommissionsentscheidung vom 20.12.1974 „Rank/Sopelem" (ABl. 1975, L 29, S. 20, 24).

[802] Vgl. Kommissionsentscheidung vom 18.10.1991 „Eirpage" (ABl. 1991, L 306, S. 22, 29 f.). In diesem Fall konnte durch die Kooperation mehrerer Unternehmen in Form eines Gemeinschafts-unternehmens ein neuartiger Kommunikationsdienst in „kürzest möglicher Zeit" am Markt an-geboten werden, was schließlich zur Freistellung des Gemeinschaftsunternehmens trotz der per se wettbewerbsbeschränkenden Wirkung der Kooperation führte.

[803] Z. B. bei der Durchsetzung von Hardware-Standards in Hardware-Software-Märkten, siehe Abschnitte 2.2.2.1 und 2.2.3.2.

[804] Siehe dazu Unterabschnitt 2.3.4.1.1.

[805] Leitlinien zur Anwendung von Art. 81 Abs. 3 EGV (ABl. 2004, C 101, S. 97, Tz. 73).

[806] Siehe Unterabschnitt 3.3.2.2.2.

zur Erzielung der Effizienzgewinne eine Unternehmenskooperation notwendig war bzw. welche konkreten Vorteile sich aus dieser Kooperation ableiten lassen.[807]

Im zweiten Schritt müssen die einzelnen, aus der Vereinbarung hervorgehenden Wettbewerbsbeschränkungen gerechtfertigt werden. Eine einzelne Wettbewerbsbeschränkung ist dann als unerlässlich einzustufen, wenn die Effizienzgewinne, die prinzipiell durch die Vereinbarung erzielt werden können, ohne die betreffende Wettbewerbsbeschränkung nicht oder nicht in demselben Maß auftreten würden.[808] Kernbeschränkungen sind davon in aller Regel jedoch ausgenommen und können auch weiterhin nicht freigestellt werden.[809] Insbesondere bei Produktneuentwicklungen mit ungewissem Markterfolg kann eine Wettbewerbsbeschränkung zu rechtfertigen sein, um die finanziellen Risiken der beteiligten Unternehmen bei der Erzielung der in Aussicht stehenden Effizienzgewinne gering zu halten.[810] In diesem Zusammenhang macht die Kommission darauf aufmerksam, dass die Unerlässlichkeit von Wettbewerbsbeschränkungen auch zeitlich beschränkt sein kann, beispielsweise nur solange, bis die mit der Entwicklung des neuen Produkts verbundenen Investitionen der kooperierenden Unternehmen gedeckt sind.[811]

3.3.2.2.4   Keine Möglichkeiten zur Ausschaltung des Wettbewerbs

Wird mit einer zwischen den Unternehmen geschlossenen Vereinbarung eine Möglichkeit geschaffen, den Wettbewerb „für einen wesentlichen Teil der betreffenden Waren"[812] auszuschalten, so darf trotz der Erzielung von Effizienzgewinnen keine Freistellung der Vereinbarung erfolgen. Damit räumt die Kommission dem Schutz des (natürlichen) Wettbewerbsprozesses grundsätzlichen Vorrang vor der Erzielung von Effizienzgewinnen ein.[813]

Demnach kann für jene Vereinbarungen keine Freistellung erfolgen, die den Missbrauch einer marktbeherrschenden Stellung darstellen[814] bzw. die bereits marktbeherrschende Stellung eines Unternehmens weiter untermauern[815]. Zwar

---

807 Leitlinien zur Anwendung von Art. 81 Abs. 3 EGV (ABl. 2004, C 101, S. 97, Tz. 76).

808 Leitlinien zur Anwendung von Art. 81 Abs. 3 EGV (ABl. 2004, C 101, S. 97, Tz. 79).

809 Dies trifft nach den Leitlinien zur Anwendung von Art. 81 Abs. 3 EGV (ABl. 2004, C 101, S. 97, Tz. 79) neben den Kernbeschränkungen insbesondere auch auf jene Beschränkungen zu, die in den GFVOen auf der schwarzen Liste stehen.

810 Leitlinien zur Anwendung von Art. 81 Abs. 3 EGV (ABl. 2004, C 101, S. 97, Tz. 80).

811 Leitlinien zur Anwendung von Art. 81 Abs. 3 EGV (ABl. 2004, C 101, S. 97, Tz. 81).

812 Leitlinien zur Anwendung von Art. 81 Abs. 3 EGV (ABl. 2004, C 101, S. 97, Tz. 105).

813 Vgl. Leitlinien zur Anwendung von Art. 81 Abs. 3 EGV (ABl. 2004, C 101, S. 97, Tz. 105).

814 Leitlinien zur Anwendung von Art. 81 Abs. 3 EGV (ABl. 2004, C 101, S. 97, Tz. 106).

815 Leitlinien zur Anwendung von Art. 81 Abs. 3 EGV (ABl. 2004, C 101, S. 97, Tz. 116).

stellen nicht grundsätzlich alle wettbewerbsbeschränkenden Vereinbarungen, die von einem marktbeherrschenden Unternehmen geschlossen werden, den Missbrauch einer marktbeherrschenden Stellung dar,[816] in der Regel ist in derlei Fällen jedoch von einem Ausschluss des Restwettbewerbs auszugehen[817].

Ein wichtiges aber nicht eindeutiges [818] Beurteilungskriterium sind die Marktanteile der beteiligten Unternehmen, sodass extrem hohe Marktanteile der an der Vereinbarung beteiligten Unternehmen von 70 %[819] oder mehr[820] in der Regel gegen eine Freistellung der Vereinbarung sprechen.

3.3.2.3 Konkretisierung der Freistellungsklausel durch Gruppenfreistellungsverordnungen

Die allgemeine Freistellungsregelung des Art. 101 Abs. 3 AEUV wird zunächst durch eine Reihe von Gruppenfreistellungsordnungen (im Folgenden GFVO genannt,[821] jedoch auch GVO abgekürzt[822]) hinsichtlich der Freistellungskriterien konkretisiert.[823] Daneben wurden von der Kommission diverse Leitlinien verabschiedet, von denen einige zur Interpretation und Ergänzung bestimmter GFVOen dienen[824] und andere allgemeine Hilfestellungen zur Beurteilung horizontaler Vereinbarungen außerhalb der GFVOen im Rahmen einer Einzelfallprüfung[825] anbieten.

3.3.2.3.1 Gruppenfreistellungsverordnungen

In der Regel treffen die Freistellungsvoraussetzungen des Art. 101 Abs. 3 AEUV ebenfalls zu, wenn eine Freistellung aus einer GFVO abgeleitet werden kann.[826]

---

[816] Leitlinien zur Anwendung von Art. 81 Abs. 3 EGV (ABl. 2004, C 101, S. 97, Tz. 106).

[817] Dietze/Janssen (2011, Rn. 179).

[818] In den Leitlinien zur Anwendung von Art. 81 Abs. 3 EGV (ABl. 2004, C 101, S. 97, Tz. 109) werden Marktanteilen zwar Bedeutung beigemessen, jedoch wird klargestellt, dass diese nicht allein zur Beurteilung herangezogen werden können.

[819] Vgl. Leitlinien zur Anwendung von Art. 81 Abs. 3 EGV (ABl. 2004, C 101, S. 97, Tz. 116). Den Leitlinien folgend vgl. Dietze/Janssen (2011, Rn. 179) und Hoffmann in: Dauses (2014, H. I. § 2, Rn. 163).

[820] Vgl. z. B. EuGH-Urteil vom 29.10.1980 „Van Landewyck" (Slg. 1980, S. 3125, Rn. 180 ff., insb. 188 ff.).

[821] In Anlehnung an z. B. Emmerich (2008, S. 123), Gruber (2011, S. 8 ff.). Als Pluralform wird GFVOen verwandt.

[822] Vgl. z. B. Schmidt (2012, S. 245 ff.), Weiß in: Calliess/Ruffert (2011, AEUV Art. 101, Rn. 168 ff.).

[823] Schmidt (2012, S. 246).

[824] Dazu am Ende des folgenden Unterabschnitts 3.3.2.3.1.

[825] Dazu im Unterabschnitt 3.3.2.3.2.

[826] Baron (2006, S. 361). Vgl. z. B. dazu FuE-GFVO (ABl. 2010, L 335, S. 36, Erwägungsgrund 7), wonach die betreffende GFVO nur jenen Vereinbarungen zugutekommen soll, „bei denen mit

Die GFVOen stehen deshalb nicht in Konkurrenz zu der allgemeinen Freistellungsregelung, sondern sind vielmehr als parallel anwendbar zu begreifen.[827] Erfüllt eine Vereinbarung die Freistellung nach einer GFVO jedoch nicht, besteht für Unternehmen dennoch die Möglichkeit, eine allgemeine Freistellung nach Art. 101 Abs. 3 AEUV zu prüfen,[828] wobei die Rechtssicherheit in einem solchen Fall gegenüber der Anwendung einer GFVO als geringer einzuschätzen ist. Generell dienen GFVOen inzwischen[829] hauptsächlich zur Erhöhung der Rechtssicherheit von Unternehmen,[830] da sie konkretere Hinweise auf die Prüfung auf Rechtskonformität liefern, als dies die allgemeine Freistellungsvorschrift des Art. 101 Abs. 3 AEUV tut.[831]

Inzwischen existieren eine Vielzahl unterschiedlicher GFVOen mit jeweils spezifischen und daher begrenzten Anwendungsbereichen.[832] Dabei kann zwischen allgemeinen und sektor- bzw. branchenspezifischen GFVOen unterschieden werden.[833] Die GFVOen gleichen sich dabei hinsichtlich ihres strukturellen Aufbaus zu großen Teilen, indem zunächst die in der GFVO geregelte Art von Vereinbarung definiert wird und im Anschluss daran sowohl die eine Freistellung befürwortenden als auch die eine solche ablehnenden Kriterien erläutert werden.[834] Zu den wichtigsten Anwendungsvoraussetzungen, die in den GFVOen geregelt sind, zählen die Marktanteilsschwellen, welche die an einer

---

hinreichender Sicherheit angenommen werden kann, dass sie [auch] die Voraussetzungen des Artikels 101 Absatz 3 erfüllen".

[827] Baron (2006, S. 362). Nach den Leitlinien zur Anwendung von Art. 81 Abs. 3 EGV (ABl. 2004, C 101, S. 97, Tz. 2) kann eine Freistellung im Sinne des Art. 101 Abs. 3 AEUV sowohl per Gruppenfreistellungsverordnung als auch im Rahmen einer Einzelfallprüfung erfolgen.

[828] Hoffmann: in Dauses (2014, H. I. § 1, Rn. 27).

[829] Vor Einführung der VO 1/2003 (ABl. 2003, L 1, S. 1) wirkten Gruppenfreistellungen als Verfahrenserleichterung für die Kommission, um neben der großen Anzahl an angemeldeten Einzelfreistellungen bereits erste Gruppen an Vereinbarungen mit einer Sonderregelung freizustellen, vgl. dazu Weißbuch zur Modernisierung der Vorschriften zur Anwendung der Art. 85 und 86 EGV (ABl. 1999, C 132, S. 11, Rn. 29). Fuchs (2005, S. 3) spricht deshalb von einem Funktionswandel.

[830] Vgl. z. B. FuE-GFVO (ABl. 2010, L 335, S. 36, Erwägungsgrund 4) oder TT-GFVO (ABL. 2014, L 93, S. 17, Erwägungsgrund 3).

[831] Vgl. Weißbuch zur Modernisierung der Vorschriften zur Anwendung der Art. 85 und 86 EGV (ABl. 1999, C 132, S. 11, insb. Rn. 78). Fuchs (2005, S. 29) bestätigt eine Erhöhung der Rechtssicherheit durch GFVOen aufgrund der Konkretisierung der Freistellungskriterien nach einer ausführlichen Untersuchung. Vgl. außerdem Lampert/Matthey in: Hauschka (2010, § 26, Rn. 16), Schmidt (2012, S. 246), Hoffmann in: Dauses (2014, H. I. § 1, Rn. 22).

[832] Baron (2006, S. 359).

[833] Weiß in: Calliess/Ruffert (2011, AEUV Art. 101, Rn. 168).

[834] Weiß in: Calliess/Ruffert (2011, AEUV Art. 101, Rn. 169). Vgl. auch Flohr/Pohl in: Liebscher et al. (2012, § 2, Rn. 4 f.).

Vereinbarung beteiligten Unternehmen kumuliert nicht überschreiten dürfen.[835] Von der Freistellung durch die GFVOen ausgeschlossen sind die sogenannten Kernbeschränkungen, die ebenfalls in jeder GFVO aufgeführt sind. Zu den üblichsten Kernbeschränkungen zählen beispielsweise Preisfestsetzungen, Produktions- und Absatzbeschränkungen sowie Markt- oder Kundenaufteilungen.[836] Alle GFVOen sind ferner hinsichtlich ihrer Geltungsdauer beschränkt, sodass sie dann automatisch ihre Rechtsgeltung verlieren und – falls notwendig – durch Neuauflagen ersetzt bzw. verlängert werden müssen.

Derzeit[837] sind folgende allgemeine GFVOen in Kraft, deren Anwendung nicht auf bestimmte Wirtschaftssektoren oder Branchen beschränkt ist:[838]

■ Die GFVO über Forschungs- und Entwicklungsvereinbarungen (nachfolgend kurz FuE-GFVO genannt),[839]

■ die GFVO über Spezialisierungsvereinbarungen (nachfolgend kurz Spezialisierungs-GFVO genannt),[840]

■ die GFVO über Technologietransfer-Vereinbarungen (nachfolgend kurz TT-GFVO genannt)[841] sowie

■ die GFVO über vertikale Vereinbarungen (nachfolgend kurz Vertikal-GFVO genannt)[842].

Daneben sind aktuell[843] die folgenden sektorspezifischen GFVOen in Kraft, die jeweils nur auf den entsprechenden Sektor angewendet werden können:

---

[835] Weiß in: Calliess/Ruffert (2011, AEUV Art. 101, Rn. 169).

[836] Diese Kernbeschränkungen sind bspw. in den nachfolgend näher betrachteten GFVOen, der FuE-GFVO, der TT-GFVO und der Spezialisierungs-GFVO, enthalten.

[837] Diese Angabe bezieht sich auf November 2014.

[838] An dieser Stelle soll keine Eingrenzung auf eine spezielle Branche in Bezug auf standardsetzende Unternehmen vorgenommen werden.

[839] Gemeint ist die Verordnung (EU) Nr. 1217/2010 der Kommission vom 14. Dezember 2010 über die Anwendung von Artikel 101 Absatz 3 des Vertrags über die Arbeitsweise der Europäischen Union auf bestimmte Gruppen von Vereinbarungen über Forschung und Entwicklung (ABl. 2010, L 335, S. 36).

[840] Gemeint ist die Verordnung (EU) Nr. 1218/2010 der Kommission vom 14. Dezember 2010 über die Anwendung von Artikel 101 Absatz 3 des Vertrags über die Arbeitsweise der Europäischen Union auf bestimmte Gruppen von Spezialisierungsvereinbarungen (ABl. 2010, L 335, S. 43).

[841] Gemeint ist die Verordnung (EU) Nr. 316/2014 der Kommission vom 21. März 2014 über die Anwendung von Artikel 101 Absatz 3 des Vertrags über die Arbeitsweise der Europäischen Union auf Gruppen von Technologietransfer-Vereinbarungen (ABl. 2014, L 93, S. 17).

[842] Gemeint ist die Verordnung (EU) Nr. 330/2010 der Kommission vom 20. April 2010 über die Anwendung von Artikel 101 Absatz 3 des Vertrags über die Arbeitsweise der Europäischen Union auf Gruppen von vertikalen Vereinbarungen und abgestimmten Verhaltensweisen (ABl. 2010, L 102, S. 1).

- Die GFVO für den Versicherungssektor,[844]

- die GFVO für Vereinbarungen zwischen Schifffahrtsunternehmen,[845]

- die GFVO für den Eisenbahn-, Straßen- und Binnenschiffsverkehr[846] sowie

- die GFVO für den Kraftfahrzeugsektor (im Folgenden kurz Kfz-GFVO genannt)[847].

Eine Ergänzung der TT-GFVO stellen die Technologietransfer-Leitlinien der Kommission[848] (nachfolgend kurz TT-LL genannt) dar. Sie sind eine bedeutende Auslegungshilfe für die TT-GFVO, auch wenn sie für Gerichte nicht bindend sind, sondern lediglich die Auffassung der Kommission darstellen.[849] Die TT-LL beschränken sich in ihrem Inhalt jedoch nicht allein auf diejenigen TT-Vereinbarungen, die im Rahmen der TT-GFVO freigestellt werden können, sondern auch auf TT-Vereinbarungen, die außerhalb der TT-GFVO nach der allgemeinen Freistellungsregelung des Art. 101 Abs. 3 AEUV freigestellt werden können.[850] Analoge Leitlinien zur Interpretation einer GFVO existieren auch für andere GFVOen: So dienen beispielsweise die Vertikal-LL[851] als Hilfestellung zur Auslegung der Vertikal-GFVO und die Kfz-LL[852] konkretisieren die Kfz-GFVO.

---

[843] Diese Angabe bezieht sich auf November 2014.

[844] Gemeint ist die Verordnung (EU) Nr. 267/2010 der Kommission vom 24. März 2010 über die Anwendung von Artikel 101 Absatz 3 des Vertrags über die Arbeitsweise der Europäischen Union auf Gruppen von Vereinbarungen, Beschlüssen und abgestimmten Verhaltensweisen im Versicherungssektor (ABl. 2010, L 83, S. 1).

[845] Gemeint ist die Verordnung (EU) Nr. 906/2009 der Kommission vom 28. September 2009 über die Anwendung von Artikel 81 Absatz 3 EG-Vertrag auf bestimmte Gruppen von Vereinbarungen, Beschlüssen und aufeinander abgestimmten Verhaltensweisen zwischen Seeschifffahrtsunternehmen (Konsortien) (ABl. 2009, L 256, S. 31).

[846] Gemeint ist die Verordnung (EU) Nr. 169/2009 des Rates vom 26. Februar 2009 über die Anwendung von Wettbewerbsregeln auf dem Gebiet des Eisenbahn-, Straßen- und Binnenschiffsverkehrs (ABl. 2009, L 61, S. 1).

[847] Gemeint ist die Verordnung (EU) Nr. 461/2010 der Kommission vom 27. Mai 2010 über die Anwendung von Artikel 101 Absatz 3 des Vertrags über die Arbeitsweise der Europäischen Union auf Gruppen von vertikalen Vereinbarungen und abgestimmten Verhaltensweisen im Kraftfahrzeugsektor (ABl. 2010, L 129, S. 52), wird auch „After-Market-GFVO" genannt.

[848] Gemeint sind die Leitlinien zur Anwendung von Artikel 101 des Vertrags über die Arbeitsweise der Europäischen Union auf Technologietransfer-Vereinbarungen (2014, ABl. 2014, C 89, S. 3).

[849] Bauer in: Liebscher et al. (2012, § 12, Rn. 16).

[850] Bauer in: Liebscher et al. (2012, § 12, Rn. 16).

[851] Gemeint sind die Leitlinien für vertikale Beschränkungen (ABl. 2010, C 130, S. 1).

[852] Gemeint sind die ergänzenden Leitlinien für vertikale Beschränkungen in Vereinbarungen über den Verkauf und die Instandsetzung von Kraftfahrzeugen und den Vertrieb von Kraftfahrzeugersatzteilen (ABl. 2010, C 138, S. 16).

Im Folgenden soll die Freistellbarkeit von Standardisierungskooperationen anhand der FuE-GFVO, der Spezialisierungs-GFVO sowie der TT-GFVO überprüft werden. Die Vertikal-GFVO mit den korrespondierenden Vertikal-LL erfährt keine detaillierte Prüfung, da in dieser Arbeit unter einer Standardisierungskooperation die Entwicklung eines Standards zwischen mehreren Unternehmen derselben Marktstufe verstanden wird, sodass eine der gemeinschaftlichen Standardentwicklung zugrunde liegende Vereinbarung einer horizontalen und gewöhnlich keiner vertikalen Vereinbarung entspricht.

Weiterhin sollen die sektorspezifischen GFVOen nicht näher betrachtet werden, da Standardisierungskooperationen an dieser Stelle der Arbeit noch nicht sektorspezifisch, sondern allgemein betrachtet werden sollen. Darüber hinaus haben die sektorspezifischen GFVOen, die aktuell in Kraft sind, für den in dieser Arbeit betrachteten Anwendungsfall keine Bedeutung.

Aufgrund der Vielfalt der möglichen Ausprägung an horizontalen Vereinbarungen können die GFVOen eine pauschale Freistellung nur in spezifischen Bereichen gewährleisten.[853] Die Beschränkung von Freistellungen auf Unternehmenskooperationen mit bestimmten Marktanteilsschwellen ist für Standardisierungskooperationen dafür ein bedeutungsvolles Beispiel.[854]

3.3.2.3.2   Horizontal-Leitlinien

Für alle Bereiche, die nicht von den GFVOen erfasst werden, sind Unternehmen deshalb gehalten, eine Freistellung außerhalb der GFVOen anhand der allgemeinen Freistellungskriterien zu überprüfen. Als Hilfestellung können dazu die von der Kommission veröffentlichten Horizontal-Leitlinien (H-LL)[855] dienen, die die Ansichten der Kommission in Bezug auf die Anwendung der allgemeinen Freistellungskriterien nach Art. 101 Abs. 3 AEUV für horizontale Vereinbarungen widerspiegeln. Weiterhin stellen die H-LL eine inhaltliche Ergänzung der FuE-GFVO sowie der Spezialisierungs-GFVO dar[856] und bilden insofern ein Pendant zu den TT-LL.

Die H-LL dienen als Orientierung zur kartellrechtlichen Analyse der üblichsten Formen von horizontalen Vereinbarungen[857] und stellen zusammen mit den bereits erwähnten GFVOen den Rechtsrahmen zur Beurteilung von horizon-

---

[853] Vgl. Traugott in: Liebscher et al. (2012, § 10, Rn. 3).

[854] Vgl. Walther/Baumgartner (2008, S. 161).

[855] H-LL (ABl. 2011, C 11, S. 1).

[856] Eine Ergänzung der FuE-GFVO und der Spezialisierungs-GFVO ist auch so in den H-LL (ABl. 2011, C 11, S. 1, Tz. 8) verankert.

[857] H-LL (ABl. 2011, C 11, S. 1, Tz. 5).

talen Unternehmenskooperationen dar[858]. Die H-LL sind insofern als inhaltliche Ergänzung der GFVOen zu verstehen:[859] Denn wie bereits erläutert, kann eine Freistellung von Art. 101 Abs. 1 AEUV per Art. 101 Abs. 3 AEUV sowohl per GFVO als auch per Einzelfallprüfung erfolgen.[860] Somit dienen die H-LL als Hilfestellung für Unternehmen, um die kartellrechtliche Konformität einer horizontalen Vereinbarung außerhalb der GFVOen zu erörtern.[861]

So wird die Anwendung der europäischen Vorschriften zum Kartellverbot in den H-LL anhand unterschiedlicher Typen von Horizontalvereinbarungen spezifisch erläutert: Dabei beinhalten die H-LL Vereinbarungsgruppen, für welche in analoger Weise auch korrespondierende GFVOen vorhanden sind, wie z. B. FuE-Vereinbarungen (dazu die FuE-GFVO), Produktionskooperationsvereinbarungen, Einkaufsvereinbarungen und Vermarktungsvereinbarungen (dazu die Spezialisierungs-GFVO). Sind entsprechende Vereinbarungen nicht nach der korrespondierenden GFVO freistellbar, kann eine Einzelfallprüfung unter Zuhilfenahme der H-LL erfolgen.[862] Daneben sind in den H-LL aber auch Aussagen zur kartellrechtlichen Bewertung von „Vereinbarungen über Normen"[863] zu finden, sodass Rückschlüsse auf die kartellrechtliche Konformität von Standardisierungskooperationen gezogen werden können.

Hält man dabei zunächst an dem in den H-LL verwendeten Begriff der Norm[864] fest, so stehen nach dem Verständnis dieser Arbeit in erster Linie diejenigen Standards im Fokus dieses Abschnitts der H-LL, die von offiziellen Normungsorganisationen erarbeitet werden. Diese Nomenklatur wird auch von anderen Autoren als eher zurückhaltende Beurteilung von privatwirtschaftlichen Standardisierungskooperationen durch die Kommission gewertet.[865] Jedoch ent-

---

[858] Vgl. Traugott in: Liebscher et al. (2012, § 10, Rn. 3). Vgl. auch Auf'mkolk (2011, S. 700), der die H-LL zusammen mit den neuen GFVOen für FuE und Spezialisierung in ihrer Gesamtheit als „Prüfungsrahmen für die Vereinbarkeit horizontaler Kooperationen mit dem EU-Recht" bezeichnet.

[859] Vgl. Seeliger/Laskey in: Liebscher et al. (2012, §9, Rn. 18), welche die H-LL als Ergänzung der FuE- und Spezialisierungs-GFVOen interpretieren.

[860] Siehe Abschnitt 3.3.2.3.

[861] Vgl. Seeliger/Laskey in: Leibscher et al. (2012, § 9, Rn. 20). Vgl. auch H-LL (ABl. 2011, C 11, S. 1, Tz. 7), worin sich die Kommission zuversichtlich zeigt, dass „diese Leitlinien Unternehmen als Hilfestellung dienen [werden]".

[862] Vgl. z. B. Seeliger/Laskey in: Liebscher et al. (2012, § 9, Rn. 24) für die Spezialisierungs-GFVO.

[863] H-LL (ABl. 2011, C 11, S. 1, Tz. 257 ff.).

[864] Zum Normbegriff siehe 2.1.2.1.

[865] Vgl. Weck (2009, S. 1185). Tatsächlich fällt es der Kommission selbst bei den eigens erstellten Beispielen privatwirtschaftlicher Standardisierungsarbeit schwer sich festzulegen, sodass häufig nur eine unverbindliche Einschätzung des Falles abgegeben wird, vgl. z. B. H-LL (ABl. 2011, C 11, S. 1, Tz. 326, 329). Vor diesem Hintergrund kann es als zunehmende Zurückhaltung der Kommission interpretiert werden, dass in den veralteten H-LL (ABl. 2001, C 3, S. 2, Rn. 162)

spricht die Verwendung des Normbegriffs durch die Kommission durchaus auch dem Verständnis des Begriffs eines Industriestandards, wie er in dieser Arbeit definiert wurde,[866] sodass die H-LL für standardsetzende Unternehmen als Orientierungshilfe zur Selbsteinschätzung ihrer Kartellrechtskonformität als geeignet angesehen werden können und demnach – ähnlich wie die GFVOen – die Rechtssicherheit von Unternehmen zu stärken bezwecken.[867] Im Folgenden werden deshalb die in den H-LL vorwiegend genutzten Begriffe der Norm bzw. Normungsorganisationen auf die in dieser Arbeit relevanten Industriestandards bzw. privatwirtschaftlichen Standardisierungskooperation hin ausgelegt.

Im Vergleich zu den veralteten H-LL von 2001 ist dem Thema Standardisierungskooperationen in den neuen H-LL von 2011 eine inhaltliche Aufwertung zuteilgeworden:[868] Während in den Leitlinien von 2001 dem Thema Standardisierungsvereinbarungen lediglich 25 Textziffern auf knapp drei Textseiten[869] gewidmet wurden, besteht der Abschnitt mit demselben inhaltlichen Kontext im aktuellen Dokument bereits aus 79 Textziffern auf knapp 17 Textseiten. Ein bedeutender Teil der Ergänzungen der Kommission erstreckt sich dabei auf die Beurteilung von Standardbedingungen in Verbindung mit Standardisierungsvereinbarungen.[870]

Walther/Baumgartner kritisieren an den veralteten H-LL von 2001 deshalb zu Recht, dass diese dem Feld der Standardisierungskooperationen – trotz ihrer außergewöhnlichen Bedeutung für Markt und Wettbewerb – vergleichsweise wenig Aufmerksamkeit zukommen ließen.[871] So bietet die aktuell vorliegende

---

noch darauf hingewiesen wurde, dass sich der von der Kommission verwendete Begriff der „Normen" auch auf (koordinierte) Standardisierungsprozesse zwischen Privatunternehmen bezieht. Dieser Absatz ist in den aktuellen H-LL (ABl. 2011, C 11, S. 1) nicht mehr zu finden.

[866] Die Kommission bezieht sich in erster Linie auf Schnittstellennormen bzw. Kompatibilitätsstandards, da in den H-LL (ABl. 2011, C 11, S. 1, Tz. 257) explizit auf die Herstellung von Kompatibilität und Interoperabilität abgestellt wird, welche aus der in Rede stehenden Normenvereinbarung hervorgehen soll. In den H-LL (ABl. 2011, C 11, S. 1, Tz. 326, 328, 329, 331, 334) werden an zahlreichen Stellen auch privatwirtschaftliche Hersteller als Normsetzer gesehen, sodass die Definition einer Norm nicht alleine auf anerkannte Normungsorganisationen beschränkt ist. Dementsprechend beziehen sich die Ausführungen der Kommission im Wesentlichen auch auf diejenigen Standards, die im Unterkapitel 2.1.1 als Industriestandard definiert wurden. Auf'mkolk (2011, S. 708) bestätigt diese Sichtweise implizit, da seiner Auffassung nach mit der Neufassung der H-LL dem zunehmenden Problem des „Patent Holdup" durch privatwirtschaftliche Standardisierungskooperationen Rechnung getragen wurde.

[867] Seeliger/Laskey in: Liebscher et al. (2012, §9, Rn. 20).

[868] Vgl. Auf'mkolk (2011, S. 700).

[869] Siehe veraltete H-LL (ABl. 2001, C 3, S. 2, Tz. 159 ff.).

[870] Vgl. Auf'mkolk (2011, S. 700, 709).

[871] Walther/Baumgartner (2008, S. 161 ff.). Dieser Kritik schließt sich auch Klees (2010, S. 161) an.

Fassung der H-LL – trotz anhaltender Kritik[872] – eine zumindest umfangreichere Bewertungsgrundlage für Standardisierungskooperationen.

3.3.3   Anwendung des Art. 101 AEUV auf Standardisierungskooperationen

Die gemeinschaftliche Erarbeitung und Etablierung von Standards durch Unternehmen, in Unterkapitel 2.3.4 als Standardisierungskooperationen bezeichnet, ist im Lichte des Verbots wettbewerbsbeschränkender Vereinbarungen prinzipiell kartellrechtlich relevant. Kooperieren Unternehmen derselben Marktstufe in Standardisierungsfragen, gilt es zu prüfen, inwiefern diese Kooperation gegen das Kartellverbot nach Art. 101 Abs. 1 AEUV verstößt.

Im Folgenden sollen zunächst Grundsätze beschrieben werden, durch deren Berücksichtigung Wettbewerbsbeschränkungen infolge von Standardisierungsvereinbarungen vermieden werden können. Somit ist zunächst zu hinterfragen, inwiefern von Standardisierungskooperationen überhaupt eine Wettbewerbsbeschränkung im Sinne des Art. 101 Abs. 1 AEUV ausgeht, bevor geprüft wird, ob eine Freistellung nach Art. 101 Abs. 3 AEUV relevant wird.[873] Anschließend soll die kartellrechtliche Relevanz von Standardisierungskooperationen erläutert werden und im Anschluss daran der Versuch[874] unternommen werden, die Anwendbarkeit der allgemeingültigen GFVOen für horizontale Vereinbarungen sowie die Freistellung im Rahmen einer Einzelfallprüfung für Standardisierungskooperationen zu überprüfen.

Die Vorgehensweise in diesem Unterkapitel wird in Abbildung 13 nochmals schematisch veranschaulicht.

---

[872] Vgl. Auf'mkolk (2011, S. 711), der die Ausführungen zu Standardisierungskooperationen in der aktuellen Fassung der H-LL aufgrund der „anhaltenden Diskussion um das Spannungsverhältnis von Standardisierung, Immaterialgüterrechten und Marktmachtmissbrauch" noch immer als „unausgewogen" betrachtet.

[873] Seeliger/Laskey in: Liebscher et al. (2012, § 9, Rn. 17). Seeliger/Laskey in: Liebscher et al. (2012, § 9, Rn. 17) weisen auf diese formal korrekte Prüfreihenfolge im Zusammenhang mit der Anwendung der Spezialisierungs-GFVO hin. Die Autoren erwähnen dabei aber auch, dass die Praxis oftmals zeigt, dass zuerst die Voraussetzungen des Art. 101 Abs. 3 AEUV überprüft werden und – falls diese „offensichtlich erfüllt sind" – keine weitere Prüfung der Tatbestandsvoraussetzungen des Art. 101 Abs. 1 AEUV erfolgt.

[874] Walther/Baumgartner (2008, S. 161) stellen diesbezüglich fest, dass sich in der „europäischen Behördenpraxis und Rechtsprechung nur vereinzelt und sehr vage Hinweise darauf [finden], unter welchen Voraussetzungen Standardisierungs-Kooperationen mit dem Kartellverbot vereinbar sind".

Abbildung 13: Vorgehensweise in Unterkapitel 3.3.3[875]

3.3.3.1 Standardisierungskooperationen ohne wettbewerbsbeschränkende Wirkung

Eine horizontale Vereinbarung, die zur Festlegung eines Standards führt, kann nicht ohne die Berücksichtigung der – oftmals positiven – Auswirkungen des entsprechenden Standards bewertet werden.[876] Obschon es sich bei Standardisierungsvereinbarungen um horizontale Vereinbarungen handelt, wird von der Kommission betont, dass mit Vereinbarungen dieser Gruppe nicht in jedem Fall eine wettbewerbsbeschränkende Wirkung verbunden ist.[877] Standardisierungskooperationen, deren beteiligte Unternehmen keine Marktmacht auf sich konzentrieren, können nach Ansicht der Kommission keine wettbewerbsbeschränkende Auswirkung haben.[878]

---

[875] Quelle: Eigene Darstellung.

[876] TT-LL (ABl. 2014, C 89, S. 3, Tz. 268).

[877] Vgl. H-LL (ABl. 2011, C 11, S. 1, Tz. 279) und TT-LL (ABl. 2014, C 89, S. 3, Tz. 268).

[878] Vgl. H-LL (ABl. 2011, C 11, S. 1, Tz. 277). Jedoch steigt das Risiko wettbewerbsbeschränkender Auswirkungen mit wachsenden Marktanteilen der an der Standardisierungskooperation beteiligten Unternehmen sowie dem Umfang, in welchem Standardbedingungen (z. B. Zugangsbeschränkungen) angewendet werden, vgl. H-LL (ABl. 2011, C 11, S. 1, Tz. 322). In den TT-LL (ABl. 2014, C 89, S. 3, Tz. 267 lit. a) wird vergleichbar dazu der Grundsatz formuliert, dass die

Im Gegenteil können von Standardisierungsvereinbarungen auch Effizienzvorteile ausgehen.[879] Sofern beispielsweise die Auswahl der an einem multilateralen Industriestandard beteiligten Technologien durch einen unabhängigen Sachverständigen vorgenommen wird, kann sich dies gar förderlich auf den (Innovations-)Wettbewerb zwischen mehreren alternativen Technologien auswirken.[880]

Auf der anderen Seite betont die Kommission jedoch auch, dass es keinen „allgemeinen geschützten Bereich", einen sogenannten „safe harbour", geben kann, in welchem Unternehmen pauschal und grundsätzlich keinem Risiko begegnen, eine wettbewerbsbeschränkende Vereinbarung zu schließen.[881] Dies unterstreicht die Notwendigkeit der individuellen Beurteilung jeder Standardisierungskooperation.

3.3.3.1.1   Grundsätze zur Vermeidung von Wettbewerbsbeschränkungen durch Standardisierungskooperationen

Vereinbarungen, die eine Standardisierungskooperation begründen, entfalten nach Ansicht der Kommission normalerweise keine wettbewerbsbeschränkende Wirkung, sofern die Vereinbarung bzw. die Kooperation selbst allen folgenden Maßstäben kumuliert entspricht:[882]

1) Es muss allen Wettbewerbern[883] auf den von dem Industriestandard betroffenen Märkten die uneingeschränkte Möglichkeit zur Mitwirkung an der Standardentwicklung eingeräumt werden.[884] Denn sofern möglichst unterschiedliche Interessenvertreter an der Standardisierungsarbeit beteiligt sind, wird die Auswahl der am Standard beteiligten Technologien nach Ansicht der Kommission unter rationaleren Bedingungen getroffen, als wenn nur die Inhaber der am Standard beteiligten Technologien selbst darüber befin-

---

Gefahr wettbewerbsschädigender Wirkungen mit zunehmender Stärke der Marktstellung eines gemeinsamen Technologiepools steigt.

[879] TT-LL (ABl. 2014, C 89, S. 3, Tz. 268).

[880] TT-LL (ABl. 2014, C 89, S. 3, Tz. 256).

[881] H-LL (ABl. 2011, C 11, S. 1, Tz. 322).

[882] Die folgenden Bedingungen werden in den H-LL (ABl. 2011, C 11, S. 1, Tz. 280 ff.) zunächst aufgelistet und erläutert.

[883] In den H-LL (ABl. 2011, C 11, S. 1, Tz. 297) wird betont, dass eine Diskriminierung von „tatsächlichen oder potenziellen Mitgliedern" möglicherweise zu Wettbewerbsbeschränkungen führen kann.

[884] Wettbewerbsbeschränkende Wirkungen einer Standardisierungsvereinbarung werden nach Ansicht der Kommission unwahrscheinlicher, sofern sich „alle von der Norm betroffenen Wettbewerber (und/oder Akteure)" am Standardisierungsprozess beteiligen können, vgl. H-LL (ABl. 2011, C 11, S. 1, Tz. 295).

den.[885] Diese Möglichkeit der uneingeschränkten Mitwirkung ist umso bedeutender, je größer die zukünftigen Auswirkungen des zu entwickelnden Standards vermutlich sein werden.[886] Um dies abzuschätzen, wird die Möglichkeit genannt, sich an den Marktanteilen der an der Standardisierungskooperation beteiligten Unternehmen zu orientieren.[887]

2) Die Standardisierungskooperation muss den Prozess der Standardentwicklung transparent gestalten, indem alle an der Entwicklung des Industriestandards beteiligten und interessierten Kreise über aktuelle, bereits getätigte und geplante Standardisierungsarbeiten informiert werden.[888]

3) Sobald der Industriestandard von der Standardisierungskooperation verabschiedet wurde, muss der effektive Zugang zu dem Standard durch die Standardisierungskooperation zu fairen, zumutbaren und diskriminierungsfreien Bedingungen – sowohl für Mitglieder als auch Nicht-Mitglieder der Standardisierungskooperation[889] – gewährleistet werden.[890] Um zu vermeiden, dass der Standardisierungskooperation mit der Wahl eines Standards erhebliche Marktmacht zukommt,[891] empfiehlt die Kommission, in bestimmten Fällen die Lizenzgebühren für den Standard bereits vor und nicht nach der Festlegung des Standards zu vereinbaren.[892]

---

[885] In den TT-LL (ABl. 2014, C 89, S. 3, Tz. 249) geht die Kommission davon aus, dass Technologien für einen Standard eher anhand von Preis- oder Qualitätserwägungen ausgewählt werden – und nicht etwa aufgrund der kommerziellen Erwägungen einzelner Partner – und die Lizenzbedingungen und -gebühren eher offen sind, wenn an der Standardisierungskooperation unterschiedliche Interessenvertreter beteiligt sind.

[886] Es wird in den H-LL (ABl. 2011, C 11, S. 1, Tz. 295) betont, dass die gleichberechtigte Beteiligung am Standardisierungsprozess umso wichtiger ist, je wahrscheinlicher sich der Standard auf den Markt auswirkt bzw. je größer sein potenzieller Anwendungsbereich ist. In den TT-LL (ABl. 2014, C 89, S. 3, Tz. 267 lit. b) wird in vergleichbarer Weise der Grundsatz formuliert, dass die Wahrscheinlichkeit für Verstöße gegen Art. 101 AEUV mit der Stärke der Marktstellung von Technologiepools zunimmt, sofern nicht allen potenziellen Lizenznehmern Lizenzen erteilt oder diese nur zu diskriminierenden Bedingungen vergeben werden.

[887] Vgl. H-LL (ABl. 2011, C 11, S. 1, Tz. 295).

[888] H-LL (ABl. 2011, C 11, S. 1, Tz. 282).

[889] H-LL (ABl. 2011, C 11, S. 1, Tz. 294).

[890] H-LL (ABl. 2011, C 11, S. 1, Tz. 283). Vgl. auch TT-LL (ABl. 2014, C 89, S. 3, Tz. 196).

[891] Nach Barthelmeß/Gauß (2010, S. 636) ist jedoch von einer Wettbewerbsbeschränkung auszugehen, wenn ein Standard, der aus einem branchenweiten Standardisierungsverfahren entsteht, für alle Marktteilnehmer rechtlich oder faktisch verbindlich zu nutzen ist. In diesen Fällen weisen die Autoren jedoch an derselben Stelle auf die Möglichkeit der Freistellung hin, siehe dazu 3.3.3.4.

[892] TT-LL (ABl. 2014, C 89, S. 3, Tz. 268).

3.3.3.1.2   Die FRAND-Selbstverpflichtungserklärung

Um die dritte der oben genannten Bedingungen zu erfüllen, müssen die an der Standardisierungskooperation beteiligten Unternehmen, die an dem potenziellen Standard selbst oder einer daran beteiligten Technologie geistige Eigentumsrechte innehaben, eine unwiderrufliche und schriftliche „FRAND"-Selbstverpflichtung[893] abgeben.[894] Dabei ist es von besonderer Bedeutung, dass die Selbstverpflichtung abgegeben wird, bevor sich die Branche dem Industriestandard bzw. der Standardisierungskooperation angeschlossen hat.[895] D. h. die Selbstverpflichtungserklärung muss abgegeben werden, bevor der Industriestandard effektiv etabliert ist.[896]

Die FRAND-Selbstverpflichtung zielt dabei vor allem darauf ab, dass der spätere Zugang zu einem gesetzten Industriestandard nicht durch die (ggf. ehemaligen) Mitglieder der Standardisierungskooperation im Rahmen der Ausübung von geistigen Schutzrechten an dem Industriestandard verhindert oder durch das Verlangen von z. B. übermäßigen Gebühren erschwert wird.[897] Sofern die Entwicklung eines Standards die Inanspruchnahme von immateriellen Schutzrechten einzelner Kooperationsmitglieder erfordert, sollte vor der Festlegung des Standards eine gutgläubige Offenlegung aller möglicherweise von dem Standard berührten Rechte geistigen Eigentums durch die Mitglieder der Standardisierungskooperation erfolgen.[898] Beteiligte Unternehmen müssen dazu jedoch nicht alle von ihnen gehaltenen Rechte geistigen Eigentums mit dem betreffenden Standard abgleichen, um schließlich festzustellen, dass keine Rechte geistigen Eigentums mit dem Standard in Berührung stehen.[899]

Sofern sich die Parteien in diesem Zusammenhang zur Offenlegung der jeweils restriktivsten Lizenzbedingungen ihrer immateriellen Schutzrechte – einschließlich der höchsten Lizenzgebühren, die verlangt werden würden – ver-

---

[893] „Fair, zumutbar und diskriminierungsfrei" wird im Englischen als „Fair, Reasonable And Non-Discriminatory" – kurz „FRAND" – übersetzt.

[894] H-LL (ABl. 2011, C 11, S. 1, Tz. 285).

[895] H-LL (ABl. 2011, C 11, S. 1, Tz. 287).

[896] Laut den H-LL (ABl. 2011, C 11, S. 1, Tz. 285 sowie 287 f.) soll die Selbstverpflichtung abgegeben werden, bevor es zu einer „Annahme der Norm" gekommen ist, wobei keine Hinweise dazu gegeben werden, wie die „Annahme" einer Norm im privatwirtschaftlichen Umfeld konkret vonstattengehen kann.

[897] H-LL (ABl. 2011, C 11, S. 1, Tz. 285, 294).

[898] H-LL (ABl. 2011, C 11, S. 1, Tz. 286). Vgl. auch Kommissionsentscheidung „Rambus" (WuW/E 06/2010, S. 719, Rn. 40 ff.), wo dem Unternehmen Rambus zur Last gelegt wurde, mit dem absichtlichen Verschweigen eigener Patente im Kreise eines industriellen Normungsgremiums einen später zur Norm erhobenen Interoperabilitätsstandard von Arbeitsspeichermodulen alleine zu vereinnahmen und ausschließlich zu verwerten.

[899] H-LL (ABl. 2011, C 11, S. 1, Tz. 286).

pflichten, gehen aus Sicht der Kommission im Regelfall[900] keine wettbewerbsbeschränkenden Auswirkungen mehr von dem gemeinsamen Standardisierungsvorhaben aus, da die Standardisierungsmitglieder vor der Festlegung eines Standards bzw. einer zugrunde liegenden Technologie sowohl technische als auch wirtschaftliche Kriterien abwägen.[901] Dies setzt allerdings voraus, dass sich zumindest alle an der Standardisierungskooperation beteiligten Unternehmen über die Anzahl der selbst gehaltenen und an der Standardisierung beteiligten Patente bewusst sind.[902]

Babey/Rizvi kritisieren, dass die bisherigen Angaben zur FRAND-Selbstverpflichtungserklärung der Kommission noch nicht konkret genug ausgestaltet sind.[903] Die Autoren regen deshalb insbesondere eine Konkretisierung der folgenden vier Punkte durch die Kommission an:[904]

1) Eine Überführung des Begriffs der unwiderruflichen schriftlichen Erklärung in die nationale Rechtsordnung,

2) die Gewährleistung, dass auch jene Unternehmen von der FRAND-Selbstverpflichtungserklärung erfasst werden, an welche geistige Eigentumsrechte zu einem späteren Zeitpunkt veräußert werden (Stichwort „Patenttrolle" und „Patent Privateering")[905],

3) eine Konkretisierung der FRAND-Erklärung durch das Unternehmen, insbesondere im Hinblick auf die Offenlegung der zukünftigen maximalen Lizenzgebühr sowie die Offenlegung der restriktivsten Bedingungen[906] sowie

---

[900] Die Kommission warnt dabei davor, die Offenlegung der restriktivsten Lizenzbedingungen als „Deckmantel" für später folgende Preisabsprachen bezüglich den Standard in Anspruch nehmender Endprodukte zu missbrauchen, vgl. H-LL (ABl. 2011, C 11, S. 1, Tz. 299, Fn. 1). Derartige Preisabsprachen werden nach den H-LL (ABl. 2011, C 11, S. 1, Tz. 274) als bezweckte Wettbewerbsbeschränkungen geahndet.

[901] Vgl. H-LL (ABl. 2011, C 11, S. 1, Tz. 299).

[902] Aufgrund der Vielzahl an Patenten und geistigen Schutzrechten, die in vielen Standardisierungsprozessen im IT- und Telekommunikationsbereich relevant sind, ist dies nach Treacy/Lawrance (2008, S. 23) jedoch nicht selbstverständlich.

[903] Babey/Rizvi (2012, S. 818). Treacy/Lawrance (2008, S. 23 f.) kritisieren, dass die von Standardisierungs- und Normungsorganisationen geforderten FRAND-Bedingungen teilweise so ungenau ausgestaltet sind, dass standardsetzende Unternehmen den Umfang ihrer Verpflichtungen nach Abgabe einer solchen FRAND-Erklärung nicht abschätzen können: „FRAND obligations are so vague as to risk becoming toothless."

[904] Babey/Rizvi (2012, S. 818).

[905] Siehe dazu auch Unterabschnitt 3.4.4.2.2.

[906] Für Chappatte (2010, S. 176) stellt das Konzept der vorherigen Offenlegung der höchsten Lizenzgebühren als Bestandteil der FRAND-Selbstverpflichtungserklärung keine Lösung für das Problem überhöhter Lizenzerhebungen dar.

4) eine inhaltliche Erläuterung der Begriffe „fair- and reasonableness" und „non-discriminatory".

Zur Beurteilung der Konformität später erhobener Zugangsgebühren zu dem Industriestandard nach dem FRAND-Grundsatz nennt die Kommission sowohl einen quantitativen Kostenvergleich[907] als auch die Einholung eines qualitativen Expertengutachtens[908] als Beispielmethoden[909]. Konkurrieren mehrere Standards bzw. Standardisierungskooperationen miteinander um die Durchsetzung eines Standards, werden Zugangsbeschränkungen in ihrer Wirkung nicht mehr zwingend als wettbewerbsbeschränkend beurteilt.[910]

FRAND-Selbstverpflichtungserklärungen pflastern einen vergleichsweise liberalen Weg der kooperativen Standardisierung: Anstatt die betreffende Technologiesparte ex ante mit einem regulatorischen Rahmen zu versehen und somit dem Technologiemarkt die Entscheidung bzgl. der Herausbildung eines Standards vorwegzunehmen, setzt die Kommission durch die Forderung des Abschlusses von FRAND-Erklärungen auf einen marktwirtschaftlichen Ansatz. Die finanziellen Anreize, die Unternehmen mit der Entwicklung entsprechender Standards verbinden, bleiben bei diesem Ansatz – im Gegensatz zur alternativen Strategie der staatlichen Regulierung – erhalten.[911]

3.3.3.2 Wettbewerbsbeschränkende Wirkung von Standardisierungskooperationen

Nachdem nun auf jene Bedingungen eingegangen wurde, die eine wettbewerbsbeschränkende Wirkung von Standardisierungskooperationen ex ante vermeiden und bei denen – bei erfolgreicher Vermeidung – damit der Tatbestand des Art. 101 Abs. 1 AEUV nicht erfüllt wäre, wird im Anschluss erörtert, unter welchen Bedingungen ein Verstoß von Standardisierungskooperationen gegen die Kartellverbotsnorm zu erwarten ist.

---

[907] Siehe dazu H-LL (ABl. 2011, C 11, S. 1, Tz. 289). Im EuGH-Urteil vom 14.02.1978 „United Brands" (Slg. 1978, S. 207, Rn. 251 f.) wird bspw. ein Vergleich zwischen dem Verkaufspreis mit den „Gestehungskosten" vorgeschlagen, anhand dessen ein möglicherweise „übertriebenes Missverhältnis zwischen den tatsächlich entstandenen Kosten und dem tatsächlich verlangten Preis" erörtert werden kann.

[908] Siehe dazu H-LL (ABl. 2011, C 11, S. 1, Tz. 290).

[909] Die Kommission weist darauf hin, dass auch andere Methoden zur Überprüfung der Gebühren auf FRAND-Konformität herangezogen werden können, vgl. H-LL (ABl. 2011, C 11, S. 1, Tz. 290). Vgl. auch dazu EuGH-Urteil vom 14.02.1978 „United Brands" (Slg. 1978, S. 207, Rn. 253).

[910] H-LL (ABl. 2011, C 11, S. 1, Tz. 277, 294).

[911] Im Rahmen weiterer Forschungstätigkeit kann der Frage nach den Vor- oder Nachteilen der alternativen Strategie einer staatlich regulierten Standardsetzung nachgegangen werden. Dies konnte im Rahmen dieser Untersuchung nicht behandelt werden.

3.3.3.2.1   Relevante Märkte einer Standardisierungskooperation

Neben den Fällen, in welchen keine wettbewerbsbeschränkenden Wirkungen von Standardisierungskooperationen ausgehen, unterscheidet die Kommission in ihren H-LL zwischen vier unterschiedlichen, sachlich relevanten Märkten, auf welche sich Standardisierungsvereinbarungen zwischen Unternehmen auch wettbewerbsbeschränkend auswirken können. Konkret werden von der Kommission

■ die Produkt- und Dienstleistungsmärkte, auf welche sich der Industriestandard bezieht,

■ der Technologiemarkt[912], sofern durch den Industriestandard eine von mehreren möglichen Technologien ausgewählt wird und die geistigen Schutzrechte an der Technologie getrennt vermarktet werden,

■ der Markt für die Festsetzung von Normen bzw. Industriestandards, falls mehrere Normungsorganisationen bzw. Standardisierungskooperationen zur Erarbeitung von Normen bzw. Industriestandards in diesem Bereich existieren sowie

■ der Markt für die Prüfung und Zertifizierung des in Rede stehenden Industriestandards

genannt.[913]

3.3.3.2.2   Standardisierungskooperationen als potenziell wettbewerbsbeschränkende Vereinbarungen

Allgemein stellen Kooperationen, welche die Erarbeitung oder strategische Platzierung eines Standards im Markt zum Ziel haben, eine horizontale Absprache im Sinne des Art. 101 Abs. 1 AEUV dar.[914] Vereinbarungen über die gemeinsame Entwicklung von Standards zählen dabei sogar zu den üblichsten Formen von horizontalen Vereinbarungen.[915]

Tatsächlich kann dabei auch der Wettbewerb zwischen Unternehmen in mehrfacher Hinsicht beschränkt werden, wenn diese gemeinschaftlich an der Entwicklung eines neuen Industriestandards arbeiten: So werden Unternehmen

---

[912] In den veralteten H-LL (ABl. 2001, C 3, S. 2, Tz. 161) wurde dieser Markt noch nicht genannt, sodass die getrennte Vermarktung von Technologien und den damit verbundenen geistigen Schutzrechten erst mit der Neufassung der H-LL (ABl. 2011, C 11, S. 1, Tz. 261) berücksichtigt wurde.

[913] H-LL (ABl. 2011, C 11, S. 1, Tz. 261).

[914] Vgl. Lampert/Matthey in: Hauschka (2010, § 26, Rn. 13).

[915] Vgl. H-LL (ABl. 2011, C 11, S. 1, Tz. 5).

insbesondere in den Bereichen Innovation[916], Qualität und Produktdifferenzierung in Bezug auf den Standard den gegenseitigen Wettbewerb zumindest verringern oder gar ganz einstellen.[917] Denn während im Falle getrennter Forschungs- und Entwicklungsaktivitäten der einzelnen Unternehmen ein Wettbewerb der Marktdurchsetzung zwischen mehreren individuellen Standards entsteht, wird dieser Wettbewerb bei einer Vergemeinschaftung der FuE-Bemühungen bewusst ausgeschaltet,[918] um in kürzerer Zeit einen Standard am Markt zu etablieren, der von möglichst vielen Parteien akzeptiert wird.

Eine Standardisierungskooperation kann dabei auch als Basis für weitere Wettbewerbsbeschränkungen in späteren Marktphasen, wie Preisabsprachen, Mengenbeschränkungen oder Qualitätsreduzierungen, genutzt werden.[919] Die Gefahr einer nachhaltigen Einschränkung des Wettbewerbs ist bei der Entwicklung proprietärer Industriestandards besonders groß.[920]

3.3.3.2.3   Fallgruppen wettbewerbsbeschränkender Standardisierungskooperationen

In den H-LL werden dabei drei Fallgruppen von Normungsprozessen aufgelistet, die wettbewerbsbeschränkende Auswirkungen haben können.[921] Bei analoger Anwendung dieser Fallgruppen auf Standardisierungskooperationen nach dem Verständnis dieser Arbeit kann der Wettbewerb deshalb beschränkt werden, wenn

1) Standardisierungskooperationen eine Verringerung oder den Ausschluss des Preiswettbewerbs auf den betreffenden Märkten[922] zur Folge haben.[923]

---

[916] Vgl. dazu TT-LL (ABl. 2014, C 89, S. 3, Tz. 246), wonach eine Verringerung des Innovationswettbewerbs durch gemeinsame Techologiepools, die einen Industriestandard unterstützen oder bilden, insofern erreicht wird, als es zu einem Ausschluss alternativer Technologien kommt. Die Innovationskraft wird besonders dann eingeschränkt, wenn Unternehmen ungerechtfertigterweise von der Entwicklung eines Standards ausgeschlossen werden, vgl. H-LL (ABl. 2011, C 11, S. 1, Tz. 266).

[917] Vgl. Lampert/Matthey in: Hauschka (2010, § 26, Rn. 13).

[918] Vgl. dazu Kommissionsentscheidung vom 20.01.1977 „Vacuum Interrupters Ltd." (ABl. 1977, L 48, S. 32, Rn. 16). Mestmäcker/Schweitzer (2004, § 29, Rn. 7) vermuten deshalb, dass Kooperationsvereinbarungen zwischen Unternehmen gewöhnlich so gestaltet sein werden, dass auf dem Kooperationsgebiet keiner der Kooperationsbeteiligten einen Wettbewerbsvorsprung erzielen kann.

[919] Vgl. Mestmäcker/Schweitzer (2004, § 29, Rn. 7).

[920] Vgl. Mestmäcker/Schweitzer (2004, § 29, Rn. 7).

[921] Vgl. H-LL (ABl. 2011, C 11, S. 1, Tz. 264 ff.) sowie Flohr/Schulz in: Liebscher et al. (2012, § 15, 117).

[922] Siehe dazu Unterabschnitt 3.3.3.1.

[923] H-LL (ABl. 2011, C 11, S. 1, Tz. 265).

2) Standardisierungskooperationen ein oder mehrere Unternehmen vom Entwicklungsprozess des Industriestandards ausschließen und damit potenziell eine Einschränkung der Innovation verursachen.[924] So sah die Kommission bereits bei früheren Entscheidungen allgemein Nicht-Mitglieder einer Standardisierungskooperation auf längere Sicht im Nachteil, da diese hinsichtlich der technischen Details des Industriestandards ggf. ein Informationsdefizit erleiden, was letztendlich ihren Marktzutritt als Konkurrenten erschweren kann.[925] In der Folge haben Produktalternativen von Konkurrenten sogar dann erschwerte Marktzutrittsbedingungen, wenn sie technologisch überlegen sind.[926]

3) bestimmte Unternehmen am Zugang zu Ergebnissen einer Standardisierungskooperation – beispielsweise der Gegenstand des Industriestandards selbst oder damit in Verbindung stehende immaterielle Schutzrechte, die zur Verwendung notwendig sind – effektiv gehindert werden.[927] Dies kann entweder durch eine faktische Verwehrung des Zugangs geschehen oder indem der Zugang nur zu prohibitiven oder diskriminierenden Bedingungen gewährt wird.[928]

Weiterhin stellt es mit hoher Wahrscheinlichkeit eine Wettbewerbsbeschränkung dar, wenn Standards oder Normen dazu verwendet werden, um die Einführung einer neuen Technik zu verhindern.[929] Standardsetzende Unternehmen dürfen daher keinen Druck auf Dritte ausüben, um die Entwicklung oder den Vertrieb von neuen, ggf. nicht-standardkonformen Technologien zu verhindern oder neue Technologien von dem bereits bestehenden Standard auszuschließen, da dies eine Wettbewerbsbeschränkung bezwecken würde.[930]

Analoges gilt für die Mitglieder der Standardisierungskooperation selbst: Auch hier steigt die Wahrscheinlichkeit für die wettbewerbsbeschränkende Wirkung der Vereinbarung innerhalb einer Standardisierungskooperation, sofern

---

[924] Siehe dazu H-LL (ABl. 2011, C 11, S. 1, Tz. 266).

[925] Vgl. z. B. Kommissionsentscheidung vom 15.12.1986 „X/Open Group" (ABl. 1987, L 35, S. 36, Rn. 32). Vgl. auch Kommissionsentscheidung vom 20.01.1977 „Vacuum Interrupters Ltd." (ABl. 1977, L 48, S. 32, Rn. 17), wo aus der stärkeren Marktstellung eines Gemeinschaftsunternehmens im Vergleich zu zwei getrennten Unternehmen ein schwierigerer Markteintritt für potenzielle Konkurrenten abgeleitet wird.

[926] In den TT-LL (ABl. 2014, C 89, S. 3, Tz. 246) wird die Gefahr erkannt, dass ein vorhandener Industriestandard, bestehend aus einem entsprechenden Technologiepool, „den Marktzugang für neue und verbesserte Technologien erschweren" kann.

[927] H-LL (ABl. 2011, C 11, S. 1, Tz. 268).

[928] H-LL (ABl. 2011, C 11, S. 1, Tz. 268).

[929] Vgl. Kommissionsentscheidung vom 21.10.1998 „Fernwärmetechnik-Kartell" (ABl. 1999, L 24, S. 1, Rn. 147).

[930] Vgl. H-LL (ABl. 2011, C 11, S. 1, Tz. 273).

diese vorschreibt, dass Mitglieder der Standardisierungskooperation lediglich standardkonforme Produkte entwickeln dürfen.[931] Die Kommission formuliert dazu vorsichtig, dass die wettbewerbsrechtlichen Bedenken dabei umso geringer sind, je weniger umfassend sich ein Standard auf ein eigentliches Endprodukt auswirkt.[932]

3.3.3.3 Beurteilung von Standardisierungskooperationen in den Gruppenfreistellungsverordnungen

Wie dargestellt wurde, besteht durchaus die Gefahr, dass von Standardisierungskooperationen eine spürbar wettbewerbsbeschränkende Wirkung ausgehen kann und somit eine wettbewerbsbeschränkende Absprache im Sinne des Art. 101 Abs. 1 AEUV vorliegt. Standardsetzende Unternehmen sollten deshalb im Zweifel prüfen, inwiefern eine Freistellung der Standardisierungskooperation in Betracht zu ziehen ist. Wie bereits in Unterabschnitt 3.3.2.3.1 gezeigt, ist die Rechtssicherheit für Unternehmen dabei am höchsten, wenn eine Freistellung durch Erfüllung der Anwendungsvoraussetzungen einer GFVO erwirkt werden kann. Sind die Voraussetzungen zur Anwendung einer GFVO nicht gegeben, bleibt der Weg der Freistellung über eine Einzelfallprüfung.

Im Folgenden wird deshalb zunächst geprüft, unter welchen Bedingungen eine Freistellung per GFVO für Standardisierungskooperationen möglich ist. Im Anschluss daran werden die Bedingungen der Freistellung einer Standardisierungskooperation anhand einer Einzelfallprüfung dargestellt.

3.3.3.3.1 Freistellung von Standardisierungskooperationen per Gruppenfreistellungsverordnung über Vereinbarungen über Forschung und Entwicklung

Natürlicherweise bezweckt auch eine Standardisierungskooperation eine Zusammenarbeit zwischen Unternehmen mit dem Ziel der gemeinsamen Entwicklung eines Industriestandards bzw. der Forschung daran.[933] Insofern kann ange-

---

[931] H-LL (ABl. 2011, C 11, S. 1, Tz. 293). Vgl. Kommissionsentscheidung vom 20.12.1977 „Philips Video Cassetterecorders" (ABl. 1978, L 47, S. 42, Rn. 23), wo es Mitgliedern einer Standardisierungskooperation im Markt der Videokassetten(recorder) untersagt war, während der Geltungsdauer der Standardisierungsvereinbarung (zusätzliche) Videokassetten bzw. –recorder herzustellen, die einem konkurrierenden Standard entsprechen, obschon dieser technisch fortschrittlicher hätte sein können. Vgl. auch dazu das in den H-LL (ABl. 2011, C 11, S. 1, Tz. 326) angeführte fiktive Beispiel einer Standardisierungskooperation im Bereich der Unterhaltungselektronik, die gemeinschaftlich einen DVD-Nachfolger-Standard entwickeln.

[932] H-LL (ABl. 2011, C 11, S. 1, Tz. 293).

[933] So behandeln Mestmäcker/Schweitzer (2004, § 29, Rn. 7) die kooperative Erarbeitung technischer Standards im Zusammenhang mit der kartellrechtlichen Beurteilung von FuE-Vereinbarungen. Vgl. auch Walther/Baumgartner (2008, S. 159).

nommen werden, dass die FuE-GFVO hinsichtlich der Beurteilung von Standardisierungskooperationen von grundsätzlicher Relevanz ist.

3.3.3.3.1.1 Regelungszweck

Die FuE-GFVO regelt die Freistellung von Vereinbarungen,[934] welche Aktivitäten bezüglich der gemeinsamen Forschung und Entwicklung von Produkten oder Technologien sowie deren gemeinsame Verwertung umfassen[935]. Die Freistellung von FuE-Vereinbarungen wird von der Kommission vor dem Hintergrund gerechtfertigt, dass dem Verbraucher durch derlei Vereinbarungen Effizienzgewinne „in Form von neuen oder verbesserten Waren oder Dienstleistungen, in Form einer schnelleren Markteinführung dieser Waren oder Dienstleistungen oder in Form niedrigerer Preise infolge des Einsatzes neuer oder verbesserter Technologien oder Verfahren"[936] zugutekommen.

3.3.3.3.1.2 Anwendbarkeit auf Standardisierungskooperationen

Eine Freistellung nach der FuE-GFVO wird an folgende Hauptbedingungen geknüpft: Neben dem Erfordernis, gewisse, gemeinsame Marktanteilsschwellen nicht zu überschreiten, wird so unter anderem der Zugang der Kooperationspartner zu den Endergebnissen der gemeinsamen FuE-Arbeiten selbst[937] bzw. zum Know-how der Partner, welches für die Verwertung der Forschungsergebnisse notwendig ist,[938] geregelt. Zudem wird – neben weiteren, hier nicht weiter aufgezählten Nebenbedingungen – die gemeinsame Verwertung auf diejenigen FuE-Ergebnisse begrenzt, die in Verbindung mit der Herstellung von Produkten oder der Anwendung von Technologien stehen, die inhaltlich durch die FuE-Vereinbarung der kooperierenden Unternehmen abgedeckt sind.[939]

Wie jedoch Walther/Baumgartner feststellen, unterscheiden sich FuE-Vereinbarungen, die ein Standardisierungsvorhaben zum Inhalt haben, von anderen FuE-Vereinbarungen, die klassicherweise von der FuE-GFVO erfasst werden:[940] Erstens sehen die Autoren grundsätzliche Unterschiede in der Zielsetzung

---

[934] Vgl. FuE-GFVO (ABl. 2010, L 335, S. 36, Art. 2 Abs. 1).

[935] Eine detaillierte Aufzählung dessen, was unter „Forschungs- und Entwicklungsvereinbarungen" im Sinne der GFVO zu verstehen ist, findet sich in der FuE-GFVO (ABl. 2010, L 335, S. 36, Art. 1 Abs. 1).

[936] FuE-GFVO (ABl. 2010, L 335, S. 36, Erwägungsgrund 10).

[937] Vgl. FuE-GFVO (ABl. 2010, L 335, S. 36, Erwägungsgrund 11). Vgl. dazu die Umsetzung in der FuE-GFVO (ABl. 2010, L 335, S. 36, Art. 3 Abs. 2).

[938] Siehe FuE-GFVO (ABl. 2010, L 335, S. 36, Art. 3 Abs. 3).

[939] Vgl. FuE-GFVO (ABl. 2010, L 335, S. 36, Art. 3 Abs. 4).

[940] Vgl. Walther/Baumgartner (2008, S. 161). Die Autoren beziehen sich in all ihren Ausführungen zur FuE-GFVO jedoch auf die veraltete Version der FuE-GFVO (ABl. 2000, L 304, S. 7 ff.), die

einer Standardisierungskooperation im Vergleich zu einer gewöhnlichen FuE-Kooperation. Während Standardisierungskooperationen die Ergebnisse der FuE-Arbeiten – d. h. die Industriestandards selbst – möglichst weit im Markt verbreitet sehen möchten, um die Etablierung des Standards zu fördern, haben letztere ggf. ein gesteigertes Interesse daran, die Ergebnisse der gemeinsamen Forschung und Entwicklung zunächst unter Verschluss zu halten, um sich durch die FuE-Ergebnisse einen Marktvorsprung gegenüber Wettbewerbern zu ermöglichen.[941] Zweitens sehen die Autoren bei Standardisierungsvorhaben gerade Unternehmen mit großen Marktanteilen als prädestiniert an, um eine gemeinsame Entwicklung eines Standards voran zu bringen.[942] Dies führt nach Ansicht der Autoren dazu, dass ein Großteil der Standardisierungskooperationen bereits nicht mehr nach der FuE-GFVO freigestellt werden kann, da eine darauf basierte Freistellung stark von den (gemeinsamen) Marktanteilen der an der Kooperation beteiligten Unternehmen abhängt.[943]

So soll auch die aktuelle FuE-GFVO ihre Anwendbarkeit verlieren, sobald „der gemeinsame Anteil der Parteien am Markt für die aus der gemeinsamen Forschung und Entwicklung hervorgegangenen Produkte, Dienstleistungen oder Technologien zu groß wird"[944]. Allerdings soll dabei auch berücksichtigt werden, dass die Freistellung einer Kooperation unmittelbar nach der Einführung eines neuen Produkts zunächst ungeachtet des Marktanteils der beteiligten Unternehmen bestehen bleibt, bis sich die Marktanteile stabilisieren konnten und eine Amortisierung des investierten Kapitals stattgefunden hat.[945]

Praktisch hat sich die Kommission auf einen Marktanteilsschwellenwert von 25 bzw. 30 Prozent festgelegt, den die an einer FuE-Vereinbarung beteiligten Unternehmen nicht überschreiten dürfen, um weiterhin nach der FuE-GFVO freigestellt werden zu können.[946]

---

seit dem 1. Januar 2011 außer Kraft ist. In dieser Arbeit beziehen sich alle Ausführungen auf die aktuell gültige Fassung der FuE-GFVO (ABl. 2010, L 335, S. 36).

[941] Walther/Baumgartner (2008, S. 161).

[942] Walther/Baumgartner (2008, S. 161).

[943] Vgl. Walther/Baumgartner (2008, S. 161).

[944] FuE-GFVO (ABl. 2010, L 335, S. 36, Erwägungsgrund 14). Vgl. dazu die Umsetzung in der FuE-GFVO (ABl. 2010, L 335, S. 36, Art. 4 Abs. 2 lit. f).

[945] Vgl. FuE-GFVO (ABl. 2010, L 335, S. 36, Erwägungsgrund 14). Vgl. dazu die Umsetzung in der FuE-GFVO (ABl. 2010, L 335, S. 36, Art. 7 lit. d).

[946] Nach FuE-GFVO (ABl. 2010, L 335, S. 36, Art. 4 Abs. 2 lit. a) wird die Gültigkeit der Freistellung an einen gemeinsamen Marktanteil in den entsprechenden Produkt- und Technologiemärkten der an der FuE-Kooperation beteiligten Parteien von zunächst 25 % gekoppelt. Allerdings hebt nach FuE-GFVO (ABl. 2010, L 335, S. 36, Art. 7 lit. d) das Überschreiten eines gemeinsamen Marktteils von 25 % eine bestehende Freistellung im Anschluss an das Jahr der Überschreitung des Marktanteils für zwei weitere Jahre nicht auf, sofern der gemeinsame Marktanteil nicht größer als 30 % wird. Wird ein ursprünglicher Marktanteil von 25 % auf über 30 % überstiegen, so gilt die Freistellung im Anschluss an das Jahr, in welchem der Marktanteil von 25 % erstmals

3.3.3.3.1.3   Zwischenfazit zur Anwendbarkeit auf Standardisierungskooperationen

Obschon den Themenfeldern der Normung und Standardisierung innerhalb der FuE-GFVO keine direkte Erwähnung zuteilwird, so ist FuE-GFVO zumindest für diejenigen Standardisierungskooperationen relevant, welche die angesprochenen Marktanteilsschwellen zusammen nicht überschreiten. Ohne Zweifel kann jedoch alleine von der FuE-GFVO noch keine umfassende Rechtssicherheit zur Beurteilung der Kartellrechtskonformität von Standardisierungsvereinbarungen abgeleitet werden.[947]

3.3.3.3.2   Freistellung von Standardisierungskooperationen per Gruppenfreistellungsverordnung über Techologietransfer-Vereinbarungen

Nachdem die Freistellung von Standardisierungskooperationen nun anhand der FuE-GFVO untersucht wurde, soll im Folgenden die TT-GFVO zur Anwendbarkeit auf Standardisierungskooperationen herangezogen und gleichzeitig hinsichtlich ihres Anwendungsbereichs von der FuE-GFVO abgegrenzt werden.

3.3.3.3.2.1   Regelungszweck

Durch die Anwendung der TT-GFVO sollen jene Gruppen von Vereinbarungen zwischen Unternehmen freigestellt werden, die einen Technologietransfer in Form eines Lizenzvertrages zum Gegenstand haben, der jedoch nicht alleine Gegenstand der Vereinbarung ist und unmittelbar in Verbindung mit der Produktion von weiteren Produkten – sogenannten Vertragsprodukten – steht.[948] Als Technologierechte werden Know-how, gewerbliche Schutzrechte (Patente, Gebrauchsmuster, Geschmacksmuster, Topografien von Halbleiterprodukten, besondere Schutzzertifikate für Arzneimittel, Sortenschutzrechte) sowie „Software-Urheberrechte" und Kombinationen daraus umfasst.[949] Derlei Lizenzverträge führen zu einer Verbreitung der lizenzgegenständlichen Technologien und haben

---

überstiegen wurde, nur noch ein weiteres Jahr, vgl. FuE-GFVO (ABl. 2010, L 335, S. 36, Art. 7 lit. e). Eine Kombination dieser beiden Toleranzregelungen ist nach FuE-GFVO (ABl. 2010, L 335, S. 36, Art. 7 lit. f) nicht möglich. In den H-LL (ABl. 2011, C 11, S. 1, Tz. 135) weist die Kommission auch nochmals darauf hin, dass die Freistellung einer FuE-Vereinbarung außerhalb der FuE-GFVO noch nicht ausgeschlossen ist, wenn die angesprochenen Marktanteilsschwellen überschritten wurden.

947   Vgl. Walther/Baumgartner (2008, S. 161).

948   TT-GFVO (ABL. 2014, L 93, S. 17, Art. 1 Abs. 1 lit. g). Umgekehrt werden Lizenzvereinbarungen, die keinen unmittelbaren Bezug zur Produktion eines Vertragsprodukts aufweisen, also nicht von der TT-GFVO erfasst.

949   Nach TT-GFVO (ABL. 2014, L 93, S. 17, Art. 1 Abs. 1 lit. b).

nach Ansicht der Kommission positive Auswirkungen auf den Wettbewerb und steigern die wirtschaftliche Leistungsfähigkeit.[950]

Dabei kann die TT-GFVO nur auf Vereinbarungen angewendet werden, an denen lediglich zwei Unternehmen beteiligt sind.[951] (Standardisierungs-)Vereinbarungen zwischen mehr als zwei Unternehmen werden folglich nicht umfasst.

3.3.3.3.2.2   Abgrenzung zur Gruppenfreistellungsverordnung über Vereinbarungen über Forschung und Entwicklung

Im Vergleich zur FuE-GFVO, in deren Regelungsbereich ebenfalls geistige Schutzrechte zwischen Unternehmen übertragen werden, findet diese Übertragung bei der TT-GFVO nicht im Innen- sondern im Außenverhältnis gegenüber Dritten statt.[952] So würde beispielsweise die Lizenzierung der Ergebnisse einer Standardisierungskooperation an Nicht-Mitglieder dieser Standardisierungskooperation nach der TT-GFVO beurteilt werden.[953] Sofern eine Technologie zum Zwecke weiterer Forschungs- und Entwicklungsarbeiten lizenziert wird, hat die FuE-GFVO Vorrang vor der TT-GFVO, es sei denn, die Lizenzierung ist Hauptgegenstand der Vereinbarung.[954]

Denn zur Anwendung der TT-GFVO bedarf es einer direkten Verbindung der lizenzierten Technologie zu einem Vertragsprodukt,[955] welches mithilfe der lizenzierten Technologie produziert werden oder sie enthalten muss[956]. Die TT-GFVO kommt dann zur Anwendung, wenn ein Vertragsprodukt, welches durch die zu lizenzierende Technologie hergestellt werden bzw. diese Technologie enthalten soll, in der Vereinbarung festgelegt wird.[957] Dabei ist es unerheblich, wenn bis zur Produktion oder Vermarktung des Vertragsprodukts noch Entwicklungsarbeit zu leisten ist.[958]

Abbildung 14 veranschaulicht den genannten Unterschied zwischen Innen- und Außenverhältnis bei der Vergabe von Lizenzen in Bezug auf Standardisierungskooperationen noch einmal.

---

[950] TT-GFVO (ABL. 2014, L 93, S. 17, Erwägungsgrund 4).

[951] TT-GFVO (ABL. 2014, L 93, S. 17, Erwägungsgrund 1) sowie TT-GFVO (ABL. 2014, L 93, S. 17, Art. 1 Abs. 1 lit. c).

[952] Traugott in: Liebscher et al. (2012, § 10, Rn. 6).

[953] Vgl. TT-LL (ABl. 2014, C 89, S. 3, Tz. 74).

[954] Vgl. TT-LL (ABl. 2014, C 89, S. 3, Tz. 66, 74).

[955] TT-LL (ABl. 2014, C 89, S. 3, Tz. 65 f.).

[956] TT-LL (ABl. 2014, C 89, S. 3, Tz. 58).

[957] Vgl. TT-LL (ABl. 2014, C 89, S. 3, Tz. 65).

[958] Vgl. TT-LL (ABl. 2014, C 89, S. 3, Tz. 65).

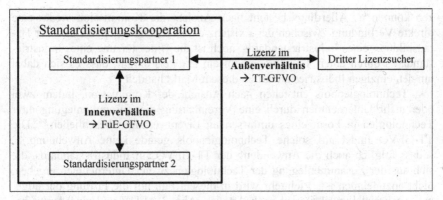

Abbildung 14: Innen- und Außenverhältnis bei der Vergabe von Lizenzen[959]

3.3.3.3.2.3   Anwendbarkeit auf Standardisierungskooperationen

In erster Linie soll im Folgenden die Anwendbarkeit der TT-GFVO für die Gestaltung von Lizenzverträgen innerhalb der Standardisierungskooperation überprüft werden, vorausgesetzt, diese weisen eine Verbindung der zu lizenzierenden Technologie mit einem Vertragsprodukt auf. Die Anwendbarkeit der TT-GFVO auf Lizenzverträge, die zwischen Mitgliedsunternehmen der Standardisierungskooperation und dritten Unternehmen geschlossen werden, die also nicht Teil der Standardisierungskooperation sind, sollen an dieser Stelle nicht weiter betrachtet werden.[960]

In den TT-LL finden sich im Zusammenhang mit Technologiepools[961] Aussagen zum Umgang mit Vereinbarungen, die Industriestandards herausbilden können. Zunächst stellt die Kommission fest, dass Technologiepools zu einem Industriestandard führen[962] oder einen bestehenden Industriestandard unterstüt-

---

[959] Quelle: Eigene Darstellung.

[960] Vgl. dazu TT-LL (ABl. 2014, C 89, S. 3, Tz. 247). Jedoch sollte die Lizenzierung einer (Standard-) Technologie durch Mitgliedsunternehmen einer Standardisierungskooperation an dritte Unternehmen, die nicht Mitglied dieser Standardisierungskooperation sind, ohnehin in der Regel von der Kommission begrüßt werden, sofern die Voraussetzungen zur Anwendung der TT-GFVO gegeben sind. Insofern ist die Freistellung einer solchen Vereinbarung für die Beurteilung der kartellrechtlichen Unbedenklichkeit der Standardisierungsvereinbarung zwischen den Unternehmen einer Standardisierungskooperation nicht relevant.

[961] Die Kommission definiert Technologiepools in den TT-LL (ABl. 2014, C 89, S. 3, Tz. 244) als „Vereinbarungen, bei denen zwei oder mehrere Parteien ein Technologiepaket zusammenstellen, das nicht nur an die Mitglieder des Pools, sondern auch an Dritte in Lizenz vergeben wird". Insbesondere stellt die Kommission an dieser Stelle darauf ab, dass man auf der Grundlage nur einer einzigen Lizenz auf dem Markt mit dem besagten Technologiepaket operieren kann.

[962] TT-LL (ABl. 2014, C 89, S. 3, Tz. 180).

zen können[963]. Allerdings besteht nach Ansicht der Kommission weder eine direkte Verbindung zwischen der Existenz eines Technologiepools und der Herausbildung eines Industriestandards, noch ist die Unterstützung eines Industriestandards durch einen Technologiepool ein Hinweis darauf, dass es sich dabei um den einzigen Industriestandard in diesem Markt handelt.[964]

Technologiepools entstehen nach Ansicht der Kommission, indem zwei oder mehr Unternehmen durch eine Vereinbarung die Zusammenlegung ihrer Technologien in Form eines umfassenden Lizenzvertrages beschließen.[965] Die TT-GFVO findet auf solche Technologiepools gerade keine Anwendung,[966] sodass folglich auch die Anwendung der TT-GFVO auf Industriestandards, die sich aus der Zusammenlegung der Technologien zweier Unternehmen ergeben, nicht anzunehmen ist. Vielmehr wird in diesem Fall auf die Prüfung der allgemeinen Freistellungskriterien nach Art. 101 Abs. 3 AEUV und eine darauf basierte Einzelfallbetrachtung verwiesen.[967]

Verpflichten sich die an einer Standardisierungskooperation beteiligten Unternehmen in ihren wechselseitigen Lizenzverträgen dazu, keinem Dritten Lizenzen zu einem aus der Kooperation erwachsenen Industriestandard zu erteilen, werden entsprechende Lizenzvereinbarungen von der Kommission analog zu Technologiepoolvereinbarungen behandelt.[968] Folglich sind solche Vereinbarungen ebenfalls nicht im Rahmen der TT-GFVO freistellungsfähig. Da derlei Vereinbarungen dazu geeignet sind, anderen Marktteilnehmern durch die Verwehrung einer Standardlizenz den Marktzugang zu unterbinden, werden diese von der Kommission mit „besonderer Sorge" betrachtet.[969]

Die Freistellung von TT-Vereinbarungen ist – analog zu der Freistellung von Vereinbarungen über Forschung und Entwicklung – an Marktanteilsschwellen gebunden, welche die beteiligten Unternehmen aggregiert nicht überschreiten dürfen. In der TT-GFVO werden dabei – abhängig vom wettbewerblichen Verhältnis der an der Vereinbarung beteiligten Unternehmen – zwei Marktanteilsschwellen genannt: Somit dürfen die an der Vereinbarung beteiligten Unterneh-

[963] TT-LL (ABl. 2014, C 89, S. 3, Tz. 245).

[964] Vgl. TT-LL (ABl. 2014, C 89, S. 3, Tz. 245).

[965] TT-LL (ABl. 2014, C 89, S. 3, Tz. 56).

[966] TT-LL (ABl. 2014, C 89, S. 3, Tz. 56, 247).

[967] Vgl. TT-LL (ABl. 2014, C 89, S. 3, Tz. 177 ff.). Obschon Technologiepools nicht von der TT-GFVO erfasst werden, enthalten die TT-LL auch Hinweise zum Umgang mit Technologiepools in Bezug auf eine Freistellung außerhalb der GFVO nach den Kriterien des Art. 101 Abs. 3 AEUV, vgl. TT-LL (ABl. 2014, C 89, S. 3, Tz. 247).

[968] TT-LL (ABl. 2014, C 89, S. 3, Tz. 196).

[969] TT-LL (ABl. 2014, C 89, S. 3, Tz. 196).

men einen gemeinsamen Marktanteil von 20 %[970] bzw. 30 %[971] nicht überschreiten, um die Anwendbarkeit der TT-GFVO zu ermöglichen.

3.3.3.3.2.4   Zwischenfazit zur Anwendbarkeit auf Standardisierungskooperationen

Die Anwendung der TT-GFVO auf Standardisierungsvereinbarungen ist im Wesentlichen an vier Bedingungen gebunden, die kumuliert eingehalten werden müssen:

Erstens muss es sich bei der Standardisierungsvereinbarung um eine Technologietransfervereinbarung nach dem Verständnis der TT-GFVO[972] handeln, d. h. um eine Lizenzvereinbarung, welche die Übertragung von Immaterialgüterrechten oder Know-how vorsieht und zwischen nur zwei Unternehmen geschlossen wird. Standardisierungsvereinbarungen, welche keine Lizenzierung von Rechten geistigen Eigentums oder den Transfer von Know-how vorsehen, werden also nicht von der TT-GFVO erfasst.

Zweitens werden nur solche Lizenzvereinbarungen von der TT-GFVO erfasst, welche unmittelbar mit der Produktion eines Vertragsprodukts verbunden sind und nicht vornehmlich Bestrebungen zur Forschung und Entwicklung unterstützen. Um dieses Kriterium zu erfüllen, müssen Vereinbarungen zwischen Mitgliedern einer Standardisierungskooperation bereits so konkret ausgestaltet sein, dass ein Endprodukt der Standardisierungskooperation – also der potenzielle Standard selbst – hinreichend detailliert beschrieben werden kann. Sofern sich die Standardisierungsvereinbarung lediglich auf die Forschung und Entwicklung an einem (noch) abstrakten Industriestandard beschränkt, ist eine mögliche Anwendung der TT-GFVO nicht zu erwarten.

Drittens ist die Anwendung der TT-GFVO nur möglich, wenn durch die Vereinbarung der an der Standardisierungskooperation beteiligten Unternehmen kein Technologiepool gebildet wird. Dementsprechend dürfen durch die Standardisierungsvereinbarung keine Technologien aggregiert lizenziert werden, die in derselben Form auch an Nicht-Mitglieder der Standardisierungskooperation in Form einer einzigen Lizenz übertragen werden.

Viertens ist die Anwendung der TT-GFVO an vergleichbare Marktanteilsschwellen gebunden wie die FuE-GFVO, sodass die Anwendung der TT-GFVO

---

[970]   Diese Schwelle gilt für Unternehmen, die auf dem für die Technologietransfervereinbarung relevanten Technologie- oder Produktmarkt konkurrieren, vgl. TT-GFVO (ABl. 2014, L 93, S. 17, Art. 3 Abs. 1 i. V. m. Art. 1 Abs. 1 lit. n).

[971]   Diese Schwelle gilt für Unternehmen, die nicht auf dem für die Technologietransfervereinbarung relevanten Technologie- oder Produktmarkt konkurrieren, vgl. TT-GFVO (ABl. 2014, L 93, S. 17, Art. 3 Abs. 2 i. V. m. Art. 1 Abs. 1 lit. n).

[972]   Siehe dazu TT-GFVO (ABL. 2014, L 93, S. 17, Art. 1 Abs. 1 lit. c).

nur für jene Standardisierungskooperationen von Relevanz ist, deren gemeinsamer Marktanteil unter den entsprechenden Schwellen liegt.

Zusammenfassend lässt sich aus den oben genannten Anwendungsbedingungen ableiten, dass die Anwendbarkeit der TT-GFVO auf Standardisierungsvereinbarungen nur in sehr begrenztem Maß denkbar ist. Möglicherweise ist dies der Grund dafür, wieso Walther/Baumgartner der TT-GFVO in ihrem Beitrag keine Erwähnung zukommen lassen.[973]

3.3.3.3.3   Freistellung von Standardisierungskooperationen per Gruppenfreistellungsverordnung über Spezialisierungsvereinbarungen

Neben der FuE-GFVO und der TT-GFVO soll als letzte GFVO die Spezialisierungs-GFVO bezüglich ihrer Anwendbarkeit auf Standardisierungskooperationen untersucht werden. Erneut soll dazu vorher ihr Regelungszweck dargestellt und eine Abgrenzung ihres Anwendungsbereichs zu den beiden bereits vorgestellten GFVOen durchgeführt werden.

3.3.3.3.3.1   Regelungszweck

Die Spezialisierungs-GFVO beinhaltet die Regelungen zur Freistellung von Vereinbarungen über einseitige sowie gegenseitige Spezialisierung und von Vereinbarungen über die gemeinsame Produktion.[974] Damit bezieht sich die Spezialisierungs-GFVO auf all jene Vereinbarungen zwischen zwei oder mehreren Unternehmen, die auf demselben sachlich relevanten Markt tätig sind, welche die koordinierte Produktion bestimmter Produkte regeln: So wird bei einer einseitigen Spezialisierungsvereinbarung die Produktion bestimmter Produkte nur durch eines von zwei Unternehmen durchgeführt, während das andere Unternehmen diese Produkte nicht produziert, sondern sie von dem anderen, produzierenden Unternehmen bezieht.[975] Eine mehrseitige Spezialisierung hingegen sieht vor, dass die Produktion mehrerer, unterschiedlicher Produkte zwischen zwei oder mehr Unternehmen desselben relevanten Marktes insofern aufgeteilt wird, dass Produkte jeweils nur durch bestimmte an der Absprache beteiligte Unternehmen produziert werden und andere an der Absprache beteiligte Unternehmen diese Produkte nicht produzieren, sondern von den produzierenden Unternehmen beziehen.[976] Zuletzt wird auch jener Fall einer Spezialisierungsver-

---

[973] Walther/Baumgartner (2008, S. 158 ff.) beschränken sich bei der kartellrechtlichen Betrachtung von Standardisierungskooperationen lediglich auf die Betrachtung der FuE-GFVO und auf Ausführungen in den TT-LL, die sich auf die allgemeine Freistellung nach Art. 101 Abs. 3 AEUV beziehen.

[974] Spezialisierungs-GFVO (ABl. 2010, L 335, S. 43, Art. 1 Abs. 1 lit. a).

[975] Spezialisierungs-GFVO (ABl. 2010, L 335, S. 43, Art. 1 Abs. 1 lit. b).

[976] Spezialisierungs-GFVO (ABl. 2010, L 335, S. 43, Art. 1 Abs. 1 lit. c).

einbarung erfasst, in welchem sich zwei oder mehr Unternehmen verpflichten, die Produktion von Produkten gemeinsam durchzuführen.[977]

Neben diesen drei Arten von Spezialisierungsvereinbarungen, die sich maßgeblich auf die koordinierte Produktion von Produkten beziehen, wird auch die daran anschließende, gemeinsame Vermarktung der betreffenden Produkte durch die Spezialisierungs-GFVO freigestellt.[978]

3.3.3.3.3.2 Abgrenzung zu anderen Gruppenfreistellungsverordnungen

Dabei ist ein Zuständigkeitskonflikt zwischen der TT-GFVO und der Spezialisierungs-GFVO denkbar: Für den Fall, dass zum Zwecke der gemeinsamen Produktion durch mehrere Unternehmen ein Gemeinschaftsunternehmen gegründet wird und diesem Unternehmen Lizenzen zur Produktion bestimmter Produkte erteilt werden, ist nach den TT-LL nicht die TT-GFVO, sondern die Spezialisierungs-GFVO anzuwenden.[979] Demnach erhebt die Spezialisierungs-GFVO in solchen Fällen einen deutlichen Anspruch auf Anwendungsvorrang.

Im Verhältnis zur FuE-GFVO ist dieser Anspruch weniger dominant ausgeprägt. Grundsätzlich können FuE-GFVO und Spezialisierungs-GFVO sogar parallel angewandt werden, sofern keine Sonderregelungen der FuE-GFVO dem entgegenstehen.[980] Eine Abgrenzung des Anwendungsbereichs ist jedoch hinsichtlich des inhaltlichen Schwerpunkts der Vereinbarung möglich:[981] Sofern diese hauptsächlich auf die gemeinsame FuE-Arbeit und weniger auf die gemeinsame Verwertung der aus der FuE-Arbeit entstehenden Erzeugnisse ausgelegt ist, ist die FuE-GFVO vorrangig anzuwenden.[982] Die FuE-GFVO ist also – wie auch schon im Verhältnis zur TT-GFVO dargestellt[983] – vorrangig anzuwenden, wenn die horizontale Vereinbarung nicht über die eigentliche FuE-Arbeit

---

[977] Spezialisierungs-GFVO (ABl. 2010, L 335, S. 43, Art. 1 Abs. 1 lit. d).

[978] Spezialisierungs-GFVO (ABl. 2010, L 335, S. 43, Art. 2 Abs. 3). Vgl. auch Seeliger/Laskey in: Liebscher et al. (2012, § 9, Rn. 16).

[979] Dies geht sowohl aus den TT-LL (ABl. 2014, C 89, S. 3, Tz. 72) als auch aus der Spezialisierungs-GFVO (ABl. 2010, L 335, S. 43, Art. 2 Abs. 2) selbst hervor. Vgl. auch Seeliger/Laskey in: Liebscher et al. (2012, § 9, Rn. 87) und Bauer in: Liebscher et al. (2012, § 12, Rn. 45 f.).

[980] Vgl. Traugott in: Liebscher et al. (2012, § 10, Rn. 7).

[981] Traugott in: Liebscher et al. (2012, § 10, Rn. 7). In den H-LL (ABl. 2011, C 11, S. 1, Tz. 14) wird angeführt, dass es in erster Linie auf den Ausgangspunkt der Zusammenarbeit und nur in zweiter Linie auf den Schwerpunkt der Vereinbarung ankommt. Diese Art der Prüfung wird jedoch in den H-LL (ABl. 2011, C 11, S. 1, Tz. 13) lediglich auf die Anwendung der H-LL selbst beschränkt und soll so eben nicht für die Bestimmung des Anwendungsbereichs der GFVOen angewendet werden, da hierfür die in den jeweiligen GFVOen enthaltenen Bestimmungen zur Abgrenzung des Anwendungsbereichs herangezogen werden. Traugott in: Liebscher et al. (2012, §10, Rn. 7) stellt diese von der Kommission gemachte Einschränkung jedoch in Frage.

[982] Vgl. Traugott in: Liebscher et al. (2012, § 10, Rn. 7).

[983] Siehe Unterabschnitt 3.3.3.3.2.2.

hinaus geht und keine Regelungen zur Erzeugung oder Vermarktung von Produkten enthalten sind. Auf der anderen Seite scheidet die Anwendung der FuE-GFVO zugunsten der Anwendung der Spezialisierungs-GFVO aus, sofern die Vereinbarung hauptsächlich die gemeinsame Herstellung oder Vermarktung im Sinne einer Spezialisierungsvereinbarung beinhaltet, „ohne dass es zu einem nennenswerten Forschungs- und Entwicklungsmehrwert gekommen ist."[984]

3.3.3.3.3.3   Anwendbarkeit auf Standardisierungskooperationen

Die Anwendung der Spezialisierungs-GFVO kommt aufgrund des oben dargestellten Anwendungsbereichs für Standardisierungskooperationen also nur in Betracht, wenn die zwischen den Standardisierungspartnern koordinierte Produktion und/oder Vermarktung[985] der Standardprodukte zum hauptsächlichen Gegenstand der Standardisierungsvereinbarung wird und nicht nur eine Folge aus vorhergehenden FuE-Arbeiten ist.[986] Sofern sich eine Standardisierungsvereinbarung lediglich auf FuE-Arbeiten an einem potenziellen Standard bezieht, ohne die gemeinsam koordinierte Produktion und ggf. Vermarktung der Standardprodukte zu beinhalten, scheidet die Anwendung der Spezialisierungs-GFVO aus und es ist eine Freistellung auf Basis der FuE-GFVO zu prüfen.

Eine Freistellung nach der Spezialisierungs-GFVO ist dabei nur möglich, wenn der Marktanteil der an der Vereinbarung beteiligten Parteien zusammen 20 % nicht übersteigt.[987] Sollte sich der Marktanteil später erhöhen, werden temporär auch höhere Marktanteile toleriert.[988]

3.3.3.3.3.4   Zwischenfazit zur Anwendbarkeit auf Standardisierungskooperationen

Im Vergleich zur FuE-GFVO sind für die Anwendung der Spezialisierungs-GFVO geringere kumulierte Marktanteilsschwellen vorgesehen,[989] sodass die

---

[984] Traugott in: Liebscher et al. (2012, § 10, Rn. 7).

[985] Traugott in: Liebscher et al. (2012, § 10, Rn. 7) umschreibt den Verwertungsaspekt in diesem Kontext mit der „gemeinsame[n] Herstellung und/oder dem gemeinsame[n] Vertrieb".

[986] Vgl. Traugott in: Liebscher et al. (2012, § 10, Rn. 7).

[987] Spezialisierungs-GFVO (ABl. 2010, L 335, S. 43, Art. 3).

[988] Wird die Marktanteilsschwelle von 20 % nachträglich überschritten, so kann bis zu zwei Jahre nach dem Jahr des erstmaligen Überschreitens auch ein höherer Marktanteil geduldet werden, sofern dieser nicht höher als 25 % ist, vgl. Spezialisierungs-GFVO (ABl. 2010, L 335, S. 43, Art. 5 lit. d). Steigt der gemeinsame Marktanteil nachträglich auf über 25 %, so wird der höhere Marktanteil lediglich ein Jahr nach der erstmaligen Überschreitung des Marktanteils toleriert, vgl. Spezialisierungs-GFVO (ABl. 2010, L 335, S. 43, Art. 5 lit. e). Eine Kombination dieser beiden Toleranzregelungen ist jedoch laut Spezialisierungs-GFVO (ABl. 2010, L 335, S. 43, Art 5 lit. f) nicht vorgesehen.

[989] Vgl. Unterabschnitt 3.3.3.3.1.2.

Hürde zur (erstmaligen) Anwendung für größere Unternehmen höher ist.[990] Weiterhin sollte anzunehmen sein, dass der inhaltliche Schwerpunkt bei den meisten Vereinbarungen zur Entwicklung eines neuen Standards zu großen Teilen auf die FuE-Arbeit und nicht überwiegend auf die Herstellung und Vermarktung des späteren Standardprodukts entfallen wird. Folgt man dem Schwerpunktprinzip in den Ausführungen der H-LL also auch für die Interpretation des Anwendungsbereichs der GFVOen,[991] so wäre die Freistellung einer Standardisierungskooperation durch die Spezialisierungs-GFVO in den Fällen unwahrscheinlich, in welchen die in der Vereinbarung enthaltenen Absprachen zur Produktion bzw. Vermarktung von Standardprodukten maßgeblich von den in der Vereinbarung enthaltenen Absprachen vorhergehender FuE-Arbeit abhängig sind.

Im Lichte der höheren Marktanteilsschwelle der FuE-GFVO[992] ist darüber hinaus festzuhalten, dass die Freistellung einer Standardisierungskooperation über die FuE-GFVO ohnehin vorteilhafter scheint als über die Spezialisierungs-GFVO.[993] Bis zum Erreichen dieser höheren Marktanteilsschwelle wird durch die FuE-GFVO so auch die gemeinsame Verwertung der aus der FuE-Arbeit entstehenden Ergebnisse, d. h. auch die Herstellung oder Vermarktung der Standardprodukte,[994] abgedeckt,[995] sodass die Anwendung der Spezialisierungs-GFVO in solchen Fällen endgültig obsolet wird.

3.3.3.3.4   Relevanz der Gruppenfreistellungsverordnungen zur Freistellung von Standardisierungskooperationen

Obschon die Freistellung einer Standardisierungskooperation per GFVO die größte Rechtssicherheit für beteiligte Unternehmen mit sich bringt, dürfte die Anwendungspraxis oftmals schwer fallen. Zunächst stellt sich die Frage nach den inhaltlichen Anwendungsvoraussetzungen, wobei die FuE-GFVO angesichts des oftmals großen Entwicklungsaufwands bei neuen Standards am ehesten zutreffen wird. Für beteiligte Unternehmen, die in den sachlich relevanten Märkten große Marktanteile belegen, bleibt jedoch die Hürde der Marktanteilsschwellen.

---

[990] Vgl. Traugott in: Liebscher et al. (2012, § 10, Rn. 7).

[991] Vgl. H-LL (ABl. 2011, C 11, S. 1, Tz. 13 f.).

[992] Vgl. Unterabschnitt 3.3.3.3.1.2.

[993] Traugott in: Liebscher et al. (2012, §10, Rn. 7).

[994] Vgl. FuE-GFVO (ABl. 2010, L 335, S. 36, Art. 1 lit. g). Vgl. auch Traugott in: Liebscher et al. (2012, §10, Rn. 13).

[995] Die gemeinsame Verwertung von Ergebnissen der FuE-Arbeit wird nach der FuE-GFVO (ABl. 2010, L 335, S. 36, Art. 3 Abs. 4) nur dann freigestellt, wenn diese Ergebnisse immaterialgüterrechtlich geschützt sind, nicht immaterialgüterrechtlich schutzfähiges Know-how darstellen und diese Ergebnisse für die Herstellung oder Anwendung der Standardprodukte unerlässlich sind.

Die juristische Anwendungsvoraussetzung der GFVOen wird somit zu großen Teilen an die ökonomische Definition der Marktanteile der beteiligten Unternehmen gekoppelt.[996] In der Praxis werden Unternehmen und deren Berater jedoch bei der Bestimmung der Marktanteile mit einer erheblichen Beurteilungsproblematik konfrontiert,[997] die schließlich zu einer geringeren Rechtssicherheit für die standardisierenden Unternehmen führt.[998]

Weiterhin streben standardsetzende Unternehmen nach der Erschließung neuer Produktmärkte und erhoffen sich durch die Kooperation mit Standardisierungspartnern eine bessere Akzeptanz im Markt.[999] In der Konsequenz steigen die Marktanteile mit der Einzigartigkeit der Erfindung[1000] und stehen damit der Anwendung einer GFVO entgegen[1001]. Stellt ein aus einer Standardisierungskooperation erwachsener Standard also eine besonders innovative Erfindung dar, erweisen sich die Marktanteilsschwellen der GFVOen in der Praxis als Ausschlusskriterium zur Anwendung durch innovative Standardisierungskooperationen.

3.3.3.4   Allgemeine Freistellung von Standardisierungskooperationen

Ist die wettbewerbsbeschränkende Wirkung einer Standardisierungskooperation nicht auszuschließen, sollte eine Freistellung der die Kooperation begründenden Vereinbarung nach Art. 101 Abs. 3 AEUV sorgfältig geprüft werden. Dazu gilt es, die der Standardisierungskooperation zugrunde liegende Vereinbarung anhand der allgemeinen Freistellungsvoraussetzungen zu beurteilen. Unter Berufung auf Beurteilungsgrundsätze der Kommission sollen im Folgenden die bereits genannten Freistellungskriterien[1002] für Standardisierungsvoraussetzungen ausgelegt werden.

3.3.3.4.1   Effizienzgewinne durch Standardisierungskooperationen

Die Kommission schreibt Vereinbarungen zwischen Unternehmen, welche die gemeinsame Setzung eines Standards zur Folge haben, eine in der Regel sehr positive Wirkung zu, da positive Auswirkungen sowohl auf die Durchdringung

---

[996] Vgl. Weiß in: Calliess/Ruffert (2011, AEUV Art. 101, Rn. 169).

[997] Vgl. Falck/Schmaltz in: Loewenheim et al. (2009, VO 772/2004/EG Art. 3, Rn. 33), Reher/Holzhäuser in: Loewenheim et al. (2009, VO 2658/2000/EG Art. 4, Rn. 40), Drexl (2004, S. 724).

[998] Vgl. Weiß in: Calliess/Ruffert (2011, AEUV Art. 101, Rn. 169), Reher/Holzhäuser in: Loewenheim et al. (2009, VO 2658/2000/EG Art. 4, Rn. 40) und Drexl (2004, S. 724).

[999] Vgl. Unterkapitel 2.3.4 und Unterabschnitt 3.3.3.3.1.2.

[1000] Vgl. Kunz-Hallstein/Loschelder (2004, S. 219).

[1001] Vgl. Fuchs in: Immenga/Mestmäcker (2012, VO (EG) 772/2004 Art. 3, Rn. 3), wo diese Problematik für die Anwendbarkeit der TT-GFVO so dargelegt wird.

[1002] Siehe Abschnitt 3.3.2.2.

im Binnenmarkt als auch auf die Entwicklung von neuen Produkten bzw. Märkten und Lieferbedingungen zu erwarten seien,[1003] was für den Verbraucher die Vorteile eines größeren Produktangebots und niedrigeren Preisen mit sich bringt[1004]. Daneben erkennt die Kommission an, dass durch Standards auch die Qualität von Produkten erhöht werden kann, dass Standards Interoperabilität und Kompatibilität herzustellen imstande sind und diese als Informationsquelle für Verbraucher dienen.[1005] Die Kommission erwähnt im Zusammenhang mit der kooperativen Setzung von Industriestandards sogar regelmäßig vorteilhafte Auswirkungen für ganze Volkswirtschaften, die insbesondere in einer Stärkung des Wettbewerbs und einer Verringerung von Output- und Verkaufskosten zu sehen seien.[1006]

Insbesondere die Herstellung von Kompatibilität und Interoperabilität durch multilaterale Industriestandards wird durch die Kommission als Effizienzgewinn[1007] und schließlich auch als Vorteil für den Verbraucher interpretiert[1008]. Die Kommission sieht darin sogar eine Förderung des Wettbewerbs, da Verbraucher nicht länger an einzelne Hersteller gebunden sind, wenn deren Produkte auf Basis eines Industriestandards kompatibel zu denen anderer Hersteller gestaltet werden.[1009] Insofern kann der Wettbewerb durch die Etablierung eines Standards belebt werden, wenn sich andere, kleinere und mittlere Unternehmen diesem anschließen und von der Wirkung der Netzwerkeffekte profitieren können.[1010]

In der zusätzlichen Verwendung von Gütesiegeln und Logos, die den Verbraucher auf die Anwendung der Norm hinweisen, werden zusätzliche Vorteile gesehen, da der Verbraucher dadurch Sicherheit und Klarheit über die Anwendung des Industriestandards erlangt.[1011] Vereinbarungen zur Prüfung und Zertifizierung von Industriestandards werden zur Entwicklung des eigentlichen Standards jedoch nicht mehr als notwendig gesehen; sie werden deshalb als separate

---

[1003] H-LL (ABl. 2011, C 11, S. 1, Tz. 263, 308). Vgl. auch Kommissionsentscheidung vom 15.12.1986 „X/Open Group" (ABl. 1987, L 35, S. 36, Rn. 43).

[1004] H-LL (ABl. 2011, C 11, S. 1, Tz. 308).

[1005] H-LL (ABl. 2011, C 11, S. 1, Tz. 263).

[1006] H-LL (ABl. 2011, C 11, S. 1, Tz. 263).

[1007] H-LL (ABl. 2011, C 11, S. 1, Tz. 311).

[1008] H-LL (ABl. 2011, C 11, S. 1, Tz. 263).

[1009] H-LL (ABl. 2011, C 11, S. 1, Tz. 263, 308).

[1010] Koenig/Neumann (2009, S. 392) stellen die inhaltliche Verbindung zu Netzwerkeffekten her, während Walther/Baumgartner (2008, S. 160) eher allgemein von gesamtwirtschaftlichen Vorteilen von Industriestandards sprechen, wenn diese den Marktzutritt für kleinere und mittlere Unternehmen erleichtern.

[1011] Vgl. H-LL (ABl. 2011, C 11, S. 1, Tz. 310).

Vereinbarungen bewertet sowie – wie bereits erwähnt – als eigener Markt betrachtet.[1012]

Weiterhin sollte beachtet werden, dass die in der Argumentation angeführten erzeugten Effizienzvorteile spürbar und objektiv sein sowie im öffentlichen Interesse liegen müssen.[1013] Außerdem müssen diese Vorteile die möglichen Nachteile, die eine entsprechende Standardisierungsvereinbarung mit sich bringt, ausgleichen.[1014]

3.3.3.4.2   Beteiligung der Verbraucher an den Effizienzgewinnen

Um allgemein Nutzen aus den Effizienzgewinnen eines Industriestandards ableiten zu können, müssen die zur Anwendung des Industriestandards notwendigen Informationen auch potenziellen neuen Marktteilnehmern zur Verfügung gestellt werden.[1015]

Bei Standards, welche die „technische Interoperabilität und Kompatibilität und/oder den Wettbewerb zwischen neuen und bereits eingeführten Produkten" fördern, geht die Kommission deshalb inzwischen davon aus, dass der Verbraucher an den durch den Standard freigesetzten Effizienzgewinnen beteiligt wird und dass somit die Vorteile des Standards seine wettbewerbsbeschränkenden Auswirkungen überwiegen.[1016] Bei der Anwendung von Standardbedingungen wie Zugangsbeschränkungen – in Bezug auf den betreffenden Standard – formuliert die Kommission deutlich vorsichtiger, dass es keine allgemeine Rechtfertigung für die Anwendung von derartigen Standardbedingungen geben kann.[1017] Effizienzgewinne, die aufgrund der Anwendung von Standardbedingungen entstehen können, müssen vielmehr im Einzelfall auf eine angemessene Beteiligung der Verbraucher überprüft werden.[1018]

3.3.3.4.3   Unerlässlichkeit der Standardisierungsvereinbarung

Die aus einer Standardisierungsvereinbarung resultierenden Wettbewerbsbeschränkungen sind nur freistellbar im Sinne des Art. 101 Abs. 3 AEUV, wenn sie unerlässlich sind. Als unerlässlich interpretiert die Kommission lediglich jene Teile einer Standardisierungsvereinbarung zwischen Unternehmen, die zur Erfül-

---

[1012] H-LL (ABl. 2011, C 11, S. 1, Tz. 308). Siehe außerdem Unterabschnitt 3.3.3.1.

[1013] Kommissionsentscheidung vom 11.03.1998 „Van den Bergh Foods" (ABl. 1998, L 246, S. 1, Rn. 224).

[1014] Kommissionsentscheidung vom 11.03.1998 „Van den Bergh Foods" (ABl. 1998, L 246, S. 1, Rn. 224) sowie EuGH-Urteil vom 13.07.1966 „Grundig/Consten" (Slg. 1966, S. 321, 397).

[1015] H-LL (ABl. 2011, C 11, S. 1, Tz. 309).

[1016] H-LL (ABl. 2011, C 11, S. 1, Tz. 322).

[1017] Vgl. H-LL (ABl. 2011, C 11, S. 1, Tz. 322 f.).

[1018] Vgl. H-LL (ABl. 2011, C 11, S. 1, Tz. 309).

lung des eigentlichen Standardzweckes notwendig sind.[1019] Im Falle von Industriestandards nach dem Verständnis dieser Arbeit wäre dies in erster Linie die Herstellung von Interoperabilität und Kompatibilität.[1020]

Bei der Bildung von Technologiepools durch Unternehmen einer Standardisierungskooperation kann diesbezüglich die Unerlässlichkeit einzelner Technologien bzw. von deren Lizenzierung für die Realisierung eines Standardisierungsvorhabens hinterfragt werden.[1021] Technologien, die zur Realisierung eines Industriestandards unerlässlich sind, werden als essenzielle Technologien bezeichnet.[1022] Dabei werden zwei Arten von essenziellen Technologien unterschieden: Erstens handelt es sich um eine essenzielle Technologie, wenn es für diese Technologie innerhalb und außerhalb des Technologiepools einer Standardisierungskooperation keine technologischen Substitute gibt, um den Industriestandard zu realisieren.[1023] Alternativ und damit zweitens handelt es sich um eine (standard-)essenzielle Technologie, wenn sie einen „notwendigen Bestandteil der zusammengeführten Technologien bildet [...], die für die Erfüllung des vom Pool unterstützten Standards [...] unerlässlich sind"[1024].

Die Beurteilung, ob eine bestimmte Technologie für die Festlegung eines multilateralen Industriestandards essenziell ist oder nicht, erfordert besonderes Fachwissen, sodass die Kommission bei der Beurteilung der Essenzialität einer Technologie unter anderem darauf abstellt, ob und inwiefern ein kompetenter Sachverständiger hinzugezogen wurde.[1025] Dem Beitrag eines Sachverständigen beim Standardisierungsprozess innerhalb einer Standardisierungskooperation wird dabei umso mehr Gewicht beigemessen, je unabhängiger er von den Unternehmen ist, die eigene Technologien in die Entwicklung des Standards einfließen lassen.[1026]

Während die Kommission in der Version der TT-LL von 2004 hinsichtlich der Freistellung von Vereinbarungen zur Begründung von Technologiepools noch keine konkreten Hinweise zu einem sogenannten „Safe-Harbour-Bereich"

[1019] H-LL (ABl. 2011, C 11, S. 1, Tz. 317).

[1020] Industriestandards verfolgen als Kompatibilitätsstandards in erster Linie die Herstellung von Kompatibilität nach dem in Unterkapitel 2.1.3 erläuterten Verständnis.

[1021] Vgl. TT-LL (ABl. 2014, C 89, S. 3, Tz. 251).

[1022] Vgl. TT-LL (ABl. 2014, C 89, S. 3, Tz. 252).

[1023] Im Gegensatz zu sich ergänzenden Technologien, die in Kombination miteinander angewendet werden müssen, um ein gewünschtes Endprodukt zu erlangen, sind technologische Substitute jeweils für sich genommen in der Lage, ein gewünschtes Produkt herzustellen oder ein entsprechendes Verfahren anzuwenden, vgl. TT-LL (ABl. 2014, C 89, S. 3, Tz. 251 f.).

[1024] TT-LL (ABl. 2014, C 89, S. 3, Tz. 252).

[1025] Vgl. TT-LL (ABl. 2014, C 89, S. 3, Tz. 256). Nach TT-LL (ABl. 2014, C 89, S. 3, Tz. 257) muss der Sachverständige entsprechendes Fachwissen vorweisen, um beurteilen zu können, ob eine Technologie für die Entwicklung eines Standards essenziell ist.

[1026] Vgl. TT-LL (ABl. 2014, C 89, S. 3, Tz. 257).

gab,[1027] ist in der aktualisierten Version der TT-LL eine Aufzählung von sieben Voraussetzungen enthalten, die – sofern sie kumuliert eingehalten werden – dazu führen, dass die dem Technologiepool zugrunde liegende Vereinbarung nicht unter Art. 101 Abs. 1 AEUV fällt.[1028] Im Wesentlichen orientieren sich diese Voraussetzungen inhaltlich an den bereits erwähnten Aussagen der Kommission zur Beurteilung der wettbewerbsbeschränkenden Wirkungen von Standardisierungsvereinbarungen in den H-LL.[1029] Außerdem wird hinsichtlich der Lizenzvergabe auf die bereits erwähnten FRAND-Grundsätze abgestellt.[1030] Eine weitere – bereits in den TT-LL von 2004 genannte – Voraussetzung bezieht sich auf die Forderung an die Unternehmen, Vorkehrungen zu treffen, um sicherzustellen, dass ausschließlich essenzielle Technologien im Technologiepool zusammengeführt werden.[1031] Außerdem soll sicher gestellt werden, „dass der Austausch sensibler Informationen [...] auf das für die Gründung und Verwaltung des Pools erforderliche Maß beschränkt wird"[1032]. Darüber hinaus werden Hinweise zur Beurteilung von Technologiepools außerhalb des Safe-Harbour-Bereichs gegeben.[1033]

Technologiepools einer Standardisierungskooperation, die zum großen Teil aus substituierbaren – also nichtessenziellen – Technologien bestehen, werden jedoch von der Kommission als ein Verstoß gegen das Kartellverbot gewertet, wobei in solchen Fällen auch eine Freistellung nach Art. 101 Abs. 3 AEUV als

---

[1027] So wurde in den veralteten TT-LL (ABl. 2004, C 101, S.2, Tz. 220) noch formuliert, dass die Vereinbarungen über die Begründung eines Pools, der nur aus essenziellen Technologien besteht, unabhängig von den Marktanteilen der an der Standardisierungskooperation beteiligten Parteien, im Allgemeinen nicht unter das Kartellverbot nach Art. 101 Abs. 1 AEUV fallen. In den neuen TT-LL (ABl. 2014, C 89, S. 3, Tz. 261 lit b) ist dies eine von sieben Voraussetzungen, um nicht in den Anwendungsbereich von Art. 101 Abs. 1 AEUV zu fallen.

[1028] Siehe dazu TT-LL (ABl. 2014, C 89, S. 3, Tz. 261). Insofern unterscheiden sich die Formulierungen in der TT-LL (ABl. 2014, C 89, S. 3, Tz. 261 ff.) deutlich von denen in den H-LL (ABl. 2011, C 11, S. 1, Tz. 322), wo noch betont wurde, dass es keinen „safe harbour" gibt.

[1029] So wird in TT-LL (ABl. 2014, C 89, S. 3, Tz. 261 lit a) gefordert, dass die Beteiligung an der Gründung des Pools allen interessierten Eigentümern von Technologierechten offenstehen soll bzw. nach TT-LL (ABl. 2014, C 89, S. 3, Tz. 261 lit f) die Gültigkeit und der essenzielle Charakter der zusammengeführten Technologien von allen an dem Pool beteiligten Parteien angefochten werden dürfen, vgl. dazu den ersten Grundsatz in Unterabschnitt 3.3.3.1.1. Weiterhin wird nach TT-LL (ABl. 2014, C 89, S. 3, Tz. 261 lit d) gefordert, dass die Lizenzen nicht nur exklusiv an die Gründungsparteien des Pools vergeben werden dürfen, vgl. dazu den dritten Grundsatz in Unterabschnitt 3.3.3.1.1. Außerdem soll es den an dem Pool beteiligten Parteien nach TT-LL (ABl. 2014, C 89, S. 3, Tz. 261 lit g) frei stehen, auch konkurrierende Produkte und Technologien zu entwickeln, vgl. dazu bereits Unterabschnitt 3.3.3.2.3.

[1030] TT-LL (ABl. 2014, C 89, S. 3, Tz. 261 lit e). Vgl. dazu Unterabschnitt 3.3.3.1.2.

[1031] TT-LL (ABl. 2014, C 89, S. 3, Tz. 261 lit b). Diese Forderung war bereits in den alten TT-LL (ABl. 2004, C 101, S.2, Tz. 220) enthalten.

[1032] TT-LL (ABl. 2014, C 89, S. 3, Tz. 261 lit c).

[1033] Siehe TT-LL (ABl. 2014, C 89, S. 3, Tz. 262 ff.).

unwahrscheinlich betrachtet wird.[1034] Sofern ein Technologiepool nichtessenzielle Technologien enthält oder Technologien eines Technologiepools nachträglich ihren wesentlichen Charakter verlieren, wird die Wettbewerbsschädlichkeit des Technologiepools in Bezug auf die nichtessenziellen Technologien anhand einer Einzelfallbetrachtung beurteilt.[1035] Sobald ein Technologiepool nichtessenzielle Technologien umfasst und auf einem relevanten Markt eine bedeutende Stellung einnimmt, wird ein Verbot der dem Pool zugrunde liegenden Vereinbarung wahrscheinlich.[1036]

Bei der Beurteilung der Unerlässlichkeit stellt die Kommission außerdem auf die Gebühren ab, die für die Nutzung immaterieller Rechte an dem Standard von der Standardisierungskooperation vom Nutzer des Standards erhoben werden. Sind diese Gebühren deutlich teurer als das, was „technisch notwendig" wäre, so wird die Unerlässlichkeit dieser Gebühren für die Erreichung des Standardzweckes bzw. der hieraus resultierenden Effizienzgewinne als nicht notwendig betrachtet.[1037]

Daneben soll der Wettbewerb zwischen Technologien geschützt bleiben. So wird zum einen die Einbeziehung von substituierbaren Rechten geistigen Eigentums als wesentlicher Teil eines Standards dann als nicht notwendig zur Erzielung von Effizienzgewinnen betrachtet, wenn gleichzeitig die Nutzung der dem Standard zugrunde liegenden Technologie ausschließlich auf den Standard beschränkt wird und nicht für potenziell konkurrierende Standards zu nichtdiskriminierenden Bedingungen freigegeben wird.[1038] Zum anderen wird auch die verbindliche Verpflichtung zur branchenweiten Verwendung einer Norm als „im Prinzip nicht unerlässlich" beurteilt,[1039] sodass die Verwendung der Norm auch weiterhin grundsätzlich freiwillig durch Marktteilnehmer geschehen muss.

Auch das Recht für eine eventuelle Überprüfung der Standardkonformität darf nicht ausschließlich übertragen werden, da dies ebenfalls als nicht unerlässlich zur Realisierung der Effizienzgewinne des Standards gewertet wird.[1040]

[1034] Vgl. TT-LL (ABl. 2014, C 89, S. 3, Tz. 255), wonach insbesondere die Gefahr von Preisfestsetzungen zwischen Wettbewerbern als Grund für das Verbot entsprechender Vereinbarungen genannt wird.

[1035] Vgl. TT-LL (ABl. 2014, C 89, S. 3, Tz. 263 f.), wo die Kommission die Beurteilung der Wettbewerbsschädlichkeit von Technologiepools mit nichtessenziellen Technologien anhand von vier Untersuchungskriterien schildert.

[1036] Vgl. TT-LL (ABl. 2014, C 89, S. 3, Tz. 262).

[1037] H-LL (ABl. 2011, C 11, S. 1, Tz. 317).

[1038] Vgl. H-LL (ABl. 2011, C 11, S. 1, Tz. 317). Vgl. dazu TT-LL (ABl. 2014, C 89, S. 3, Tz. 267 lit. c).

[1039] H-LL (ABl. 2011, C 11, S. 1, Tz. 318).

[1040] H-LL (ABl. 2011, C 11, S. 1, Tz. 319).

3.3.3.4.4   Keine Ausschaltung des Wettbewerbs durch die Standardisierungsvereinbarung

Die Beurteilung hinsichtlich einer möglichen Ausschaltung des Wettbewerbs durch die Standardisierungsvereinbarung erfordert nach Ansicht der Kommission gewöhnlich eine Einzelfallbetrachtung. Dabei müssen die in der jeweiligen Marktsituation vorherrschenden Wettbewerbsquellen sowie deren Einfluss auf die Marktteilnehmer beleuchtet werden, bevor die letztendlichen Auswirkungen der Standardisierungsvereinbarung auf den Wettbewerb zu betrachten sind.[1041] Wie die Kommission in den TT-LL darlegt, führt die einen Standard unterstützende Wirkung von Netzwerkeffekten nicht grundsätzlich zu einer Ausschaltung des Wettbewerbs, da Anbieter unterschiedlicher Standards noch immer hinsichtlich der Preise, der Qualität oder der Produkteigenschaften konkurrieren können.[1042] Allerdings muss die der Standardisierungskooperation zugrunde liegende Vereinbarung gewährleisten, dass der Wettbewerb nicht übermäßig eingeschränkt wird und „künftige Innovationen nicht unangemessen behindert" werden.[1043]

Durch einen multilateralen Industriestandard kann der Wettbewerb dann ausgeschaltet werden, wenn der Zugang zu dem Standard verwehrt wird.[1044] Um dies zu vermeiden, sollte ein Zugang zum Standard zu fairen, zumutbaren und nicht-diskriminierenden Bedingungen gewährt werden.[1045] Die Kommission hält es aber für unwahrscheinlich, dass es zu einer Ausschaltung des Wettbewerbs kommt, wenn ein Standard oder seine Zugangs- bzw. Nutzungsbedingungen nur einen „begrenzten Teil des Produkts oder der Dienstleistung" ausmachen.[1046]

3.3.4   Zwischenfazit: Freistellung von Standardisierungskooperationen

Die Freistellung von Standardisierungskooperationen über eine GFVO erscheint aus bereits dargelegten Gründen[1047] in der Praxis vielmals problematisch: Neben der grundsätzlichen Frage der inhaltlichen Anwendbarkeit einer GFVO auf eine Standardisierungsvereinbarung offenbart sich die praktische Hürde der Marktanteilsschwellen. Dabei sehen sich sowohl jene standardisierenden Unternehmen mit einem Hindernis konfrontiert, die einen neuen Standard in einer Branche platzieren möchten, in welcher sie bereits große Marktanteile halten. Weiterhin stellt die Festlegung der Marktanteile für innovative Standardisierungskooperati-

---

[1041] Vgl. H-LL (ABl. 2011, C 11, S. 1, Tz. 324). Vgl. auch TT-LL (ABl. 2014, C 89, S. 3, Tz. 179).

[1042] TT-LL (ABl. 2014, C 89, S. 3, Tz. 180).

[1043] TT-LL (ABl. 2014, C 89, S. 3, Tz. 180).

[1044] Vgl. H-LL (ABl. 2011, C 11, S. 1, Tz. 324).

[1045] Siehe Unterabschnitt 3.3.3.1.1.

[1046] H-LL (ABl. 2011, C 11, S. 1, Tz. 324).

[1047] Vgl. dazu Unterabschnitt 3.3.3.3.4.

onen ein Problem dar, da bei der Erschließung neuer Produktmärkte durch einen neuen multilateralen Standard der Marktanteil der Standardsetzer naturgemäß über den geforderten Marktanteilsschwellen liegen dürfte.[1048] Jedoch könnte eine Freistellung per GFVO durchaus für jene – insbesondere kleinen und mittleren – Standardisierungskooperationen relevant sein, die einen bereits bestehenden Standard ablösen möchten[1049] und sich zu diesem Zwecke zusammenschließen.

Dementsprechend hoch ist das Bedürfnis für Standardisierungskooperationen, die eine Führer- bzw. Monopolstrategie verfolgen, einen Ausweg aus dem Dilemma der Marktanteilsschwellen zu finden. Dabei sind – wie aus den vorhergehenden Ausführungen ersichtlich wurde – prinzipiell zwei Wege denkbar: Erstens können sich Unternehmen möglichst nah an den Kriterien zur Vermeidung einer wettbewerbsbeschränkenden Wirkung durch die Standardisierungsvereinbarung halten.[1050] Zweitens: Sofern eine wettbewerbsbeschränkende Wirkung jedoch offensichtlich und beispielsweise aus unternehmerischen Interessen gar von den Standardsetzern angestrebt wird,[1051] muss eine Freistellung nach Art. 101 Abs. 3 AEUV über eine Einzelfallprüfung erfolgen,[1052] wobei die H-LL als Interpretationshilfe zurate gezogen werden sollten.

Dabei sollte die Darstellung der eine Freistellung befürwortenden Kriterien – angesichts der Tatsache der grundsätzlich positiven Einstellung der Kommission zu Standardisierungsvorgängen[1053] – eine vergleichbar geringe Hürde darstellen. So sollten die Hauptargumente für eine Freistellung, d. h. die Freisetzung von Effizienzgewinnen sowie der Beteiligung der Verbraucher an diesen, bei Industriestandards aufgrund ihres Bezugs zu Kompatibilität plausibel darzustellen sein.

Die eigentliche Herausforderung für standardisierende Unternehmen ist vielmehr in der hinreichenden Berücksichtigung der eine Freistellung verhindernden Argumente zu suchen. Standardisierungsvereinbarungen bei Standardisierungskooperationen sollten daher zum einen insbesondere darauf untersucht werden, inwiefern die Inhalte der Vereinbarung für die Entwicklung und Durchsetzung des Standards und der damit verbundenen Herstellung von Kompatibilität unerlässlich sind. Zum anderen erscheint es für Standardisierungskooperationen zwingend notwendig, sich eingehend mit den Vereinbarungsinhalten, die eine Ausschaltung des Wettbewerbs bewirken können, zu beschäftigen und diese kritisch zu hinterfragen.

[1048] Wie im Falle einer innovativen Monopolstrategie der Fall, vgl. Unterabschnitt 2.3.3.2.1.

[1049] Für derartige Formen des Inter-Standard-Wettbewerbs siehe Abschnitt 2.3.2.2.

[1050] Vgl. dazu Abschnitt 3.3.3.1.

[1051] Zu den Vorteilen und Hintergründen einer Monopolstrategie bei standardsetzenden Unternehmen siehe Unterabschnitt 2.3.3.2.1.

[1052] Vgl. dazu Abschnitt 3.3.3.4.

[1053] Darauf wurde in Abschnitt 3.3.3.1 eingangs eingegangen.

Mehrere Autoren widmeten sich bereits der Aufgabe, die bisherigen, teils abstrakten und komplexen Ausführungen der Kommission (z. B. in den H-LL oder den TT-LL) in übersichtlichere Grundsätze zu überführen. Walther/Baumgartner fassen die Hinweise der Kommission zu kartellrechtskonformem Verhalten von Standardisierungskooperationen schließlich in sieben Forderungen zusammen.[1054] Koenig überführte die Hinweise der Kommission schließlich in fünf goldene Wettbewerbsregeln der kooperativen Normung und Standardisierung.[1055] Mit Verweis auf Koenig und Walther/Baumgartner formuliert Weck ebenfalls fünf Bedingungen zur Rechtfertigung von Standardisierungskooperationen.[1056] Im Folgenden werden zunächst die fünf goldenen Regeln von Koenig mit den sieben Forderungen von Walther/Baumgartner abgeglichen und anschließend mit diesen ergänzt:

1) Vor der Initiierung einer Standardisierungskooperation sollen Öffentlichkeit und interessierte Kreise zur Beteiligung aufgefordert werden.[1057]

2) Es soll ein offener, transparenter und diskriminierungsfreier Zugang zu den Gremien bzw. Arbeitstreffen der Standardisierungskooperation gewährleistet sein.[1058]

3) Die Gremienteilnehmer sollen über dieselben Informations- und Beteiligungsrechte oder zumindest über einen offenen, transparenten und diskriminierungsfreien Zugang zu unterschiedlichen Beteiligungsformen verfügen.[1059]

[1054] Siehe Walther/Baumgartner (2008, S. 162 ff.).

[1055] Die nachfolgend wiedergegebenen fünf goldenen Wettbewerbsregeln der kooperativen Normung und Standardisierung sind inhaltsgleich dem gleichnamigen Aufsatz von Koenig (2008, S. 1259) entnommen. In leicht abgewandelter Form sind diese auch in Koenig/Neumann (2009, S. 393 f.) zu finden.

[1056] Weck (2009, S. 1186). Verwirrend ist dabei, dass Weck von fünf goldenen Regeln spricht, aber nur vier aufzählt.

[1057] Diese Regel findet sich nur in Koenig (2008, S. 1259), nicht jedoch in Koenig/Neumann (2009, S. 394). Auch in Walther/Baumgartner (2008, S. 162 ff.) wird diese Forderung nicht aufgeführt.

[1058] Koenig (2008, S. 1259) betont, dass dies insbesondere für kleine und mittlere Unternehmen gelten muss, unter anderem durch gestaffelte Mitgliedsbeiträge. Koenig/Neumann (2009, S. 394) fordern, dass es einen offenen, transparenten und diskriminierungsfreien Zugang zur Standardisierungsinitiative geben soll. Walther/Baumgartner (2008, S. 162 f.) fordern sowohl eine offene Mitgliedschaft in der Standardisierungskooperation als auch eine offene Diskussion über die Standardisierungsarbeit.

[1059] Koenig/Neumann (2009, S. 394) fordern, dass „etwaige Mitgliedschaftskategorien allen Unternehmen unter diskriminierungsfreien Voraussetzungen und auf transparente Weise offenstehen" sollen. Darüber hinaus fordern Koenig/Neumann (2009, S. 394), dass es keine Vorfestlegungen bei der Standardisierungstätigkeit geben darf.

4)   Es soll die Möglichkeit zur Entwicklung konkurrierender Standards offen bleiben.[1060]

5)   Die Nutzung der Standardisierungsergebnisse soll zu angemessenen und diskriminierungsfreien Bedingungen gewährleistet sein, beispielsweise durch die Vergabe von Lizenzen.[1061]

Jedoch ergänzen Walther/Baumgartner darüber hinaus die folgenden Forderungen an Standardisierungskooperationen, die sich nicht unmittelbar aus den goldenen Regeln von Koenig ergeben:

■   Bestehende Schutzrechte sollen vor Beginn der Standardisierungsarbeiten offengelegt werden.[1062]

■   Die Standardisierungsergebnisse sollen zeitnah veröffentlicht werden.[1063]

■   Die Mitglieder der Standardisierungskooperation sollen unabhängig voneinander dazu in der Lage sein, die Standardisierungsergebnisse zu verwerten und entsprechende Lizenzen zu erteilen.[1064]

■   Die Standardisierungskooperation soll nur so lange, wie es unbedingt zur Erarbeitung des Standards nötig ist, aufrechterhalten werden.[1065]

[1060]   Koenig/Neumann (2009, S. 394) fordern, dass sowohl die Möglichkeit zur Entwicklung konkurrierender Standards als auch zur Entwicklung konkurrierender Produkte offen bleiben soll. Da standardkonforme Produkte auf einem Standard basieren, ist diese Unterscheidung aber nicht notwendigerweise zu treffen. Dies entspricht schließlich der Forderung von Walther/Baumgartner (2008, S. 164), dass Konsortialpartner der Standardisierungskooperation dennoch frei sein müssen, konkurrierende Standards oder Produkte im Rahmen anderer Standardisierungskooperationen zu entwickeln.

[1061]   Vgl. auch Walther/Baumgartner (2008, S. 163). Koenig/Neumann (2009, S. 394) fordern hingegen einen offenen, transparenten und diskriminierungsfreien Zugang. Die Ermöglichung einer Nutzung der Standardisierungsergebnisse impliziert jedoch gewissermaßen auch den Zugang zu diesen. Ein offener Zugang zu den Standardisierungsergebnissen sollte zudem durch die Ermöglichung einer diskriminierungsfreien Nutzung gewährleistet sein. Ein „offener" Zugang im Sinne der oben dargestellten Sponsorstrategie (siehe Abschnitt 2.3.3.3) ist jedoch nicht zwingend notwenig, um sich kartellrechtlich schadlos zu halten.

[1062]   Walther/Baumgartner (2008, S. 163).

[1063]   Walther/Baumgartner (2008, S. 163). Diese Forderung wurde auch von Weck (2009, S. 1186) übernommen.

[1064]   Walther/Baumgartner (2008, S. 164).

[1065]   Walther/Baumgartner (2008, S. 164).

3.4 Beurteilung von Standardisierungsstrategien im Rahmen des Missbrauchsverbots

Das vorangegangene Kapitel widmete sich vornehmlich der Beurteilung von Standardisierungskooperationen im Sinne eines mehrseitigen Verhaltens von Unternehmen. Im Fokus der Betrachtungen standen dabei die eine Standardisierungskooperation begründenden Vereinbarungen, aus deren Umsetzung in der Folge ein gemeinsam erarbeiteter Standard hervorgehen sollte. Die Betrachtungen konzentrierten sich deshalb zu einem großen Teil auf die Entwicklungs- und weniger auf die darauffolgende Verwertungsphase eines Standards.

In diesem Kapitel wird hingegen auf die Verwertungsphase eines Standards abgestellt (siehe Abbildung 15).

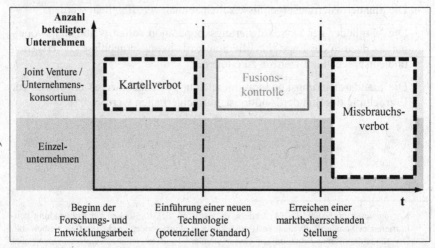

Abbildung 15: Zeitliche Relevanz der Säulen des Kartellrechts bei der Entwicklung eines Industriestandards[1066]

In diesem Zusammenhang wurde bereits erläutert, dass Netzeffektmärkte zumindest temporär zur Herausbildung eines einzigen Standards neigen,[1067] was sich üblicherweise in hohen Marktanteilen der standardsetzenden Unternehmen niederschlägt. Für Unternehmen mit einer solch bedeutenden Stellung im Markt ist im europäischen und deutschen Kartellrecht ein Verbot des Missbrauchs dieser beherrschenden Marktstellungen vorgesehen. Im Folgenden werden deshalb

---

[1066] Quelle: Eigene Darstellung.
[1067] Vgl. dazu Abschnitt 2.2.2.2 ff.

die kartellrechtlichen Vorschriften zum Missbrauch marktbeherrschender Stellungen auf die Anwendbarkeit von Standardisierungsstrategien hin untersucht. Obschon standardsetzende Unternehmen – wie oben dargestellt[1068] – durchaus auch im Rahmen des Art. 101 AEUV wettbewerbsbeschränkend agieren können, sind die charakteristischen Verhaltensweisen standardsetzender Unternehmen im Umgang mit ihren standardrelevanten, ggf. immaterialgüterrechtlich geschützten Technologien typischerweise einseitig und damit Gegenstand des Art. 102 AEUV.[1069]

3.4.1 Das Missbrauchsverbot im Kanon des Kartellrechts

Art. 102 AEUV stellt bei der Verwertung eines entwickelten Industriestandards die kartellrechtlichen Mindestanforderungen an das Verhalten des standardverwertenden Unternehmens. Denn wie bereits erläutert,[1070] darf deutsches Recht das Missbrauchsverbot des Art. 102 AEUV um strengere Vorschriften erweitern.

Während Art. 101 AEUV den Rechtsrahmen für mehrseitige Verhaltensweisen im Sinne von abgestimmten Verhaltensweisen oder einem kollusiven Zusammenspiel zwischen Unternehmen setzt, unterliegt einseitiges Verhalten dem Art. 102 AEUV.[1071] Dabei beschränkt sich die Anwendung des Art. 102 AEUV jedoch nicht auf marktbeherrschende Einzelunternehmen, sondern beim Vorliegen einer kollektiven Marktbeherrschung kann diese Vorschrift auch auf mehrere Unternehmen angewendet werden.[1072] Voraussetzung für die Annahme einer solchen kollektiven Marktbeherrschung ist jedoch, dass die betreffenden Unternehmen so eng miteinander verbunden sind, „daß sie auf dem Markt in gleicher Weise vorgehen können"[1073].

Weiterhin lässt Art. 102 AEUV nationalem Recht zusätzlichen Anwendungsspielraum, wohingegen Art. 101 AEUV im Vergleich dazu nationales Recht in seinem Anwendungsbereich verdrängt.[1074] Es besteht dennoch eine Pflicht der nationalen Gerichte, Art. 102 AEUV aufgrund seiner unmittelbaren Geltung zu berücksichtigen, selbst wenn nationales Kartellrecht nicht zum Tra-

---

[1068] Vgl. dazu Kapitel 3.3.

[1069] Vgl. Picht (2014, S. 7).

[1070] Vgl. dazu Unterkapitel 3.2.2.

[1071] Leitlinien zur Anwendung von Art. 81 Abs. 3 EGV (ABl. 2004, C 101, S. 97, Tz. 14). Vgl. auch EuGH-Urteil vom 21.02.1973 „Continental Can" (Slg. 1973, 215, Rn. 25).

[1072] Khan in: Geiger et al. (2010, Art. 102 AEUV, Rn. 4), Erläuterungen zu Art. 82 EGV (ABl. 2009, C 45, S. 7, Rn. 4). Dies geht auch aus Art. 102 S. 1 AEUV selbst hervor.

[1073] EuGH-Urteil vom 27.04.1994 „Almelo" (Slg. 1994, S. I-1477, Rn. 42), EuGH-Urteil vom 17.10.1995 „DIP" (Slg. 1995, S. I-3257, Rn. 26).

[1074] Vgl. dazu Unterkapitel 3.2.2.

gen kommt.[1075] Daher ist der Bedeutung deutschen Kartellrechts im Rahmen der Missbrauchsaufsicht ein höherer Stellenwert einzuräumen als im Rahmen des Kartellverbots. Inhaltlich wird Art. 102 AEUV allerdings weitgehend identisch wie § 19 GWB angewandt.[1076]

3.4.1.1   Zusammenspiel von Art. 101 und 102 AEUV

Damit ergibt sich ein gemeinsamer Adressatenkreis in Bezug auf Unternehmenskooperationen, sodass Art. 101 und 102 AEUV auch parallel zueinander angewendet werden können.[1077] Ein gleichzeitiger Verstoß gegen beide Regelungen wäre somit denkbar:[1078] Beispielsweise kann „eine [wettbewerbsbeschränkende] Vereinbarung zwischen zwei oder mehreren Unternehmen lediglich die formelle Bestätigung der wirtschaftlichen Realität darstellen"[1079], sodass ein marktbeherrschendes Unternehmen wettbewerbsbeschränkende Vereinbarungen etwa als Instrument zur Erhaltung oder Stärkung seiner marktbeherrschenden Stellung nutzen kann[1080].

Ein Verstoß gegen Art. 102 AEUV kann auch im Fall der Freistellung einer potenziell wettbewerbsbeschränkenden Vereinbarung nach Art. 101 Abs. 3 AEUV geahndet werden,[1081] obwohl eine Freistellung von Art. 101 AEUV im Rahmen einer Einzel- oder Gruppenfreistellung erfolgt ist[1082]. Art. 102 AEUV wirkt sogar in den Anwendungsbereich des Art. 101 Abs. 3 hinein, „indem dieser die Freistellung eines Verhaltens ausschließt, das sich als Missbrauch einer marktbeherrschenden Stellung darstellt"[1083]. Wettbewerbsbeschränkende Vereinbarungen, die den Missbrauch einer marktbeherrschenden Stellung darstellen, dürfen deshalb nicht freigestellt werden.[1084] Denn nach Ansicht des EuGH können Art. 101 und 102 AEUV „nicht in einander widersprechendem Sinne ausgelegt werden, da sie der Verwirklichung desselben Ziels dienen"[1085], nämlich der

---

[1075] de Bronett (2009, S. 901).

[1076] Lampert/Matthey in: Hauschka (2010, § 26, Rn. 26).

[1077] H-LL (ABl. 2011, C 11, S. 1, Tz. 16). Vgl. dazu EuGH-Urteil vom 13.02.1979 „Hoffmann-La Roche" (Slg. 1979, S. 461, Rn. 116).

[1078] So formuliert in EuGH-Urteil vom 16.03.2000 „CMB" (Slg. 2000, S. I-1442, Rn. 33). Vgl. auch EuG-Urteil vom 10.07.1990 „Tetra Pak" (Slg. 1990, S. II-309, Rn. 21).

[1079] EuGH-Urteil vom 11.04.1989 „Ahmed Saeed" (Slg. 1989, S. 803, Rn. 37).

[1080] Vgl. EuGH-Urteil vom 11.04.1989 „Ahmed Saeed" (Slg. 1989, S. 803, Rn. 37).

[1081] EuGH-Urteil vom 13.02.1979 „Hoffmann-La Roche" (Slg. 1979, S. 461, Rn. 116), EuG-Urteil vom 30.09.2003 „Atlantic Container Line" (Slg. 2003, S. II-3298, Rn. 1456), EuG-Urteil vom 10.07.1990 „Tetra Pak" (Slg. 1990, S. II-309, Rn. 20).

[1082] EuGH-Urteil vom 11.04.1989 „Ahmed Saeed" (Slg. 1989, S. 803, Rn. 37).

[1083] EuG-Urteil vom 30.09.2003 „Atlantic Container Line" (Slg. 2003, S. II-3298, Rn. 1456).

[1084] Leitlinien zur Anwendung von Art. 81 Abs. 3 EGV (ABl. 2004, C 101, S. 97, Tz. 106).

[1085] EuGH-Urteil vom 21.02.1973 „Continental Can" (Slg. 1973, S. 215, Rn. 25).

„Aufrechterhaltung eines wirksamen Wettbewerbs im Gemeinsamen Markt"[1086]. Insofern ergänzen sich die beiden Bestimmungen.[1087]

3.4.1.2   Objektive Rechtfertigung missbräuchlichen Verhaltens

Im Gegensatz zu Art. 101 sind in Art. 102 AEUV keinerlei Freistellungsmöglichkeiten vorgesehen, sodass der Missbrauch einer marktbeherrschenden Stellung formal ohne Ausnahme verboten ist.[1088] Allerdings räumte die Kommission in ihren Erläuterungen zu Art. 82 EGV[1089] (heute Art. 102 AEUV) marktbeherrschenden Unternehmen Rechtfertigungsmöglichkeiten ein, um missbräuchliches Verhalten durch Effizienzvorteile für Verbraucher zu legitimieren;[1090] diese gelten im Rahmen des Art. 102 AEUV weiter. So kann einerseits „marktverschließendes Verhalten in Anbetracht von Produktmerkmalen aus Gründen der Gesundheit und Sicherheit als objektiv notwendig erachtet"[1091] oder andererseits die Ausschließung von Wettbewerbern durch mit dem Verhalten erzielten Effizienzvorteilen gerechtfertigt werden[1092].

Die Voraussetzungen, die für eine Rechtfertigung der Ausschließung von Wettbewerbern kumulativ zu erfüllen sind, entsprechen weitgehend[1093] jenen Voraussetzungen, die zur Freistellung einer wettbewerbsbeschränkenden Vereinbarung nach Art. 101 Abs. 3 AEUV zu erfüllen sind:[1094]

1) Durch das Verhalten des Unternehmens müssen Effizienzvorteile erzielt werden. Als Beispiele hierfür werden technische Verbesserungen zur Quali-

---

[1086] EuGH-Urteil vom 21.02.1973 „Continental Can" (Slg. 1973, S. 215, Rn. 25).

[1087] EuG-Urteil vom 10.07.1990 „Tetra Pak" (Slg. 1990, S. II-309, Rn. 22). Fuchs/Möschel in: Immenga/Mestmäcker (2012, AEUV Art. 102, Rn. 127) sprechen bei den Art. 101 und 102 von komplementären Tatbeständen.

[1088] EuGH-Urteil vom 11.04.1989 „Ahmed Saeed" (Slg. 1989, S. 803, Rn. 32), EuG-Urteil vom 10.07.1990 „Tetra Pak" (Slg. 1990, S. II-309, Rn. 20).

[1089] Gemeint sind die Erläuterungen zu den Prioritäten der Kommission bei der Anwendung von Artikel 82 des EG-Vertrags auf Fälle von Behinderungsmissbrauch durch marktbeherrschende Unternehmen (ABl. 2009, C 45, S. 7).

[1090] Erläuterungen zu Art. 82 EGV (ABl. 2009, C 45, S. 7, Tz. 28). Vgl. auch EuGH-Urteil vom 14.02.1978 „United Brands" (Slg. 1978, S. 207, Rn. 184), EuGH-Urteil vom 15.03.2007 „British Airways" (Slg. 2007, S. I-2331, Rn. 69).

[1091] Erläuterungen zu Art. 82 EGV (ABl. 2009, C 45, S. 7, Tz. 29).

[1092] Erläuterungen zu Art. 82 EGV (ABl. 2009, C 45, S. 7, Tz. 30).

[1093] Fuchs/Möschel in: Immenga/Mestmäcker (2012, AEUV Art. 102, Rn. 160).

[1094] Die Voraussetzungen zur Rechtfertigung missbräuchlichen Verhaltens werden in den Erläuterungen zu Art. 82 EGV (ABl. 2009, C 45, S. 7, Tz. 30) aufgezählt und im Folgenden wiedergegeben. Für die Voraussetzungen, die für eine Freistellung einer wettbewerbsbeschränkenden Vereinbarung zu erfüllen sind, vgl. Abschnitt 3.3.2.2.

tätssteigerung und Kostensenkung in der Herstellung oder beim Vertrieb genannt.[1095]

2) Das Verhalten des Unternehmens muss für die Erreichung dieser Effizienz-vorteile unverzichtbar sein, d. h. es darf keine weniger wettbewerbsbe-schränkende Alternative zu denselben Effizienzvorteilen führen.[1096]

3) Die durch das Verhalten des Unternehmens erzielten Effizienzvorteile wie-gen die negativen Auswirkungen auf den Wettbewerb und den Verbraucher auf oder übertreffen diese gar.[1097] Außerdem müssen diese dem Verbraucher zugutekommen.[1098]

4) Der wirksame Wettbewerb wird durch das Verhalten des Unternehmens nicht ausgeschaltet.[1099]

Obschon Art. 102 AEUV keine Freistellung als solche vorsieht, bleibt den Un-ternehmen dennoch die Möglichkeit, einseitiges Verhalten, das gewöhnlich der Anwendung des Art. 102 AEUV unterliegt, verbunden mit der Vorlage entspre-chender Nachweise der Kommission zur Prüfung zu unterbreiten und das ent-sprechende Verhalten auf diese Weise als objektiv gerechtfertigt zu legitimie-ren. [1100] Die Rechtfertigungsmöglichkeit des Art. 102 AEUV ist jedoch hinsichtlich ihrer Anwendbarkeit nicht mit der Freistellungsmöglichkeit des Art. 101 Abs. 3 AEUV gleichzusetzen: So sollte die „Zubilligung der Rechtferti-gungsmöglichkeit […] erheblich restriktiver als [die Freistellung] nach Art. 101 Abs. 3 AEUV" gehandhabt werden.[1101]

[1095] Erläuterungen zu Art. 82 EGV (ABl. 2009, C 45, S. 7, Tz. 30, Pkt. 1). Als Voraussetzung zur Freistellung von wettbewerbsbeschränkenden Vereinbarungen ist von „Effizienzgewinnen" die Rede, welche die im Rahmen der Rechtfertigung missbräuchlichen Verhaltens genannten Bei-spiele für Effizienzvorteile ebenfalls inhaltlich umfassen. Vgl. dazu die Ausführungen in Unter-abschnitt 3.3.2.2.2.

[1096] Erläuterungen zu Art. 82 EGV (ABl. 2009, C 45, S. 7, Tz. 30, Pkt. 2). Vgl. dazu die Freistel-lungsvoraussetzung der Unerlässlichkeit der Wettbewerbsbeschränkung zur Erreichung von Ef-fizienzgewinnen in Unterabschnitt 3.3.2.2.3.

[1097] Erläuterungen zu Art. 82 EGV (ABl. 2009, C 45, S. 7, Tz. 30, Pkt. 3). Vgl. auch dazu EuGH-Urteil vom 15.03.2007 „British Airways" (Slg. 2007, S. I-2331, Rn. 86).

[1098] Dies wird so zwar z. B. im EuGH-Urteil vom 15.03.2007 „British Airways" (Slg. 2007, S. I 2331, Rn. 86) formuliert, nicht jedoch in den Erläuterungen zu Art. 82 EGV (ABl. 2009, C 45, S. 7, Tz. 30, Pkt. 3). Vgl. dazu die Freistellungsvoraussetzung der angemessenen Beteili-gung der Verbraucher an Effizienzgewinnen in 3.3.2.2.1.

[1099] Erläuterungen zu Art. 82 EGV (ABl. 2009, C 45, S. 7, Tz. 30, Pkt. 4). Vgl. dazu die korrespon-dierende Freistellungsvoraussetzung für wettbewerbsbeschränkende Vereinbarungen in 3.3.2.2.4.

[1100] Vgl. Erläuterungen zu Art. 82 EGV (ABl. 2009, C 45, S. 7, Tz. 31).

[1101] Fuchs/Möschel in: Immenga/Mestmäcker (2012, AEUV Art. 102, Rn. 163).

Zu späterer Stelle wird mit konkretem Bezug auf entsprechende Missbrauchskonstellationen näher auf objektive Rechtfertigungsgründe für missbräuchliches Verhalten eingegangen.[1102]

3.4.2 Die marktbeherrschende Stellung

Die marktbeherrschende Stellung eines Unternehmens stellt die Anwendungsgrundlage des Missbrauchsrechts dar. Bevor auf einzelne Beurteilungskriterien einer marktbeherrschenden Stellung eingegangen wird, sollen Grundlagen zur kartellrechtlichen Relevanz dieser besonderen Marktposition erläutert werden.

3.4.2.1 Grundlagen zur kartellrechtlichen Relevanz

Erfährt mehrseitiges Verhalten aufgrund des wettbewerbsbeschränkenden Potenzials horizontaler und vertikaler Absprachen grundsätzlich eine kritische kartellrechtliche Würdigung, so sind doch einseitige, also selbstbestimmte Verhaltensweisen durch Unternehmen grundsätzlich erwünscht[1103] und daher auch erlaubt. Die wirtschaftliche Handlungsfreiheit wird lediglich für jene Unternehmen eingeschränkt, die eine sogenannte marktbeherrschende Stellung innehaben:[1104] Als eine Art Sonderrecht für Unternehmen mit marktbeherrschender Stellung verbietet Art. 102 AEUV entsprechenden Unternehmen den Missbrauch ihrer besonderen Stellung im Markt.[1105] Obschon von einer marktbeherrschenden Stellung bereits Gefahren für den Wettbewerb ausgehen können, wird jedoch nur der Missbrauch einer solchen marktbeherrschenden Stellung kartellrechtlich reguliert, sodass hohe Marktanteile infolge einer erfolgreichen Unternehmensführung alleine unschädlich sind.[1106]

Da das Missbrauchsverbot des Art. 102 AEUV nur auf diejenigen Unternehmen Anwendung findet, die eine marktbeherrschende Stellung innehaben,[1107] kommt zunächst dem Begriff der Marktbeherrschung in dieser Norm eine elementare Bedeutung zu. Der Begriff der marktbeherrschenden Stellung wird von der Kommission definiert als „die wirtschaftliche Machtstellung eines Unternehmens, die dieses in die Lage versetzt, die Aufrechterhaltung eines wirksamen Wettbewerbs auf dem relevanten Markt zu verhindern, indem sie ihm die Möglichkeit verschafft, sich seinen Wettbewerbern, seinen Abnehmern und letztend-

---

[1102] Für die Fälle der Geschäftsverweigerung und der Essential-Facilities-Doktrin, die im Verlauf der Arbeit von besonderer Bedeutung sein werden, siehe Unterabschnitte 3.4.3.8.2 und 3.4.3.9.2.

[1103] Vgl. Meessen in: Loewenheim et al. (2009, Einführung, Rn. 26).

[1104] Vgl. z. B. Khan in: Geiger et al. (2010, Art. 102 AEUV, Rn. 1).

[1105] Meessen in: Loewenheim et al. (2009, Einführung, Rn. 26).

[1106] Lampert/Matthey in: Hauschka (2010, § 26, Rn. 18).

[1107] Vgl. Art. 102 S. 1 AEUV.

lich den Verbrauchern gegenüber in einem nennenswerten Umfang unabhängig zu verhalten"[1108]. Aufgrund der besonderen wirtschaftlichen Machtstellung kommt marktbeherrschenden Unternehmen eine – im Vergleich zu Unternehmen mit weniger starken Marktstellungen – große Verantwortung zu, den (noch vorhandenen[1109]) Wettbewerb mit ihrem Verhalten nicht zu beeinträchtigen.[1110]

Insofern zeichnet sich Marktbeherrschung dadurch aus, dass sich die Wirkung des Wettbewerbsdrucks im betreffenden relevanten Markt nicht mehr ausreichend entfalten kann.[1111] So schlägt sich Marktbeherrschung beispielsweise darin nieder, dass es einem marktbeherrschenden Unternehmen über längere Zeit möglich ist, seine Preise über den Wettbewerbspreis hinaus zu erhöhen.[1112] Jedoch kann sich ein Unternehmen auch dann in einer marktbeherrschenden Stellung befinden, wenn prinzipiell noch Wettbewerbsmöglichkeiten im relevanten Markt vorhanden sind.[1113] Vielmehr sind marktbeherrschende Unternehmen dazu in der Lage, die Wettbewerbsbedingungen zu bestimmen oder merklich zu beeinflussen.[1114]

Eine marktbeherrschende Stellung begründet sich dabei „aus dem Zusammentreffen mehrerer Faktoren, die jeweils für sich genommen nicht ausschlaggebend sein müssen"[1115]. Diese Faktoren sollen im Folgenden näher erläutert werden.

3.4.2.2   Marktanteile

Zur Begründung einer marktbeherrschenden Stellung werden in erster Linie die Marktanteile eines Unternehmens im relevanten Markt herangezogen.[1116] Diese

---

[1108]   Erläuterungen zu Art. 82 EGV (ABl. 2009, C 45, S. 7, Tz. 10). Vgl. ebenso EuGH-Urteil vom 14.02.1978 „United Brands" (Slg. 1978, S. 207, Rn. 65) und EuGH-Urteil vom 13.02.1979 „Hoffmann-La Roche" (Slg. 1979, S. 461, Rn. 38), EuG-Urteil vom 12.12.1991 „Hilti" (Slg. 1991, S. II-1439, Rn. 90).

[1109]   Vgl. Weiß in: Calliess/Ruffert (2011, AEUV Art. 102, Rn. 30).

[1110]   EuGH-Urteil vom 09.11.1983 „NBI Michelin" (Slg. 1983, S. 3461, Rn. 57), EuG-Urteil vom 06.10.1994 „Tetra Pak II" (Slg. 1994, S. II-755, Rn. 114).

[1111]   Erläuterungen zu Art. 82 EGV (ABl. 2009, C 45, S. 7, Tz. 10).

[1112]   Vgl. Erläuterungen zu Art. 82 EGV (ABl. 2009, C 45, S. 7, Tz. 11).

[1113]   Vgl. EuGH-Urteil vom 14.02.1978 „United Brands" (Slg. 1978, S. 207, Rn. 113). Vgl. auch EuGH-Urteil vom 13.02.1979 „Hoffmann-La Roche" (Slg. 1979, S. 461, Rn. 39).

[1114]   EuGH-Urteil vom 13.02.1979 „Hoffmann-La Roche" (Slg. 1979, S. 461, Rn. 38).

[1115]   Z. B. EuGH-Urteil vom 14.02.1978 „United Brands" (Slg. 1978, S. 207, Rn. 66, 112), EuG-Urteil vom 12.12.1991 „Hilti" (Slg. 1991, S. II-1439, Rn. 90).

[1116]   Vgl. EuGH-Urteil vom 14.02.1978 „United Brands" (Slg. 1978, S. 207, Rn. 107), wonach ein Unternehmen „nur dann eine beherrschende Stellung auf dem Markt eines Erzeugnisses haben [kann], wenn es ihm gelungen ist, über einen nicht unerheblichen Anteil dieses Marktes zu verfügen". Im EuG-Urteil vom 12.12.1991 „Hilti" (Slg. 1991, S. II-1439, Rn. 90) wurde unter mehreren Faktoren, die zusammen eine marktbeherrschende Stellung begründen können, „das Vorliegen erheblicher Marktanteile [als] in hohem Masse kennzeichnend" beschrieben. Die ho-

Anteile können entweder nach Umsatz oder Absatz bemessen werden.[1117] Einerseits werden besonders große Marktanteile bereits als Indiz für eine marktbeherrschende Stellung angesehen:[1118] „Je höher der Marktanteil und je länger dieser Marktanteil gehalten wird, desto wahrscheinlicher ist dies [...] ein [...] Anzeichen für das Vorliegen einer marktbeherrschenden Stellung."[1119] Eine marktbeherrschende Stellung gilt deshalb in den meisten Fällen bereits ab einem Marktanteil von 50 %[1120] und in jedem Fall bei Marktanteilen von 90 %[1121] oder höher[1122] als erwiesen. Im Gegensatz zum europäischen Recht[1123] existieren im deutschen Recht nach § 18 Abs. 4 bzw. 6 GWB sogar marktanteilsbasierte Vermutungsregeln,[1124] die in der Praxis jedoch gewöhnlich zu ähnlichen Ergebnissen führen, wie wenn europäisches Recht zur Anwendung kommt[1125]. So kann auch die Etablierung eines Standards – wie bereits ausgeführt[1126] – mit hohen Marktanteilen im entsprechenden Produktmarkt einhergehen und in der Folge eine marktbeherrschende Stellung begründen.[1127]

Andererseits können geringe Marktanteile als „zuverlässiger Indikator für die Abwesenheit erheblicher Marktmacht"[1128] interpretiert werden, sodass eine marktbeherrschende Stellung bei Marktanteilen von weniger als 40 % als un-

---

he Priorität der Marktanteile bei der Bemessung der Marktbeherrschung spiegelt sich im deutschen Recht auch dadurch wider, dass das Kriterium der Marktanteile in § 18 Abs. 3 GWB an erster Stelle genannt wird. Zur Abgrenzung des relevanten Marktes siehe Unterkapitel 3.1.2.

[1117] Lettl (2013, S. 114).

[1118] EuGH-Urteil vom 13.02.1979 „Hoffmann-La Roche" (Slg. 1979, S. 461, Rn. 41).

[1119] Erläuterungen zu Art. 82 EGV (ABl. 2009, C 45, S. 7, Tz. 15).

[1120] EuGH-Urteil vom 03.07.1991 „AKZO" (Slg. 1991, S. I-3359, Rn. 60).

[1121] EuG-Urteil vom 06.10.1994 „Tetra Pak II" (Slg. 1994, S. II-755, Rn. 109).

[1122] EuG-Urteil vom 17.09.2007 „Microsoft" (Slg. 2007, S. II-3601, Rn. 387). Für den Fall eines Unternehmens mit Monopolstellung in einem Markt ist es nach EuGH-Urteil vom 31.05.1979 „Hugin" (Slg. 1979, S. 1869, Rn. 9 f.) unausweichlich anzunehmen, dass eine marktbeherrschende Stellung auf dem entsprechenden Markt besteht.

[1123] Vgl. Kapp in: Umnuß (2012, Kapitel 8, Rn. 51).

[1124] Einzelunternehmen gelten nach § 18 Abs. 4 GWB ab einem Marktanteil von 40 % als marktbeherrschend. Drei oder weniger Unternehmen gelten nach § 18 Abs. 6 Nr. 1 GWB als marktbeherrschend (gemeinsame Marktbeherrschung) ab einem Marktanteil von 50 %, fünf oder weniger Unternehmen nach § 18 Abs. 6 Nr. 2 GWB hingegen erst ab einem Marktanteil von zwei Dritteln.

[1125] Kapp in: Umnuß (2012, Kapitel 8, Rn. 51).

[1126] Vgl. Unterabschnitt 2.2.3.4.1.

[1127] So z. B. in EuG-Urteil vom 17.09.2007 „Microsoft" (Slg. 2007, S. II-3601, Rn. 387), wo bei einem Marktanteil von Microsofts Windows an Client-PC-Betriebssystemen bei über 90 % die Rede von einem „Quasi-Standard" ist.

[1128] Erläuterungen zu Art. 82 EGV (ABl. 2009, C 45, S. 7, Tz. 14).

wahrscheinlich gilt.[1129] Bei Marktanteilen von weniger als 10 % kann eine marktbeherrschende Stellung in der Regel sicher ausgeschlossen werden.[1130]

Jedoch existiert eine Art Grauzone[1131], in welcher eine marktbeherrschende Stellung nicht allein anhand der Marktanteile nachgewiesen werden kann[1132] und entsprechend weitere Faktoren zur Bewertung herangezogen werden müssen[1133]. Auf die wichtigsten dieser Faktoren wird fortfolgend näher eingegangen.

3.4.2.3   Wettbewerbersituation

Neben dem Kriterium des Marktanteils des Unternehmens sind auch die Anzahl und Stärke der Wettbewerber im relevanten Markt für die Darlegung einer marktbeherrschenden Stellung relevant.[1134] Insbesondere das Verhältnis zum nächstkleineren Wettbewerber kann bei diesen Betrachtungen von Bedeutung sein.[1135] Weiterhin können nach Ansicht der Kommission auch die Expansion aktueller Wettbewerber, aber auch die Markteintritte potenzieller Wettbewerber auf das Verhalten des Unternehmens einwirken, wenn die Expansion bzw. der Markteintritt wahrscheinlich, absehbar und ausreichend ist.[1136]

Daher sind in diesem Zusammenhang auch jene Faktoren zu berücksichtigen, die eine Expansion oder einen Markteintritt be- oder verhindern können. Einerseits kann so die Abwesenheit von Marktzutrittsschranken in einem Markt eine marktbeherrschende Stellung eines Unternehmens ausschließen, andererseits können besonders effektive Marktzutrittsschranken auch Unternehmen mit kleinen Marktanteilen in eine marktbeherrschende Stellung versetzen.[1137] Neben rechtlichen Hindernissen wie Zöllen oder Kontingenten[1138] werden insbesondere auch vorteilhafte, unternehmensspezifische Eigenschaften oder Fähigkeiten des marktbeherrschenden Unternehmens selbst als Beispiele für derlei Expansions-

---

[1129] Erläuterungen zu Art. 82 EGV (ABl. 2009, C 45, S. 7, Tz. 14).

[1130] Lettl (2013, S. 113).

[1131] Khan in: Geiger et al. (2010, Art. 102 AEUV, Rn. 6) spricht dabei von einer „Zwischenzone", die er zwischen 25 % und 75 % sieht.

[1132] So haben Marktanteile von 40-45 % im EuGH-Urteil vom 14.02.1978 „United Brands" (Slg. 1978, S. 207, Rn. 108 ff.) nicht allein ausgereicht, um eine marktbeherrschende Stellung zu belegen.

[1133] Vgl. dazu Lampert/Matthey in: Hauschka (2010, § 26, Rn. 24). Im deutschen Recht ist eine Auswahl an Faktoren, die zur Untersuchung der Marktbeherrschung eines Unternehmens herangezogen werden müssen, in § 18 Abs. 3 GWB aufgezählt.

[1134] Lettl (2013, S. 114).

[1135] EuGH-Urteil vom 13.02.1979 „Hoffmann-La Roche" (Slg. 1979, S. 461, Rn. 41).

[1136] Siehe dazu Erläuterungen zu Art. 82 EGV (ABl. 2009, C 45, S. 7, Tz. 16).

[1137] Lettl (2013, S. 114).

[1138] Für das deutsche Recht vgl. § 18 Abs. 3 Nr. 5 GWB.

bzw. Markteintrittshindernisse genannt.[1139] Beispielsweise können Größen- und Verbundvorteile sowie ein bevorzugter Zugang zu Inputs und Rohstoffen,[1140] bereits etablierte Vertriebs- und Absatznetze[1141], überlegene Technologien[1142] oder das Unternehmenskapital[1143] die Stellung eines Unternehmens im Markt begünstigen.

Ein weiteres Markteintrittshindernis, das als Argument für eine marktbeherrschende Stellung angeführt wird, ergibt sich in Verbindung mit Netzwerkeffekten und Wechselkosten auch aus dem bereits beschriebenen Phänomen des Lock-in-Effekts auf der Nachfrageseite.[1144]

3.4.2.4   Nachfrageseitige Verhandlungsmacht

Während der Lock-in-Effekt auf der Nachfrageseite maßgeblich als Hindernis für Markteintritte fungiert und damit den Wettbewerbsdruck verringert, können Nachfrager in bestimmten Fällen auch den Wettbewerbsdruck auf ein Unternehmen erhöhen. Sind Verbraucher beispielsweise dazu in der Lage, leicht zu konkurrierenden Lieferanten zu wechseln, Markteintritte neuer Konkurrenten zu fördern oder eine vertikale Integration vorzunehmen, so verleiht ihnen das Verhandlungsmacht gegenüber dem Unternehmen.[1145] Unabhängig von möglicherweise hohen Marktanteilen eines potenziell marktbeherrschenden Unternehmens kann die Verhandlungsmacht der Nachfrager darauf hinwirken, dass das Unternehmen von Preiserhöhungen absieht.[1146] Die Bedeutung der Verhandlungsmacht hängt dabei insbesondere von der Größe und der wirtschaftlichen Bedeutung der Nachfrager für das Unternehmen ab.[1147] Insofern ist die Marktbeherrschung auch nach der Flexibilität des Unternehmens zu bemessen, z.

[1139]   Erläuterungen zu Art. 82 EGV (ABl. 2009, C 45, S. 7, Tz. 17).

[1140]   Erläuterungen zu Art. 82 EGV (ABl. 2009, C 45, S. 7, Tz. 17). Für das deutsche Recht vgl. § 18 Abs. 3 Nr. 3 GWB.

[1141]   EuGH-Urteil vom 13.02.1979 „Hoffmann-La Roche" (Slg. 1979, S. 461, Rn. 41), vgl. auch EuG-Urteil vom 12.12.1991 „Hilti" (Slg. 1991, S. II-1439, Rn. 19).

[1142]   Vgl. EuG-Urteil vom 12.12.1991 „Hilti" (Slg. 1991, S. II-1439, Rn. 19), EuGH-Urteil vom 13.02.1979 „Hoffmann-La Roche" (Slg. 1979, S. 461, Rn. 41). So auch Lettl (2013, S. 114).

[1143]   Z. B. EuGH-Urteil vom 16.12.1975 „Suiker Unie u. a." (Slg. 1975, S. 1663, 1856). Für das deutsche Recht vgl. § 18 Abs. 3 Nr. 2 GWB.

[1144]   Erläuterungen zu Art. 82 EGV (ABl. 2009, C 45, S. 7, Tz. 17). Für das deutsche Recht vgl. § 18 Abs. 3 Nr. 8 GWB. Zum Phänomen des Lock-in-Effekts siehe Unterkapitel 2.2.3.

[1145]   Vgl. Erläuterungen zu Art. 82 EGV (ABl. 2009, C 45, S. 7, Tz. 18).

[1146]   Erläuterungen zu Art. 82 EGV (ABl. 2009, C 45, S. 7, Tz. 18). Wie im EuGH-Urteil vom 07.10.1999 „Irish Sugar" (Slg. 1999, S. I-2969, Rn. 94) dargestellt, sind sogar Marktkonstellationen möglich, in denen Nachfrager ihre Einkaufspreise selbst festlegen.

[1147]   Erläuterungen zu Art. 82 EGV (ABl. 2009, C 45, S. 7, Tz. 18).

B. inwiefern das Unternehmen dazu in der Lage ist, hinsichtlich des Angebots oder der Nachfrage von Produkten zu variieren.[1148]

3.4.2.5   Räumliche Dimension der Marktbeherrschung im europäischen Recht

Da sich die beherrschende Stellung eines Unternehmens jeweils auf einen relevanten Markt bezieht, wurde der Marktbegriff hinsichtlich seiner Bezugsgröße konkretisiert: Nach dem Wortlaut des Art. 102 AEUV werden nur jene marktbeherrschenden Unternehmen erfasst, die ihre beherrschende Stellung im gesamten Binnenmarkt oder in einem wesentlichen Teil desselben haben. Von einem wesentlichen Teil des Binnenmarktes kann ausgegangen werden, wenn sich der räumlich relevante Markt über das Gebiet einzelner Mitgliedsstaaten erstreckt.[1149]

Doch auch bereits Teile einzelner EU-Mitgliedsstaaten, wie Süddeutschland[1150] oder das Land Rheinland-Pfalz[1151], können einen wesentlichen Teil des Binnenmarkts darstellen. Dabei wird hauptsächlich auf die spezifische Wirtschaftskraft des Gebiets abgestellt,[1152] sodass beispielsweise die geographischen Ausmaße des betreffenden Marktes wie auch die Einwohnerzahl der entsprechenden Region im Verhältnis zum gesamten Binnenmarkt gewürdigt werden.[1153] Daneben werden wichtige Verkehrsknotenpunkte bzw. -strecken wie Schiffs-[1154] und Flughäfen[1155] bzw. Flugrouten[1156] als wesentliche Teile des Binnenmarktes angesehen.

[1148] Im deutschen Recht ist dieses Beurteilungskriterium in § 18 Abs. 3 Nr. 7 GWB verankert.

[1149] Z. B. Italien im EuGH-Urteil vom 17.05.2001 „TNT Traco/Poste Italiane" (Slg. 2001, S. I-4109, Rn. 43), Österreich im EuGH-Urteil vom 26.11.1998 „Bronner" (Slg. 1998, S. I-7791, Rn. 34) oder die Niederlande im EuGH-Urteil vom 21.09.1999 „Albany" (Slg. 1999, S. I-5751, Rn. 92).

[1150] So die Kommission in EuGH-Urteil vom 16.12.1975 „Suiker Unie u. a." (Slg. 1975, S. 1663, 1692).

[1151] EuGH-Urteil vom 25.10.2001 „Ambulanz Glöckner" (Slg. 2001, S. I-8089, Rn. 38).

[1152] Fuchs/Möschel in: Immenga/Mestmäcker (2012, AEUV Art. 102, Rn. 67).

[1153] EuGH-Urteil vom 25.10.2001 „Ambulanz Glöckner" (Slg. 2001, S. I-8089, Rn. 38).

[1154] So der Hafen von Holyhead in der Kommissionsentscheidung vom 21.12.1993 „Sea Containers/Stena Sealink" (ABl. 1994, L 15, S. 8, Rn. 77), der Hafen von Rödby in der Kommissionsentscheidung vom 21.12.1993 „Hafen von Rödby" (ABl. 1994, L 55, S. 52, Rn. 8), der Hafen von Genua im EuGH-Urteil vom 10.12.1991 „Hafen von Genua I" (Slg. 1991, S. I-5889, Rn. 15).

[1155] So der Frankfurter Flughafen in der Kommissionsentscheidung vom 14.01.1998 „Flughafen Frankfurt" (ABl. 1998, L 72, S. 30, Rn. 57 f.).

[1156] EuGH-Urteil vom 11.04.1989 „Ahmed Saeed" (Slg. 1989, S. 803, Rn. 40 f.).

3.4.3 Fallkonstellationen missbräuchlichen Verhaltens

Art. 102 AEUV enthält keine umfassende Definition des Missbrauchsbegriffs. Neben einem generalklauselartigen Verbot in Art. 102 S. 1 AEUV werden in Art. 102 S. 2 AEUV lediglich exemplarische Fallkonstellationen von Missbräuchen aufgezählt, die jedoch keine abschließende Auflistung darstellen.[1157] Ungeachtet der in der Norm enthaltenen Regelbeispiele ist folglich jedes Verhalten eines marktbeherrschenden Unternehmens verboten, das seine Stellung missbräuchlich ausnutzt.[1158]

In diesem Unterkapitel sollen deshalb zuerst unterschiedliche Fallgruppen missbräuchlichen Verhaltens vorgestellt werden, anhand welcher eine Kategorisierung unterschiedlicher Missbrauchsvarianten erfolgen kann. Im Anschluss daran sollen ausgewählte Varianten missbräuchlichen Verhaltens beschrieben werden.

3.4.3.1 Fallgruppen missbräuchlichen Verhaltens

Aufgrund der Vielfalt möglicher Missbrauchstatbestände hat sich in der Literatur eine inhaltliche Definition des Missbrauchsbegriffs durchgesetzt, die zwischen zwei wesentlichen Fallgruppen des Missbrauchs einer marktbeherrschenden Stellung unterscheidet: dem Behinderungs- und dem Ausbeutungsmissbrauch.[1159] Zudem wird häufig noch die Fallgruppe der Marktstrukturmissbräuche genannt,[1160] wobei Fallvarianten dieser Gruppe teilweise auch den bereits erwähnten Fallgruppen des Ausbeutungs- und/oder des Behinderungsmissbrauchs zugeschrieben werden können[1161].

Die Unterscheidung der beiden wesentlichen Missbrauchsgruppen wird anhand der durch den Missbrauch geschädigten Partei vorgenommen: Der Begriff des Ausbeutungsmissbrauchs bezieht sich primär auf die Benachteiligung von Marktteilnehmern der Marktgegenseite bzw. anderer Marktstufen[1162] und von Verbrauchern im Allgemeinen[1163]. Obschon in dieser Fallgruppe von einer Ausbeutung die Rede ist, muss die Benachteiligung der Marktgegenseite nicht zwin-

---

[1157] EuGH-Urteil vom 21.02.1973 „Continental Can" (Slg. 1973, S. 215, Rn. 26).

[1158] Emmerich in: Dauses (2014, H. I. § 3 Art. 102 AEUV, Rn. 122).

[1159] Lampert/Matthey in: Hauschka (2010, § 26, Rn. 26).

[1160] So z. B. bei Khan in: Geiger et al. (2010, Art. 102 AEUV, Rn. 11), Fuchs/Möschel in: Immenga/Mestmäcker (2012, AEUV Art. 102, Rn. 134), Weiß in: Calliess/Ruffert (2011, AEUV Art. 102, Rn. 33), Jung in: Grabitz et al. (2014, AEUV Art. 102, Rn. 163).

[1161] Lübbig in: Loewenheim et al. (2009, EGV Art. 82, Rn. 194). Nach Lampert/Matthey in: Hauschka (2010, § 26, Rn. 26) handelt es sich bei allen Fällen, die weder klar zur Kategorie des Ausbeutungsmissbrauchs noch eindeutig zur Kategorie des Behinderungsmissbrauchs gezählt werden können, um Abwandlungen dieser beiden Fallgruppen.

[1162] Lampert/Matthey in: Hauschka (2010, § 26, Rn. 28).

[1163] Fuchs/Möschel in: Immenga/Mestmäcker (2012, AEUV Art. 102, Rn. 134).

gend mit einem wirtschaftlichen Vorteil des marktbeherrschenden Unternehmens einhergehen.[1164] Im Gegensatz dazu richten sich Verhaltensweisen des Behinderungsmissbrauchs gegen aktuelle oder potenzielle Wettbewerber des beherrschten oder eines benachbarten Marktes.[1165] Die Folge eines Behinderungsmissbrauchs ist, damit eine Verringerung der Intensität des Wettbewerbs.[1166] Jedoch ist die Abgrenzung zwischen beiden Missbrauchsgruppen oft nicht eindeutig möglich. Wie im Folgenden noch dargestellt wird, haben bestimmte Formen des Ausbeutungsmissbrauchs zugleich Behinderungseffekt, sodass der Übergang zwischen den beiden Fallgruppenkategorien fließend vonstattengeht.[1167]

Die dritte Fallgruppe des Marktstrukturmissbrauchs ist dadurch gekennzeichnet, dass das einseitige Verhalten eines Unternehmens gezielt in die Struktur der Märkte eingreift und damit das System des unverfälschten Wettbewerbs beeinträchtigt.[1168] Diese Fallgruppe betrifft in erster Linie Verwaltungsmonopole der öffentlichen Hand[1169] sowie Unternehmenszusammenschlüsse[1170]. Da diese beiden Anwendungsfelder nicht im Vordergrund der Betrachtungen dieser Arbeit stehen, wird auf den Marktstrukturmissbrauch im Folgenden nicht näher eingegangen.

In der Fachliteratur sind mehrere Arten der inhaltlichen Untergliederung einzelner Missbrauchsvarianten anzutreffen: Während einige Autoren die inhaltliche Untergliederung anhand der eben angesprochenen Missbrauchsfallgruppen vornehmen,[1171] orientieren sich andere am Aufbau des Art. 102 AEUV mit den dort genannten Regelbeispielen.[1172] Eine letzte Gruppe von Autoren erläutert den Missbrauchsbegriff anhand einer frei gewählten Reihenfolge, ohne sich bei der Untergliederung an den Fallgruppen oder allein an der Struktur des Art. 102

[1164]   Jung in: Grabitz et al. (2014, AEUV Art. 102, Rn. 166).

[1165]   Fuchs/Möschel in: Immenga/Mestmäcker (2012, AEUV Art. 102, Rn. 134).

[1166]   Lübbig in: Loewenheim et al. (2009, EGV Art. 82, Rn. 174).

[1167]   Jung in: Grabitz et al. (2014, AEUV Art. 102, Rn. 167). Vgl. auch Fuchs/Möschel in: Immenga/Mestmäcker (2012, AEUV Art. 102, Rn. 134), welche bei den Regelbeispielen des Art. 102 S. 2 lits. b) bis d) von Mischformen des Ausbeutungs- und Behinderungsmissbrauchs sprechen.

[1168]   Emmerich in: Dauses (2014, H. I. § 3 Art. 102 AEUV, Rn. 136).

[1169]   Emmerich in: Dauses (2014, H. I. § 3 Art. 102 AEUV, Rn. 137 ff.).

[1170]   Emmerich in: Dauses (2014, H. I. § 3 Art. 102 AEUV, Rn. 142 ff.), Fuchs/Möschel in: Immenga/Mestmäcker (2012, AEUV Art. 102, Rn. 383 ff.), Jung in: Grabitz et al. (2014, AEUV Art. 102, Rn. 325), Weiß in: Calliess/Ruffert (2011, AEUV Art. 102, Rn. 36).

[1171]   Fuchs/Möschel in: Immenga/Mestmäcker (2012, AEUV Art. 102, Rn. 168 ff.) untergliedern missbräuchliche Verhaltensweisen in den Kategorien Ausbeutungs-, Behinderungs-, Marktstrukturmissbrauch sowie den Verstoß gegen sektorspezifische Zugangsansprüche. Jung in: Grabitz et al. (2014, AEUV Art. 102, Rn. 166 ff.) unterscheidet dabei zusätzlich zwischen Ausbeutungsmissbrauch mit und ohne Behinderungseffekt.

[1172]   Weiß in: Calliess/Ruffert (2011, AEUV Art. 102, Rn. 24 ff.) erläutert den Missbrauchsbegriff zunächst allgemein und geht anschließend auf die Regelbeispiele des Art. 102 S. 2 AEUV ein.

AEUV zu orientieren.[1173] Da die Übergänge zwischen den beiden Fallgruppen des Ausbeutungs- und Behinderungsmissbrauchs, wie bereits erwähnt, fließend und die in Art. 102 AEUV genannten Beispiele nur unzureichend für eine inhaltliche Untergliederung geeignet sind,[1174] soll im Folgenden ein Überblick über häufig diskutierte Formen des Missbrauchs gegeben werden, wobei die dargestellte Auflistung keinen Anspruch auf Vollständigkeit erhebt[1175].

3.4.3.2 Preis- und Konditionenmissbrauch

Die unter Art. 102 S. 2 lit. a) fallenden Verhaltensweisen des Preis- und Konditionenmissbrauchs sind typische Fallbeispiele für einen Ausbeutungsmissbrauch.[1176] Unter dem Begriff des Preismissbrauchs ist insbesondere die Erzwingung überhöhter Preise oder extrem niedriger Einkaufspreise zu verstehen,[1177] wohingegen mit Konditionenmissbrauch die Erzwingung unangemessener Geschäftsbedingungen umschrieben wird.

Eine Erzwingung in diesem Kontext liegt vor, wenn das marktbeherrschende Unternehmen in irgendeiner Form die ihm obliegende besondere Marktmacht einsetzt, um Preise oder Konditionen durchzusetzen.[1178] Dies kann beispielsweise auch passiv sein, wenn es sich bei dem marktbeherrschenden Unternehmen für andere Marktakteure um einen unausweichlichen Geschäftspartner handelt[1179] und diese sich den angebotenen Preisen oder Konditionen deshalb nicht entziehen können[1180].

[1173] Vgl. dazu Lübbig in: Loewenheim et al. (2009, EGV Art. 82, Rn. 144 ff.). Emmerich in: Dauses (2014, H. I. § 3 Art. 102 AEUV, Rn. 51 ff.) geht zwar ebenfalls zunächst auf den allgemeinen Missbrauchsbegriff und die angesprochenen Missbrauchsfallgruppen ein und gibt anschließend einen Überblick über die unterschiedlichen Varianten missbräuchlichen Verhaltens, allerdings ohne sich an den Missbrauchsfallgruppen oder dem Wortlaut der Regelbeispiele zu orientieren. Dennoch erfolgt die Gliederung der Varianten missbräuchlichen Verhaltens grundsätzlich in der Reihenfolge der Regelbeispiele des Art. 102 S. 2 AEUV.

[1174] Inzwischen wird eine zunehmende Anzahl der Missbrauchsfälle nicht mehr anhand der Regelbeispiele des Art. 102 S. 2 AEUV, sondern anhand der Generalklausel des Art. 102 S. 1 AEUV durchgeführt, vgl. Fuchs/Möschel in: Immenga/Mestmäcker (2012, AEUV Art. 102, Rn. 133).

[1175] Dies geschieht unter anderem in Anlehnung an die Erläuterungen zu Art. 82 EGV (ABl. 2009, C 45, S. 7, Tz. 32 ff.), wo ebenfalls nur ausgewählte Formen des Behinderungsmissbrauchs von der Kommission behandelt werden. Im Folgenden soll sowohl auf die üblichsten Fälle des Ausbeutungsmissbrauchs eingegangen werden, als auch auf jene Fälle des Behinderungsmissbrauchs, die von der Kommission in ihren Erläuterungen zu Art. 82 EGV beschrieben sind.

[1176] Fuchs/Möschel in: Immenga/Mestmäcker (2012, AEUV Art. 102, Rn. 132).

[1177] Emmerich in: Dauses (2014, H. I. § 3 Art. 102 AEUV, Rn. 65).

[1178] Emmerich in: Dauses (2014, H. I. § 3 Art. 102 AEUV, Rn. 66). Ebenso Fuchs/Möschel in: Immenga/Mestmäcker (2012, AEUV Art. 102, Rn. 174).

[1179] Emmerich in: Dauses (2014, H. I. § 3 Art. 102 AEUV, Rn. 66).

[1180] Weiß in: Calliess/Ruffert (2011, AEUV Art. 102, Rn. 45).

Zur Beurteilung der Angemessenheit von Preisen wird auf das Verhältnis des wirtschaftlichen Werts der erbrachten Leistung zum geforderten Preis abgestellt.[1181] Dabei werden in der Praxis grundsätzlich zwei unterschiedliche Konzepte der Preiskontrolle herangezogen:[1182] Erstens das Vergleichsmarktkonzept, welches die Angemessenheit eines Preises durch den Vergleich mit anderen Preisen zu beurteilen versucht[1183] und zweitens das Konzept der Gewinnbegrenzung, welches einen Vergleich zwischen den Gestehungskosten des betreffenden Produkts und seinem tatsächlichen Verkaufspreis anstrebt[1184].

Die Unangemessenheit von Geschäftsbedingungen ergibt sich im Allgemeinen aus der Schädlichkeit der jeweiligen Klausel für das System unverfälschten Wettbewerbs und das Funktionieren des Binnenmarktes.[1185] Dieses Verbot des Konditionenmissbrauchs gilt sowohl für marktbeherrschende Anbieter als auch für bedeutende Nachfrager.[1186]

Daneben existieren weitere Fallvarianten des Preismissbrauchs, wie beispielsweise Preisdiskriminierungen, Rabattmissbräuche und Kampfpreisunterbietungen, die jedoch gewöhnlich nicht oder nicht nur nach Art. 102 S. 2 lit. a), sondern (auch) im Rahmen der anderen Fallbeispiele des Art. 102 S. 2 oder im Rahmen der Generalklausel des Art. 102 S. 1 verfolgt werden[1187] und somit auch nicht mehr (allein) zum reinen Ausbeutungsmissbrauch des Art. 102 S. 2 lit. a) zählen[1188].

[1181] Z. B. EuGH-Urteil vom 14.02.1978 „United Brands" (Slg. 1978, S. 207, Rn. 250), EuGH-Urteil vom 11.11.1986 „British Leyland" (Slg. 1986, S. 3263, Rn. 27), EuGH-Urteil vom 17.05.2001 „TNT Traco/Poste Italiane" (Slg. 2001, S. I-4142, Rn. 46).

[1182] Nach Emmerich in: Dauses (2014, H. I. § 3 Art. 102 AEUV, Rn. 68) existieren in erster Linie die zwei im Folgenden angesprochenen Grundkonzepte, für die es wiederum unterschiedliche Varianten gibt. Vgl. dazu auch Lübbig in: Loewenheim et al. (2009, EGV Art. 82, Rn. 147).

[1183] Emmerich in: Dauses (2014, H. I. § 3 Art. 102 AEUV, Rn. 68). Lübbig in: Loewenheim et al. (2009, EGV Art. 82, Rn. 153 ff.) unterscheidet dabei zwischen drei unterschiedlichen Varianten des Vergleichsmarktkonzepts: Das sachliche Vergleichsmarktkonzept, welches den Vergleich mit Preisen auf einem stärker wettbewerbsgeprägten Vergleichsmarkt für ähnliche Produkte anstrebt, das räumliche Vergleichsmarktkonzept, welches den Preisvergleich identischer Erzeugnisse in anderen räumlichen Märkten verfolgt, und das Preisspaltungsmodell, welches eine Kombination aus den beiden vorgenannten Konzepten darstellt.

[1184] Lübbig in: Loewenheim et al. (2009, EGV Art. 82, Rn. 147).

[1185] Emmerich in: Dauses (2014, H. I. § 3 Art. 102 AEUV, Rn. 71). Beispiele für derartige Klauseln finden sich in der Kommissionsentscheidung vom 17.06.1998 „AAMS" (ABl. 1998, L 252, S. 47, Rn. 34 ff.) und in der Kommissionsentscheidung vom 24.07.1991 „Tetra Pak II" (ABl. 1991, L 72, S. 1, Rn. 23 ff.).

[1186] Emmerich in: Dauses (2014, H. I. § 3 Art. 102 AEUV, Rn. 71).

[1187] Emmerich in: Dauses (2014, H. I. § 3 Art. 102 AEUV, Rn. 65).

[1188] Vgl. Fuchs/Möschel in: Immenga/Mestmäcker (2012, AEUV Art. 102, Rn. 134) und Jung in: Grabitz et al. (2014, AEUV Art. 102, Rn. 168).

3.4.3.3 Ausschließlichkeitsbindungen

Unter einer Ausschließlichkeitsbindung ist eine exklusive Belieferungs- oder Abnahmeverpflichtung zwischen einem marktbeherrschenden Unternehmen und einem seiner Abnehmer zu verstehen.[1189] Mit derlei Verpflichtungsregelungen werden Handelspartner des marktbeherrschenden Unternehmens an dieses gebunden, verhindern damit, dass die Abnehmer Produkte bei Konkurrenten beziehen und stärken in der Konsequenz seine marktbeherrschende Stellung.[1190] Neben der ausbeutenden Wirkung gegenüber den Vertragspartnern haben Ausschließlichkeitsbindungen auch behindernde Auswirkungen auf den Wettbewerb.[1191] Die marktverschließende Wirkung einer Ausschließlichkeitsbindung ist dabei in der Regel umso stärker, je länger die aus der Ausschließlichkeitsbindung resultierende Bezugspflicht ist.[1192]

Aufgrund der wettbewerbsbeschränkenden Wirkung dieser Vereinbarungen zwischen Unternehmen und ihren Abnehmern ist zunächst Art. 101 Abs. 1 AEUV anwendbar, wobei im Falle der Marktbeherrschung des betreffenden Unternehmens zusätzlich Art. 102 AEUV Anwendung findet. Je nach Ausgestaltung können Ausschließlichkeitsbindungen auch einzelnen oder mehreren Regelbeispielen des Art. 102 S. 2 AEUV zugeordnet werden[1193] oder aber der Generalklausel des Art. 102 S. 1 AEUV unterliegen.[1194] Jedoch stellen sie den wichtigsten Anwendungsfall des Art. 102 S. 2 lit. b) dar.[1195]

3.4.3.4 Rabattmissbräuche

Rabattsysteme können ebenfalls die missbräuchliche Ausnutzung einer marktbeherrschenden Stellung begründen. Dabei sind jene Rabattformen, die an eine wirtschaftliche Gegenleistung des Abnehmers gebunden sind (Mengenrabatte), von jenen Rabatten zu unterscheiden, die darauf abzielen, dass Abnehmer ihren Bedarf ausschließlich oder zu einem bestimmten Teil bei dem marktbeherrschenden Unternehmen decken (Treuerabatte).[1196] So sind Mengenrabatte, die aufgrund von Größenvorteilen entstehen[1197] oder mit Effizienzsteigerungen ver-

---

[1189] Vgl. Fuchs/Möschel in: Immenga/Mestmäcker (2012, AEUV Art. 102, Rn. 214). Die Kommission spricht in ihren Erläuterungen zu Art. 82 EGV (ABl. 2009, C 45, S. 7, Tz. 33) von Alleinbezugsbindungen.

[1190] Vgl. dazu Kommissionsentscheidung vom 11.03.1998 „Van den Bergh Foods" (ABl. 1998, L 246, S. 1, Rn. 264 f.).

[1191] Jung in: Grabitz et al. (2014, AEUV Art. 102, Rn. 199).

[1192] Erläuterungen zu Art. 82 EGV (ABl. 2009, C 45, S. 7, Tz. 36).

[1193] Vgl. dazu auch Emmerich in: Dauses (2014, H. I. § 3 Art. 102 AEUV, Rn. 82).

[1194] Fuchs/Möschel in: Immenga/Mestmäcker (2012, AEUV Art. 102, Rn. 215).

[1195] Emmerich in: Dauses (2014, H. I. § 3 Art. 102 AEUV, Rn. 81).

[1196] Vgl. EuGH-Urteil vom 09.11.1983 „NBI Michelin" (Slg. 1983, S. 3461, Rn. 72).

[1197] Vgl. EuG-Urteil vom 30.09.2003 „Michelin" (Slg. 2003, S. II-4071, Rn. 98).

bunden sind[1198], generell unschädlich. Rabatte oder Prämien, die jedoch dazu dienen, Abnehmer durch finanzielle Anreize davon abzuhalten, ihre Produkte bei konkurrierenden Herstellern zu beziehen[1199] und dadurch die marktbeherrschende Stellung des Unternehmens zu festigen[1200], unterliegen dem Anwendungsbereich des Art. 102 AEUV.[1201] Dementsprechend sind Treuerabatte hinsichtlich ihrer Sogwirkung mit Ausschließlichkeitsbindungen vergleichbar.[1202]

Die Kommission bezeichnet Treuerabatte auch als rückwirkende Rabatte, da sie sich auf die gesamte Bezugsmenge eines Unternehmens beziehen und rückwirkend gewährt werden, sobald eine bestimmte Bezugsmenge überstiegen ist.[1203] Die Sogwirkung von Treuerabatten steigt mit der Höhe des prozentualen Nachlasses auf den Gesamtpreis und mit der Höhe der mengenbasierten Rabattschwelle, deren Erreichen zur Realisierung des Treuerabatts notwendig ist.[1204]

Alle anderen Rabattformen bewegen sich gewissermaßen zwischen den beiden Eckpfeilern der Mengen- und Treuerabatte. Stark abhängig von ihrer individuellen Ausgestaltung, können missbräuchliche Rabattsysteme unterschiedlichen Regelbeispielen des Art. 102 S. 2 AEUV[1205] oder der Generalklausel des Art. 102 S. 1 AEUV zugeordnet werden.[1206]

3.4.3.5   Diskriminierungen

Von einer Diskriminierung ist dann die Rede, wenn es zu einer gezielt unterschiedlichen Behandlung der Handelspartner eines marktbeherrschenden Unternehmens kommt.[1207] Diskriminierungen sind dabei geeignet, den Wettbewerb zu

---

[1198] Kommissionsentscheidung vom 14.07.1999 „Virgin/British Airways" (ABl. 2000, L 30, S. 1, Rn. 101).

[1199] EuGH-Urteil vom 09.11.1983 „NBI Michelin" (Slg. 1983, S. 3461, Rn. 71), Kommissionsentscheidung vom 14.07.1999 „Virgin/British Airways" (ABl. 2000, L 30, S. 1, Rn. 101).

[1200] EuGH-Urteil vom 16.12.1975 „Suiker Unie u. a." (Slg. 1975, S. 1663, Rn. 505).

[1201] So versuchte bspw. Intel aktiv Wettbewerber vom Markt zu verdrängen, indem Computerherstellern Rabatte unter der Bedingung gewährt wurden, dass der gesamte Bedarf an x86-CPUs – oder ein Großteil dessen – von Intel und nicht von konkurrierenden CPU-Herstellern bezogen wurde, vgl. Kommission (2009a, S. 1 ff., Internetquelle).

[1202] Erläuterungen zu Art. 82 EGV (ABl. 2009, C 45, S. 7, Tz. 32, 37, 39). So auch Fuchs/Möschel in: Immenga/Mestmäcker (2012, AEUV Art. 102, Rn. 253), Emmerich in: Dauses (2014, H. I. § 3 Art. 102 AEUV, Rn. 85).

[1203] Erläuterungen zu Art. 82 EGV (ABl. 2009, C 45, S. 7, Tz. 37). Vgl. dazu auch die Definition von Treuerabatten in Homburg/Krohmer (2006, S. 736), wonach Treuerabatte erst nach dem wiederholten Kauf eines Produkts gewährt werden.

[1204] Erläuterungen zu Art. 82 EGV (ABl. 2009, C 45, S. 7, Tz. 40).

[1205] Vgl. dazu auch Lübbig in: Loewenheim et al. (2009, EGV Art. 82, Rn. 188).

[1206] Vgl. Fuchs/Möschel in: Immenga/Mestmäcker (2012, AEUV Art. 102, Rn. 254), Emmerich in: Dauses (2014, H. I. § 3 Art. 102 AEUV, Rn. 85).

[1207] Fuchs/Möschel in: Immenga/Mestmäcker (2012, AEUV Art. 102, Rn. 378).

verfälschen und somit einzelne Marktakteure im Vergleich zu der Situation des Wettbewerbs, wie er sich ohne eine erfolgte Diskriminierung entwickelt hätte, zu benachteiligen.[1208] Sofern es zu einer solchen wettbewerblichen Benachteiligung einzelner Handelspartner des Unternehmens kommt – und nur dann –, handelt es sich bei der Diskriminierung um ein missbräuchliches Verhalten.[1209] Umgekehrt ist eine Diskriminierung von Handelspartnern, die nicht miteinander im Wettbewerb stehen, durchaus erlaubt.[1210]

Weiterhin führt die Ungleichbehandlung von Handelspartnern eines marktbeherrschenden Unternehmens nicht alleine zur Benachteiligung einer bestimmten Gruppe von Handelspartnern – was dem Aspekt des Ausbeutungsmissbrauchs entspricht –, sondern gleichzeitig zu einer Begünstigung der anderen Gruppe von Handelspartnern.[1211] Konkurrenten wird insofern bei derjenigen Gruppe von Handelspartnern das Geschäft erschwert, die durch die Ungleichbehandlung profitiert.[1212] Aufgrund dieser Auswirkungen auf den Wettbewerb kommt Diskriminierungen auch ein Aspekt des Behinderungsmissbrauchs zu.

Somit fallen auch Preis- und Konditionendiskriminierungen deshalb nicht allein[1213] unter den Tatbestand des Preis- oder Konditionenmissbrauchs des Art. 102 S. 2 lit. a) AEUV, sondern teilweise ebenso unter Art. 102 S. 2 lit. c) AEUV, aber auch darüber hinausgehend unter die Generalklausel des Art. 102 S. 1 AEUV.[1214] Allerdings überschneidet sich der Tatbestand der Diskriminierung

---

[1208] So im EuGH-Urteil vom 14.02.1978 „United Brands" (Slg. 1978, S. 207, Rn. 232 f.) durch Preisdiskriminierungen oder in der Kommissionsentscheidung vom 14.07.1999 „Virgin/British Airways" (ABl. 2000, L 30, S. 1, Rn. 111) durch diskriminierende Provisionen geschehen.

[1209] Aus Art. 102 S. 2 lit. c) AEUV geht hervor, dass Diskriminierungen nur unter der Maßgabe verboten sind, dass von ihnen Auswirkungen auf den Wettbewerb zwischen den Handelspartnern des Unternehmens ausgehen. Im EuGH-Urteil vom 15.03.2007 „British Airways" (Slg. 2007, S. I-2331, Rn. 144) wird darauf hingewiesen, dass Diskriminierungen auf eine Wettbewerbsverzerrung abzielen müssen, um als missbräuchlich eingestuft zu werden. Jedoch weist der EuGH in diesem Kontext darauf hin, dass auch dann missbräuchliches Verhalten vorliegen kann, wenn das Verhalten des Unternehmens „angesichts des gesamten Sachverhalts darauf gerichtet ist, eine Wettbewerbsverzerrung [...] herbeizuführen", EuGH-Urteil vom 15.03.2007 „British Airways" (Slg. 2007, S. I-2331, Rn. 144 f.). Fuchs/Möschel in: Immenga/Mestmäcker (2012, AEUV Art. 102, Rn. 382) folgern diesbezüglich aus der Praxis des EuGH, dass sich das Merkmal der Benachteiligung im Wettbewerb gewöhnlich „ohne weiteres aus der Diskriminierung" ergibt.

[1210] Lübbig in: Loewenheim et al. (2009, EGV Art. 82, Rn. 164).

[1211] Vgl. Jung in: Grabitz et al. (2014, AEUV Art. 102, Rn. 188).

[1212] So z. B. im EuGH-Urteil vom 16.12.1975 „Suiker Unie u. a." (Slg. 1975, S. 1663, Rn. 526 f.) für diskriminierende Treuerabatte.

[1213] Einen Fall der gleichzeitigen Anwendung des Art. 102 S. 2 lit. a) zeigt Emmerich in: Dauses (2014, H. I. § 3 Art. 102 AEUV, Rn. 113) bei Rabattdiskriminierungen auf.

[1214] Jung in: Grabitz et al. (2014, AEUV Art. 102, Rn. 187).

oftmals mit anderen Missbrauchstatbeständen,[1215] was erneut die Schwierigkeit der Untergliederung der Missbrauchsvarianten nach den Regelbeispielen des Art. 102 S. 2 AEUV vor Augen führt. Weiterhin jedoch fällt der Großteil diskriminierender Verhaltensweisen unter Art. 102 S. 2 lit. c) AEUV.[1216]

Um Diskriminierungen im Sinne missbräuchlicher Verhaltensweisen zu verhindern, sind standardsetzende Unternehmen deshalb gehalten, sich an den bereits im Rahmen des Art. 101 AEUV angesprochenen FRAND-Kriterien zu orientieren.

3.4.3.6   Kampfpreisstrategien

Unter einer Kampfpreisstrategie ist eine Preisstrategie eines marktbeherrschenden Unternehmens zu verstehen, die darauf abzielt, Konkurrenten aus dem Markt zu verdrängen oder neue Markteintritte zu verhindern.[1217] Dabei bedient sich das marktbeherrschende Unternehmen einer extrem niedrigen Preispolitik (auch Predatory Pricing[1218] oder Niedrigpreiswettbewerb[1219] genannt), die aus den besonderen Ressourcen des Unternehmens finanziert wird, sodass auch durch diese Preisgestaltung entstehende Verluste in Kauf genommen werden können.[1220] Zu unterscheiden von der verbotenen Kampfpreisstrategie sind temporäre und daher unbedenkliche Preissenkungen unterhalb der Gestehungskosten zu Marketingzwecken, um beispielsweise neue Produkte einzuführen (sogenanntes Penetration Pricing[1221]).[1222] Ebenso sind Sonderfälle von Märkten mit besonders intensivem Wettbewerb zu berücksichtigen,[1223] wo ein Markteinstieg des marktbeherrschenden Unternehmens mit temporären Niedrigpreisen gerechtfertigt sein kann.[1224]

Kampfpreisstrategien unterscheiden sich insofern von Rabatten, als durch sie das Ziel der Ausschaltung von Wettbewerbern verfolgt und nicht die bloße Einflussnahme auf ihr Verhalten bezweckt wird.[1225] Für Kampfpreisstrategien

---

[1215]   Fuchs/Möschel in: Immenga/Mestmäcker (2012, AEUV Art. 102, Rn. 378).

[1216]   Fuchs/Möschel in: Immenga/Mestmäcker (2012, AEUV Art. 102, Rn. 377).

[1217]   Emmerich in: Dauses (2014, H. I. § 3 Art. 102 AEUV, Rn. 123).

[1218]   Z. B. Ewald (2003, S. 1165 ff.) oder Bolton et al. (2000, S. 1 ff.).

[1219]   Lübbig in: Loewenheim et al. (2009, EGV Art. 82, Rn. 176).

[1220]   Emmerich in: Dauses (2014, H. I. § 3 Art. 102 AEUV, Rn. 123).

[1221]   Vgl. dazu Homburg/Krohmer (2006, S. 607).

[1222]   Lübbig in: Loewenheim et al. (2009, EGV Art. 82, Rn. 176).

[1223]   Vgl. dazu auch Fuchs/Möschel in: Immenga/Mestmäcker (2012, AEUV Art. 102, Rn. 232).

[1224]   Diese Möglichkeit wurde in der Kommissionsentscheidung vom 29.07.1983 „AKZO" (ABl. 1983, L 252, S. 13, Rn. 31) erwähnt.

[1225]   Jung in: Grabitz et al. (2014, AEUV Art. 102, Rn. 218).

wird üblicherweise keines der Regelbeispiele des Art. 102 S. 2 AEUV, sondern die Generalklausel des Art. 102 S. 1 AEUV angewendet.[1226]

Die Beurteilung von Preisen als missbräuchliche Kampfpreise erfolgt nach dem EuGH in jedem Fall bei der Unterschreitung der durchschnittlichen variablen Kosten bzw. beim Nachweis einer Verdrängungsabsicht auch bei Unterschreitung der durchschnittlichen Gesamtkosten eines Produkts.[1227] Die Kommission stellt heute hingegen stärker auf den Verlust ab, den ein Unternehmen durch den Verkauf von Produkten zu Preisen unterhalb der durchschnittlichen variablen oder Gesamtkosten erleidet: Mit dem sogenannten „Sacrifice-Test" wird deshalb anhand der durchschnittlich vermeidbaren Kosten[1228] überprüft, inwiefern das Unternehmen durch die Preisgestaltung einen Verlust erleidet bzw. ein Opfer erbringt.[1229]

Die Möglichkeit der Rechtfertigung einer Kampfpreisstrategie über das Argument der Effizienzvorteile wird seitens der Kommission als unwahrscheinlich eingeschätzt.[1230]

3.4.3.7   Kopplungsgeschäfte

Unter dem Begriff der Kopplung versteht die Kommission die Verpflichtung des Abnehmers eines Hauptprodukts (Kopplungsprodukt) zur zusätzlichen Abnahme eines weiteren Produkts (gekoppeltes Produkt).[1231] Eine Kopplung kann dabei sowohl technisch, z. B. aufgrund physischer Verbindung miteinander, oder vertraglich erfolgen.[1232] Derlei Kopplungsgeschäfte gelten aus Marketingsicht als Sonderform der Preisdifferenzierung, wobei damit sowohl spezifische produkt-

---

[1226] Emmerich in: Dauses (2014, H. I. § 3 Art. 102 AEUV, Rn. 122).

[1227] Z. B. EuGH-Urteil vom 03.07.1991 „AKZO" (Slg. 1991, S. I-3359, Rn. 71 f.), EuGH-Urteil vom 14.11.1996 „Tetra Pak" (Slg. 1996, S. I-5951, Rn. 41).

[1228] In den Erläuterungen zu Art. 82 EGV (ABl. 2009, C 45, S. 7, Tz. 64, Fn. 3) wird dabei anerkannt, dass die für die Kommission maßgeblichen, durchschnittlichen vermeidbaren Kosten in den meisten Fällen mit den durchschnittlichen variablen Kosten deckungsgleich sind.

[1229] Erläuterungen zu Art. 82 EGV (ABl. 2009, C 45, S. 7, Tz. 64).

[1230] Erläuterungen zu Art. 82 EGV (ABl. 2009, C 45, S. 7, Tz. 74).

[1231] Erläuterungen zu Art. 82 EGV (ABl. 2009, C 45, S. 7, Tz. 48).

[1232] Nach den Erläuterungen zu Art. 82 EGV (ABl. 2009, C 45, S. 7, Tz. 48) ist unter einer technischen Kopplung der Fall zu verstehen, dass die Kopplung technisch bedingt ist, d. h. das Kopplungsprodukt nicht ohne das gekoppelte Produkt oder mit Produktalternativen von Wettbewerbern funktioniert. Dies ist bei der vertraglichen Kopplung nicht der Fall. Vgl. dazu auch TT-LL (ABl. 2014, C 89, S. 3, Tz. 221). Emmerich in: Dauses (2014, H. I. § 3 Art. 102 AEUV, Rn. 118) verwendet den Microsoft-Fall als Beispiel für eine technisch bedingte Kopplung, da hier Software wie der Windows Media Player in das Betriebssystem Windows integriert wurde. Dies ist insofern fraglich, da das Kopplungsprodukt (Windows) durchaus ohne das gekoppelte Produkt (Windows Media Player) funktioniert. Zur Diskussion der technischen Notwendigkeit des Windows Media Players in Windows siehe EuG-Urteil vom 17.09.2007 „Microsoft" (Slg. 2007, S. II-3601, Rn. 935 ff.).

politische als auch preispolitische Marketingziele verfolgt werden können, im Allgemeinen aber der Absatz bzw. der Gewinn eines Unternehmens gesteigert werden soll.[1233]

Diese Form des Behinderungsmissbrauchs kann also sowohl auf dem Markt des Kopplungsprodukts als auch auf dem Markt des gekoppelten Produkts wettbewerbswidrige Wirkung entfalten:[1234] Aus kartellrechtlicher Sicht kann die marktbeherrschende Stellung des Unternehmens im Markt des Kopplungsprodukts dadurch gestärkt werden, dass konkurrierende Anbieter vom Markteintritt abgehalten werden, weil sie sich dazu gezwungen sehen, neben dem Markt des Kopplungs- auch den Markt des gekoppelten Produkts zu betreten.[1235] Besonders bedenklich ist jedoch, dass durch die Kopplung der Zugang zu dem Markt des gekoppelten Produkts verschlossen wird, da dieser Bedarf bereits durch das Kopplungsgeschäft mitgedeckt wurde.[1236] Ein marktbeherrschendes Unternehmen kann durch die sogenannte Hebelwirkung (auch „leveraging" genannt) somit die Marktmacht, die es im beherrschten Markt innehat, auf einen weiteren Markt – nämlich den des gekoppelten Produkts – übertragen.[1237]

Im Kontext von Industriestandards kann Kopplungsgeschäften vor allem in Hardware-Software-Netzwerken große Bedeutung zukommen.[1238] So kann Hardware als Kopplungsprodukt mit Software als dem gekoppelten Produkt vertrieben werden. Eine solche Vertriebsstrategie kann für standardsetzende Unternehmen beispielsweise dann als Verkaufsförderungsmaßnahme relevant sein, wenn es darum geht, möglichst schnell eine installierte Basis des eigenen Standardsystems zu etablieren[1239] oder eine bereits vorteilhafte Position auf dem Markt des Kopplungsprodukts zur Vertriebsförderung des gekoppelten Produkts zu nutzen. Mit dem Vertrieb von gekoppeltem, kompatiblem Zubehör kann außerdem bereits frühzeitig eine Bindungswirkung für das eigentliche Hardwaresystem geschaffen werden.[1240]

[1233] Vgl. Homburg/Krohmer (2006, S. 730 ff.).

[1234] Erläuterungen zu Art. 82 EGV (ABl. 2009, C 45, S. 7, Tz. 52).

[1235] TT-LL (ABl. 2014, C 89, S. 3, Tz. 223).

[1236] Vgl. Erläuterungen zu Art. 82 EGV (ABl. 2009, C 45, S. 7, Tz. 49). Vgl. auch Fuchs/Möschel in: Immenga/Mestmäcker (2012, AEUV Art. 102, Rn. 274).

[1237] Fuchs/Möschel in: Immenga/Mestmäcker (2012, AEUV Art. 102, Rn. 274). Vgl. auch EuG-Urteil vom 17.09.2007 „Microsoft" (Slg. 2007, S. II-3601, Rn. 9, 857).

[1238] Die bereits in den Abschnitten 2.2.1.1 und 2.2.3.2 erläuterte Beziehung von Hardware zu Software ist insofern vergleichbar mit der Beziehung des Kopplungsprodukts zum gekoppelten Produkt.

[1239] Sofern das System nur dann seinen Nutzen entfaltet, wenn sowohl Hardware- als auch Softwarekomponenten vorhanden sind.

[1240] Die Anzahl kompatiblen Zubehörs zu einem Hardwaresystem wirkt sich als Wechselkosten aus. Siehe dazu Abschnitt 2.2.3.2.

Erneut spielt Kompatibilität dabei eine wesentliche Rolle,[1241] da erst durch sie eine technische Kopplung zwischen dem Kopplungsprodukt und dem gekoppelten Produkt möglich wird. Weiterhin wird durch Kompatibilität das Zusammenwirken von standardisierten Kopplungsprodukten mit gekoppelten Produkten ermöglicht, wodurch der Markt des Kopplungsprodukts mit den Märkten gekoppelter bzw. kopplungsfähiger Produkte aus ökonomischer Sicht verbunden wird.

Ein jüngeres und prominentes Beispiel hierfür ist der Fall Microsoft, wo die Software des Windows Media Player als gekoppeltes Produkt für das Kopplungsprodukt des Betriebssystems Windows verwendet wurde,[1242] wobei es sich bei Windows um einen etablierten Softwarestandard und bei Microsoft entsprechend um ein marktbeherrschendes Unternehmen auf diesem Markt handelte[1243]. Microsoft nutzte in diesem Fall seine vorteilhafte Position auf dem Markt für PC-Betriebssysteme dazu aus, um die Verbreitung des Windows Media Players zu fördern und damit auch in die Marktstruktur des Marktes für Multimediasoftware einzugreifen.[1244]

Kopplungsgeschäfte können unter bestimmten Voraussetzungen auch für nicht marktbeherrschende Unternehmen im Rahmen des Kartellverbots nach Art. 101 Abs. 1 lit. e) AEUV verfolgt werden.[1245] Im Rahmen der Missbrauchsaufsicht werden Kopplungsgeschäfte über Art. 102 S. 2 lit. d) AEUV oder über die Generalklausel erfasst.[1246]

3.4.3.7.1 Beurteilungskriterien

Kopplungsgeschäfte werden dabei unter den folgenden Bedingungen als missbräuchlich eingestuft:[1247]

1) Das Unternehmen muss auf dem Kopplungsmarkt eine marktbeherrschende Stellung haben; auf eine marktbeherrschende Stellung auf dem Markt des gekoppelten Produkts kommt es im Regelfall nicht an.[1248]

[1241] Zur Bedeutung von Kompatibilität siehe Unterkapitel 2.1.3.

[1242] Vgl. EuG-Urteil vom 17.09.2007 „Microsoft" (Slg. 2007, S. II-3601, Rn. 857).

[1243] EuG-Urteil vom 17.09.2007 „Microsoft" (Slg. 2007, S. II-3601, Rn. 387, 842, 857).

[1244] Vgl. EuG-Urteil vom 17.09.2007 „Microsoft" (Slg. 2007, S. II-3601, Rn. 857).

[1245] Fuchs/Möschel in: Immenga/Mestmäcker (2012, AEUV Art. 102, Rn. 274). Vgl. auch Emmerich in: Dauses (2014, H. I. § 3 Art. 102 AEUV, Rn. 114).

[1246] Jung in: Grabitz et al. (2014, AEUV Art. 102, Rn. 195), Fuchs/Möschel in: Immenga/Mestmäcker (2012, AEUV Art. 102, Rn. 275), Emmerich in: Dauses (2014, H. I. § 3 Art. 102 AEUV, Rn. 114).

[1247] Vgl. im Folgenden auch Jung in: Grabitz et al. (2014, AEUV Art. 102, Rn. 198), der die Bedingungen ebenfalls aus den Erläuterungen zu Art. 82 EGV (ABl. 2009, C 45, S. 7, Tz. 50 ff.) exzerpierte.

2) Beim Kopplungsprodukt und dem gekoppelten Produkt muss es sich um zwei separate Produkte handeln,[1249] was hauptsächlich anhand der getrennten Verbrauchernachfrage für beide Produkte beurteilt wird[1250].

3) Durch die Kopplung kommt es wahrscheinlich zu einer wettbewerbswidrigen Marktverschließung. [1251] Dabei ist die Wahrscheinlichkeit für eine marktverschließende Wirkung umso höher, je mehr Produkte gekoppelt werden[1252] und wenn die Kopplung von Dauer ist[1253].

In der Vorschrift des Art. 102 S. 2 lit. d) AEUV ist noch eine weitere Bedingung zu finden: Das Kopplungsprodukt und das gekoppelte Produkt dürfen „weder sachlich noch nach Handelsbrauch in Beziehung"[1254] zueinander stehen, damit es sich um eine missbräuchliche Kopplung handelt. Dabei kommt der sachlichen Beziehung des Kopplungsprodukts zum gekoppelten Produkt im Sinne einer technischen Rechtfertigung eine größere Rolle zu als dem Kriterium des Handelsbrauchs.[1255] Diese Bedingung hat inzwischen jedoch an Bedeutung verloren, da Kopplungen auch mit sachlichem Bezug des gekoppelten Produkts zum Kopplungsprodukt eine Marktverschließung bewirken können und sodann nach der Generalklausel des Art. 102 S. 1 AEUV geahndet werden.[1256]

[1248] Erläuterungen zu Art. 82 EGV (ABl. 2009, C 45, S. 7, Tz. 50). Vgl. auch TT-LL (ABl. 2014, C 89, S. 3, Tz. 223).

[1249] Erläuterungen zu Art. 82 EGV (ABl. 2009, C 45, S. 7, Tz. 50).

[1250] Erläuterungen zu Art. 82 EGV (ABl. 2009, C 45, S. 7, Tz. 51), EuG-Urteil vom 17.09.2007 „Microsoft" (Slg. 2007, S. II-3601, Rn. 917 f.), TT-LL (ABl. 2014, C 89, S. 3, Tz. 221). Im EuGH-Urteil vom 12.12.1991 „Hilti" (Slg. 1991, S. II-1439, Rn. 67) wurde das Vorhandensein zweier separater Produkte über die Existenz eines gesonderten Marktes für das gekoppelte Produkt nachgewiesen. In der Kommissionsentscheidung vom 24.05.2004 „Microsoft" (ABl. 2007, L 32, S. 23, Rn. 26) wurde die Verfügbarkeit des Angebots von Alternativen zu gekoppelten Produkten als Beleg für eine gesonderte Nachfrage nach dem gekoppelten Produkt angeführt. Eine getrennte Nachfrage nach dem Kopplungs- und dem gekoppelten Produkt liegt nach den TT-LL (ABl. 2014, C 89, S. 3, Tz. 221) wiederum dann gewöhnlich nicht vor, wenn das Kopplungsprodukt nicht ohne das gekoppelte Produkt funktioniert bzw. Bestandteil desselben ist.

[1251] Erläuterungen zu Art. 82 EGV (ABl. 2009, C 45, S. 7, Tz. 50).

[1252] Erläuterungen zu Art. 82 EGV (ABl. 2009, C 45, S. 7, Tz. 54).

[1253] Erläuterungen zu Art. 82 EGV (ABl. 2009, C 45, S. 7, Tz. 53).

[1254] Wortlaut des Art. 102 S. 2 lit. d) AEUV.

[1255] So Lübbig in: Loewenheim et al. (2009, EGV Art. 82, Rn. 162), der nach dem 1984 abgeschlossenen Verfahren gegen IBM insbesondere bei neu auf dem Markt erscheinenden Produkten das Kriterium der technischen Notwendigkeit als Rechtfertigungsgrund bei der Beurteilung von Kopplungsgeschäften erwähnt. Vgl. auch Jung in: Grabitz et al. (2014, AEUV Art. 102, Rn. 197).

[1256] Jung in: Grabitz et al. (2014, AEUV Art. 102, Rn. 198).

3.4.3.7.2   Rechtfertigungsgründe

Jedoch kann eine marktverschließende Wirkung eines Kopplungsgeschäfts durch ein marktbeherrschendes Unternehmen mittels Effizienzvorteilen gerechtfertigt werden, sofern diese an den Verbraucher weitergegeben werden.[1257] Als Beispiele für derlei Effizienzgewinne werden Einsparungen in Produktions-, Transaktions-, Verpackungs- und Vertriebskosten genannt.[1258] Weiterhin berücksichtigt die Kommission in ihrer Beurteilung, ob durch die Kopplung der Vertrieb der Produkte in einer Weise vereinfacht wird, die schließlich auch einen Vorteil für den Verbraucher darstellen würde.[1259]

3.4.3.8   Geschäftsverweigerung

Vorhergehend wurden bereits einseitige Verhaltensweisen als missbräuchlich erläutert, die darauf basierten, Abnehmern Waren zu wettbewerbswidrigen Bedingungen anzubieten bzw. zu verkaufen.[1260] Wie im Folgenden dargestellt wird, kann unter bestimmten Voraussetzungen auch der Abbruch oder die Verweigerung von Geschäftsbeziehungen Gegenstand missbräuchlichen Verhaltens sein.[1261] Zwar dürfen grundsätzlich auch marktbeherrschende Unternehmen frei über die Auswahl ihrer Geschäftspartner entscheiden.[1262] Sobald das marktbeherrschende Unternehmen jedoch neben dem beherrschten Markt auch einen nachgelagerten Markt bearbeitet, in welchem es mit Abnehmern von Produkten des beherrschten Marktes konkurriert, kann es durch eine Geschäftsverweigerung gegenüber dem Abnehmer zu Wettbewerbsproblemen kommen.[1263]

[1257]   Vgl. dazu Abschnitt 3.4.1.2.

[1258]   Erläuterungen zu Art. 82 EGV (ABl. 2009, C 45, S. 7, Tz. 62).

[1259]   Erläuterungen zu Art. 82 EGV (ABl. 2009, C 45, S. 7, Tz. 62).

[1260]   Insbesondere sind dabei die Behinderungsfälle der Ausschließlichkeitsbindungen sowie des Rabattmissbrauchs, der Diskriminierungen und der Kopplungsgeschäfte zu nennen. Derlei Verhaltensweisen werden von der Kommission in den Erläuterungen zu Art. 82 EGV (ABl. 2009, C 45, S. 7, Tz. 76 f.) von der nun im Folgenden zu untersuchenden Missbrauchsvariante der Geschäftsverweigerung abgegrenzt.

[1261]   Emmerich in: Dauses (2014, H. I. § 3 Art. 102 AEUV, Rn. 90).

[1262]   Emmerich in: Dauses (2014, H. I. § 3 Art. 102 AEUV, Rn. 90). Vgl. auch Kommissionsentscheidung vom 24.05.2004 „Microsoft" (ABl. 2007, L 32, S. 23, Rn. 6) und EuG-Urteil vom 17.09.2007 „Microsoft" (Slg. 2007, S. II-3601, Rn. 319). Wie in den Schlussanträgen im EuGH-Urteil vom 26.11.1998 „Bronner" (Slg. 1998, S. I-7791, Rn. 56) ausgeführt, sollten entsprechende Eingriffe in dieses Recht deshalb sehr sorgfältig begründet werden.

[1263]   Erläuterungen zu Art. 82 EGV (ABl. 2009, C 45, S. 7, Tz. 76). Nach Heinemann (2006, S. 705) muss das Prinzip der Vertragsfreiheit nur in diesen „besonders gelagerten Ausnahmefällen zurücktreten und einem Kontrahierungszwang Platz machen".

Grundsätzlich können dabei zwei Szenarios unterschieden werden, die unter dem Begriff der Geschäfts-[1264] oder Lieferverweigerung[1265] zu verstehen sind: Erstens der Abbruch von bereits bestehenden Geschäftsbeziehungen und zweitens die Verweigerung der Aufnahme von neuen Geschäftsbeziehungen (auch De-novo-Geschäfts- bzw. Lieferverweigerung genannt),[1266] wobei das erste Szenario eher als das zweite als missbräuchlich eingestuft wird[1267]. Diese beiden Szenarios sind wiederum auf eine Vielzahl unterschiedlicher Verhaltensweisen anwendbar, wofür die Kommission insbesondere die folgenden Beispiele nennt:[1268] Die Weigerung eines marktbeherrschenden Unternehmens,

▪ Produkte zu liefern,

▪ Lizenzen zu erteilen oder

▪ den Zugang zu einer wesentlichen Einrichtung oder einem Netz zu gewähren.

Eine vorherige Vermarktung der im Rahmen einer Geschäftsverweigerung verweigerten Erzeugnisse, Lizenzen oder Zugänge ist dabei nicht notwendig.[1269] Vielmehr genügt schon der Nachweis eines potenziellen oder hypothetischen Marktes, was beispielsweise der Fall ist, wenn das entsprechende Produkt oder die Dienstleistung für die Geschäftätigkeit eines Nachfragers unerlässlich ist.[1270] Zur Fallkategorie der Geschäftsverweigerung werden auch jene Szenarien gezählt,[1271] in welchen das marktbeherrschende Unternehmen die Preise auf dem vorgelagerten Markt im Vergleich zu den Preisen auf dem nachgelagerten Markt derart erhöht, dass seine Wettbewerber auf dem nachgelagerten Markt an einem

---

[1264] So bezeichnet in den Erläuterungen zu Art. 82 EGV (ABl. 2009, C 45, S. 7, Tz. 75 ff.). Auch so Jung in: Grabitz et al. (2014, AEUV Art. 102, Rn. 314 ff.).

[1265] So bezeichnet von Emmerich in: Dauses (2014, H. I. § 3 Art. 102 AEUV, Rn. 90).

[1266] Erläuterungen zu Art. 82 EGV (ABl. 2009, C 45, S. 7, Tz. 84). Vgl. auch Emmerich in: Dauses (2014, H. I. § 3 Art. 102 AEUV, Rn. 90).

[1267] Erläuterungen zu Art. 82 EGV (ABl. 2009, C 45, S. 7, Tz. 84). Dies ergibt sich auch an anderer Stelle aus den Erläuterungen zu Art. 82 EGV (ABl. 2009, C 45, S. 7, Tz. 90), wo eine vormalige Lieferung des für den nachgelagerten Markt benötigten Inputs als maßgebliches (negatives) Bewertungskriterium für potenzielle Effizienzeinbußen des Marktbeherrschers im Falle einer Lieferverpflichtung angeführt wird.

[1268] Erläuterungen zu Art. 82 EGV (ABl. 2009, C 45, S. 7, Tz. 78).

[1269] EuGH-Urteil vom 29.04.2004 „IMS Health" (Slg. 2004, S. I-5039, Rn. 43). Vgl. auch Erläuterungen zu Art. 82 EGV (ABl. 2009, C 45, S. 7, Tz. 79).

[1270] EuGH-Urteil vom 29.04.2004 „IMS Health" (Slg. 2004, S. I-5039, Rn. 44). Vgl. auch Erläuterungen zu Art. 82 EGV (ABl. 2009, C 45, S. 7, Tz. 79).

[1271] So in den Erläuterungen zu Art. 82 EGV (ABl. 2009, C 45, S. 7, Tz. 80) und nach Fuchs/Möschel in: Immenga/Mestmäcker (2012, AEUV Art. 102, Rn. 344).

für sie rentablen Wettbewerb gehindert werden[1272] und in der Folge gar aus dem Markt ausscheiden[1273]. Derartige Verhaltensweisen werden als Kosten-Preis-Schere bezeichnet.

Fälle der Geschäftsverweigerung wurden bislang entweder nach der Generalklausel des Art. 102 S. 1 AEUV oder nach Art. 102 S. 2 lit. b) AEUV beurteilt.[1274] Diverse Missbrauchsfälle der Geschäftsverweigerung werden inzwischen vielmals unter dem Stichwort der Essential-Facilities-Doktrin behandelt, die sich insbesondere auch auf Verwertungsstrategien standardsetzender Unternehmen bezieht. Auf die Essential-Facilities-Doktrin wird im folgenden Unterabschnitt 3.4.3.9 konkreter eingegangen, bevor nun unmittelbar anschließend die allgemeinen Beurteilungskriterien und Rechtfertigungsgründe zur Geschäftsverweigerung behandelt werden.

3.4.3.8.1 Beurteilungskriterien

Die Beurteilung einer Geschäftsverweigerung als missbräuchliches Verhalten erfolgt anhand der folgenden drei Kriterien:

Erstens muss sich die Geschäftsverweigerung auf ein Erzeugnis beziehen, welches „objektiv notwendig ist, um auf einem nachgelagerten Markt wirksam konkurrieren zu können"[1275]. Denn in zu den Fallkonstellationen der Kopplungsgeschäfte vergleichbarer Weise sollen auch durch die missbrauchsrechtliche Unterbindung von Geschäftsverweigerungen Hebelwirkungen von marktbeherrschenden Unternehmen eines Marktes (vorgelagerter Markt) auf einen weiteren (nachgelagerten) Markt vermieden werden.[1276]

Die objektive Notwendigkeit eines solchen Inputs für Erzeugnisse eines nachgelagerten Marktes ergibt sich aus der Verfügbarkeit tatsächlicher oder auch nur potenzieller Substitute für diesen Input.[1277] In diesem Zusammenhang wird auch überprüft, inwiefern der betreffende Input des marktbeherrschenden Unternehmens effizient durch das nachfragende Unternehmen dupliziert werden

---

[1272] Erläuterungen zu Art. 82 EGV (ABl. 2009, C 45, S. 7, Tz. 80). Vgl. auch EuG-Urteil vom 10.04.2008 „Telekom" (Slg. 2008, S. II-477, Rn. 166).

[1273] Fuchs/Möschel in: Immenga/Mestmäcker (2012, AEUV Art. 102, Rn. 353).

[1274] Emmerich in: Dauses (2014, H. I. § 3 Art. 102 AEUV, Rn. 90).

[1275] Erläuterungen zu Art. 82 EGV (ABl. 2009, C 45, S. 7, Tz. 81).

[1276] Nach Fuchs/Möschel in: Immenga/Mestmäcker (2012, AEUV Art. 102, Rn. 274, Fn. 1114) treten derlei Hebelwirkungen sowohl bei Kopplungsgeschäften als auch bei Fällen von Geschäftsverweigerung oder in Fallkonstellationen der Essential-Facilities-Doktrin (siehe dazu Abschnitt 3.4.3.9) auf.

[1277] Erläuterungen zu Art. 82 EGV (ABl. 2009, C 45, S. 7, Tz. 83). Vgl. auch EuGH-Urteil vom 06.04.1995 „Magill" (Slg. 1995, S. I-743, Rn. 52).

kann.[1278] Dabei ist es unerheblich, dass mögliche Alternativlösungen weniger günstig als der Input des verweigernden Unternehmens wären.[1279]

Jedoch kann die Duplizierbarkeit eines Inputs für einen nachgelagerten Markt unter gewissen Umständen als unwahrscheinlich angenommen werden. Dies ist nach Ansicht der Kommission beispielsweise der Fall, wenn ein natürliches Monopol vorliegt, wenn Netzwerkeffekte auftreten oder wenn es sich bei dem Input um eine „Single-Source-Information" handelt.[1280] Falls ein entsprechender Input bereits vorhergehend geliefert wurde und diese vertraglich geregelte Geschäftsbeziehung abgebrochen wird, kann der verweigerte Input auch als unerlässlich eingestuft werden, sofern der Abnehmer vertragsspezifische Investitionen getätigt hat.[1281]

Zweitens muss die Geschäftsverweigerung mit hinreichender Wahrscheinlichkeit zu einer Ausschaltung des wirksamen Wettbewerbs auf dem nachgelagerten Markt führen.[1282] Die prinzipielle Eignung zur Ausschaltung des wirksamen Wettbewerbs wird dabei bereits aus der objektiven Notwendigkeit des Inputs abgeleitet.[1283] Die tatsächliche Wahrscheinlichkeit zur Ausschaltung des wirksamen Wettbewerbs hängt nach Ansicht der Kommission wiederum von verschiedenen Faktoren ab (siehe dazu Tabelle 3).

Ein gesteigertes Interesse an der Anwendung des Art. 102 AEUV kann die Kommission in Bezug auf das Kriterium der Ausschaltung des Wettbewerbs dann haben, wenn beispielsweise Netzwerkeffekte dazu beitragen, dass eine Ausschaltung des Wettbewerbs schwer rückgängig zu machen ist.[1284] Dementsprechend kommt der missbräuchlichen Geschäftsverweigerung für standardsetzende Unternehmen, die restriktive Verwertungsstrategien mit ihren Industriestandards verfolgen, eine gesteigerte Bedeutung im Sinne kartellrechtlicher Compliance-Maßnahmen zu.[1285]

[1278] Erläuterungen zu Art. 82 EGV (ABl. 2009, C 45, S. 7, Tz. 83). Vgl. EuGH-Urteil vom 26.11.1998 „Bronner" (Slg. 1998, S. I-7791, Rn. 44 f.), wo die Errichtung eines neuen Zustellungssystems für Zeitungen als „realistische und potenzielle Alternative" zu dem bereits bestehenden und fallgegenständlichen Zustellsystem des marktbeherrschenden Unternehmens angeführt wird.

[1279] EuGH-Urteil vom 29.04.2004 „IMS Health" (Slg. 2004, S. I-5039, Rn. 28).

[1280] Erläuterungen zu Art. 82 EGV (ABl. 2009, C 45, S. 7, Tz. 83, Fn. 3).

[1281] Erläuterungen zu Art. 82 EGV (ABl. 2009, C 45, S. 7, Tz. 84).

[1282] Erläuterungen zu Art. 82 EGV (ABl. 2009, C 45, S. 7, Tz. 81).

[1283] Erläuterungen zu Art. 82 EGV (ABl. 2009, C 45, S. 7, Tz. 85).

[1284] EuG-Urteil vom 17.09.2007 „Microsoft" (Slg. 2007, S. II-3601, Rn. 562).

[1285] Siehe dazu mögliche Rechtfertigungsgründe für Geschäftsverweigerungen – auch im Rahmen der Essential-Facilities-Doktrin – in den Unterabschnitten 3.4.3.8.2 und 3.4.3.9.2.

Tabelle 3: Beurteilungskriterien bzgl. der Wahrscheinlichkeit zur Ausschaltung des wirksamen Wettbewerbs bei Geschäftsverweigerung[1286]

Beurteilungskriterium	Einfluss auf Wahrscheinlichkeit zur Ausschaltung des wirksamen Wettbewerbs
Marktanteil des marktbeherrschenden Unternehmens auf dem nachgelagerten Markt	je größer, desto wahrscheinlicher
Kapazitätsdruck des marktbeherrschenden Unternehmens im Vergleich zu Wettbewerbern auf dem nachgelagerten Markt	Je geringer, desto wahrscheinlicher
Substitutionsbeziehung zwischen dem Output des marktbeherrschenden Unternehmens und dem Output der Wettbewerber auf dem nachgelagerten Markt	Je enger, desto wahrscheinlicher
Anzahl der betroffenen Wettbewerber auf dem nachgelagerten Markt	Je größer, desto wahrscheinlicher
Wahrscheinlichkeit, dass die potenziell von den ausgeschlossenen Wettbewerbern gedeckte Nachfrage von ihnen abgezogen und zum marktbeherrschenden Unternehmen umgelenkt wird	Je größer, desto wahrscheinlicher

Drittens muss die Geschäftsverweigerung mit hinreichender Wahrscheinlichkeit dem Verbraucher schaden.[1287] Wie die Kommission ausführt, geht von einer Geschäftsverweigerung dann eine schädliche Wirkung für Verbraucher aus, wenn die negativen Auswirkungen der Geschäftsverweigerung größer sind als die negativen Auswirkungen einer Geschäftsverpflichtung.[1288] Dies ist der Fall, wenn durch die Geschäftsverweigerung Innovationen verhindert werden, da beispielsweise das nachfragende Unternehmen auf dem nachgelagerten Markt nicht nur Duplikate der Produkte des den vorgelagerten Markt beherrschenden Unternehmens vermarkten, sondern neue Produkte oder Dienstleistungen anbieten möchte.[1289] Eine weitere von der Kommission erwähnte Konstellation, die zum Schaden für Verbraucher führt, sieht regulierte Preise auf dem vorgelager-

---

[1286] Quelle: Eigene Darstellung, exzerpiert aus den Erläuterungen zu Art. 82 EGV (ABl. 2009, C 45, S. 7, Tz. 85).

[1287] Erläuterungen zu Art. 82 EGV (ABl. 2009, C 45, S. 7, Tz. 81).

[1288] Vgl. Erläuterungen zu Art. 82 EGV (ABl. 2009, C 45, S. 7, Tz. 86).

[1289] Erläuterungen zu Art. 82 EGV (ABl. 2009, C 45, S. 7, Tz. 87).

ten und unregulierte Preise auf dem nachgelagerten Markt vor. In diesem Fall führt eine Geschäftsverweigerung zum Ausschluss von Wettbewerbern auf dem nachgelagerten Markt und ermöglicht dem Verweigerer die Erzielung höherer Gewinne auf diesem Markt.[1290]

3.4.3.8.2   Rechtfertigungsgründe

In ihren Erläuterungen zu Art. 82 EGV (heute Art. 102 AEUV) äußert sich die Kommission hinsichtlich der möglichen Rechtfertigungsgründe in Fällen der Geschäftsverweigerung durch marktbeherrschende Unternehmen eher zurückhaltend. So gibt die Kommission lediglich an, dass vorgebrachte Argumentationslinien überprüft werden.[1291]

Die Kommission will in diesem Zusammenhang erstens Argumentationen prüfen, die eine Geschäftsverweigerung mit der Amortisierung getätigter Investitionen bzw. der Erhaltung monetärer Anreize zur risikodeckenden Entwicklung von zukünftigen Innovationen begründen.[1292] Zweitens sollen auch jene Argumentationslinien überprüft werden, welche die eigenen Innovationen des marktbeherrschenden Unternehmens durch eine Verpflichtung zum Geschäftsabschluss beeinträchtigen würden,[1293] wobei Unternehmen eine Nachweispflicht dahingehend obliegt[1294]. Dabei wird es Unternehmen im Falle des Abbruchs einer Geschäftsbeziehung unter Umständen schwerer fallen, die Geschäftsverweigerung mit Effizienzgewinnen zu begründen, als wenn es sich um eine De-novo-Geschäftsverweigerung handelt.[1295]

3.4.3.9   Essential-Facilities-Doktrin

Wie bereits aus den Ausführungen zur Missbrauchsvariante der Geschäftsverweigerung hervorgegangen ist,[1296] wird auch die sogenannte „Essential-

---

[1290] Erläuterungen zu Art. 82 EGV (ABl. 2009, C 45, S. 7, Tz. 88).

[1291] Erläuterungen zu Art. 82 EGV (ABl. 2009, C 45, S. 7, Tz. 89).

[1292] Erläuterungen zu Art. 82 EGV (ABl. 2009, C 45, S. 7, Tz. 89). Damit berücksichtigt die Kommission die Ausführungen des Generalanwalts in den Schlussanträgen im EuGH-Urteil vom 26.11.1998 „Bronner" (Slg. 1998, S. I-7791, Rn. 57), wonach eine zu freizügige Anwendung eines Kontrahierungszwangs zwar kurzfristig zu einer Steigerung des Wettbewerbs führen würde, langfristig jedoch die Innovationskraft von marktbeherrschenden Unternehmen und damit auch der Wettbewerb geschwächt würden. Die Sensibilität der Kommission bei der Anwendung dieses Missbrauchsregulierungsinstruments wird außerdem bereits an früherer Stelle in den Erläuterungen zu Art. 82 EGV (ABl. 2009, C 45, S. 7, Tz. 75) deutlich.

[1293] Erläuterungen zu Art. 82 EGV (ABl. 2009, C 45, S. 7, Tz. 89).

[1294] Erläuterungen zu Art. 82 EGV (ABl. 2009, C 45, S. 7, Tz. 90).

[1295] Erläuterungen zu Art. 82 EGV (ABl. 2009, C 45, S. 7, Tz. 90).

[1296] Wie bereits in Unterabschnitt 3.4.3.8 angeklungen ist, wird eine Zugangsverweigerung zu einer wesentlichen Einrichtung prinzipiell als eine Form der Geschäftsverweigerung verstanden.

Facilities-Doktrin"[1297] als Unterform dieser Variante des Behinderungsmiss-brauchs subsumiert.[1298] Darunter wird jene Form der Geschäftsverweigerung verstanden, bei welcher der Zugang zu einer wesentlichen Einrichtung durch ein marktbeherrschendes Unternehmen verweigert wird. Wird dem Nachfrager der Zugang zu der wesentlichen Einrichtung durch den Marktbeherrscher nur unter „Bedingungen, die ungünstiger sind, als für seine eigenen Dienste"[1299], gewährt, so kommt dies ggf. einer faktischen Zugangsverweigerung gleich.[1300]

Unter einer wesentlichen Einrichtung ist nach Ansicht der Kommission all-gemein eine „Einrichtung oder Infrastruktur, ohne deren Nutzung ein Wettbe-werber seinen Kunden keine Dienste anbieten kann"[1301], zu verstehen, sodass inhaltlich unmittelbar an die Vorschriften zur Geschäftsverweigerung angeknüpft wird[1302]. D. h. auch das Rechtsprinzip der Essential-Facilities-Doktrin dient kei-nesfalls primär der Förderung fremden Wettbewerbs, sondern richtet sich viel-mehr maßgeblich gegen die Be- oder Verhinderung von Wettbewerb auf einem anderen Markt.[1303] Besonderes Merkmal dieser Variante der Geschäftsverweige-

---

[1297] Der Begriff der „essential facilitiy" kommt aus dem Englischen und bedeutet so viel wie „we-sentliche Einrichtung". Die Lehre der Essential-Facilities-Doktrin entstammt ursprünglich dem US-amerikanischen Antitrust-Recht, vgl. dazu die Schlussanträge im EuGH-Urteil vom 26.11.1998 „Bronner" (Slg. 1998, S. I-7791, Rn. 45 ff.).

[1298] Jung in: Grabitz et al. (2014, AEUV Art. 102, Rn. 248), Emmerich in: Dauses (2014, H. I. § 3 Art. 102 AEUV, Rn. 95), Fuchs/Möschel in: Immenga/Mestmäcker (2012, AEUV Art. 102, Rn. 331). Vgl. auch die Erläuterungen zu Art. 82 EGV (ABl. 2009, C 45, S. 7, Tz. 78).

[1299] Kommissionsentscheidung vom 21.12.1993 „Sea Containers/Stena Sealink" (ABl. 1994, L 15, S. 8, Rn. 66).

[1300] Vgl. Fuchs/Möschel in: Immenga/Mestmäcker (2012, AEUV Art. 102, Rn. 335).

[1301] Kommissionsentscheidung vom 21.12.1993 „Sea Containers/Stena Sealink" (ABl. 1994, L 15, S. 8, Rn. 66).

[1302] Auch die Geschäftsverweigerung ist nur unter der Maßgabe schädlich, dass ein marktbeherr-schendes Unternehmen einen Geschäftsabschluss bzw. eine Lieferung verweigert, die für das nachfragende Unternehmen notwendig ist, um Erzeugnisse oder Dienstleistungen auf dem nachgelagerten Markt anzubieten, auf welchem auch das den vorgelagerten Markt beherrschen-de Unternehmen als Konkurrent auftritt. Siehe dazu Unterabschnitt 3.4.3.8. Aus diesem Grund hält Abermann (2003, S. 199) die separate Anwendung der Essential-Facilities-Doktrin im eu-ropäischen Recht gar nicht erst für notwendig, da bereits eine gefestigte Rechtsprechung im Rahmen der Liefer- und Geschäftsverweigerung besteht. Auch Markert (1995, S. 570 f.) sieht in Fallkonstellationen der Essential-Facilities-Doktrin keine „grundlegend neuen Probleme". Fuchs/Möschel in: Immenga/Mestmäcker (2012, AEUV Art. 102, Rn. 331) argumentieren hin-gegen, dass es die „Besonderheiten im Rechtstatsächlichen rechtfertigen", die Essential-Facilities-Doktrin separat stehend neben dem Missbrauchsfall der Geschäftsverweigerung auf-zuführen.

[1303] Mestmäcker/Schweitzer (2004, § 18, Rn. 57).

rung ist es, „dass für die begehrte Leistung oder Ressource noch kein für Dritte zugänglicher Markt existiert bzw. eröffnet wurde"[1304].

Die Essential-Facilities-Doktrin ist damit zunächst insbesondere in klassischen Netzwirtschaften wie dem Energie-, dem Telekommunikations- oder dem Eisenbahnsektor relevant, da hier über den Zugang zum jeweiligen Netz (d. h. zum Stromnetz, zum Telekommunikationsnetz oder zum Schienennetz) gleichzeitig der Zutritt zum jeweiligen nachgelagerten Markt (Strommarkt, Markt für Telekommunikationsdienste, Markt für Schienentransport) darstellt.[1305] Dementsprechend fand der Regelungsgrundsatz der Essential-Facilities-Doktrin auch in diverse sektorspezifische Richtlinien und Gesetze Einzug.[1306] In weiteren Entscheidungen wurden neben Netzen auch Schiffshäfen als wesentliche Einrichtungen verstanden, über die der Zutritt zu Schifffahrtsmärkten erlangt werden konnte.[1307] Inzwischen wird die Essential-Facilities-Doktrin im europäischen Recht in entsprechender Weise auf immaterielle Schutzrechte wie Urheberrechte[1308] oder Patente[1309] angewandt,[1310] wobei in diesen Fällen nicht das Schutzrecht selbst, sondern der immaterialgüterrechtlich geschützte Gegenstand als wesentliche Einrichtung zu verstehen ist[1311].

Die Anwendung der Essential-Facilities-Doktrin ist auch und insbesondere dann möglich, wenn eine immaterialgüterrechtlich geschützte Einrichtung Ge-

---

[1304]   Fuchs/Möschel in: Immenga/Mestmäcker (2012, AEUV Art. 102, Rn. 331). Vgl. auch Erläuterungen zu Art. 82 EGV (ABl. 2009, C 45, S. 7, Tz. 79).

[1305]   Vgl. Lübbig in: Loewenheim et al. (2009, EGV Art. 82, Rn. 213), Emmerich in: Dauses (2014, H. I. § 3 Art. 102 AEUV, Rn. 99).

[1306]   Lübbig in: Loewenheim et al. (2009, EGV Art. 82, Rn. 213), Emmerich in: Dauses (2014, H. I. § 3 Art. 102 AEUV, Rn. 96).

[1307]   Kommissionsentscheidung vom 21.12.1993 „Sea Containers/Stena Sealink" (ABl. 1994, L 15, S. 8, Rn. 66 ff.). Ähnlich wurde auch in der Kommissionsentscheidung vom 21.12.1993 „Hafen von Rödby" (ABl. 1994, L 55, S. 52, Rn. 12) über den Hafen von Rödby entschieden, allerdings wurde hier nicht der Begriff der wesentlichen Einrichtung verwendet, sondern es ist von einer „wichtigen Anlage" die Rede.

[1308]   So z. B. in EuGH-Urteil vom 06.04.1995 „Magill" (Slg. 1995, S. I-743, Rn. 54), wo die Weigerung der Herausgabe urheberrechtlich geschützter Informationen schließlich zur Verhinderung der Veröffentlichung einer Fernsehzeitung durch das nachfragende Unternehmen führen sollten. Ähnlich auch im EuGH-Urteil vom 29.04.2004 „IMS Health" (Slg. 2004, S. I-5039, Rn. 38 ff., insb. 52), wo eine Lizenzverweigerung zur Nutzung einer urheberrechtlich geschützten, elektronischen Bau-steinstruktur über den regionalen Absatz von Arzneimitteln unter bestimmten Bedingungen als missbräuchliches Verhalten eingestuft wurde.

[1309]   So im BGH-Urteil vom 13.07.2004 „Standard-Spundfaß" (BGHZ 160, S. 67, Rn. 45), wo die Verweigerung einer normgegenständlichen Patentlizenz als Verhinderung des Zugangs zu einem nachgelagerten Markt interpretiert wurde. Vgl. auch Emmerich in: Dauses (2014, H. I. § 3 Art. 102 AEUV, Rn. 129).

[1310]   Vgl. dazu auch Emmerich in: Dauses (2014, H. I. § 3 Art. 102 AEUV, Rn. 99). Zu dieser Entwicklung kritisch Körber (2004b, S. 885 ff.).

[1311]   Abermann (2003, S. 138).

genstand einer Norm wird.[1312] Weiterhin können auch ungeschützte Informationen wie betriebliches Know-how[1313] oder auch datenbankbasierte Abrechnungssysteme[1314] als wesentliche Einrichtungen im entfernteren Sinne verstanden werden. Ggf. müssen auch dann Nutzungslizenzen für Immaterialgüterrechte im Sinne einer wesentlichen Einrichtung erteilt werden, wenn diese zwar nicht den Zugang zu einem nachgelagerten Markt ermöglichen, sondern vielmehr selbst den relevanten Markt darstellen.[1315]

Eine wesentliche Einrichtung ist nach europäischem Rechtsverständnis deshalb nicht länger nur als physisch greifbare Sache zu verstehen.[1316] Damit wird die Essential-Facilities-Doktrin im europäischen Recht durchaus weiter als im deutschen Recht ausgelegt.[1317] Jedoch hat die Essential-Facilities-Doktrin durch § 19 Abs. 4 Nr. 4 GWB anders als in den europäischen Wettbewerbsregeln direkten Einzug in das deutsche Kartellrecht gefunden und geht damit über die Vorschrift des Art. 102 AEUV hinaus.[1318] Zwar bleibt Art. 102 AEUV als vorrangiges Primärrecht stets parallel anwendbar, jedoch kann hier eine strengere Auslegung im Rahmen des deutschen Rechts erfolgen.[1319]

Gerade im IT- und Kommunikationssektor ist dabei davon auszugehen, dass Standardisierungsarbeiten nur im Ausnahmefall ohne die Involvierung geistiger Eigentumsrechte vonstattengehen.[1320] Standardsetzende Unternehmen müssen insofern sensibilisiert werden, dass ein technologischer Standard bzw. ein stan-

---

[1312] BGH-Urteil vom 13.07.2004 „Standard-Spundfaß" (BGHZ 160, S. 67, Rn. 45).

[1313] In der Kommissionsentscheidung vom 24.05.2004 „Microsoft" (ABl. 2007, L 32, S. 23, Rn. 18 ff.) wurde die Weigerung der Offenlegung von Informationen, deren Schutzfähigkeit durch Rechte geistigen Eigentums nicht nachgewiesen werden konnte, als missbräuchliches Verhalten eingestuft. In diesem Zusammenhang sind folglich ungeschützte Informationen bzw. Know-how im weiteren Sinne als wesentliche Einrichtungen im Sinne der Definition der Kommission zu verstehen.

[1314] Im EuG-Urteil vom 09.09.2009 „Clearstream" (Slg. 2009, S. II-3155, Rn. 147) wurde die Verweigerung von Dienstleistungen in Form der Nutzung eines Clearing- bzw. Abrechnungssystems für Aktien als missbräuchlich eingestuft.

[1315] Mestmäcker/Schweitzer (2004, § 18, Rn. 57).

[1316] Vgl. Körber (2004b, S. 885).

[1317] Emmerich in: Dauses (2014, H. I. § 3 Art. 102 AEUV, Rn. 99). Im deutschen Recht soll nach Lübbig in: Loewenheim et al. (2009, EGV Art. 82, Rn. 212, 214) durch die Essential-Facilities-Doktrin vornehmlich der Zugang zu natürlichen Monopolen geregelt sein, wobei eine Anwendung auf Immaterialgüterrechte bislang nicht vorgesehen ist. Wie das BGH-Urteil vom 13.07.2004 „Standard-Spundfaß" (BGHZ 160, S. 67, Rn. 45) beispielhaft zeigt, können Zwangslizenzen aufgrund der Verweigerung des Zugangs zu einem nachgelagerten Markt aber durchaus auch im Rahmen des deutschen Rechts erwirkt werden.

[1318] Lettl (2013, S. 242).

[1319] Emmerich in: Dauses (2014, H. I. § 3 Art. 102 AEUV, Rn. 96). Zum Verhältnis des europäischen zum deutschen Kartellrecht siehe Kapitel 3.2.

[1320] Treacy/Lawrance (2008, S. 23).

dardrelevantes geistiges Eigentumsrecht als wesentliche Einrichtung für den Zugang zu einem vor- oder nachgelagerten Markt interpretiert werden kann.

3.4.3.9.1   Beurteilungskriterien

In den Fällen IMS Health und Microsoft äußerten sich zunächst der EuGH und danach das EuG zu den Missbrauchsvoraussetzungen in relevanten Fallkonstellationen der Essential-Facilities-Doktrin.[1321] Laut dem EuGH sind folgende Bedingungen kumuliert zu erfüllen, wenn mit der Verweigerung des Zugangs zu Erzeugnissen oder Dienstleistungen, die für eine bestimmte Tätigkeit unerlässlich sind, ein missbräuchliches Verhalten begründet werden soll:

1) „Die Weigerung muss das Auftreten eines neuen Erzeugnisses verhindern, nach dem eine potenzielle Nachfrage besteht,

2) sie darf nicht gerechtfertigt sein, und

3) sie muss geeignet sein, jeglichen Wettbewerb auf einem abgeleiteten Markt auszuschließen."[1322]

Das EuG orientierte sich im Microsoft-Urteil in großen Teilen an den Missbrauchsvoraussetzungen, die der EuGH formulierte.[1323] So werden im besagten Urteil die folgenden Umstände aufgezählt, welche eine missbräuchliche Zugangsverweigerung darstellen:[1324]

1) Die Weigerung muss Erzeugnisse oder Dienstleistungen betreffen, die für die Ausübung einer bestimmten Tätigkeit auf einem benachbarten Markt unerlässlich sind,

2) die Weigerung muss geeignet sein, jeglichen wirksamen Wettbewerb auf dem benachbarten Markt auszuschließen, und

3) die Weigerung muss das Auftreten eines neuen Produkts verhindern, nach dem eine potenzielle Nachfrage der Verbraucher besteht.

Wie Emmerich treffend formuliert, geht das EuG jedoch in einem wesentlichen Punkt über die Missbrauchsvoraussetzungen des EuGH hinaus:[1325] So wird das Kriterium der Verhinderung des Auftretens neuer Produkte durch die Zugangs-

---

[1321] Siehe EuGH-Urteil vom 29.04.2004 „IMS Health" (Slg. 2004, S. I-5039, Rn. 38) und EuG-Urteil vom 17.09.2007 „Microsoft" (Slg. 2007, S. II-3601, 6. Leitsatz).

[1322] EuGH-Urteil vom 29.04.2004 „IMS Health" (Slg. 2004, S. I-5039, Rn. 38).

[1323] Emmerich in: Dauses (2014, H. I. § 3 Art. 102 AEUV, Rn. 102).

[1324] Nach Emmerich in: Dauses (2014, H. I. § 3 Art. 102 AEUV, Rn. 101) ist das die wichtigste Voraussetzung.

[1325] Emmerich in: Dauses (2014, H. I. § 3 Art. 102 AEUV, Rn. 102).

verweigerung unter Bezugnahme auf Art. 102 Abs. 2 lit. b) AEUV insofern erweitert, als primär auf die Schädigung von Verbrauchern abgestellt wird, die auch alleine durch eine Einschränkung der technischen Entwicklung bedingt sein kann, ohne dass zwingend neue Produkte daraus hervorgehen.[1326]

Damit ist schließlich festzustellen, dass die Missbrauchsvoraussetzungen der Essential-Facilities-Doktrin im Grundsatz den allgemeinen Missbrauchsvoraussetzungen der Geschäftsverweigerung entsprechen,[1327] die zuletzt hauptsächlich durch die Erläuterungen zu Art. 82 EGV (heute Art. 102 AEUV) der Kommission fixiert wurden. Tabelle 4 auf der nächsten Seite fasst die angesprochenen Missbrauchsvoraussetzungen der drei angesprochenen Rechtsquellen in einem Vergleich zusammen.

[1326] So formuliert in EuG-Urteil vom 17.09.2007 „Microsoft" (Slg. 2007, S. II-3601, Rn. 647 f.). In den Erläuterungen zu Art. 82 EGV (ABl. 2009, C 45, S. 7, Tz. 81) wird ebenfalls hauptsächlich auf den „Schaden für die Verbraucher" abgestellt, wobei an späterer Stelle in den Erläuterungen zu Art. 82 EGV (ABl. 2009, C 45, S. 7, Tz. 87) zwischen der Verhinderung des Auftretens neuer oder verbesserter Produkte und der Einschränkung der technischen Entwicklung unterschieden wird. Körber (2004b, S. 890) sieht in dieser veränderten Deutung des Neuheits-Kriteriums eine Verwässerung, durch welche die Innovationsleistung von (marktbeherrschenden) Unternehmen nicht mehr ausreichend honoriert wird.

[1327] Jung in: Grabitz et al. (2014, AEUV Art. 102, Rn. 251), Fuchs/Möschel in: Immenga/Mestmäcker (2012, AEUV Art. 102, Rn. 337), Emmerich in: Dauses (2014, H. I. § 3 Art. 102 AEUV, Rn. 103). Vgl. auch Markert (1995, S. 564). Zu den Missbrauchsvoraussetzungen in Fällen der Geschäftsverweigerung siehe Unterabschnitt 3.4.3.8.1.

Tabelle 4: Missbrauchsvoraussetzungen der Essential-Facilities-Doktrin im Vergleich[1328]

Missbrauchsvoraussetzung	IMS-Health-Urteil[1329]	Microsoft-Urteil[1330]	Erläuterungen zu Art. 82 EGV
Nr. 1: Unerlässlichkeit eines Inputs für die Ausübung einer bestimmten Tätigkeit auf einem nachgelagerten Markt	X (Rn. 38)	X (Rn. 332)	X (Tz. 81 und insb. Tz. 83 f.)
Nr. 2a: Verhinderung eines neuen Erzeugnisses	X (Rn. 38)	Einschränkung der technischen Entwicklung genügt (Rn. 332 und insb. Rn. 643, 647 f.)	Einschränkung der technischen Entwicklung genügt (Tz. 87)
Nr. 2b: Potenzielle Nachfrage nach dem Produkt, für welches der Input benötigt wird	i. V. m. Nr. 2b (Rn. 38)	Optional i. V. m. Nr. 2b (Rn. 332)	Optional i. V. m. Nr. 2b (Tz. 87)
Nr. 2c: Verweigerung schadet dem Verbraucher	-	Ergibt sich aus Nr. 2a (Rn. 647 f.)	Ergibt sich aus Nr. 2a (Tz. 81 und insb. Tz. 86 f.)
Nr. 3: Eignung zum Ausschluss des wirksamen Wettbewerbs auf dem nachgelagerten Markt	X (Rn. 38)	X (Rn. 332)	X (Tz. 81 und insb. Tz. 85)
Nr. 4: Willkürlichkeit der Verweigerung / fehlende objektive Rechtfertigung	X (Rn. 38)	X (Rn. 319, 333)	X (Tz. 89 f.)

Dabei lassen sich die in Tabelle 4 aufgelisteten Missbrauchsvoraussetzungen so zusammenfassen, dass man von einem Vier-Stufen-Test zur Prüfung der Missbräuchlichkeit einer Zugangsverweigerung ausgehen kann.[1331]

[1328]   Quelle: Eigene Darstellung.

[1329]   EuGH-Urteil vom 29.04.2004 „IMS Health" (Slg. 2004, S. I-5039).

[1330]   EuG-Urteil vom 17.09.2007 „Microsoft" (Slg. 2007, S. II-3601).

Die Unerlässlichkeit des Zugangs spielt im Rahmen der Anwendung der Essential-Facilities-Doktrin eine ausschlaggebende Rolle, da hier sehr hohe Maßstäbe angesetzt werden.[1332] Dies wurde vor allem im EuGH-Urteil zum Fall Bronner deutlich.[1333] Die Ausführungen des Generalanwalts Jacobs unterstrichen dabei die Notwendigkeit, die Entscheidungsautonomie von marktbeherrschenden Unternehmen hinsichtlich der Zugangsgewährung zu unternehmenseigenen Einrichtungen nicht zu sehr zu beschränken, da die Anreize zur Entwicklung von Innovationen für marktbeherrschende Unternehmen andernfalls langfristig zu sehr abnehmen würden.[1334] Unter Berücksichtigung dieses Beurteilungshintergrunds ist per se von einer eher restriktiven Anwendung der Essential-Facilities-Doktrin auszugehen.[1335]

3.4.3.9.2   Rechtfertigungsgründe

Eine nach obigen Beurteilungskriterien als missbräuchlich eingestufte Zugangsverweigerung kann durch objektive Gründe gerechtfertigt sein.[1336] Da es sich bei der Anwendung der Essential-Facilities-Doktrin um eine Unterform der Missbrauchsvariante der Geschäftsverweigerung handelt, sind folglich grundsätzlich auch die zu dieser Missbrauchsvariante bereits ausgeführten – eher allgemein

---

[1331] Müller (2013, S. 66) spricht von einem Vier-Stufen-Test, indem er die Missbrauchsvoraussetzungen Nr. 2a und Nr. 2b, wie sie in Tabelle 4 aufgelistet sind, zusammenfasst. Damit folgt er den in Tabelle 4 zitierten Quellen. Auf die Missbrauchsvoraussetzung Nr. 2c aus Tabelle 4 geht Müller nicht gesondert ein. Jedoch kann aus den Erläuterungen zu Art. 82 EGV (ABl. 2009, C 45, S. 7, Tz. 87) gefolgert werden, dass diese Missbrauchsvoraussetzung zusammen mit der Missbrauchsvoraussetzung Nr. 2a aus Tabelle 4 erfüllt ist.

[1332] Lübbig in: Loewenheim et al. (2009, EGV Art. 82, Rn. 220). Nach Emmerich in: Dauses (2014, H. I. § 3 Art. 102 AEUV, Rn. 101) ist dies die wichtigste Missbrauchsvoraussetzung im Rahmen der Essential-Facilities-Doktrin.

[1333] EuGH-Urteil vom 26.11.1998 „Bronner" (Slg. 1998, S. I-7791, Rn. 44 f.).

[1334] Schlussanträge im EuGH-Urteil vom 26.11.1998 „Bronner" (Slg. 1998, S. I-7791, Rn. 57). Lampert (1999, S. 2236) folgert aus diesen Schlussanträgen, dass die Essential-Facilities-Doktrin nur in Ausnahmefällen angewendet werden sollte. Vgl. auch dazu das Diskussionspapier der GD Wettbewerb (2005, Rn. 235, Internetquelle), wo darauf hingewiesen wird, dass die Verweigerung des Zugangs zu einer wesentlichen Einrichtung nach dem oben dargelegten Verständnis eine legitime Verwertungsstrategie für innovative Unternehmen darstellt.

[1335] Lübbig in: Loewenheim et al. (2009, EGV Art. 82, Rn. 220). So stellt auch Abermann (2003, S. 152) mit Verweis auf den Fall Bronner klar, dass die Essential-Facilities-Doktrin nicht selbstverständlicherweise Dritten Tür und Tor zur Nutzung unternehmenseigener wesentlicher Einrichtungen von Konkurrenten öffnet. Körber (2004b, S. 887) formuliert diesbezüglich treffend, dass die „Essential-Facilities-Doktrin [..] demnach auch auf europäischer Ebene nicht einfach nach der Formel ‚marktbeherrschende Stellung + einzigartige Einrichtung = Zugangsgewährleistungspflicht' angewendet werden" kann.

[1336] Kommissionsentscheidung vom 21.12.1993 „Sea Containers/Stena Sealink" (ABl. 1994, L 15, S. 8, Rn. 66). Fuchs/Möschel in: Immenga/Mestmäcker (2012, AEUV Art. 102, Rn. 338).

gehaltenen – Rechtfertigungsgründe auf Fallkonstellationen der Essential-Facilities-Doktrin anwendbar.[1337]

Darüber hinaus finden sich in der Fachliteratur weitere, konkrete Rechtfertigungsgründe, die bei der Anwendung der Essential-Facilities-Doktrin zum Tragen kommen. Im Folgenden soll eine beispielhafte Übersicht über häufig angeführte Rechtfertigungsgründe der Zugangsverweigerung zu wesentlichen Einrichtungen im Sinne der Essential-Facilities-Doktrin gegeben werden:

3.4.3.9.2.1 *Kapazität der wesentlichen Einrichtung*

Als bedeutsamster Rechtfertigungsgrund kann die Darlegung einer beschränkten Kapazität der wesentlichen Einrichtung,[1338] die für das Zugang begehrende Unternehmen nicht ausreichend ist,[1339] genannt werden. Allerdings muss für diese Argumentationslinie sichergestellt sein, dass die Kapazitäten der Einrichtung auch effizient ausgenutzt werden.[1340] Dem Inhaber einer wesentlichen Einrichtung kann dabei zugemutet werden, eine organisatorische Umgestaltung vorzunehmen, um entsprechende Ineffizienzen zu beheben.[1341] Eine ineffiziente Nutzung kommt dabei Fällen gleich, in welchen eine Belegung von Kapazitäten nur vorgetäuscht wird oder Langzeitverträge zur Kapazitätsbelegung nur mit dem Ziel geschlossen wurden, um die Verfügbarkeit der Einrichtung für Dritte zu unterbinden.[1342] Ein Unternehmen kann jedoch nicht dazu verpflichtet werden, neue Investitionen zu tätigen, um bestehende Kapazitäten derart zu erhöhen, dass der Zugang auch weiteren Konkurrenten ermöglicht ist.[1343] Nach Abermann hat der Inhaber der wesentlichen Einrichtung mit beschränkter Kapazität außerdem ein gewisses Vorrecht zur Nutzung.[1344] Allerdings wird inzwischen von einer Gleichrangigkeit der Nutzungsinteressen des Inhabers der wesentlichen Einrich-

---

[1337] Für die allgemeinen Rechtfertigungsgründe in Missbrauchsfällen der Geschäftsverweigerung siehe Unterabschnitt 3.4.3.8.2.

[1338] Nach Temple Lang (1994, S. 493) und Abermann (2003, S. 132) muss aber grundsätzlich zwischen wesentlichen Einrichtungen mit beschränkter und unbeschränkter Kapazität unterschieden werden, wobei das Argument der fehlenden bzw. nicht ausreichenden Kapazität nur für jene Einrichtungen zutreffend ist, die per se über eine beschränkte Kapazität verfügen.

[1339] So Mestmäcker/Schweitzer (2004, § 18, Rn. 54) und Fuchs/Möschel in: Immenga/Mestmäcker (2012, AEUV Art. 102, Rn. 338). Vgl. dazu GD Wettbewerb (2005, Tz. 234, Internetquelle) und Mitteilung über die Anwendung der Wettbewerbsregeln auf Zugangsvereinbarungen im Telekommunikationsbereich (ABl. 1998, C 265, S. 2, Rn. 91 lit. b).

[1340] Temple Lang (1994, S. 494), Fuchs/Möschel in: Immenga/Mestmäcker (2012, AEUV Art. 102, Rn. 338).

[1341] Kommissionsentscheidung vom 14.01.1998 „Flughafen Frankfurt" (ABl. 1998, L 72, S. 30, Rn. 87).

[1342] Temple Lang (1994, S. 494).

[1343] Temple Lang (1994, S. 496).

[1344] Abermann (2003, S. 133 f.).

tung und dritten Zugangssuchenden ausgegangen,[1345] sodass Dritte hinsichtlich der Nutzung einer wesentlichen Einrichtung nicht anders behandelt werden dürfen als der Inhaber selbst[1346].

Sofern die Kapazität der Einrichtung nur eine begrenzte Zahl an Nutzern zulässt, muss der Inhaber der Einrichtung anhand objektiver Kriterien entscheiden, welches die optimale Anzahl an Nutzern ist und außerdem auf nichtdiskriminierende Weise den Zugang an entsprechende Nutzer vergeben.[1347] Falls bereits viele Wettbewerber Zugang zu einer wesentlichen Einrichtung mit begrenzter Kapazität haben und der Zugang eines neuen Wettbewerbers zwar nicht zu mehr Wettbewerb, dafür aber zu kapazitätsmäßigen Einbußen für alle aktuellen Nutzer führen würde, kommt es bei dem neuen Wettbewerber maßgeblich darauf an, inwiefern dieser durch die Nutzung der Einrichtung neue Produkte hervorbringen würde.[1348]

3.4.3.9.2.2 Gewährleistung der Funktionstüchtigkeit und Betriebssicherheit

Weiterhin wird allgemein die Gewährleistung der Funktionsfähigkeit und Betriebssicherheit der Einrichtung als Rechtfertigungsgrund genannt.[1349] Giudici führt die „Sicherung der Funktionstüchtigkeit der [wesentlichen] Einrichtung" jedoch in der Situation als Rechtfertigungsgrund auf, wenn diese „nur eine begrenzte Nutzung tragen kann"[1350]. Wenn eine Einrichtung jedoch nur eine begrenzte Nutzung zulässt, ist dies ebenfalls auf ihre begrenzte Kapazität zurückzuführen, weshalb die Sicherung der Funktionstüchtigkeit maßgeblich mit der Berücksichtigung der Kapazitätsgrenzen der Einrichtung zusammenhängt.

3.4.3.9.2.3 Fehlende Voraussetzungen des nachfragenden Unternehmens

Weiterhin kann eine fehlende Eignung oder Zuverlässigkeit des Zugang verlangenden Unternehmens eine Verweigerung des Zugangs rechtfertigen.[1351] Hierbei ist zwischen fachlichen, wirtschaftlichen und technischen Voraussetzungen zu unterscheiden.[1352]

[1345] Fuchs/Möschel in: Immenga/Mestmäcker (2014, § 19 GWB, Rn. 334).

[1346] Vgl. dazu Bundesregierung (1998, S. 74).

[1347] Temple Lang (1994, S. 494).

[1348] Temple Lang (1994, S. 493). Die Steigerung der Wettbewerbsintensität hängt insofern maßgeblich mit der Entwicklung bzw. dem Angebot neuartiger Produkte zusammen.

[1349] Emmerich in: Dauses (2014, H. I. § 3 Art. 102 AEUV, Rn. 103), Fuchs/Möschel in: Immenga/Mestmäcker (2012, AEUV Art. 102, Rn. 338).

[1350] Giudici (2004, S. 132).

[1351] Emmerich in: Dauses (2014, H. I. § 3 Art. 102 AEUV, Rn. 103).

[1352] Fuchs/Möschel in: Immenga/Mestmäcker (2012, AEUV Art. 102, Rn. 338).

Das Unternehmen muss in der Lage sein, ein angemessenes und nicht-diskriminierendes Entgelt (Stichwort FRAND-Kriterien[1353]) für die Nutzung der Einrichtung zu bezahlen,[1354] und dafür auch entsprechende Bereitschaft signalisieren[1355]. Dies betrifft auch eine Beteiligung an Kosten, die durch eine Kapazitätserweiterung entstehen, die für die Zugangsgewährung eines weiteren Konkurrenten notwendig ist.[1356]

Zugangsbegehrende müssen alle angemessenen technischen Voraussetzungen erfüllen, um eine sichere und effiziente Nutzung der Einrichtung durch alle Nutzer zu gewährleisten.[1357] Die Nutzungsbedingungen und –voraussetzungen können dabei durch den Einrichtungsinhaber festgelegt werden, dürfen jedoch nicht diskriminierend sein.[1358] Dementsprechend müssen alle nichtdiskriminierenden Zugangsbedingungen des Einrichtungsinhabers akzeptiert werden, um Zugang zu erhalten.[1359]

3.4.3.9.2.4   Einschränkung der Wirtschaftlichkeit durch den Nachfrager

Auch eine Einschränkung der Effizienz der Einrichtung durch die Zugangsgewährung für Dritte kann ein Argument für die Verweigerung sein.[1360] Dies gilt nach Abermann insbesondere dann, wenn ein marktbeherrschendes Unternehmen Investitionen zur Erlangung eines Wettbewerbsvorteils getätigt hat, der

---

[1353] Insofern wird Bezug auf die bereits im Rahmen von Art. 101 AEUV angesprochenen FRAND-Kriterien genommen, siehe dazu Unterabschnitt 3.3.3.1.2. Wie Barthelmeß/Gauß (2010, S. 631) ausführen, sind somit auch nach Art. 102 AEUV erzwungene Lizenzen gegenüber dem Lizenzgeber zu FRAND-Bedingungen zu lizenzieren.

[1354] Nach dem Diskussionspapier der GD Wettbewerb (2005, Rn. 234, Internetquelle) handelt es sich um einen objektiven Rechtfertigungsgrund für eine Zugangsverweigerung, wenn ein Unternehmen seinen kommerziellen Verpflichtungen in Bezug auf die Nutzung der wesentlichen Einrichtung nicht nachkommen kann. In der Kommissionsentscheidung vom 26.02.1992 „British Midland/Aer Lingus" (ABl. 1992, L 96, S. 34, Rn. 25) werden Zweifel an der Kreditwürdigkeit als mögliche Verweigerungsrechtfertigung angeführt. Vgl. auch Fuchs/Möschel in: Immenga/Mestmäcker (2012, AEUV Art. 102, Rn. 338) und Mestmäcker/Schweitzer (2004, § 18, Rn. 57).

[1355] Mitteilung über die Anwendung der Wettbewerbsregeln auf Zugangsvereinbarungen im Telekommunikationsbereich (ABl. 1998, C 265, S. 2, Rn. 91 lit. d). Die Kommission (2012b, S. 2, Internetquelle) lässt die Möglichkeit der Unterlassungsverfügung zur Unterbindung der Nutzung von standardessentiellen Patentlizenzen durch Wettbewerber für die Inhaber entsprechender Patente offen, falls die lizenzsuchenden Wettbewerber hinsichtlich der Lizenzbedingungen nicht verhandlungswillig sind.

[1356] Vgl. Temple Lang (1994, S. 496).

[1357] Temple Lang (1994, S. 497). Vgl. auch GD Wettbewerb (2005, Rn. 234, Internetquelle).

[1358] Abermann (2003, S. 134).

[1359] Vgl. Mitteilung über die Anwendung der Wettbewerbsregeln auf Zugangsvereinbarungen im Telekommunikationsbereich (ABl. 1998, C 265, S. 2, Rn. 91 lit. d).

[1360] Abermann (2003, S. 134).

aufgrund von Effizienzeinbußen infolge der Zugangsgewährung gegenüber weiteren Wettbewerbern wieder aufgegeben werden müsste.[1361] Eine Zugangsverweigerung ist nach Abermann darüber hinaus gerechtfertigt, wenn die Einrichtung durch die Zugangsgewährung unwirtschaftlich für den Einrichtungsinhaber wird.[1362] So stellen insbesondere Beeinträchtigungen der Entwicklung, Ausweitung oder Verbesserung der Einrichtung, die aufgrund der Zugangsgewährung entstehen würden, objektive Rechtfertigungsgründe dar.[1363]

Definiert man den Begriff der Effizienz jedoch auf ökonomischer Basis anhand eines positiven Kosten-Nutzen-Verhältnisses,[1364] so kann die Einschränkung von Effizienz auch als Verringerung der Wirtschaftlichkeit verstanden werden[1365]. Folglich führt eine Verringerung der Effizienz einer Plattform nur im Extremfall dazu, dass diese unwirtschaftlich wird, jedoch geht mit der Unwirtschaftlichkeit einer Plattform auch einher, dass diese nicht effizient ist.[1366]

3.4.3.9.2.5 Sonstige Rechtfertigungsgründe

Weiterhin wird der Schutz von Verbrauchern als Rechtfertigungsgrund genannt.[1367]

Die vorhergehend aufgezählten Rechtfertigungsgründe stellen allerdings keine abgeschlossene Liste dar. Nach Fuchs/Möschel gilt deshalb folgende Faustformel für die allgemeine Stichhaltigkeit von Rechtfertigungsgründen: „[...] Rechtfertigungsgründe [müssen] umso schwerer wiegen [..], je weniger Restwettbewerb vorhanden und je größer das Versorgungsdefizit der Verbraucher ist."[1368]

[1361] Abermann (2003, S. 134). Vgl. auch dazu die Erläuterungen zu Art. 82 EGV (ABl. 2009, C 45, S. 7, Tz. 89).

[1362] GD Wettbewerb (2005, Rn. 234, Internetquelle). Vgl. auch Temple Lang (1994, S. 497).

[1363] Abermann (2003, S. 134).

[1364] So bemisst bspw. Pfaller (2013, S. 32 ff.) die Effizienz bei IT-Outsourcing-Entscheidungen aus einer ökonomischen Perspektive unter anderem anhand von diversen Kostenkategorien.

[1365] Der Begriff der Effizienz wird synonym zu dem Begriff der Wirtschaftlichkeit verwendet. So umschreibt bspw. Ney (2006, S. 152) den Begriff der Wirtschaftlichkeit als „nach innen gerichtete Effizienz".

[1366] Dieser Zusammenhang geht aus den Ausführungen von Abermann (2003, S. 134) nicht hervor. Vielmehr betrachtet er die Einschränkung der Effizienz einer Einrichtung und den unwirtschaftlichen Betrieb einer Einrichtung getrennt.

[1367] Fuchs/Möschel in: Immenga/Mestmäcker (2012, AEUV Art. 102, Rn. 338).

[1368] Fuchs/Möschel in: Immenga/Mestmäcker (2012, AEUV Art. 102, Rn. 338).

3.4.4 Jüngere Entwicklung des Missbrauchsverbots in Bezug auf standardsetzende Unternehmen

Prinzipiell sind alle im vorhergehenden Unterkapitel 3.4.3 vorgestellten Missbrauchsvarianten auch für Unternehmen, die Standardisierungsstrategien verfolgen, relevant und daher zu beachten. Insbesondere die vorgestellte Fallgruppe der Essential-Facilities-Doktrin, die sich – wie bereits ausgeführt – aus der Fallgruppe der Geschäftsverweigerung heraus als eigene Fallgruppe etabliert hat, setzt standardsetzenden Unternehmen hinsichtlich der Verwertung der Standardtechnologie Grenzen. Jedoch ist bei der Verwertung von Standards bzw. der Vergabe von Lizenzen zur Nutzung eines Standards ebenso das allgemeine Diskriminierungsverbot zu beachten. So kann ein Verstoß gegen geltendes Kartellrecht nicht nur aus der generellen Verweigerung der Nutzung eines Standards im Sinne der Essential-Facilities-Doktrin abgeleitet werden, sondern – wie nationale Rechtsprechung zeigt – auch aus der diskriminierenden Vergabe der Nutzungsrechte, beispielsweise indem die Lizenzvergabe nach Kriterien beschränkt wird, welche der Gewährleistung der Freiheit des Wettbewerbs entgegenstehen.[1369]

Aufbauend auf der Fallgruppe der Verweigerung des Zugangs zu wesentlichen – im Fall standardsetzender Unternehmen also standardessentieller – Einrichtungen und dem Diskriminierungsverbot, stehen heute weitere Fallgruppen missbräuchlichen Verhaltens durch standardsetzende Unternehmen in der Diskussion.[1370] Im Folgenden soll deshalb ein Überblick über die jüngsten Entwicklungen der kartellrechtlichen Beurteilung standardsetzender Unternehmen gegeben werden, um die Fortentwicklung der zuvor dargestellten, etablierten Fallgruppen missbräuchlichen Verhaltens darzustellen.

3.4.4.1 Kartellrechtliche Grenzen bei der Durchsetzung restriktiver Standardisierungsstrategien

Marktbeherrschende Unternehmen, die restriktive Strategien bei der Verwertung der von ihnen entwickelten Industriestandards anwenden,[1371] sind regelmäßig mit dem Vorwurf missbräuchlichen Verhaltens konfrontiert. In den letzten Jahren waren dabei vermehrt Unternehmen der IT- und High-Tech-Branche im Fokus der Behörden, deren Industriestandards für die Gewährleistung von Interoperabilität zwischen Hardware- und/oder Softwarekomponenten zuständig ist. An den vielfach zitierten und gewissermaßen richtungsweisenden Fall Microsoft schlos-

---

[1369] Beispielhaft sei dafür das BGH-Urteil vom 13.07.2004 „Standard-Spundfaß" (BGHZ 160, S. 67, 2. Leitsatz) angeführt.

[1370] Neben den in Unterkapitel 3.4.3 erläuterten Fallgruppen unterscheidet Picht (2014, S. 11) nun neue Fallkonstellationen, die jedoch nach Ansicht des Autors inhaltlich hauptsächlich auf den genannten Fallgruppen der Essential-Facilities-Doktrin und dem Diskriminierungsverbot aufbauen.

[1371] Siehe Abschnitt 2.3.3.2 für restriktive Standardisierungsstrategien.

sen sich Klagen der Kommission gegen weitere Unternehmen aus verwandten Branchen an, die im Folgenden näher betrachtet werden sollen.

3.4.4.1.1 Verweigerung der Nutzung standardessentieller Inhalte

Im Fall Microsoft lautete der Vorwurf der Kommission, dass Wettbewerbern Interoperabilitätsinformationen vorenthalten werden,[1372] die für die Tätigkeit der Wettbewerber auf dem Markt für Arbeitsgruppenserver-Betriebssysteme unerlässlich sind[1373]. Folglich unterstellte die Kommission in der Verweigerung des Zugriffs auf diese Informationen den Missbrauch der marktbeherrschenden Stellung von Microsoft,[1374] die sowohl im Markt für Arbeitsgruppenserver-Betriebssysteme als auch im Markt für PC-Betriebssysteme ermittelt wurde[1375].

Dabei kam der Wirkung von indirekten Netzwerkeffekten in den von Microsofts Standardprodukten beherrschten Märkten eine besondere Bedeutung zu: So wirkten die Netzwerkeffekte dort aus Sicht der Kommission als Marktzutrittsschranke,[1376] sodass der Wettbewerb in den entsprechenden Märkten bereits ohne das missbräuchliche Verhalten Microsofts geschwächt war. Folglich wäre die völlige Ausschaltung des Wettbewerbs aufgrund des missbräuchlichen Verhaltens von Microsoft durch die Wirkung der Netzwerkeffekte schwer rückgängig zu machen, was aus Sicht des EuG das Eingreifen der Kommission umso mehr rechtfertigte.[1377]

Obschon im Microsoft-Fall keine konkreten geistigen Eigentumsrechte geltend gemacht wurden,[1378] sondern lediglich die Preisgabe von maßgeblich ungeschützten – jedoch internen – Informationen verweigert wurde,[1379] wäre auch eine analoge Behandlung des Falls denkbar gewesen, wenn Microsoft die Verweigerung mit dem Vorliegen geistiger Eigentumsrechte begründet hätte[1380]. So

---

[1372] Kommissionsentscheidung vom 24.05.2004 „Microsoft" (ABl. 2007, L 32, S. 23, Rn. 17).

[1373] Kommissionsentscheidung vom 24.05.2004 „Microsoft" (ABl. 2007, L 32, S. 23, Rn. 18).

[1374] Kommissionsentscheidung vom 24.05.2004 „Microsoft" (ABl. 2007, L 32, S. 23, Rn. 19).

[1375] Kommissionsentscheidung vom 24.05.2004 „Microsoft" (ABl. 2007, L 32, S. 23, Rn. 15 ff.).

[1376] Kommissionsentscheidung vom 24.05.2004 „Microsoft" (ABl. 2007, L 32, S. 23, Rn. 16). Auch dazu Körber (2004a, S. 572). Vgl. dazu auch Unterabschnitt 2.2.3.4.2.

[1377] EuG-Urteil vom 17.09.2007 „Microsoft" (Slg. 2007, S. II-3601, Rn. 562).

[1378] Microsoft gab in der Kommissionsentscheidung vom 24.05.2004 „Microsoft" (ABl. 2007, L 32, S. 23, Rn. 20) lediglich kund, dass die Preisgabe der entsprechenden Informationen „der Vergabe einer Lizenz über geistige Eigentumsrechte gleichkäme", ohne tatsächlich entsprechende Immaterialgüterrechte geltend zu machen oder dementsprechenden Nachweis über deren Existenz zu erbringen.

[1379] Bei der Strategie Microsofts handelt es sich folglich vielmehr um Know-how-Schutz, vgl. dazu Abschnitt 2.3.3.1.

[1380] Im EuG-Urteil vom 17.09.2007 „Microsoft" (Slg. 2007, S. II-3601, Rn. 284) wurde klargestellt, dass der Einwand Microsofts in Bezug auf das mögliche Vorliegen von Rechten geistigen Eigentums keinen Einfluss auf das Urteil des EuG hat, da der Sachverhalt ohnehin so beurteilt

wurde im Fall IMS Health die Existenz von urheberrechtlichen Ausschließlich-keitsrechten an einem Standardprodukt[1381] anerkannt, wobei dem Kläger schließlich Zwangslizenzen gewährt werden mussten.[1382]

Selbst wenn die Anwendung der oben beschriebenen Essential-Facilities-Doktrin im Sinne einer missbräuchlichen Geschäftsverweigerung noch immer eher restriktiv gehandhabt wird, so ist dieses Rechtsprinzip für die Verwertungs-strategien von marktbeherrschenden standardsetzenden Unternehmen durchaus von Bedeutung. Standardsetzende Unternehmen sollten sich zumindest ausführlich mit den aufgezeigten Beurteilungskriterien und Rechtfertigungsgründen auseinandersetzen, um die Durchsetzung einer restriktiven Standardisierungsstrategie rechtlich abzusichern.

3.4.4.1.2   Diskriminierende Gebühren für standardessentielle Lizenzen

Gegen den Chiphersteller Qualcomm, Inhaber der geistigen Eigentumsrechte an in Europa bedeutenden Standardtechnologien im Mobilfunkbereich, wurde aufgrund der Beschwerde diverser Mobiltelefon- und Chiphersteller ein förmliches Kartellverfahren durch die Kommission eröffnet.[1383] Die Vorwürfe der Beschwerdeführer bezogen sich jedoch nicht auf die Verweigerung einer Lizenz, sondern vielmehr auf die Gestaltung der Lizenzgebühren seitens Qualcomm, die nicht konform mit der abgegebenen FRAND-Selbstverpflichtungserklärung[1384] Qualcomm sei.[1385] Insbesondere wurde in diesem Zusammenhang darauf abgestellt, dass sich aus der Selbstverpflichtungserklärung Qualcomms ergeben würde, dass Qualcomm die zusätzliche Marktmacht, die dem Unternehmen aufgrund der Inhaberschaft der in Rede stehenden standardessentiellen Patente zukomme, nicht missbrauchen dürfe.[1386] Diesbezüglich sei darauf hingewiesen, dass nicht nur im Rahmen des Art. 101 AEUV, sondern auch im Rahmen des Art. 102 AEUV eine Lizenzvergabe zu nicht-diskriminierenden und angemessenen Bedingungen von marktbeherrschenden Unternehmen erwirkt werden kann.[1387]

---

wurde, als würde es sich bei der verweigerten Informationspreisgabe um eine Verweigerung einer Lizenz für Rechte geistigen Eigentums handeln.

[1381] Körber (2004b, S. 887) sieht in der in Rede stehenden, digitalen Bausteinstruktur vom IMS Health einen De-facto-Standard auf dem dafür relevanten Markt, der mit dem Betriebssystem Windows auf dem Markt für Betriebssysteme zu vergleichen ist.

[1382] EuGH-Urteil vom 29.04.2004 „IMS Health" (Slg. 2004, S. I-5039, Rn. 52).

[1383] Kommission (2007a, S. 1, Internetquelle).

[1384] Zum Verständnis der FRAND-Selbstverpflichtungserklärung der Kommission siehe Unterabschnitt 3.3.3.1.2.

[1385] Kommission (2007a, S. 1, Internetquelle).

[1386] Kommission (2007a, S. 1, Internetquelle).

[1387] Vgl. Barthelmeß/Gauß (2010, S. 631). Zur Anwendung der FRAND-Kriterien im Rahmen des Art. 101 AEUV siehe Unterabschnitt 3.3.3.1.2.

Weiterhin wurde von den Beschwerdeführern angeführt, dass die maßgeblich zu hoch angesetzten Lizenzgebühren Qualcomms eine Erhöhung der Endpreise von Mobiltelefonen sowie eine verlangsamte Entwicklung des 3G-Standards und dementsprechende Einbußen in der wirtschaftlichen Effizienz zur Folge hätten.[1388]

So bezog sich zwar die Mitteilung der Kommission zur Eröffnung des Verfahrens nur allgemein auf die Prüfung eines potenziellen Verstoßes gegen Art. 82 EGV bzw. 102 AEUV, ohne die in Art. 102 S. 2 AEUV aufgeführten Regelbeispiele ins Feld zu führen. Doch orientieren sich die Beschwerdeparteien in ihrer Argumentation bezüglich der Erzwingung unangemessener Gebühren für die entsprechenden standardessentiellen Lizenzen einerseits an Art. 102 S. 2 lit. a) AEUV.[1389] Andererseits wird auf das Regelbeispiel des Art. 102 S. 2 lit. b) AEUV Bezug genommen, indem durch die vermeintlich überhöhten Lizenzgebühren eine Weiterentwicklung des Standards zu Lasten des Verbrauchers ausgebremst würde.

Nachdem sich die Beschwerdeparteien außergerichtlich mit Qualcomm einigen konnten, wurde das Verfahren der Kommission eingestellt,[1390] ohne eine rechtliche Klärung hinsichtlich der rechtsunbedenklichen Gestaltung der Lizenzpolitik standardessentieller Patente zu erwirken oder eine Bewertung von FRAND-Selbstverpflichtungserklärungen vorzunehmen.

3.4.4.1.3 Kommerzialisierung standardessentieller Inhalte im Rahmen von Standardisierungskooperationsstrategien

Inhaltlich an den Qualcomm-Fall knüpft der Rambus-Fall insofern an, als auch hier eine Beschwerde im Rahmen der Erzwingung unangemessen hoher Lizenzgebühren anhängig war. Während es sich jedoch im Falle Qualcomms um standardessentielle Patente handelte, die alleine auf Entwicklungen dieses Unternehmens zurückgingen und sich sodann zum Industriestandard entwickelten, gelang es Rambus, seine standardessentiellen Patente im Rahmen einer Standardisierungskooperation in einen gemeinschaftlich entwickelten Standard einfließen zu lassen:

So sah die Kommission im Fall Rambus den möglichen Missbrauch einer beherrschenden Stellung des Unternehmens nach Art. 102 AEUV auf dem „globalen Technologiemarkt für DRAM-Schnittstellentechnologie"[1391] dadurch begründet, dass Rambus Lizenzgebühren zur Nutzung von Patenten an Schnittstellentechnologien in einer unangemessenen Höhe verlangte, die es ohne sein

---

[1388] Kommission (2007a, S. 2, Internetquelle).
[1389] Diesen Bezug stellen auch Hockett/Lipscomb (2009, S. 23) her.
[1390] Kommission (2009b, S. 1 f., Internetquelle).
[1391] Kommissionsentscheidung „Rambus" (WuW/E 06/2010, S. 719, Rn. 2).

vorheriges, „angeblich vorsätzlich betrügerische[s] Handeln nicht hätte verlangen können"[1392]. Die besagte Schlüsseltechnologie ermöglicht dabei „die Interoperabilität von DRAM-Chips und anderen Computerkomponenten"[1393].

Mit dieser Anschuldigung spielte die Kommission auf das Verhalten von Rambus ab, im Rahmen der kooperativen Standardentwicklung innerhalb des amerikanischen branchenbezogenen Normungsgremiums JEDEC das Vorliegen von Patentrechten und -anmeldungen an normungsgegenständlichen Inhalten verschwiegen zu haben,[1394] um nach der Verabschiedung der Norm schließlich Lizenzgebühren von allen Normnutzern verlangen zu können[1395]. Gleichzeitig ist die Einhaltung von JEDEC-Normen unerlässlich, da JEDEC-Normen mit einem Marktanteil von über 96 % an allen DRAM-Verkäufen den faktischen Marktstandard bilden.[1396] Insofern seien die Wettbewerber von Rambus „gezwungen, höhere Lizenzgebühren von Rambus zu akzeptieren, als sie [es] zu einem früheren Zeitpunkt vor der Annahme der Norm hätten aushandeln können"[1397].

Als Reaktion auf die kartellrechtlichen Bedenken der Kommission gab Rambus Verpflichtungsangebote gegenüber der Kommission ab, die zunächst durch einen Markttest evaluiert wurden.[1398] Rambus verpflichtete sich damit zur Einführung von Lizenzobergrenzen über einen Zeitraum von fünf Jahren, den Verzicht auf Lizenzen auf Speicher-Standards, die während Rambus' Mitgliedschaft in der Normungsorganisation erarbeitet wurden, und die Erhebung geringerer Lizenzgebühren in der Zukunft.[1399] Die Verpflichtungsangebote wurden schließlich von der Kommission für rechtsverbindlich erklärt und damit die wettbewerbsrechtlichen Bedenken ausgeräumt.[1400]

Die streitgegenständliche Verhaltensweise von Rambus wird als Patenthinterhalt (englisch „patent ambush")[1401] oder auch „Patent Hold-Up"[1402] bezeichnet. Beim Rambus-Fall handelte es sich dabei um die erste Fallkonstellation mit

---

[1392] Kommissionsentscheidung „Rambus" (WuW/E 06/2010, S. 719, Rn. 28). Vgl. auch Kommission (2007b, S. 1, Internetquelle).

[1393] Kommissionsentscheidung „Rambus" (WuW/E 06/2010, S. 719, Rn. 16).

[1394] Kommissionsentscheidung „Rambus" (WuW/E 06/2010, S. 719, Rn. 27).

[1395] Kommissionsentscheidung „Rambus" (WuW/E 06/2010, S. 719, Rn. 21).

[1396] Kommissionsentscheidung „Rambus" (WuW/E 06/2010, S. 719, Rn. 19).

[1397] Kommissionsentscheidung „Rambus" (WuW/E 06/2010, S. 719, Rn. 32).

[1398] Kommission (2009c, S. 1, Internetquelle).

[1399] Kommission (2009d, S. 2, Internetquelle). Vgl. auch Kommissionsentscheidung „Rambus" (WuW/E 06/2010, S. 719, Rn. 72).

[1400] Kommission (2009d, S. 1, Internetquelle).

[1401] Kommissionsentscheidung „Rambus" (WuW/E 06/2010, S. 719, Rn. 27). Vgl. auch Kommission (2007b, S. 1, Internetquelle). Nach Emmerich in: Dauses (2014, H. I. § 3 Art. 102 AEUV, Rn. 134) wird der Rambus-Fall so auch treffend als „Rambush"-Fall bezeichnet.

[1402] Vgl. Farrell et al. (2007, S. 603), Geradin/Rato (2007, S. 101 ff.).

„Patent Hold-Up", über welchen die Kommission zu befinden hatte,[1403] sodass die Chance bestand, die Frage nach der rechtlichen Zulässigkeit derartiger Verhaltensweisen im Rahmen einer Entscheidung zu klären[1404]. Nachdem die Bedenken der Kommission gegen Rambus durch die Abgabe der Verpflichtungserklärung jedoch ausgeräumt wurden und das Verfahren dadurch beendet werden konnte, blieb eine formale Entscheidung der Kommission aus. Die Kommission verweist im Kontext von Fällen des Patent Ambush darauf, dass sich diese im Rahmen der bereits etablierten Rechtsprechung des Art. 82 EGV bzw. Art. 102 AEUV lösen ließen.[1405]

3.4.4.2   Missbräuchliches Verhalten in Verbindung mit FRAND-Erklärungen

Im Zusammenhang mit standardsetzenden Unternehmen waren FRAND-Selbstverpflichtungserklärungen in der jüngeren Vergangenheit wiederholt Streitgegenstand in Gerichtsverfahren und rückten damit in den Fokus der rechtswissenschaftlichen Diskussion.

3.4.4.2.1   Stand der rechtswissenschaftlichen Diskussion

Um wettbewerbsschädliche Verhaltensweisen wie Patent Hold-Up zumindest in kooperativen Standardisierungsstrategien im Rahmen des Art. 101 AEUV zu unterbinden, wurden entsprechende Hinweise zur vorherigen Offenlegung sämtlicher, standardgegenständlicher Inhalte im Rahmen kooperativer Standardisierung in die H-LL aufgenommen.[1406] Auch Normungsorganisationen verlangen in der Regel von ihren Mitgliedern die Abgabe einer solchen FRAND-Selbstverpflichtungserklärung, um Verhaltensweisen des Patent Hold-Up zu verhindern,[1407] da Patent Hold-Ups zu wirtschaftlichen Sondervorteilen der entsprechenden Normungsmitglieder führen und daher gegen die bereits erläuterten Grundprinzipien der Normungsarbeit verstoßen[1408].

Jedoch wird die Durchsetzbarkeit einer FRAND-Erklärung in Bezug auf ihre rechtliche Stichhaltigkeit kritisiert, da der konkrete Preis für eine Lizenz gewöhnlich nicht Teil dieser Erklärung ist[1409] und sie sich zudem von gewöhnlichen Vertragswerken insofern unterscheide, als sie keine Übereinkunft zwischen

---

[1403] Kommission (2007b, S. 1, Internetquelle).

[1404] Vgl. Hockett/Lipscomb (2009, S. 22).

[1405] Vgl. Kommission (2007b, S. 1, Internetquelle): „[...] the approach [of patent ambush] reflects well-established general case-law under Article 82 of the Treaty."

[1406] Vgl. Kommission (2012c, S. 2, Internetquelle). Siehe dazu auch Unterabschnitt 3.3.3.1.2.

[1407] Kommission (2012b, S. 1, Internetquelle).

[1408] Vgl. Abschnitt 2.1.2.1.

[1409] Sofern sich Lizenzsucher und Lizenzgeber nicht darüber einig sind, was unter einem angemessenen Preis zu verstehen ist, sieht die Kommission (Schieds-)Gerichte bzw. deren Richter in der Verantwortung zur Klärung des Streits, vgl. dazu Kommission (2014a, S. 3, Internetquelle).

mehreren Parteien, sondern eine einseitige Erklärung sei.[1410] Es stellt sich also die Frage, welche Konsequenzen die Abgabe, aber auch die Nichteinhaltung einer FRAND-Erklärung für standardsetzende Unternehmen tatsächlich hat, wenn es zur Nutzung einer immaterialgüterrechtlich geschützten Technologie durch Dritte kommt.

Die Verweigerung der Gewährung standardrelevanter Lizenzen im Lichte des Art. 102 AEUV erlangt deshalb inzwischen unter dem zusätzlichen Aspekt der vorherigen Abgabe einer FRAND-Selbstverpflichtung durch das verweigernde Unternehmen erhöhte Aufmerksamkeit, sodass bereits von neuen Formen missbräuchlichen Verhaltens die Rede ist.[1411] Die Diskussion über die Beurteilung einer solchen Situation hinsichtlich des Vorrangs der Rechte der Inhaber geistigen Eigentums einerseits oder der Rechte Dritter auf Gewährleistung von Wettbewerbsfreiheit im Sinne eines Marktzutritts andererseits wird dabei sowohl auf nationaler als auch auf europäischer Ebene – jedoch mit bislang unterschiedlichen (Zwischen-)Ergebnissen – geführt.

3.4.4.2.2 Beurteilung der Missbräuchlichkeit von Lizenzverweigerungen durch Unterlassungsklagen seitens deutscher Rechtsinstanzen

Im Jahr 2009 befand der BGH im Fall Orange-Book-Standard über die Frage, unter welchen Voraussetzungen ein Unterlassungsgesuch des marktbeherrschenden Inhabers eines Patents dem Zwangslizenzeinwand eines Lizenzsuchers unterliegt.[1412] So sah der BGH den Missbrauch einer marktbeherrschenden Stellung nur unter den folgenden beiden Bedingungen gegeben:[1413] Erstens muss durch den Lizenzsucher ein unbedingtes Angebot an den Rechteinhaber unterbreitet worden sein, welches der Rechteinhaber „nicht ablehnen darf, ohne den Lizenzsucher unbillig zu behindern oder gegen das Diskriminierungsverbot zu verstoßen"[1414]. Zweitens muss auch ein Lizenzsucher, der einen Patentgegenstand vor der Annahme des Lizenzangebots durch den Patentinhaber benutzt hat, die vorgesehenen Lizenzvertragsbedingungen einhalten, was insbesondere die Zahlung der Lizenzgebühren bzw. zumindest deren Sicherstellung betrifft.[1415] Zwar wird dieses BGH-Urteil hinsichtlich der Nichtanwendung europäischen Rechts und

---

[1410] Chappatte (2010, S. 176).

[1411] Vgl. Picht (2014, S. 11).

[1412] Körber (2013b, S. 734 f.).

[1413] BGH-Urteil vom 06.05.2009 „Orange-Book-Standard" (BGHZ 180, S. 312, Rn. 29).

[1414] BGH-Urteil vom 06.05.2009 „Orange-Book-Standard" (BGHZ 180, S. 312, Rn. 29 ff.). Vgl. bezugnehmend darauf auch die EuGH-Vorlage des LG Düsseldorf vom 21.03.2013 „LTE-Standard" (WuW/E DE-R, S. 3922, Rn. 24).

[1415] BGH-Urteil vom 06.05.2009 „Orange-Book-Standard" (BGHZ 180, S. 312, Rn. 29, 33 ff.). Vgl. bezugnehmend darauf auch die EuGH-Vorlage des LG Düsseldorf vom 21.03.2013 „LTE-Standard" (WuW/E DE-R, S. 3922, Rn. 26).

damit verbundener Unstimmigkeiten in Bezug auf abweichendes Gemeinschaftsrecht kritisiert,[1416] allerdings wurde zumindest auf nationaler Ebene eine erste Beurteilungsgrundlage bezüglich des Umgangs mit Unterlassungsverfügungen auf standardessentielle Patente geschaffen.

Zwar lag im Orange-Book-Fall keine FRAND-Verpflichtungserklärung des Standardinhabers vor, sondern es wurde eine Lizenzierungspflicht aus den allgemeinen Regelungen des Art. 102 AEUV zum Diskriminierungsverbot abgeleitet.[1417] Dennoch ist die Entscheidung als erster großer Meilenstein zur Beurteilung von Unterlassungsgesuchen auf die Nutzung standardessentieller Patente auch in Zusammenhang mit einer vorhergehend abgegebenen FRAND-Erklärung zu verstehen: So stellten unter anderem die Landgerichte Mannheim[1418] und Düsseldorf[1419] auf die Anwendung der vom BGH erarbeiteten Kriterien zur Lizenzierung von standardessentiellen Patenten auch für jene Fälle ab, in welchen zuvor eine allgemeine Lizenzerklärung abgegeben wurde[1420]. Vielmehr stellte das LG Düsseldorf klar, dass sich aus einer FRAND-Erklärung alleine keine dinglichen Nutzungsrechte für standardessentielle Patente herleiten ließen, und verweist im Zusammenhang mit der Geltendmachung von entsprechenden Zwangslizenzen auf den bereits bestehenden Schutz durch das Kartellrecht.[1421] Zumindest vorübergehend konnte sich gewissermaßen ein „Goldener Orange-Book-Standard" mit den vom BGH erarbeiteten Kriterien zur Lizenzierung standardessentieller Patente etablieren.[1422]

Anlass zur höherinstanzlichen Überprüfung dieses Beurteilungsstandards sah das LG Düsseldorf schließlich erst bei der Beurteilung des LTE-Standard-Falls Huawei/ZTE[1423], da die Kommission zwischenzeitlich ebenfalls über Fragen der Zulässigkeit von Unterlassungsgesuchen standardsetzender Unternehmen gegen Nutzer von standardessentiellen Patenten bei vorheriger Abgabe einer

---

[1416] Vgl. de Bronett (2009, S. 905). Eine Auflistung von Kritikern findet sich außerdem im Urteil des LG Düsseldorf vom 24.04.2012 „FRAND-Erklärung" (WuW/E DE-R, S. 3638, Rn. 228).

[1417] Harmsen/Pearson (2014, S. 91).

[1418] Vgl. Urteil des LG Mannheim vom 18.02.2011 „UMTS-fähiges Mobiltelefon II" (juris, Az. 7 O 100/10, Rn. 176).

[1419] Vgl. Urteil des LG Düsseldorf vom 24.04.2012 „FRAND-Erklärung" (WuW/E DE-R, S. 3638, Rn. 229 ff.).

[1420] Das LG Düsseldorf stellt diesbezüglich eine allgemeine Anwendbarkeit der BGH-Kriterien fest, unabhängig davon, ob der Lizenzeinwand auf vertraglicher (FRAND-Erklärung) oder kartellrechtlicher (z. B. Art. 102 AEUV) Basis erfolgt, Urteil des LG Düsseldorf vom 24.04.2012 „FRAND-Erklärung" (WuW/E DE-R, S. 3638, Rn. 231).

[1421] Urteil des LG Düsseldorf vom 24.04.2012 „FRAND-Erklärung" (WuW/E DE-R, S. 3638, Rn. 186).

[1422] Verhauwen (2013, S. 558 ff.).

[1423] EuGH-Vorlage des LG Düsseldorf vom 21.03.2013 „LTE-Standard" (WuW/E DE-R, S. 3922).

FRAND-Erklärung befinden musste[1424]. So sah das LG Düsseldorf einen inhaltlichen Konflikt zwischen der Anwendung der vom BGH erarbeiteten Kriterien
zur Zulässigkeit eines Unterlassungsgesuchs auf Nutzung standardessentieller
Patente im LTE-Standard-Fall und der vorläufigen Einschätzung der Kommission.[1425] Denn während der BGH, wie bereits ausgeführt, die Inanspruchnahme
einer (Zwangs-)Lizenz an bestimmte Pflichten des Lizenznehmers knüpft, genügt der Kommission offensichtlich schon allein die Bereitschaft eines Lizenznehmers, über die Lizenzgebühren zu verhandeln, um ein Unterlassungsgesuch
des Lizenzgebers als wettbewerbsschädlich abzulehnen.[1426] Die Beantwortung
von fünf Fragen, die dem EuGH vom LG Düsseldorf vorgelegt wurden, soll
schließlich die Richtung für zukünftige Entscheidungen im Konfliktfeld zwischen patentrechtlichen Unterlassungsklagen und kartellrechtlichen Zwangslizenzen weisen.[1427] Bis zur – inzwischen erfolgten[1428] – Beantwortung dieser
Fragen wurden neben dem LTE-Standard-Verfahren des LG Düsseldorf auch
weitere Verfahren des OLG Düsseldorf ausgesetzt.[1429] Insofern scheint es ver-
ständlich, dass der Vorlagebeschluss des LG Düsseldorf große Aufmerksamkeit
auch in der wissenschaftlichen Literatur auf sich zog.[1430]

3.4.4.2.3   Beurteilung der Missbräuchlichkeit von Lizenzverweigerungen durch Unterlassungsklagen auf europäischer Ebene

Seit dem Jahr 2012 war die Kommission parallel mit zwei weiteren Fällen be-
fasst: Sowohl Samsung als auch Motorola verweigerten die Nutzung standardessentieller Patente, obschon sich die Unternehmen zuvor im Rahmen einer

---

[1424]   Siehe dazu Unterabschnitt 3.4.4.2.3.

[1425]   EuGH-Vorlage des LG Düsseldorf vom 21.03.2013 „LTE-Standard" (WuW/E DE-R, S. 3922, Rn. 29 ff.).

[1426]   Vgl. Kommission (2012b, S. 2, Internetquelle). Vgl. auch EuGH-Vorlage des LG Düsseldorf vom 21.03.2013 „LTE-Standard" (WuW/E DE-R, S. 3922, Rn. 29 f.). Siehe auch Verhauwen (2013, S. 559).

[1427]   Bereits bei der ersten der fünf Fragen handelt es sich nach Hoppe-Jänisch (2013, S. 385 f.) um die zentrale Frage, ob zur Beurteilung entsprechender Fallkonstellationen die Kriterien des BGH oder die der Kommission heranzuziehen sind. Die Fragen 2, 3 und 4 knüpfen nach Hop-pe-Jänisch (2013, S. 386) inhaltlich an die erste Frage an. Tatsächlich beantwortet der General-anwalt in den Schlussanträgen vom 20.11.2014 zum Vorabentscheidungsersuchen des LG Düs-seldorf „LTE-Standard" (Rechtssache C-170/13, Rn. 76 ff.) die Fragen 1, 2 und 3 zusammen und verweist auch in Frage 4 auf die Beantwortung der ersten Frage.

[1428]   Siehe Unterabschnitt 3.4.4.2.3.

[1429]   Vgl. Verhauwen (2013, S. 559).

[1430]   Kommentare zu der in Rede stehenden EuGH-Vorlage des LG Düsseldorf vom 21.03.2013 „LTE-Standard" (WuW/E DE-R, S. 3922) finden sich z. B. in Verhauwen (2013, S. 559), Hop-pe-Jänisch (2013, S. 384 ff.), Gallasch (2013, S. 443 f.), Picht (2014, S. 15 f.), Harm-sen/Pearson (2014, S. 90 ff.), Vesala (2014, S. 66 f.).

FRAND-Erklärung verpflichteten, Lizenzen zu fairen, zumutbaren und diskriminierenden Bedingungen zu erteilen, die für die Implementierung von Standards essentiell sind.

Im Konkreten ging Samsung mit Unterlassungserklärungen gegen andere Mobilgerätehersteller – darunter Apple[1431] – vor, die Patente von Samsung nutzten, die nach Ansicht der Kommission „für die Implementierung europäischer Mobilfunkstandards [unerlässlich]" sind, obschon zuvor eine anders lautende Zusage gegenüber dem Europäischen Institut für Normung getätigt wurde.[1432] Gegen Motorola wurden analoge Beschwerden von den Wettbewerbern Microsoft und insbesondere Apple[1433] bei der Kommission eingereicht, die sich gegen einstweilige Verfügungen zugunsten Motorolas richten, welche die Nutzung von Patenten Motorolas unterbinden sollte, die von den beschwerdeführenden Unternehmen zur Produktion normgemäßer Produkte benötigt würden.[1434] Zuvor hatte Motorola gegenüber Normenorganisationen erklärt, dass entsprechende, standardrelevante Lizenzen zu FRAND-Bedingungen erteilt würden.[1435]

Die Kommission wies diesbezüglich darauf hin, dass Unternehmen „ihre FRAND-Erklärungen in allen Punkten einhalten [müssen], damit es nicht zu Wettbewerbsverzerrungen kommt und die positiven Effekte der Normung wirtschaftlich zum Tragen kommen können"[1436]. Im Falle Samsungs stellte die Kommission weiterhin klar, dass „Unterlassungsverfügungen [im Falle von Patentverletzungen] durchaus eine mögliche Abhilfemaßnahme sind, [jedoch] [...] ein solches Vorgehen auch eine missbräuchliche Verhaltensweise darstellen [kann], wenn es um SEPs [(standardessentielle Patente)] geht und der potenzielle Lizenznehmer bereit ist, eine Lizenz zu [...] FRAND-Bedingungen [...] auszuhandeln"[1437]. Analog bezeichnete die Kommission das Verhalten Motorolas deshalb als „dem Wettbewerb abträglich", da „Apple akzeptiert hatte, die von einem Dritten festgelegte FRAND-Lizenzgebühr für SEPs zu zahlen", und damit seine Verhandlungsbereitschaft signalisiert hat.[1438]

[1431] Kommission (2014b, S. 2, Internetquelle).

[1432] Kommission (2012d, S. 1, Internetquelle) und Kommission (2012b, S. 2, Internetquelle).

[1433] Während in der ersten Pressemitteilung der Kommission (2012e, S. 1, Internetquelle) zu Motorola noch von den beiden Herstellern Microsoft und Apple die Rede war, wurde in den folgenden Pressemitteilungen Motorola betreffend nur noch die wettbewerbswidrige Erwirkung einer Unterlassungsverfügung gegen Apple angeführt, vgl. Kommission (2014c, S. 1 f., Internetquelle) und Kommission (2013a, S. 1 f., Internetquelle).

[1434] Kommission (2012e, S. 1, Internetquelle).

[1435] Kommission (2012e, S. 1, Internetquelle).

[1436] Kommission (2012d, S. 1, Internetquelle), Kommission (2012e, S. 2, Internetquelle).

[1437] Kommission (2012b, S. 1, Internetquelle).

[1438] Kommission (2013a, S. 2, Internetquelle).

Um die kartellrechtlichen Bedenken der Kommission auszuräumen, verpflichtete sich Samsung der Kommission gegenüber, für einen Zeitraum von fünf Jahren keine Unterlassungsverfügungen gegen Unternehmen zu beantragen, die für die Nutzung der in Rede stehenden standardessentiellen Patente einen Lizenzrahmen akzeptieren, der einen Verhandlungszeitraum von maximal zwölf Monaten und ansonsten (d. h. falls bis dahin keine Einigung erzielt wurde) eine Festlegung der Lizenzbedingungen durch ein Gericht oder eine Schiedsstelle vorsieht.[1439] Die Selbstverpflichtungserklärung Samsungs gewährleistet nach Ansicht der Kommission die gewünschte Rechtssicherheit für lizenzsuchende Unternehmen, weshalb sie für rechtlich bindend erklärt wurde und damit das Kartellverfahren gegen Samsung beendete.[1440] Insofern sind im Ablauf des Samsung-Falls deutliche Parallelen zum Rambus-Fall festzustellen, der ebenfalls durch die Abgabe, die Marktevaluation und die rechtsverbindliche Annahme einer Verpflichtungserklärung beigelegt wurde.[1441] Nachdem eine analog geartete Selbstverpflichtungserklärung im Fall Motorola offensichtlich ausblieb, wurde am selben Tag, an dem das Verfahren gegen Samsung einvernehmlich beendet wurde, im Gleichklang der Verstoß gegen die EU-Wettbewerbsregeln durch die missbräuchliche Ausnutzung standardessentieller Patente durch Motorola verkündet.[1442]

Zur Beurteilung der beiden Fälle wurde seitens der Kommission gerade nicht auf die vom BGH erarbeiteten Beurteilungskriterien zurückgegriffen.[1443] Zum Ende der Verfahren verweist die Kommission in einem erläuternden Dokument zur Begründung dieses Verhaltens darauf, dass sich der Fall Orange-Book-Standard nicht explizit auf standardessentielle Patente beziehen würde und deshalb eine direkte Anwendung der Kriterien nicht angezeigt sei.[1444] Bis auf weiteres ist also auf europäischer Ebene davon auszugehen, dass bereits die Inhaberschaft standardessentieller Patente in Verbindung mit einer zuvor abgegebenen FRAND-Selbstverpflichtungserklärung und der vorhandenen Verhandlungsbereitschaft eines Lizenzsuchers eine Unterlassungsverfügung seitens des Patentinhabers als missbräuchliches Verhalten auslegen lassen.[1445]

[1439] Kommission (2013b, S. 2, Internetquelle).

[1440] Kommission (2014b, S. 1 ff., Internetquelle).

[1441] Vgl. dazu Unterabschnitt 3.4.4.1.3.

[1442] Kommission (2014c, S. 1 ff., Internetquelle).

[1443] Vgl. z. B. EuGH-Vorlage des LG Düsseldorf vom 21.03.2013 „LTE-Standard" (WuW/E DE-R, S. 3922, Rn. 30).

[1444] Vgl. sowohl Kommission (2013c, S. 3, Internetquelle) als auch Kommission (2014a, S. 3, Internetquelle).

[1445] EuGH-Vorlage des LG Düsseldorf vom 21.03.2013 „LTE-Standard" (WuW/E DE-R, S. 3922, Rn. 30). Vgl. außerdem Kommission (2013a, S. 2, Internetquelle), Kommission (2014b, S. 2,

Durch die Ausführungen des Generalanwalts Wathelet in seinen Schlussanträgen zum angesprochenen Vorabentscheidungsersuchen des LG Düsseldorf[1446] wird die europäische Beurteilung des Sachverhalts weiter konkretisiert, jedoch nicht abschließend geklärt. Hier wird die Ansicht vertreten, dass die gerichtliche Geltendmachung von Unterlassungsansprüchen durch ein Unternehmen, das zuvor durch die Abgabe einer FRAND-Selbstverpflichtungserklärung die Bereitschaft zur Vergabe von Lizenzen für ein standardessentielles Patent signalisiert hat, seine marktbeherrschende Stellung missbraucht, sofern nicht zuvor eine schriftliche Mitteilung an den Patentverletzer ergangen ist.[1447] In besagter Mitteilung ist der Patentverletzer zum einen davon in Kenntnis zu setzen, welches Patent verletzt wird und auf welche Weise dies geschieht.[1448] Zum anderen muss dem Patentverletzer in der Mitteilung ein Lizenzangebot zu FRAND-Bedingungen unterbreitet werden, wobei die konkrete Höhe der Lizenzgebühr als auch die Art der Berechnung anzugeben sind.[1449] Es steht also der Patentinhaber in der Pflicht, die Verhandlungen aufzunehmen, bevor Unterlassung vom Patentverletzer verlangt werden kann. Jedoch wird auch an dieser Stelle nicht näher erläutert, auf welche Weise Lizenzgebühren zu FRAND-Bedingungen gestaltet werden können. Der Patentverletzer hingegen muss das unterbreitete Angebot des Patentinhabers prüfen und darauf „sorgfältig und ernsthaft reagieren"[1450]. Für den Fall, dass der Patentverletzer das Angebot nicht annimmt, muss dem Patentinhaber ein Gegenangebot unterbreitet werden.[1451] Dabei spielt die Dauer der Verhandlungen eine Rolle, die individuell zu beurteilen ist,[1452] wobei ein „rein taktisches und/oder zögerliches und/oder nicht ernst gemeintes Verhal-

---

Internetquelle), Kommission (2014c, S. 2, Internetquelle) sowie Kommission (2014a, S. 2, Internetquelle).

[1446] Gemeint sind die Schlussanträge vom 20.11.2014 zum Vorabentscheidungsersuchen des LG Düsseldorf „LTE-Standard" (Rechtssache C-170/13). Vgl. dazu auch die entsprechend erlassene Pressemitteilung des EuGH (2014, Internetquelle).

[1447] Schlussanträge vom 20.11.2014 zum Vorabentscheidungsersuchen des LG Düsseldorf „LTE-Standard" (Rechtssache C-170/13, Rn. 80 und 103).

[1448] Schlussanträge vom 20.11.2014 zum Vorabentscheidungsersuchen des LG Düsseldorf „LTE-Standard" (Rechtssache C-170/13, Rn. 84).

[1449] Schlussanträge vom 20.11.2014 zum Vorabentscheidungsersuchen des LG Düsseldorf „LTE-Standard" (Rechtssache C-170/13, Rn. 85).

[1450] Schlussanträge vom 20.11.2014 zum Vorabentscheidungsersuchen des LG Düsseldorf „LTE-Standard" (Rechtssache C-170/13, Rn. 88).

[1451] Schlussanträge vom 20.11.2014 zum Vorabentscheidungsersuchen des LG Düsseldorf „LTE-Standard" (Rechtssache C-170/13, Rn. 88).

[1452] Schlussanträge vom 20.11.2014 zum Vorabentscheidungsersuchen des LG Düsseldorf „LTE-Standard" (Rechtssache C-170/13, Rn. 89).

ten"[1453] die Geltendmachung eines Unterlassungsanspruchs durch den Patentinhaber rechtfertigen kann.

3.4.4.2.4 Vermeidung wettbewerbswidrigen Verhaltens durch Veräußerung von Patenten

Um sich der angerissenen Problematik der Durchsetzung immaterieller Rechte – möglicherweise trotz der vorherigen Abgabe einer FRAND-Erklärung – zu entziehen, machen sich Inhaber standardessentieller Patente darüber hinaus die Möglichkeit der vorherigen Veräußerung standardessentieller Patente an dritte Unternehmen zunutze.[1454] Babey/Rizvi sind sich dieser Entwicklung bewusst und fordern aus diesem Grund eine Berücksichtigung dieser Tatsache in den Ausführungen der Kommission zur FRAND-Selbstverpflichtungserklärung.[1455] Zumindest für den Fall, dass die Standardrelevanz des Patents beim Verkaufszeitpunkt erkennbar war, sieht Picht jedoch keinen Grund, wieso das Verhalten von Erwerbern entsprechender Patente unter Umständen als weniger wettbewerbsschädlich eingestuft werden sollte als jenes der standardsetzenden Unternehmen selbst, die ursprünglich Inhaber des Patents waren.

Diese unternehmensstrategische Überlegung, die auch als „Patent Privateering" bezeichnet wird,[1456] soll jedoch in dieser Arbeit keine tiefergehende rechtliche Würdigung erhalten, weshalb an dieser Stelle auf die Diskussion in der Fachliteratur verwiesen wird.[1457]

3.4.4.3 Zusammenfassung

Im Fall Rambus hätte die Kommission die Gelegenheit gehabt, eine klare Richtung vorzugeben, inwiefern Fälle des „Patent Hold-Up" gegen geltendes EU-Wettbewerbsrecht verstoßen oder nicht.[1458] Diese Frage ist noch (immer) nicht abschließend in Form einer gerichtlichen Entscheidung geklärt. Denn das Verfahren gegen Rambus wurde eingestellt, nachdem Rambus hinsichtlich einer günstigeren Gestaltung der Lizenzgebühren einlenkte und eine so geartete, als rechtsverbindlich deklarierte Verpflichtungserklärung abgab.[1459] Jedoch ist den Ausführungen der Kommission an anderer Stelle klar zu entnehmen, dass Patent

---

[1453] Schlussanträge vom 20.11.2014 zum Vorabentscheidungsersuchen des LG Düsseldorf „LTE-Standard" (Rechtssache C-170/13, Rn. 88).

[1454] Hauck (2013, S. 1447).

[1455] Babey/Rizvi (2012, S. 818).

[1456] Hauck (2013, S. 1447).

[1457] Hauck (2013, S. 1446 ff.) widmet seinen Beitrag einer wettbewerbsrechtlichen Analyse des „Patent Privateering", wobei er insbesondere auf die Wirkung der FRAND-Erklärung eingeht.

[1458] Vgl. Hockett/Lipscomb (2009, S. 22), Klees (2010, S. 161).

[1459] Kommissionsentscheidung „Rambus" (WuW/E 06/2010, S. 719, Rn. 27), Kommission (2009d, S. 2, Internetquelle).

Hold-Ups als wettbewerbswidrig eingestuft werden,[1460] weshalb die Kommission unmissverständlich zur Vermeidung derartiger Situationen durch vorherige Offenlegung der geistigen Eigentumsrechte aller an einer Standardisierungskooperation beteiligten Unternehmen rät[1461].

Ebenfalls wurde das Qualcomm-Verfahren eingestellt, nachdem sich die Beschwerdeparteien und Qualcomm außergerichtlich einigten.[1462] Folglich fehlt es bislang an einer konkreten Definition dazu, was unter einer Lizenzpolitik nach FRAND-Grundsätzen zu verstehen ist. Wie hoch also dürfen Lizenzgebühren teuerstenfalls ausfallen, um nicht gegen FRAND-Grundsätze zu verstoßen?[1463] Zur Erörterung der Frage, wann ein Verstoß gegen FRAND-Grundsätze vorliegt, schlägt Mariniello ein vierstufiges Testverfahren vor, das Behörden zumindest Hinweise auf mögliche Verstöße gegen FRAND-Grundsätze eines Patentinhabers geben kann.[1464] Dazu formulierte Mariniello die folgenden vier Bedingungen, wobei jeweils zwei ex ante und ex post (d. h. vor und nach der Übernahme des Standards durch den möglicherweise geschädigten Lizenzsucher) zu prüfen sind:[1465]

1) Ex ante: Es existiert vor der Übernahme des Standards eine wirkliche, d. h. möglichst vollwertige Alternative zu dem betreffenden Standard.

2) Ex ante: Interessierte Lizenznehmer können vor Übernahme des Standards die zukünftigen Forderungen des Lizenzgebers nur mit geringer Sicherheit abschätzen.

3) Ex post: Der Lizenzgeber fordert nach Übernahme des Standards aus Sicht des Lizenznehmers unvorteilhaftere Lizenzbedingungen, als ex ante angekündigt.

4) Ex post: Der Lizenznehmer befindet sich nach Übernahme des Standards in einer Lock-In-Situation.

Sofern die genannten vier Bedingungen kumulativ erfüllt sind, müsste nach Ansicht Mariniellos die zuständige Wettbewerbsbehörde darüber befinden, inwiefern ein Verstoß gegen die FRAND-Grundsätze vorliegt und wie dieser Missstand zu beheben ist; sofern jedoch auch nur eine der Bedingungen nicht erfüllt ist, besteht nach Marionello hingegen kein Bedarf zum Einschreiten einer Wett-

---

[1460]   Vgl. H-LL (ABl. 2011, C 11, S. 1, Tz. 269).

[1461]   Vgl. H-LL (ABl. 2011, C 11, S. 1, Tz. 268, 286). Vgl. auch dazu Unterabschnitt 3.3.3.1.2.

[1462]   Vgl. Kommission (2009b, S. 1, Internetquelle).

[1463]   Die Kommission ist sich der Komplexität der Beantwortung dieser Frage durchaus bewusst, vgl. Kommission (2009b, S. 1, Internetquelle).

[1464]   Mariniello (2011, S. 540).

[1465]   Die Bedingungen sind Mariniello (2011, S. 532 ff.) entnommen.

bewerbsbehörde.[1466] Bis keine offizielle Mitteilung der Kommission ergangen ist, ist dieses Verfahren zumindest als Hinweis darauf geeignet, unter welchen Umständen die Kommission einen Eingriff in die Lizenzpolitik standardsetzender Unternehmen erwägt.[1467]

Für standardsetzende Unternehmen stellt die erste der vier genannten Bedingungen eventuell eine zusätzliche Compliance-Hürde dar, da die Annahme einer marktbeherrschenden Stellung – im Sinne eines Worst Case – als einziges Unternehmen, das die dem Standard zugrunde liegende Technologie in einem Markt anbietet, einerseits als Variante mit größtmöglicher Rechtssicherheit angenommen wurde.[1468] Andererseits muss das Vorhandensein von Wettbewerbern bzw. möglichen, alternativen Standards im Lichte eines eventuellen Verstoßes gegen FRAND-Grundsätze unter Umständen neu bewertet werden, da dies zu einem späteren Zeitpunkt für standardsetzende Unternehmen als entlastendes Indiz angeführt werden könnte.

Nach Körber bestehen außerdem noch immer Unsicherheit über die tatsächliche Reichweite kartellrechtlicher Missbrauchsverbote in Bezug auf standardessentielle Immaterialgüterrechte, sodass das Kräfteverhältnis zwischen immaterialgüterrechtlichen Unterlassungsklagen und kartellrechtlichen Zwangslizenzeinwänden aktuell noch nicht abschließend geklärt ist.[1469] Die notwendige rechtliche und praktische Klärung betrifft nach Körber insbesondere auch die (kartellrechtliche) Relevanz der von der Kommission geforderten FRAND-Erklärungen.[1470] Körber spricht FRAND-Erklärungen unter bestimmten Umständen eine rechtsverbindliche Wirkung als Lizenzangebot zu,[1471] welches Lizenzsuchern auf dem Markt eine (zusätzliche) Gewährleistung von Rechtssicherheit in Bezug auf die Entwicklung standardbasierter Produkte gewährt[1472]. Chappatte hingegen sieht eine klare (kartell-)rechtliche Basis zur Durchsetzung von FRAND-Erklärungen im Rahmen der Art. 101 und 102 AEUV.[1473] Wie jedoch das LG Düsseldorf feststellt, können Zwangslizenzen genauso auch ohne den

---

[1466] Mariniello (2011, S. 541).

[1467] Zwar geben die Inhalte des Werks von Mariniello (2011) grundsätzlich nur die Sichtweise des Autors und nicht jene der Kommission wieder, jedoch verweist die GD Wettbewerb der Europäischen Kommission auf den Aufsatz von Mario Mariniello, siehe Kommission (o. J. b, Internetquelle), der selbst Mitarbeiter im Chief Economist Team der Europäischen Kommission ist, was wiederum als Zeugnis für die Relevanz der wiedergegebenen Inhalte dienen kann.

[1468] Vgl. dazu Abschnitt 3.1.2.5.

[1469] Körber (2013b, S. 742). Vgl. auch Körber (2013a, S. 168).

[1470] Körber (2013b, S. 742). Nach Körber (2013a, S. 55 ff.) sind die kartellrechtliche Relevanz und die Anwendung des Kartellrechts auf FRAND-Erklärungen heftig umstritten.

[1471] Körber (2013a, S. 43 ff., 55).

[1472] Vgl. H-LL (ABl. 2011, C 11, S. 1, Tz. 287).

[1473] Chappatte (2009, S. 332).

Bruch einer FRAND-Erklärung alleine aus Art. 102 AEUV auf Basis des geltenden Kartellrechts erwirkt werden, sofern es sich um die missbräuchliche Verweigerung von Lizenzen zu standardessentiellen Patenten handelt.[1474]

Die jüngsten Beschlüsse der Kommission in den oben zusammengefassten Fällen von Samsung und Motorola zeigen hier bereits gewisse Tendenzen auf: Die vorherige Abgabe einer FRAND-Erklärung durch Inhaber standardessentieller Patente lässt einer späteren Lizenzverweigerung des Patentinhabers in Form einer Unterlassungserklärung schon dann wettbewerbsbeschränkende Wirkung zukommen, wenn die betreffenden Lizenzsucher lediglich ihre Bereitschaft zur Verhandlung der Lizenzgebühren signalisiert haben. Weiterhin lässt sich den Ausführungen des Generalanwalts Wathelet zum Vorabentscheidungsersuchen des LG Düsseldorf entnehmen, dass die Abgabe einer FRAND-Erklärung eine Verpflichtung des Patentinhabers mit sich bringt, vor einer möglichen gerichtlichen Durchsetzung von Unterlassungsansprüchen gegen einen Patentverletzer, zunächst auf schriftlichem Weg Vertragsverhandlungen mit diesem aufzunehmen.

Doch Rechtsunsicherheit besteht aktuell vor allem noch deshalb, weil bislang kein EuGH-Urteil ergangen ist, aus welchem hervorginge, wie die Gestaltung FRAND-konformer Lizenzgebühren auszusehen hat.[1475] Es fehlt also in erster Linie an einer inhaltlichen Konkretisierung der FRAND-Kriterien.

3.4.5 Zwischenfazit: Missbrauchsrechtliche Beurteilung von standardsetzenden Unternehmen

Wie dargestellt wurde, unterliegen standardsetzende Unternehmen nach der erfolgreichen Etablierung eines Standards den besonderen Bestimmungen des kartellrechtlichen Missbrauchsverbots, sofern in Verbindung mit der Inhaberschaft des Standards bzw. der Inhaberschaft der standardrelevanten geistigen Eigentumsrechte eine marktbeherrschende Stellung nachgewiesen werden kann. Dargestellt wurden sowohl die allgemeinen Fallgruppen des Missbrauchs marktbeherrschender Stellungen als auch Varianten dieser Gruppen, die eine gesteigerte Relevanz für standardsetzende Unternehmen aufweisen. So können Inhaber

---

[1474] So wird im Urteil des LG Düsseldorf vom 24.04.2012 „FRAND-Erklärung" (WuW/E DE-R, S. 3638, Rn. 199) einer Lizenzbereitschaftserklärung „lediglich eine deklaratorische Konkretisierung eines kraft Kartellrechts (Art. 102 AEUV, §§ 19 f. GWB) ohnehin bestehenden Abschlusszwanges" zugeschrieben. Auch Chappatte (2009, S. 333) sieht die FRAND-Grundsätze bereits direkt im Art. 82 EGV bzw. Art. 102 AEUV inhaltlich verankert.

[1475] Aus diesem Grund agiert die Kommission bisweilen noch zurückhaltend: Obschon in der Beantragung und Vollstreckung einer Unterlassungsverfügung im Fall Motorola ein Verstoß gegen die EU-Wettbewerbsregeln gesehen wurde, kam es nicht zur Verhängung einer Bußgeldsanktion, vgl. dazu Kommission (2014c, S. 2, Internetquelle) und Kommission (2014a, S. 3, Internetquelle).

von Technologiestandards und standardessentiellen Eigentumsrechten insbesondere bei der restriktiven Vergabe von Zugangs- und Nutzungsrechten an kartellrechtliche Grenzen stoßen.

Erstens kann die vorgestellte Essential-Facilities-Doktrin sowohl auf physische und geistige Eigentumsrechte als auch auf Know-how oder immaterialgüterrechtlich ungeschützte Information angewendet werden, sodass die Gefahr besteht, dass aus der Verweigerung der Nutzung eines Standards eine Verhinderung des Zutritts zu einem benachbarten Markt abgeleitet werden kann. Zweitens unterliegt der Inhaber eines Marktstandards bei der Vergabe von Zugangs- und Nutzungsrechten dem allgemeinen Diskriminierungsverbot.

Dabei können standardsetzende Unternehmen Bedenken der Wettbewerbsaufsicht durch die Abgabe einer FRAND-Erklärung ex ante mildern, wobei die kartellrechtliche Bedeutung der einseitigen Abgabe einer solchen Erklärung derzeit noch nicht eindeutig geklärt ist. Wie anhand der genannten Beschlüsse der Europäischen Kommission sowie auch den jüngsten Ausführungen des Generalanwalts Wathelet genanntem Thema gezeigt wurde, führt die Abgabe einer FRAND-Erklärung mit hoher Wahrscheinlichkeit dazu, dass sich Inhaber von Technologiestandards und entsprechend standardessentieller Eigentumsrechte nach einer solchen Abgabe nicht mehr ohne Weiteres auf das Rechtsinstrument einer Unterlassungsverfügung berufen können.

Darüber hinaus existiert für marktbeherrschende Unternehmen zwar generell keine Freistellungsklausel analog zu Art. 101 Abs. 3 AEUV, jedoch kann eine missbräuchliche Verweigerung oder Beschränkung der Nutzung eines Standards auch gerechtfertigt sein.[1476] Das Studium der genannten Rechtfertigungsgründe ist deshalb dringende Voraussetzung für standardsetzende Unternehmen, noch bevor restriktive Standardisierungsstrategien umgesetzt werden.

3.5 Fazit

Die Vorschriften des Kartell- und Missbrauchsverbots sind für standardsetzende Unternehmen von bedeutender Relevanz. Denn kartellrechtliche Verstöße können empfindliche Geldbußen gegen Unternehmen oder verantwortliche Einzelpersonen mit sich bringen oder auch zu Haftstrafen führen.[1477] Außerdem können geschlossene Verträge als zivilrechtlich unwirksam erklärt werden.[1478] Im Gegensatz zum europäischen Recht können nach deutschem Recht neben Unternehmen auch natürliche Personen Adressaten des Kartellverbots sein, sodass im

---

[1476] Siehe Unterabschnitt 3.4.3.9.2 für Rechtfertigungsgründe einer Zugangsverweigerung im Sinne der Essential-Facilities-Doktrin.

[1477] Lampert/Matthey in: Hauschka (2010, § 26, Rn. 1).

[1478] Lampert/Matthey in: Hauschka (2010, § 26, Rn. 1).

Rahmen von Ordnungswidrigkeitenverfahren Bußgelder gegen die Geschäftsführung wegen Verletzung der Aufsichtspflicht verhängt werden können.[1479] Daher sollte in standardsetzenden Unternehmen bereits frühzeitig eine Sensibilisierung für kartellrechtliche Konflikte erfolgen, um entsprechende Konflikte zu einem späteren Zeitpunkt zu vermeiden.[1480]

Insbesondere die erfolgreiche Etablierung eines Standards im Markt bleibt nicht ohne Folgen für die unternehmerische Entscheidungsfreiheit standardsetzender Unternehmen, denn mit der Zunahme an Marktmacht ist auch eine gesteigerte Verantwortung des Unternehmens für die Gewährleistung der Wettbewerbsfreiheit verbunden: So ist die Kommerzialisierung des Standards durch restriktive Vergabestrategien oder gar eine Monopolstrategie[1481] zur Kompensation der Entwicklungskosten für marktbeherrschende Standardsetzer nur innerhalb der dargestellten missbrauchsrechtlichen Schranken möglich. Um sich kartellrechtskonform zu verhalten, sollten sich standardsetzende Unternehmen vor der Verweigerung der Nutzung des Standards zwingend mit den einschlägigen Rechtfertigungsmöglichkeiten auseinandersetzen. Da sich die Marktmachtverhältnisse aufgrund der Dynamik von Netzwerkeffekten bei der Etablierung von Standards rasch ändern können, sollten sich auch Unternehmen, die noch keine marktbeherrschende Stellung innehaben, bereits rechtzeitig mit den Konsequenzen der gesteigerten Verantwortung befassen, die eine marktbeherrschende Stellung mit sich bringt.[1482]

Standardisierungskooperationen sind darüber hinaus gehalten, die Vorschriften des Kartellverbots zu beachten. In diesem Zusammenhang wurde die Freistellung von Standardisierungskooperationen untersucht. Dazu sollten Unternehmen im Einzelfall die Anwendbarkeit der einschlägigen Gruppenfreistellungsverordnungen prüfen, sich aber in jedem Fall an den H-LL der Kommission als Interpretationshilfe der allgemeinen Freistellungsklausel des Art. 101 Abs. 3 AEUV orientieren, in welchen dem Thema kooperative Standardisierung eine zunehmende Bedeutung beigemessen wird. Als Orientierungshilfe vor Beginn der Standardisierungstätigkeit können bereits die in Unterkapitel 3.3.4 erörterten Forderungen an Standardisierungskooperationen dienen, um die Gestaltung der Standardisierungsarbeit an diesen Grundsätzen auszurichten.

Eine gesteigerte Rechtssicherheit können standardsetzende Unternehmen dadurch erhalten, dass sie die Nutzung des Standards bzw. die Vergabe entsprechender Lizenzen durch die Abgabe einer entsprechenden FRAND-Selbstverpflichtungserklärung transparent gestalten und von einer Monopolstrategie

---

[1479] Lampert/Matthey in: Hauschka (2010, § 26, Rn. 11)
[1480] Vgl. Klees (2010, S. 161).
[1481] Siehe dazu Abschnitt 2.3.3.2.
[1482] Vgl. Lampert/Matthey in: Hauschka (2010, § 26, Rn. 66).

bzw. einer diskriminierenden Vergabe von Lizenzen gänzlich absehen. Die Abgabe einer FRAND-Erklärung empfiehlt sich dabei nach den obigen Ausführungen sowohl für Standardisierungskooperationen als auch für standardsetzende Einzelunternehmen: Zwar ist die Abgabe einer FRAND-Erklärung gewissermaßen bereits Voraussetzung für kartellrechtskonforme kooperative Standardisierungsvorhaben,[1483] doch auch marktbeherrschende Einzelunternehmen können durch die Abgabe (und Einhaltung) einer verbindlichen Selbstverpflichtungserklärung wettbewerbsrechtliche Bedenken ausräumen[1484]. Jedoch ist zu beachten, dass die Abgabe einer FRAND-Erklärung und insbesondere die darin aufgestellten Lizenzbedingungen mit hoher Wahrscheinlichkeit als verbindlich anzusehen sind und nicht nachträglich zum Nachteil von Lizenzsuchern abgeändert werden sollten.[1485]

[1483] Vgl. dazu Unterabschnitt 3.3.3.1.2 und Chappatte (2009, S. 332).

[1484] So geschehen im Rambus-Fall, vgl. Unterabschnitt 3.4.4.1.3, oder im Fall Samsungs, vgl. Unterabschnitt 3.4.4.2.3, wo die nachträgliche Abgabe rechtsverbindlicher Selbstverpflichtungserklärungen jeweils zur Ausräumung kartellrechtlicher Bedenken der Kommission führten.

[1485] Vgl. Mariniello (2011, S. 535).

4 Die Rolle einer Roaming- und Clearing-Stelle für Elektrofahrzeuge im System der Elektromobilität

Diese Arbeit setzt sich zum Ziel, die kartellrechtliche Relevanz von Industrie-standards am Beispiel einer privatwirtschaftlich organisierten RCSE zu hinter-fragen. Dazu soll in diesem Teil der Arbeit erläutert werden, welche Rolle eine RCSE im System der Elektromobilität spielt und welches Geschäftsmodell eine RCSE verfolgt. Dazu werden zunächst begriffliche Grundlagen zum System der Elektromobilität und zu Elektrofahrzeugen geklärt. Anschließend wird die politi-sche und wirtschaftliche Bedeutung von Elektromobilität in Deutschland erörtert. Danach wird die für Elektromobilität notwendige Ladeinfrastruktur auf techno-logischer Ebene beschrieben, um auf dieser Basis im Anschluss die Rolle einer RCSE im System der Elektromobilität zu erläutern.

4.1 Begriffliche Grundlagen zur Elektromobilität

Um die technische und wirtschaftliche Einordnung einer RCSE vorzunehmen, ist zunächst eine Klärung des Elektromobilitätsbegriffs notwendig. Davon ausge-hend, soll danach eine Ableitung des Begriffs des Elektrofahrzeugs erfolgen, da Elektrofahrzeuge die hauptsächlichen technischen Bezugsobjekte einer RCSE darstellen.

4.1.1 Elektromobilität

Unter Elektromobilität ist im allgemeinen Sprachgebrauch die „Fortbewegung mit elektrisch angetriebenen Fahrzeugen bzw. Verkehrsmitteln"[1486] zu verstehen. Somit lässt der Begriff Elektromobilität zunächst Interpretationsspielraum, was die Definition von Fahrzeugen und Verkehrsmitteln anbelangt. Beispielsweise können auch Bahnen, Flugzeuge, Schiffe oder Omnibusse elektrisch betrieben werden.[1487] Der politische Bezug von Elektromobilität in Deutschland be-schränkt sich hingegen auf den Straßenverkehr, d. h. Personenkraftwagen und leichte Nutzfahrzeuge sowie Zweiräder und Leichtfahrzeuge, aber auch Busse und andere Fahrzeuge.[1488] Für diese Arbeit soll dieser Bezugsbereich schließlich auf den Individualverkehr eingegrenzt werden, sodass Verkehrsmittel, die typi-

---

[1486] Duden: Stichwort „Elektromobilität".

[1487] Für Beispiele technischer Ausführungen entsprechender Antriebskonzepte z. B. Brake (2009, S. 87 ff.) oder Naunin (2007, S. 170 ff.).

[1488] Bundesregierung (2009, S. 6, Internetquelle).

scherweise für den öffentlichen Nahverkehr genutzt werden, nicht erfasst sind. Unter Berücksichtigung der nun abgegrenzten Bezugsbereiche, wird unter Elektromobilität in dieser Arbeit also die „Fortbewegung mit elektrisch angetriebenen Fahrzeugen für den straßengebundenen Individualverkehr" verstanden.

4.1.2   Elektrofahrzeug

Um ein Elektrofahrzeug handelt es sich jedoch erst und nur dann, wenn das Fahrzeug primär von einem Elektromotor angetrieben wird und so im Stande ist, ohne den Einsatz eines Verbrennungsmotors längere Strecken zu fahren. Derzeit werden zwei zukunftsträchtige Konzepte eines Elektrofahrzeugs unterschieden:[1489] Batteriebasierte (im Folgenden BEV genannt) und brennstoffzellenbasierte Elektrofahrzeuge (im Folgenden FCEV genannt). FCEV verfügen zwar ebenfalls über eine Batterie, diese fungiert allerdings lediglich als Zwischenspeicher für die in der Brennstoffzelle erzeugte Energie. Die Energieerzeugung bei einer Brennstoffzelle geht dabei in Form einer chemischen Reaktion von Wasserstoff und Sauerstoff zu Wasser vonstatten, weshalb stets ein Vorrat an Wasserstoff als Energieträger im Fahrzeug gehalten und bei Bedarf wiederbeschafft werden muss. Ein vergleichbarer Vorgang der Energieerzeugung findet bei BEV nicht statt. Die Batterie dient anstatt dessen als alleiniger Energiespeicher zur Stromversorgung des Elektromotors, der bei Bedarf mit dem Stromnetz verbunden und aufgeladen werden kann.

Eine wichtige Abgrenzung gegenüber Elektrofahrzeugen stellen bestimmte Hybridfahrzeuge dar, welche zwar über einen Elektromotor verfügen, wobei dieser jedoch nicht als Primärantrieb, sondern lediglich zur Unterstützung des konventionellen Antriebs (z. B. Otto-, Diesel- oder Gasmotor) dient. Dabei kann eine Klassifizierung der Hybridantriebe anhand des Grads der Unterstützung vorgenommen werden: Man unterscheidet dabei zwischen Micro-, Mild-, Voll- und Plug-In-Hybriden.[1490] Micro- und Mild-Hybride zeichnen sich dadurch aus, dass der Verbrennungsmotor mit Antriebsmomenten eines zusätzlich verbauten Elektromotors unterstützt wird. Dabei stellen Micro-Hybride nur eine Weiterentwicklung eines elektrischen Anlassers dar und unterstützen so lediglich beim Anlassen des Motors nach kurzen Fahrtunterbrechungen.[1491] Mild-Hybride hingegen sind dazu in der Lage, den Gesamtwirkungsgrad eines Verbrennungsmotors zu optimieren. Beispielsweise kann der Elektromotor in dem für Verbrennungsmotoren wenig optimalen, unteren Teillastbereich zusätzliche Last aufbringen und somit den Betriebspunkt des Verbrenners verlagern.[1492]

[1489]   Wallentowitz et al. (2010, S. 58 ff.).

[1490]   Z. B. Wallentowitz et al. (2010, S. 52 ff.), Doppelbauer (2012, S. 123 f.).

[1491]   Doppelbauer (2012, S. 123).

[1492]   Doppelbauer (2012, S. 123 f.).

Vollhybride verfügen über einen kräftigeren Elektromotor. Im Vergleich zu Micro- oder Mild-Hybriden können solche Fahrzeuge zumindest kurze Strecken rein elektrisch, d. h. ohne den gleichzeitigen Einsatz eines Verbrennungsmotors, zurücklegen.[1493] Die Ladung der Batterie erfolgt bei den drei bisher genannten Hybrid-Varianten intern, z. B. über die Nutzung von Bremsenergie, nicht jedoch über einen externen Stromanschluss. Plug-in-Hybride (im Folgenden PHEV genannt) stellen hingegen den Übergang zum reinen Elektrofahrzeug dar, da diese Fahrzeuge prinzipiell darauf ausgelegt sind, von einem Elektromotor auch über längere Distanzen angetrieben zu werden.[1494] Wie auch bei den vorherigen drei Varianten wird die Batterie über die Speicherung von Bremsenergie geladen, jedoch kann zusätzlich über einen externen Stromanschluss Energie bezogen werden.[1495] Sofern der Verbrennungsmotor eines PHEV lediglich als Notstromaggregat zur Wiederaufladung der Batterie für den elektrifizierten Primärantrieb dient, spricht man von Range Extended Electric Vehicles (im Folgenden REEV genannt).[1496] Die NPE zählt PHEV und REEV mit zur Gruppe der BEV, da die Gemeinsamkeit darin besteht, dass alle drei Fahrzeugtypen die Batterien mittels einer Verbindung mit dem Stromnetz aufladen können. [1497] Diese Betrachtungsweise soll für diese Arbeit übernommen werden: Wesentliches Merkmal eines Elektrofahrzeugs ist deshalb neben einem elektrischen Antrieb die Fähigkeit, die Fahrzeugbatterie durch den Anschluss am Stromnetz aufzuladen.

Abbildung 16 fasst die nun vorgestellten Antriebsarten nochmals zusammen.

[1493] Doppelbauer (2012, S. 124).

[1494] Wallentowitz et al. (2010, S. 58).

[1495] NPE (2012b, S. 7, Internetquelle).

[1496] NPE (2012b, S. 7, Internetquelle).

[1497] NPE (2012b, S. 7, Internetquelle).

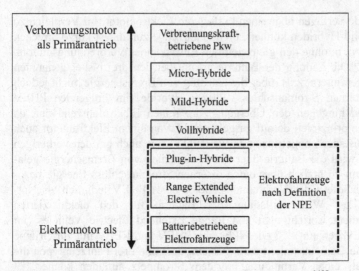

Abbildung 16:   Evolution batteriebetriebener Elektrofahrzeuge[1498]

4.2   Politische und wirtschaftliche Bedeutung der Elektromobilität

Die Geschichte des Automobils ist zwar wesentlich von der Entwicklung des Verbrennungsmotors geprägt. Doch bereits fünf Jahre vor der Entwicklung des ersten verbrennungskraftbetriebenen Motorwagens durch Carl Benz im Jahre 1886 wurden Fahrzeuge ähnlicher Größe und Ausstattung entwickelt, die über einen elektrischen Antrieb und über eine Batterie als Energiespeicher verfügten.[1499] Den Durchbruch am Markt erreichte das Automobil aber erst mit dem Verbrennungsmotor, was maßgeblich auf die höhere Energiedichte sowie den damals geringen Kostenfaktor und eine entsprechend hohe Verfügbarkeit von Öl zurückzuführen war.[1500] Während die physikalischen Eigenschaften der jeweiligen Energieträger bis heute nahezu unverändert geblieben sind, haben sich die umwelt- und wirtschaftspolitischen Rahmenbedingungen geändert. Aufgrund dieser Entwicklungen wird Elektromobilität als bereits aus der Vergangenheit bekanntes Antriebskonzept für den Individualverkehr erneut in den Fokus politischer, wirtschaftlicher und forschungsbezogener Arbeit genommen.

[1498]   Quelle: Darstellung in Anlehnung an NPE (2012b, S. 7, Internetquelle).
[1499]   Seiler (2012).
[1500]   Spath/Pischetsrieder (2010, S. 11).

Im Folgenden soll deshalb ein Überblick über die umwelt- und verkehrs- sowie die wirtschafts- und energiepolitischen Aspekte der Elektromobilität zur heutigen Zeit gegeben werden.

4.2.1   Umwelt- und verkehrspolitische Aspekte

Konkret verbindet die Bundesregierung mit der Einführung von Elektromobilität die umweltpolitischen Zieldimensionen einer Reduktion der Abhängigkeit von Öl als fossiler Energieressource sowie der Reduktion von Treibhausgasemissionen, insbesondere von CO_2.[1501] Weiterhin sollen auch Synergieeffekte durch die Einführung von Elektromobilität freigesetzt werden, die sich sowohl in energie- als auch verkehrspolitischer Hinsicht niederschlagen. So sollen Elektrofahrzeuge langfristig mit ihren Stromspeicherkapazitäten dazu beitragen, die Stabilität des Stromnetzes bei einem zunehmenden Anteil regenerativer Energiequellen zu gewährleisten sowie einen Beitrag zur Schaffung zukunftsweisender, intermodaler Mobilitätskonzepte leisten.[1502]

4.2.1.1   Reduktion der Abhängigkeit von Öl

Bei Mineralöl handelt es sich um den wichtigsten Primärenergieträger Deutschlands.[1503] Dabei ist die Bundesrepublik zum großen Teil von Erdölimporten abhängig, da Deutschland selbst nur über sehr geringe Erdölvorkommen verfügt.[1504] So wurden in Deutschland im Jahr 2013 nur etwa 2.624.000 Tonnen Rohöl gefördert, wobei im selben Jahr alleine 90.364.000 Tonnen Rohöl importiert wurden, was einer Importquote von 97 % entspricht.[1505] Ein nicht geringer Anteil der Importe stammt dabei aus Regionen, die innen- oder außenpolitischen Instabilitäten ausgesetzt sind (siehe Abbildung 17). Der größte Importanteil stammt außerdem aus Russland, dessen politische Verhandlungsmacht gegenüber Deutschland aufgrund dieser hohen Abhängigkeit überaus großes Gewicht erlangt (siehe Abbildung 17).

Die Entwicklung des Ölpreises kennt seit Jahrzehnten nur eine Tendenz: nach oben. Das ökonomische Grundgesetz der Preisbestimmung durch Angebot und Nachfrage wird anhand des fossilen und daher begrenzt vorhandenen Rohstoffs Öl eindrucksvoll demonstriert. Immer neue Meldungen über immer knapper werdende Ölreserven und steigenden Bedarf in großen Schwellenländern wie

---

[1501] Bundesregierung (2009, S. 8 f., Internetquelle), BMWi et al. (2011a, S. 5 f., Internetquelle).

[1502] Bundesregierung (2009, S. 8 f., Internetquelle).

[1503] BMWi (2013, S. 20, Internetquelle).

[1504] Dazu BMWi (2014, Tabelle 40, Internetquelle), wonach Deutschlands Anteil an sicher gewinnbaren Erdölvorkommen der Erde im Jahr 2012 lediglich 0,015 % beträgt.

[1505] BMWi (2014, Tabelle 14, Internetquelle).

China oder Indien schlagen sich für den Endverbraucher letztendlich in nahezu stetig steigenden Spritpreisen nieder (siehe Abbildung 18).

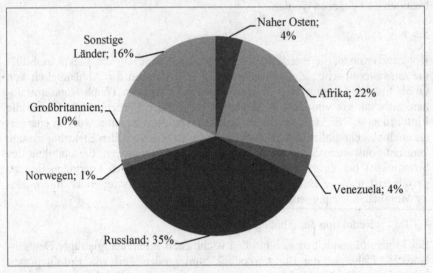

Abbildung 17: Ölimporte 2013 nach Herkunft[1506]

Der Wunsch der deutschen Bundesregierung nach mehr wirtschaftlicher Unabhängigkeit scheint daher zur Erhöhung der Versorgungssicherheit des Landes und zur Sicherung der Interessen der Verbraucher gut nachvollziehbar.

Im Jahr 2012 wurden in Deutschland insgesamt 102.991.000 Tonnen Mineralölprodukte abgesetzt, davon alleine 52.165.000 Tonnen in Form von Otto- bzw. Dieselkraftstoff.[1507] Demnach wurden alleine 50,7 % des Mineralöls für Kraftstoffprodukte verwendet, die in erster Linie im Straßenverkehrssektor zum Einsatz kommen.[1508] Dementsprechend hoch ist das Potenzial zur Einsparung von Mineralölprodukten in diesem Sektor, und dementsprechend hoch sind auch die Bemühungen zur Nutzung alternativer Kraftstoffe und auch Antriebe. Beispiele hierfür sind die Beimischung biologisch erzeugter Kraftstoffe wie Bioethanol zu Benzin (z. B. der Kraftstoff E10, mit einem Anteil von Bioethanol von 10 %) und Biodiesel zu Dieselkraftstoff (z. B. der Kraftstoff B7, mit einem

---

[1506] Quelle: Eigene Darstellung, Datenquelle: BMWi (2014, Tabelle 13, Internetquelle).

[1507] BMWi (2014, Tabelle 14, Internetquelle).

[1508] Vgl. auch dazu BMWi (2013, S. 20).

Anteil von Biodiesel von 7 %[1509]), um zumindest partiell fossile Energieträger durch regenerative zu ersetzen.

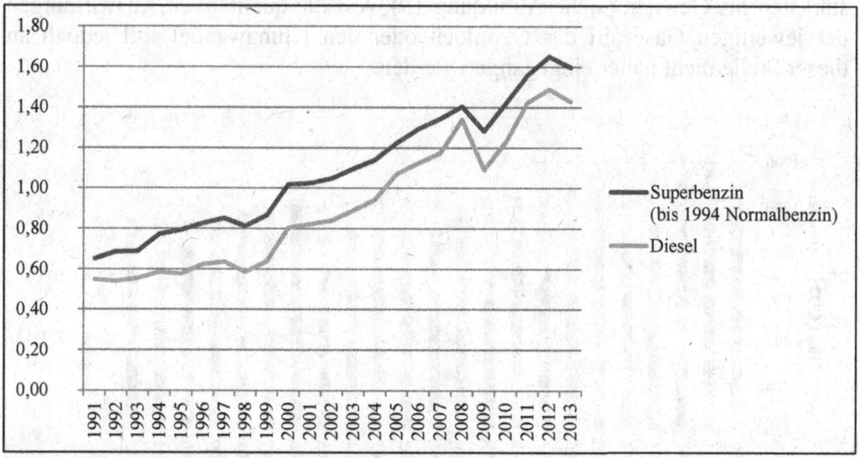

Abbildung 18: Entwicklung der Verbraucherpreise für Superbenzin und Dieselkraftstoff[1510]

Dennoch sind Verbrennungsmotoren letztendlich noch auf fossile Rohstoffe wie Erdöl oder Erdgas angewiesen. Im Gegensatz dazu wird der Elektromotor eines batteriebasierten Elektrofahrzeugs von Strom betrieben, der von einer Fahrzeugbatterie geliefert wird. Die Fahrzeugbatterie wird wiederum durch den Anschluss an das Stromnetz beladen, sodass die direkte Energiezufuhr eines Elektrofahrzeugs letztendlich gänzlich ohne Benzin- oder Dieselkraftstoff vonstattengeht. Der Energieverbrauch eines Elektrofahrzeugs spiegelt damit vielmehr den gesamtdeutschen Energiemix wider.

4.2.1.2 Reduktion von Treibhausgasemissionen, insbesondere CO_2

Treibhausgase sind der Haupttreiber für den globalen Klimawandel, wie er sich derzeit in Form des stetig wachsenden Ozonlochs und der damit verbundenen Erderwärmung (Treibhauseffekt) äußert. Im 1997 beschlossenen Protokoll von Kyoto werden neben dem in der öffentlichen Diskussion zumeist angeführten Kohlendioxid (CO_2) auch Methan (CH_4), Distickstoffoxid (N_2O), Teilhalogenierte Fluorkohlenwasserstoffe (HFC), Perfluorierte Kohlenwasserstoffe (PFC) und Schwefelhexafluorid (SF_6) als Treibhausgase zum Gegenstand nachhaltiger

---

[1509] BMU (2009, S. 2), wonach seit Februar 2009 bis zu 7 % des Dieselkraftstoffes aus Biodieselanteil bestehen darf.

[1510] Quelle: Eigene Darstellung, Datenquelle: BMWi (2014, Tabelle 26, Internetquelle).

Umweltpolitik gemacht.[1511] Verglichen mit den Emissionen der anderen Treibhausgase fallen die CO_2-Emissionen in Deutschland seit Jahren quantitativ am stärksten ins Gewicht (siehe Abbildung 19). Auf die qualitativen Auswirkungen der jeweiligen Gase auf das Ozonloch oder den Klimawandel soll jedoch an dieser Stelle nicht näher eingegangen werden.

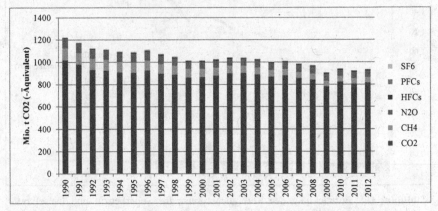

Abbildung 19: Zusammensetzung der Treibhausgasemissionen in Deutschland[1512]

Mit der Unterzeichnung des Kyoto-Protokolls 1998 und einem entsprechenden Umsetzungsgesetz im Jahre 2002 hat sich Deutschland zur Erreichung der im Kyoto-Protokoll vereinbarten Klimaziele in Form der Reduktion von Treibhausgasemissionen verpflichtet: Nach den Zielvereinbarungen sollten in den Jahren 2008 bis 2012 die Gesamtemissionen von Treibhausgasen um mindestens fünf Prozent unter das Niveau von 1990 gesenkt werden.[1513] Nachdem diese Vorgaben erreicht wurden[1514], sind die neuen Ziele der Bundesregierung höher gesteckt: Im Vergleich zum Referenzjahr 1990 wird angestrebt, die Treibhausgasemissionen bis 2020 um bis zu 40 % und bis zum Jahr 2050 um insgesamt 80 bis 95 % zu senken.[1515] Die Klimaziele der Bundesregierung sind damit noch höher gesteckt als jene der Europäischen Kommission, welche bis 2020 erst eine Reduktion der Treibhausgase in der EU um 20 % und bis 2030 dann um 40 % im

---

[1511] Protokoll von Kyoto (1997, Anlage A).

[1512] Quelle: Eigene Darstellung, Datenquelle: BMWi (2014, Tabelle 10, Internetquelle).

[1513] Protokoll von Kyoto (1997, Art. 3 Abs. 1).

[1514] BMWi (2014, Tabelle 10, Internetquelle).

[1515] BMU (2011d, S. 4, Internetquelle).

Vergleich zum Jahr 1990 vorsehen.[1516] Dementsprechend groß ist der politische Handlungsbedarf auf nationaler aber auch europäischer Ebene.

Im integrierten Energie- und Klimaprogramm der Bundesregierung von 2007 wurden die Ziele zur Senkung von Treibhausgasemissionen vor dem Hintergrund der im selben Jahr abgehaltenen Weltklimakonferenz auf Bali bereits weiter konkretisiert und politische Maßnahmen zur Erreichung des 2020-Ziels[1517] formuliert. Neben dem Energiesektor wird dabei auch der Sektor Verkehr als mögliche Quelle zur CO_2-Einsparung genannt.[1518] Das hat seinen Grund: Immerhin machten die CO_2-Emissionen, die durch den Straßenverkehr verursacht wurden, in den Jahren 1991 bis 2009 stets einen Anteil von 16 bis 20 % des Gesamtausstoßes an CO_2 in Deutschland aus (vgl. Abbildung 20). Im Energie- und Klimaprogramm wird deshalb für den Verkehrssektor unter anderem der Ausbau von Elektromobilität als Maßnahme zur weiteren Einsparung von CO_2-Emissionen aufgeführt[1519], wodurch die flächendeckende Einführung von Elektromobilität konkret zum Gegenstand deutscher Umweltpolitik wird.

Allerdings sollte die Einführung von Elektromobilität nicht isoliert betrachtet oder durchgeführt werden: Wie bereits erwähnt, spiegeln Elektrofahrzeuge in ihrem Energieverbrauch letztendlich den deutschen Energiemix wider. Damit wird schließlich anstatt der CO_2-Emissionen aus der Verbrennung von Benzin oder Dieselkraftstoffen der CO_2-Ausstoß von Kraftwerken in der Betrachtung relevant. Bezogen auf den deutschen Energiemix entfielen so im Jahr 2010 durchschnittlich 546 Gramm CO_2 auf eine verbrauchte Kilowattstunde.[1520] Dementsprechend kann eine tatsächliche Minderung der CO_2-Ausstöße nur dann erfolgen, wenn der Strom, mit welchem Elektrofahrzeuge aufgeladen werden, aus CO_2-neutralen Energiequellen wie z. B. Windenergie stammt.[1521] Wie im nächsten Abschnitt 4.2.1.3 deshalb nochmals unterstrichen wird, bietet sich eine Kombination von Elektromobilität mit regenerativen Energien nicht nur an, sondern scheint dringend erforderlich, um die Klimaziele der Bundesregierung zu erreichen.[1522]

[1516] Kommission (2014d, S. 2 ff., Internetquelle).

[1517] Durch die Maßnahmen des integrierten Energie- und Klimaprogramms kann bereits eine Einsparung von 36 % der Treibhausgasemissionen im Vergleich zum Jahr 1990 erreicht werden, BMU (2007, S. 8, Internetquelle).

[1518] BMU (2007, S. 8, Internetquelle), wonach bis 2020 durch gezielte Maßnahmen im Verkehrssektor weitere 33,6 Mio. Tonnen CO_2 eingespart werden können. Insgesamt sind durch das Energie- und Klimaprogramm CO_2-Einsparungen in Höhe von 219,4 Mio. Tonnen CO_2 geplant, sodass über 15 % der geplanten Einsparungen über den Verkehrssektor erzielt werden sollen.

[1519] Vgl. BMU (2007, S. 8, Internetquelle).

[1520] Icha (2013, S. 7, Internetquelle).

[1521] Vgl. Reichert et al. (2012, S. 460). Vgl. auch BMU (2011a, S. 2, Internetquelle) bzw. BMU (2013, S. 1).

[1522] Vgl. Reichert et al. (2012, S. 460).

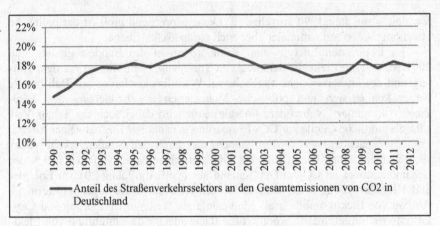

Abbildung 20:   Anteil des Straßenverkehrssektors an den Gesamtemissionen von CO_2 in Deutschland[1523]

4.2.1.3   Synergieeffekte im Zusammenhang mit regenerativen Energien

Die Vorteilhaftigkeit regenerativer Energien für Elektrofahrzeuge im Sinne einer positiven CO_2-Bilanz ist jedoch nicht einseitig, vielmehr werden bei einer Kombination von Elektromobilität mit regenerativen Energien Synergieeffekte freigesetzt: So wie Elektrofahrzeuge einerseits regenerative Energien zur Erzielung CO_2-neutraler Mobilität benötigen, kann der Ausbau von Elektromobilität andererseits auch positiven Einfluss auf den Erfolg regenerativer Energien nehmen.

Denn der zunehmende Anteil regenerativer Energien im deutschen Strommix birgt eine immer größere Tendenz für Fluktuationen im Stromnetz in sich. Aufgrund der wechselhaften und unkalkulierbaren Verfügbarkeit bestimmter natürlicher Energiequellen (z. B. Solarenergie oder Windenergie) kommt es sowohl vermehrt zu Spitzenlastzeiten, in welchen Grundlast im Netz gedeckt werden muss, als auch zu Nachfragetälern, in welchen überschüssiger Strom verbraucht werden muss. Das Stromnetz selbst verfügt dabei über keine Stromspeicherkapazität. Deshalb muss der in das Stromnetz eingespeiste Strom zur selben Zeit verbraucht werden, in welcher er erzeugt wurde. Stromspeicher als flexible Stromabnehmer gewinnen somit bei einer Zunahme des Anteils regenerativer Energien immer weiter an Bedeutung.

Die natürlichen Kapazitäten Deutschlands zum Bau neuer Pumpspeicherkraftwerke sind jedoch nahezu erschöpft, sodass der neue Bedarf an Speicherkapazität nicht dadurch gedeckt werden kann. In aggregierter Form können jedoch Batterien einer Vielzahl von Elektrofahrzeugen als dezentrales Speicherkraft-

---

[1523]   Quelle: Eigene Darstellung, Datenquelle: BMWi (2014, Tabelle 9, Internetquelle).

werk wirken und damit überschüssige Energie aus natürlichen Quellen speichern und bei Bedarf wieder in das Stromnetz einspeisen. Mit dem Anschluss an das Stromnetz über eine kompatible Ladestation werden Elektrofahrzeuge sozusagen in das Stromnetz integriert. Dieses sogenannte Vehicle-to-Grid-Prinzip (im Folgenden V2G genannt) wird in Abschnitt 4.4.2.3 mit Bezug auf die RCSE näher beschrieben.

4.2.1.4 Synergieeffekte im Zusammenhang mit intermodalen Verkehrskonzepten

Mobilitätssysteme der Zukunft werden sich vor allem in urbanen Umgebungen bewähren müssen.[1524] Einerseits ist ein stetiges Wachstum der Weltbevölkerung zu verzeichnen,[1525] andererseits ein Trend der Verstädterung,[1526] also ein Anstieg der Bevölkerung in Städten und die damit einhergehende Bildung von sogenannten Megacities. Neben den Synergieeffekten, die durch eine Netzintegration von Elektrofahrzeugen erzielt werden können, müssen Elektrofahrzeuge also auch den mit der Urbanisierung einhergehenden Herausforderungen gewachsen sein. Insbesondere gilt es, in diesem Zusammenhang die lokalen Treibhausgas- und Geräuschemissionen zu reduzieren, die von Fahrzeugen in Städten ausgehen.[1527]

Die spezifischen Eigenschaften elektrisch betriebener Fahrzeuge können dazu beitragen, dass genau diese aktuellen verkehrspolitischen Ziele erreicht werden: So beabsichtigt die Bundesregierung, dass der urbane Straßenverkehr bis 2050 vorwiegend mit regenerativen Energien bewältigt werden soll.[1528] Elektrofahrzeuge würden diese Brücke zwischen Individualverkehr und der Nutzung regenerativer Energien schlagen. Unabhängig von der CO_2-Bilanz des Fahrstroms wird durch das Fahrzeug in jedem Fall lokal kein CO_2 emittiert,[1529] sodass Innenstädte von einer gesteigerten Luftqualität profitieren können. Weiterhin kommt Innenstädten die geringere Lärmbelastung von Elektrofahrzeugen zugute,[1530] da Elektromotoren im Betrieb bedeutend geräuschärmer sind als Verbrennungsmotoren mit vergleichbarer Leistung. Die Förderung von Elektromobilität ist aus diesem Grund Teil des Stufenplans der Bundesregierung zur Senkung der Geräuschemissionen von Fahrzeugen.[1531]

[1524] Burmeister et al. (2012, S. 16 ff.), Hanselka/Jöckel (2010, S. 21 ff.).
[1525] Siehe dazu UN (2013, S. XV, Internetquelle).
[1526] Siehe dazu UN (2014, S. 7, Internetquelle).
[1527] Vgl. Hanselka/Jöckel (2010, S. 22).
[1528] BMVBS (2011, S. 8, Internetquelle).
[1529] Vgl. Rehtanz (2010, S. 27).
[1530] Rehtanz (2010, S. 27).
[1531] VDA (2012, S. 161, Internetquelle).

Aufgrund der begrenzten Fahrreichweiten von Elektrofahrzeugen sind diese natürlicherweise am besten für den Einsatz in städtischen Umgebungen geeignet, da hier gewöhnlich keine Langstreckenfahrten durchgeführt werden.[1532] Für Stadtbewohner wird beispielsweise eine durchschnittlich zurückgelegte Fahrstrecke von 40 bis 60 km angenommen[1533], was deutlich innerhalb der durchschnittlichen Fahrreichweite eines Elektrofahrzeugs liegt[1534]. Gleichzeitig steigt die Nachfrage nach Carsharing-Angeboten in den letzten Jahren immer weiter an, sodass das Potenzial für diese neuartige, urbane Mobilitätsform auch für die kommenden Jahre groß ist.[1535] Aufgrund der Übereinstimmung des Eigenschaftsprofils von Elektrofahrzeugen mit den Anforderungen an die auf Städte fokussierten Carsharing-Angebote bietet sich „E-Carsharing" als Einsatzvariante von Elektrofahrzeugen im städtischen Bereich geradezu an.

Elektrofahrzeuge bieten somit die Möglichkeit, im öffentlichen Nahverkehr entstehende Versorgungslücken zu schließen und sich somit als Teil der öffentlichen Verkehrsangebote zu integrieren.[1536] Durch intelligente und flexible Carsharing-Konzepte kann Nutzern der Weg zum nächsten Park-and-Ride-Parkplatz oder zu ländlicheren Gebieten ermöglicht werden, deren Erschließung sich durch Linienverkehr mittels Bus oder Bahn für den öffentlichen Nahverkehr nicht rechnet. Gleichzeitig können Carsharing-Anbieter dazu beitragen, Elektromobilität gerade am Anfang zu fördern, indem die Ladeinfrastruktur für die eigene Fahrzeugflotte im öffentlichen Raum geschaffen wird und Elektrofahrzeuge für Verbraucher nutzbar werden, ohne dass diese selbst eine größere Investition in ein Elektrofahrzeug tätigen zu müssen.

4.2.2   Wirtschafts- und Energiepolitische Aspekte

Neben umwelt- und verkehrspolitischen Aspekten sind auch wirtschaftspolitische Zielvorstellungen mit der flächendeckenden Einführung von Elektromobilität in Deutschland verbunden. Elektromobilität soll nicht nur für private oder geschäftliche Kunden aus Deutschland attraktiv sein, vielmehr wird eine Leitmarktstellung Deutschlands auf dem globalen Elektromobilitätsmarkt angestrebt. Mit diesem Ziel hat die deutsche Wirtschaftspolitik nicht allein die Fahrzeugindustrie im Auge: Man ist sich bewusst, dass auch andere Industriezweige von der Marktreife und von einer steigenden Nachfrage nach Elektrofahrzeugen profitieren können.

[1532] Spath/Pischetsrieder (2010, S. 12).

[1533] PwC et al. (2012, S. 43, Internetquelle). Vgl. auch Canzler (2010, S. 45).

[1534] Vgl. Canzler (2010, S. 45). Bspw. wird der BMW i3 als Elektrofahrzeug mit einer Reichweite von bis zu 160 km angegeben, BMW (o. J. a, Internetquelle).

[1535] Vgl. z. B. Donner (2012, S. 21).

[1536] Spath/Pischetsrieder (2010, S. 12), Acatech (2010, S. 17).

4.2.2.1   Bedeutung für die Automobilwirtschaft

Die Automobilwirtschaft ist einer der wichtigsten Industriezweige in Deutschland: Mit einem Umsatz von 362 Milliarden Euro war die Kraftfahrzeugindustrie im Jahr 2013 die umsatzstärkste Industriebranche in Deutschland.[1537] Der größte Anteil der in Deutschland produzierten Fahrzeuge wird im Ausland verkauft,[1538] sodass die Automobilindustrie die wichtigste Exportindustrie in Deutschland darstellt[1539].

Dabei hat Deutschland die internationale Führung auf dem Technologiesektor des verbrennungsmotorbasierten Antriebsstranges inne.[1540] Jedoch wirken sich vor allem die steigenden Kraftstoffpreise negativ auf die nationale Nachfrage nach Fahrzeugen mit Verbrennungsmotor aus.[1541] Weltweit fördern Industrienationen deshalb die Einführung und den Ausbau von Elektromobilität,[1542] sodass auch die deutsche Automobilindustrie diesen Systemwandel anerkennen und darauf reagieren muss. Inzwischen haben nahezu alle deutschen Fahrzeughersteller batteriebetriebene Elektrofahrzeuge für ihre Fahrzeugportfolios in Planung oder bereits in der Produktion.[1543]

Neben einer Veränderung der Kraftstoffpreise ist auch ein gesellschaftlicher Wandel zu verzeichnen, der sich in einem veränderten Stellenwert eines Eigentumswagens niederschlägt: Die Bedeutung eines eigenen Fahrzeugs im Rahmen der Selbstdarstellung oder als Statussymbol hat für jüngere Generationen im Laufe der Jahre abgenommen.[1544] Fahrzeughersteller sind deshalb auch bemüht, sich vom klassischen Selbstbild eines reinen Fahrzeugproduzenten zu lösen, neue Geschäftsfelder zu erschließen und das eigene Portfolio um (Mobilitäts-)Dienstleistungen zu bereichern.[1545] Daimler und BMW verstehen sich schon als

---

[1537] BMWi (o. J., Internetquelle).

[1538] Im Jahr 2011 wurden allein 77 % der Pkw-Inlandsproduktion im Ausland verkauft, VDA (2012, S. 46, Internetquelle).

[1539] So waren Kraftwagen und Kraftwagenteile im Jahr 2010 die wichtigsten Exportgüter, vgl. Statistisches Bundesamt (2011, S. 81, Internetquelle).

[1540] Spath/Pischetsrieder (2010, S. 16).

[1541] VDA (2012, S. 30, Internetquelle).

[1542] Vgl. Idem (2012, S. 27 ff.). Vgl. auch Bundesregierung (2009, S. 14 f., Internetquelle).

[1543] Jüngere Beispiele sind der BMW „i3" bzw. „i7" oder der Volkswagen „e-up!" bzw. „e-Golf". Aber auch Daimler stellt mit dem smart „fortwo electric drive" bereits ein batteriebetriebenes Elektrofahrzeug, das unter anderem schon in der Carsharing-Flotte „car2go" von Daimler im Einsatz ist. Seit 2011 produziert Opel mit dem „Ampera" ein Elektrofahrzeug mit Range Extender (REEV). Ebenso plant Audi mit dem „A3 e-tron" in Zukunft ein REEV anzubieten, vgl. Karg (2014, Internetquelle).

[1544] Burmeister et al. (2012, S. 16), Donner (2012, S. 21), Loose (2008, S. 17).

[1545] Burmeister et al. (2012, S. 16 f.). Vgl. auch Giordano/Fulli (2012, S. 254). Kley et al. (2011, S. 3394) stellt diesbezüglich traditionelle und neuartige Geschäftsmodelle im Bereich der Mobilität gegenüber.

Systemanbieter von Mobilität, indem sie neben Fahrzeugen für den Individualverkehr auch Mobilität nach Bedarf verkaufen, in Form von Carsharing-
Services.[1546] Kombiniert mit Elektromobilität ergeben sich für Daimler hieraus
sogar Synergieeffekte: Neben dem projektbasierten Know-how für den Aufbau
von Carsharing-Systemen in Städten produziert Daimler als erster deutscher
Fahrzeughersteller mit dem Smart car2go Edition ein elektrisch betriebenes Car-
sharing-Fahrzeug in Serie.

4.2.2.2 Bedeutung für die Energiewirtschaft

Seit der Energiewende und der damit beschlossenen Abkehr von nuklearer Energie stehen Energiekonzerne vor der Herausforderung der Umstellung auf regenerative Energien. Wie bereits in Abschnitt 4.2.1.3 beschrieben, sind Elektrofahrzeuge als ein wichtiger Baustein der neuen Netzarchitektur zu sehen. In
ausreichender Zahl und verbunden mit dem Stromnetz sind sie dazu geeignet,
Fluktuationen im Stromnetz auszugleichen und als dezentrale Stromspeicher zu
fungieren.[1547] Insofern können sie ihren Teil zur Bewältigung der Herausforderung der Energiewende beitragen.

Weiterhin erschließen sich durch die Verbreitung von Elektrofahrzeugen
neue wirtschaftliche Betätigungsfelder für lokale Energieversorger, aber auch
große Energielieferanten. Mit der Verbreitung von Elektro-Pkw wird Strom für
private Endkunden nicht mehr alleine zur häuslichen Energieversorgung abgesetzt, sondern darüber hinaus als „Mobilitätsenergie" nachgefragt. Zahlreiche
lokale Energieversorger sind bereits in das neue Geschäftsfeld eingestiegen und
betreiben teilweise schon eigene öffentliche Netzwerke an Ladeinfrastruktur im
kommunalen Raum, wobei der Werbezweck beim Betrieb der öffentlichen Ladeinfrastruktur derzeit noch im Vordergrund steht[1548].

Aufgrund der genannten möglichen Synergieeffekte von Elektromobilität
im Zusammenspiel mit intelligenten Stromnetzen wird aber auch erstmals eine
Verbindung zwischen der Automobil- und der Energiebranche geschaffen.[1549]
Hier besteht insofern Konfliktpotenzial, als sich Akteure der beiden bislang
weitgehend separierten Industriezweige bei der Erschließung neuartiger Ge-

---

[1546] Car2go ist das Carsharing-Unternehmen von Daimler, DriveNow nennt sich das Carsharing-
Unternehmen von BMW.

[1547] Vgl. z. B. Acatech (2010, S. 24 f.).

[1548] So werben die Stadtwerke Ulm/Neu-Ulm (SWU) bspw. damit, dass der Strom (Stand 2014) für
Elektrofahrzeuge kostenlos zur Verfügung gestellt wird, vgl. SWU (o. J. b, Internetquelle).
Weiterhin profitieren die Betreiber öffentlicher Ladeinfrastruktur von den oft populären Stand-
orten der Ladepunkte in den Innenstädten und können die Fassade der Ladesäule als Werbeflä-
che nutzen.

[1549] Donner (2012, S. 23), Honsel (2011, S. 122).

schäftsmodelle (z. B. Lademanagement) nun auf einem gemeinsamen Markt als Konkurrenten begegnen.[1550]

4.2.2.3 Bedeutung für weitere Branchen

Neben der Automobil- und Energieindustrie sind weitere Branchen maßgeblich an der Wertschöpfung von Elektromobilität beteiligt.[1551] Von der Bundesregierung wird dementsprechend eine enge Verzahnung unterschiedlicher Industriezweige gefordert: Automobilbranche, Maschinen- und Anlagenbau, Energieversorgung, Elektroindustrie, Chemieindustrie, Metallindustrie, Informationstechnologien und entsprechende Forschungseinrichtungen bilden gemeinschaftlich die Wertschöpfungskette der Elektromobilität.[1552] Eine erfolgreiche Einführung von Elektromobilität ist deshalb weniger von der technologischen Entwicklung als vielmehr von der effizienten Kooperation unterschiedlicher Industriebereiche abhängig.[1553]

Herstellern von Batterien kommt bei der Herstellung von Elektrofahrzeugen neben dem eigentlichen Fahrzeughersteller die größte Bedeutung zu. Der Wertschöpfungsanteil eines Elektrofahrzeugs ist derzeit bis zur Hälfte alleine auf die Batterie zurückzuführen,[1554] weshalb die Batterieforschung einerseits eine besondere Priorität besitzt und sie andererseits die hohen Kosten eines Elektrofahrzeugs begründet[1555]. Von der Kapazität der Fahrzeugbatterie hängt außerdem die Fahrreichweite als wesentliche Eigenschaft des Fahrzeugs ab. Dementsprechend hoch ist das Forschungs- und Entwicklungspotenzial für Batterie- und betreffende Rohstoffhersteller.[1556]

4.2.3 Zwischenfazit: Elektromobilität als Chance für Politik und Wirtschaft

In Deutschland und Europa wird die Entwicklung von Elektromobilität im Sinne der Verbreitung von batteriebetriebenen Pkw eine große Bedeutung beigemessen. Elektromobilität gilt sowohl als wichtiger Eckpfeiler zur Realisierung der Energiewende als auch als wichtiger Baustein in fortschrittlichen und umweltfreundlichen Verkehrs- und Mobilitätskonzepten. Darüber hinaus eröffnet der noch junge Markt der Elektromobilität aussichtsreiche Perspektiven für diverse Industriezweige, wie beispielsweise die Automobil-, Energie- und Batteriebranche. Daneben können Anbieter von Informations- und Kommunikationstechnik

---

[1550] Vgl. Honsel (2011, S. 122).

[1551] Vgl. Burmeister et al. (2012, S. 16 f.).

[1552] BMWi et al. (2011a, S. 16., Internetquelle).

[1553] Vgl. Honsel (2012, S. 36), Donner (2012, S. 23).

[1554] Richter (2012, S. 62), Samulat (2011, S. 117).

[1555] Vgl. Dilba (2011a, S. 125).

[1556] Hartnig/Krause (2012, S. 161 f.), Acatech (2010, S. 21 ff.).

profitieren. Elektromobilität wird folglich ein großes Potenzial zur Lösung zeitgenössischer politischer Herausforderungen beigemessen. Dementsprechend groß ist das Interesse der Bundesregierung, Elektromobilität dazu flächendeckend in Deutschland einzuführen und damit Deutschland als Leitmarkt und Leitanbieter für Elektromobilität zu etablieren.[1557]

Das politische Interesse am Gelingen des Großprojekts „Elektromobilität" schlägt sich deshalb in diversen Förderprogrammen inhaltlicher und finanzieller Natur nieder. So wurde beispielsweise im Mai 2009 die NPE gegründet. Dieses Expertengremium bringt Vertreter aus Politik, Industrie und Wissenschaft an einen Tisch und soll dadurch als Dialogplattform die Umsetzung des Nationalen Entwicklungsplans Elektromobilität befördern.[1558] Bis 2012 wurden drei Berichte der NPE zum Fortschritt der Entwicklungsarbeiten von Elektromobilität veröffentlicht.[1559] In weiteren Berichten, den sogenannten Normungs-Roadmaps, wurde über den Fortschritt im Bereich der Normung und Standardisierung in Bezug auf Elektromobilität berichtet.[1560]

Darüber hinaus wurden öffentliche Fördergelder in Milliardenhöhe in Entwicklungsvorhaben im Bereich der Elektromoblilität investiert. So wurden auf Grundlage des Regierungsprogramms Elektromobilität bereits zahlreiche Förderprogramme umgesetzt und Fördermaßnahmen bewilligt.[1561] Im Rahmen des Konjunkturpaketes II wurden insgesamt 500 Millionen Euro an Geldern zur Förderung von Elektromobilität bis Ende 2011 bereitgestellt, bis Ende der 17. Legislaturperiode gar eine Milliarde Euro.[1562] Die unterschiedlichen Förderprojekte sollen helfen, die Wertschöpfungsketten für Elektromobilität aufzubauen und zu sichern.[1563] Dazu wird der Fokus der Förderung zunächst auf Schlüsseltechnologien gesetzt:[1564] Batterieentwicklung und -recycling, Komponenten und deren Standardisierung für Elektrofahrzeuge, Stromnetze und Netzintegration, IKT-Forschung sowie Aus- und Weiterbildung.[1565] Ein Schwerpunkt der staatlichen Förderung soll auf dem Aufbau von öffentlich zugänglicher Ladeinf-

---

[1557] BMWi et al. (2011a, S. 6 ff., Internetquelle).

[1558] Bundesregierung (2009, S. 42 f., Internetquelle).

[1559] Diese sind NPE (2010a, Internetquelle), NPE (2011, Internetquelle) und NPE (2012b, Internetquelle).

[1560] Siehe NPE (2013, Internetquelle), NPE (2012a, Internetquelle) und NPE (2010b, Internetquelle).

[1561] Kast (2011, S. 241). Becks (2010, S. 66 ff.) gibt eine Übersicht über 150 Projekte mit Bezug zur Förderung oder dem Ausbau von Elektromobilität.

[1562] BMWi et al. (2011a, S. 19, Internetquelle).

[1563] BMWi et al. (2011a, S. 19, Internetquelle).

[1564] BMWi et al. (2011a, S. 19, Internetquelle).

[1565] Bundesregierung (2009, S. 24, Internetquelle).

rastruktur liegen.[1566] Dementsprechend ist der Staat durch Fördergelder maßgeblich an der Schaffung nachhaltiger Ladeinfrastruktur für Elektromobilität beteiligt. Darüber hinaus wurden im April 2012 vier Regionen als Schaufenster-Regionen im Rahmen des Förderprogramms „Schaufenster Elektromobilität"[1567] ausgewählt:[1568] Diese sind Baden-Württemberg, Berlin/Brandenburg, Niedersachsen sowie Bayern/Sachsen. Die Fördersumme pro Region ist auf maximal 50 Millionen Euro begrenzt, um maximale Innovationstätigkeit in den einzelnen Regionen zu erzielen.[1569] Zuletzt wurde in Zusammenhang mit dem Regierungsprogramm Elektromobilität im Oktober 2014 mit der Projektausschreibung „e-MOBILIZE" ein Programm zur Förderung von intelligenter und effizienter Elektromobilität durch das BMBF bekanntgemacht.[1570]

Darüber hinaus hat man auch auf europäischer Ebene die Bedeutung von Elektromobilität für das Erreichen umweltpolitischer Zielstellungen erkannt. Über die Förderprogramme der European Green Cars Initiative[1571] und Electromobilitiy+[1572] wird eine Vielzahl von Projekten in der Europäischen Union gefördert, um die Entwicklung von Elektromobilität im Europäischen Markt voranzutreiben.[1573]

4.3 Bedeutung der Ladeinfrastruktur für Elektromobilität

Bei den Diskussionen rund um die Einführung von Elektromobilität nimmt die Frage nach dem Aufbau und dem Betrieb von öffentlich zugänglicher Ladeinfrastruktur beachtlichen Raum ein. Dabei gilt das prinzipielle Vorhandensein der für batteriebasierte Elektromobilität notwendigen Infrastruktur zur Energieversorgung eigentlich als strategischer Vorteil[1574]: Während Elektrofahrzeuge mit Brennstoffzellenbetrieb auf eine neu zu schaffende Infrastruktur von Wasserstofftankstellen angewiesen sind, kann bei batteriebasierter Elektromobilität direkt an das vorhandene Stromnetz angeknüpft werden.[1575] Doch neben den bereits existierenden Stromanschlüssen im privaten Raum müssen noch zahlrei-

---

[1566] BMWi et al. (2011a, S. 20 ff., Internetquelle).

[1567] Vgl. dazu BMWi et al. (2011b, S. 3804 ff.).

[1568] Siehe www.schaufenster-elektromobilitaet.org für weitere Informationen zu den Schaufenstern.

[1569] Bundesregierung (o. J., Internetquelle).

[1570] Siehe BMBF (2014, Internetquelle).

[1571] Vgl. European Green Cars Initiative (o. J., Internetquelle) für einen Überblick über die geförderten Projekte in den Jahren 2010 bis 2013.

[1572] Vgl. Electromobility+ (2014, Internetquelle) für einen Überblick über die geförderten Projekte.

[1573] Vgl. auch Kommission (2012a, Internetquelle).

[1574] Engel (2010b, S. 41).

[1575] Vgl. EURELECTRIC (2010, S. 6, Internetquelle).

che weitere Anschlüsse im öffentlichen Raum geschaffen werden, um ein zu konventionellen Tankstellen äquivalentes Versorgungsnetz zu schaffen, welches gleichzeitig den geringeren Reichweiten der Elektrofahrzeuge Rechnung trägt.

In diesem Teil der Arbeit sollen deshalb zunächst die unterschiedlichen Typen an Ladeinfrastruktur vorgestellt werden. Im Anschluss daran soll auf Betreiber- bzw. Geschäftsmodelle für die einzelnen Ladeinfrastrukturvarianten eingegangen werden. Dabei wird darauf abgezielt, die Rolle des E-Roaming-Anbieters innerhalb des jeweiligen Betreiberszenarios zu erörtern, um dessen Bedeutung für das Funktionieren des Systems Elektromobilität zu verdeutlichen.

4.3.1   Technologische Varianten der Ladeinfrastruktur

Für die Einführung von Elektromobilität existieren zahlreiche Konzepte zum Laden einer leeren Fahrzeugbatterie. In der zweiten Normungsroadmap der Nationalen Plattform Elektromobilität wird dabei prinzipiell zwischen der konduktiven (kabelgebundenen) und der induktiven (kontaktlosen) Methode sowie zwischen dem Austausch aktiver Medien innerhalb der Batterie (Redox-Flow-Verfahren) bzw. dem Austausch der gesamten Batterie unterschieden.[1576]

4.3.1.1   Konduktive Lademethoden

Unter die Kategorie konduktive Ladeinfrastruktur können sämtliche Konzepte der kabelgebundenen Ladeinfrastruktur subsummiert werden, wobei unterschiedliche Varianten, von einer handelsüblichen Steckdose im privaten Umfeld bis hin zu einem Stromautomaten mit Abrechnungssystem, umfasst werden.[1577] In der relevanten Norm IEC 61851[1578] werden vier kabelgebundene Lademodi unterschieden: AC-Laden an einer Standardsteckdose mit bis zu 16 A (Lademodus 1) und bis zu 32 A (Lademodus 2) sowie AC- und DC-Laden an speziellen Ladestationen (Lademodi 3 und 4).[1579]

Lademodus 1 entspricht dabei der Ladung an einer haushaltsüblichen Steckdose ohne zusätzliche Installation weiterer Ladeequipments, weshalb auf die Kompatibilität der Hausinstallation für Ladevorgänge zu achten ist.[1580] Im Lademodus 2 kommt eine In-cable Control Box zum Einsatz, die den Ladevorgang extern absichert und damit Sicherheit vor Überhitzungen oder gar einem

---

[1576] NPE (2013, S. 46), Beckers et al. (2011, S. 8).

[1577] Siehe dazu Engel (2010a, S. 38 ff.) für eine detaillierte Unterscheidung unterschiedlicher kabelgebundener Ladevorrichtungen.

[1578] Die korrespondierende deutsche Norm DIN EN 61851-1 bzw. VDE 0122-1 trägt den Titel „Elektrische Ausrüstung von Elektro-Straßenfahrzeugen – Konduktive Ladesysteme für Elektrofahrzeuge" und enthält die allgemeinen Anforderungen an entsprechende Ladesysteme.

[1579] Siehe NPE (2013, S. 43, Internetquelle) für einen Überblick.

[1580] PwC et al. (2012, S. 113, Internetquelle).

Hausbrand bietet.[1581] Dem dritten Lademodus wird eine besonders große Bedeutung für das Gesamtsystem Elektromobilität zugeschrieben, da hier neben einem monodirektionalen Ladevorgang auch ein bidirektionaler Energiefluss ermöglicht wird, was ein Zusammenspiel von Elektrofahrzeugen mit dem Smart Grid – z. B. zur Einspeisung von Energie – erst realisierbar macht.[1582] Der vierte Lademodus arbeitet als einziger mit Gleichstrom und einem externen Ladegerät, wobei alle anderen Betriebsarten die Verwendung von Wechselstrom und eines fahrzeugseitig verbauten Ladegeräts vorsehen.[1583]

Bei der konduktiven Ladung kann prinzipiell zwischen einer verhältnismäßig langsamen Normalladung und einer Schnellladung unterschieden werden.[1584] Das Spektrum der Ladeleistung bei der Normalladung (entspricht Lademodus 1 bis 3) an einer gewöhnlichen Schukosteckdose beginnt bei ca. 3,7 kW an der heimischen Schukosteckdose (bei 230 V und 16 A)[1585], wobei auch Ladeleistungen von bis zu 20 kW[1586] noch zur Kategorie der Normalladung gezählt werden können. Schnellladesysteme (entspricht Lademodus 4) hingegen arbeiten mit höheren Ladeleistungen (50 kW[1587] und mehr[1588]) und erreichen damit kürzere Ladezeiten[1589]. So benötigt eine Batterie mit einer Ladekapazität von 40 kWh und einer Ladeleistung von 3 kW bis zu 15 Stunden für einen Ladevorgang, während bei einer Schnellladung unter einer Ladeleistung von 50 kW bereits nach 15 Minuten 80 % des Akkus wieder vollgeladen sein können[1590].

Schnellladestationen ermöglichen zwar eine Nutzung von Elektrofahrzeugen über größere Distanzen hinweg und beseitigen die Angst der Nutzer vor einem Mobilitätsverlust[1591], wirken sich jedoch unter Umständen negativ auf die Lebensdauer der Batterien aus[1592] und sind für eine erweiterte Funktionalität im Rahmen einer bi-direktionalen Kommunikation mit dem Stromnetz eher nicht zu gebrauchen[1593].

[1581] PwC et al. (2012, S. 113, Internetquelle).

[1582] PwC et al. (2012, S. 113, Internetquelle), Beckers et al. (2011, S. 9).

[1583] NPE (2013, S. 43, Internetquelle).

[1584] Diefenbach et al. (2010, S. 2 f.), Engel (2010a, S. 37).

[1585] Schraven et al. (2011, S. 210), Diefenbach et al. (2010, S. 2).

[1586] Kunze (2011, Internetquelle), Engel (2010a, S. 37).

[1587] Schraven et al. (2011, S. 210).

[1588] PwC et al. (2012, S. 113, Internetquelle), Engel (2010a, S. 37).

[1589] Diefenbach et al. (2010, S. 2 f.).

[1590] Kunze (2011, Internetquelle).

[1591] RETRANS (2010, S. 20, Internetquelle).

[1592] RETRANS (2010, S. 20, Internetquelle).

[1593] Engel (2010a, S. 37).

4.3.1.2   Induktive Lademethode

Induktives Laden, auch resonantes Induktionsladen genannt, wird in der zuständigen Norm VDE-AR-E 2122-4-2 als „berührungsloses Laden ohne kinematische Verstellmechanismen" beschrieben.[1594] Prinzipiell kann dieser Ladevorgang während eines Parkvorgangs, theoretisch aber auch während der Fahrt erfolgen, ohne dass eine manuelle Verbindung zwischen dem Fahrzeug und der Ladestation hergestellt werden müsste.[1595] Zur Realisierung induktiven Ladens werden Induktionsspulen beispielsweise im Boden verlegt (Primärspulen), welche zusammen mit in den Elektrofahrzeugen verbauten Spulen (Sekundärspulen) ein Magnetfeld erzeugen, was eine Induktionsspannung und schließlich auch Strom erzeugt[1596], mit welchem die Fahrzeugbatterie aufgeladen werden kann. Alternativ können die Primärspulen in entsprechenden Ladeeinrichtungen verbaut werden, sodass das Magnetfeld an der Fahrzeugfront anstatt unter dem Fahrzeug aufgebaut wird.[1597]

Diese Art der Energieversorgung wird in anderen Technologiebereichen, wie der innerbetrieblichen Logistik, bereits erfolgreich eingesetzt.[1598] Ein Hauptvorteil der Induktionsladung für die Elektromobilität ist der Komfort, der durch die kabellose Ladung entsteht: der Nutzer muss dementsprechend keine manuelle Steckerverbindung außerhalb des Fahrzeugs herstellen.[1599] Jedoch scheint induktives Laden für den Anwendungsfall der Elektromobilität trotz des offensichtlichen Komfortgewinns derzeit noch nicht wirtschaftlich und wettbewerbsfähig.[1600] Weiterhin ist eine bidirektionale Energieübertragung zur Unterstützung des Stromnetzes nicht ohne weiteres realisierbar, weshalb sich dieses Ladekonzept nicht für die Erreichung energiepolitischer Ziele im Zusammenhang der Netzstabilisierung eignet.[1601]

Hauptsächlich aufgrund der ökonomischen Nachteile erscheint der Aufbau einer flächendeckenden Ladeinfrastruktur deshalb zum aktuellen Zeitpunkt effizienter mit konduktiven Ladekonzepten durchführbar.[1602]

[1594]   NPE (2013, S. 45, Internetquelle).

[1595]   Reichert et al. (2012, S. 458), Pavlidis (2012, S. 189). Schraven et al. (2011, S. 210 f.) bezweifelt, dass sich dynamisches Laden während der Fahrt für den Individualverkehr durchsetzen wird.

[1596]   Schraven et al. (2011, S. 211).

[1597]   Pavlidis (2012, S. 191 f.).

[1598]   Schraven et al. (2011, S. 212), Diefenbach et al. (2010, S. 4).

[1599]   Pavlidis (2012, S. 188 f.).

[1600]   Schraven et al. (2011, S. 217 f.), Diefenbach et al. (2010, S. 4).

[1601]   Schraven et al. (2011, S. 218).

[1602]   Diefenbach et al. (2010, S. 4).

4.3.1.3   Redox-Flow-Batterien

Redox-Flow-Batterien ermöglichen den Austausch der aktiven Medien einer Batterie, die für die in der Batterie erzeugte Spannung verantwortlich sind. Das System ist vor allem deshalb interessant, da ein Austausch dieser Flüssigkeiten schneller vonstattengeht als ein kabelgebundener oder kabelloser Ladevorgang der Batterie.[1603] Aufgrund des flüssigen Aggregatzustandes der Medien besteht außerdem die Aussicht auf eine mögliche Implementierung dieser Lademethode in die herkömmliche Struktur der Tankstellen für Verbrennungskraftstoffe.[1604] Allerdings speichern Redox-Flow-Batterien deutlich weniger Energie als die sonst in Elektrofahrzeugen eingesetzten Lithium-Ionen-Akkus.[1605]

4.3.1.4   Batterieaustauschsysteme

Ein Austausch der gesamten Batterie kann ebenfalls weniger Zeit in Anspruch nehmen als das Aufladen der Batterie mit konduktiven oder induktiven Methoden. Dazu ist jedoch ein hoher Standardisierungsgrad sowohl auf Seiten der Fahrzeuge als auch auf Seiten der Batterien notwendig[1606], um den Batteriewechsel an den entsprechenden Stationen[1607] automatisiert durchführen zu können. Jedoch ist es fraglich, ob sich Hersteller von Fahrzeugen oder Batterien tatsächlich zu einem solchen Standardisierungsgrad bereitfinden.[1608] Da es zum aktuellen Zeitpunkt nicht absehbar ist, dass sich das Konzept der Batteriewechselstation als dominantes Ladekonzept für Elektromobilität erweisen wird, kann nicht davon ausgegangen werden, dass sich Autohersteller bei umfangreichen Investitionen in die Entwicklung zu der Preisgabe von geistigem Eigentum in diesem Umfang entscheiden werden.[1609]

Ein Vorteil bei Batteriewechselstationen ist der Fakt, dass Akkus aggregiert angeschlossen werden können.[1610] Über einen Stromanschluss, der bidirektionale Kommunikation unterstützt, können somit größere Batteriekapazitäten gebündelt zur Speicherung und Abgabe von Strom verwendet werden.[1611]

[1603] Vgl. US-Patent Nr. US 7537859 B2 vom 26.05.2009 sowie Fraunhofer (2009, Internetquelle).

[1604] Fraunhofer (2009, Internetquelle).

[1605] Fraunhofer (2009, Internetquelle).

[1606] RETRANS (2010, S. 20, Internetquelle).

[1607] Das Unternehmen Better Place (www.betterplace.com) verfolgt dieses Geschäftsmodell.

[1608] RETRANS (2010, S. 20, Internetquelle).

[1609] Reichert et al. (2012, S. 459). Um Fahrzeuge für Batteriewechselstationen kompatibel zu gestalten müssen Fahrzeughersteller Schnittstelleninformationen für Betreiber der Batteriewechselstationen als auch für Batteriehersteller freigeben, um den Vorgang eines automatisierten Wechselns und Ladens einer Batterie zu ermöglichen.

[1610] Vgl. TU Dortmund (2011, S. 61 f., Internetquelle).

[1611] Vgl. Guille/Gross (2009, S. 4380).

4.3.1.5   Aktuelle Bedeutung der unterschiedlichen Technologien

Zusammenfassend lässt sich feststellen, dass zum aktuellen Zeitpunkt dem konduktiven Ladekonzept die größte Bedeutung beigemessen werden kann. Das Laden per Ladekabel ist derzeit das in Projekten vorherrschende Konzept, sodass dieser Technologie gute Chancen zugesprochen werden, sich auf Dauer am Markt zu etablieren.[1612]

Die Unterstützung eines bidirektionalen Energieflusses spielt für den zukünftigen Erfolg der konduktiven Ladetechnologie eine ebenso große Rolle wie die ökonomische Vorteilhaftigkeit dieses Konzepts gegenüber den aufwändiger zu errichtenden Batteriewechsel- oder Induktionsladestationen. Damit beziehen sich auch die später folgenden Ausführungen zum Geschäftsmodell einer RCSE[1613] primär auf konduktive Ladevarianten. Allerdings eignen sich daneben auch Batteriewechselstationen für eine bidirektionale Anbindung an das Smart Grid, welche für die Durchführung von V2G-Diensten notwendig ist.

Da ökonomisch unvorteilhaft und für bidirektionale Kommunikation nicht geeignet, wird der induktiven Ladevariante in dieser Arbeit keine weitere Aufmerksamkeit geschenkt. Auch die Technologie der Redox-Flow-Batterien steht hinsichtlich des Forschungsstandes noch am Anfang, weshalb aktuell noch nicht absehbar ist, dass sich diese Technologie als Standard durchsetzen wird. Neben einer entsprechenden Infra- und Versorgungsstruktur mit den aktiven Medien (z. B. integrierbar in die heutige Tankstellenstruktur) wären standardisierte Schnittstellen zur Betankung und zum Ablassen der Flüssigkeiten notwendig. Weiterhin ist eine bidirektionale Netzintegration mit den Fahrzeugen selbst in diesem Ladeszenario nicht vorgesehen. Bestenfalls könnten die Aufbereitungsstationen als größer angelegte, dezentrale Energiepuffer genutzt werden, um mit regenerativ erzeugter Energie eine Wiederherstellung der Ladung der aktiven Medien zu forcieren.

4.3.2   Ladeinfrastrukturtypen

In der Fachliteratur hat sich eine allgemeine Unterscheidung zwischen drei unterschiedlichen Typen an Ladeinfrastruktur durchgesetzt. So wird im Allgemeinen zwischen privater, halböffentlicher und öffentlicher Ladeinfrastruktur unterschieden.[1614]

Eine typbedingte Klassifizierung von Ladeinfrastrukur kann zusammenfassend anhand zweier Kriterien erfolgen: Erstens anhand der Zugänglichkeit der

---

[1612]   Reichert et al. (2012, S. 459).

[1613]   Siehe Kapitel 4.4.

[1614]   Z. B. PwC et al. (2012, S. 86, Internetquelle), Beckers et al. (2011, S. 9 f.), Fest et al. (2011, S. 93), Kley et al. (2011, S. 3395), Schraven et al. (2011, S. 210), TU Dortmund (2011, S. 6, Internetquelle), Diefenbach et al. (2010, S. 1).

Ladeinfrastruktur und zweitens anhand der Eigentumsverhältnisse des Grundstücks, auf welchem die Ladeinfrastruktur errichtet wird. Tabelle 5 bietet eine Übersicht über die im Folgenden vorgestellten Ladeinfrastrukturtypen.

Tabelle 5: Klassifizierung von Ladeinfrastruktur[1615]

Zugänglichkeit/Errichtungsort	Privater Baugrund	Öffentlicher Baugrund
nicht frei zugänglich	private Ladeinfrastruktur	trifft nicht zu
frei zugänglich	halböffentliche Ladeinfrastruktur	öffentliche Ladeinfrastruktur

4.3.2.1 Private Ladeinfrastruktur

Private Ladeinfrastruktur befindet sich per Definition auf privatem Grund[1616] und ist vom öffentlichen Raum gewöhnlich deutlich abgegrenzt[1617]. Somit ist private Infrastruktur nicht für jedermann frei zugänglich, d. h. die Nutzeranzahl ist per se beschränkt.[1618] Ein typischer Anwendungsfall für private Infrastruktur stellt sich für Besitzer von Elektrofahrzeugen vor, welche ihr Fahrzeug am heimischen Stromanschluss laden möchten.[1619] Jedoch ist auch der Fall eines Unternehmens denkbar, welches die unternehmenseigene Flotte – mit einer begrenzten Anzahl berechtigter Fahrzeugnutzer – mit eigener Ladeinfrastruktur auf dem abgeschlossenen Firmengelände beladen möchte.[1620]

Wie schon in Abschnitt 4.1.1. erwähnt, kommt als private Infrastruktur zunächst die gewöhnliche Haussteckdose in Betracht, an welcher entweder ohne (Lademodus 1) oder mit (Lademodus 2) zusätzlicher, externer Sicherungsbox geladen wird.

4.3.2.2 Öffentliche Ladeinfrastruktur

Da sich öffentliche Ladeinfrastruktur im öffentlichen Raum befindet, gilt diese prinzipiell als frei zugänglich. Der öffentliche Verkehrsraum, d. h. insbesondere öffentliche Straßen, Wege und Plätze,[1621] steht in der Regel im Rahmen seiner Widmung im „Gemeingebrauch", sodass zumindest der Zugang jedermann freizustehen hat. Zwar ist die mögliche Nutzung der entsprechenden Flächen wiede-

---

[1615] Quelle: Eigene Darstellung.

[1616] Beckers et al. (2011, S. 9). Vgl. auch Feller et al. (2010, S. 240 f.).

[1617] PwC et al. (2012, S. 86, Internetquelle).

[1618] Fest et al. (2011, S. 93).

[1619] Vgl. Engel (2010c, S. 34 f.), Feller et al. (2010, S. 240 f.).

[1620] Engel (2010c, S. 34 f.).

[1621] Vgl. Bechluss des BayObLGSt vom 24. 5. 1982 (BayObLGSt 1982, S. 60, 61).

rum an die Widmung der jeweiligen öffentlichen Sache gebunden, doch um eine Nutzung von öffentlichem Verkehrsraum überhaupt zu ermöglichen, muss entsprechend auch jedermann Zugang gewährt werden.[1622] Eine physische Zugangsbeschränkung ist für die Allgemeinheit deshalb praktisch nicht möglich.[1623] Folglich kann der Nutzerkreis öffentlicher Ladeinfrastruktur nicht eingeschränkt werden.[1624] Als mögliche Beispiele für öffentlichen Baugrund zur Platzierung von Ladeinfrastruktur seien öffentliche Plätze (z. B. Marktplatz), öffentliche Parkplätze, öffentliche Straßen oder öffentliche Fußgängerwege genannt. Obschon der Zugang zu öffentlicher Ladeinfrastruktur prinzipiell jedermann freisteht, ist dennoch gewöhnlich eine Registrierung beim Ladestationsbetreiber bzw. beim Anbieter der jeweiligen Ladeinfrastruktur notwendig.[1625]

Auf die Frage nach der Zulässigkeit der Errichtung öffentlicher Ladeinfrastruktur soll an dieser Stelle nicht weiter eingegangen werden.[1626]

4.3.2.3   Halböffentliche Ladeinfrastruktur

Halböffentliche Ladeinfrastruktur kann gewissermaßen als eine Mischform aus privater und öffentlicher Ladeinfrastruktur bezeichnet werden.[1627] Obschon sich die Ladeinfrastruktur in diesem Fall auf privatem Grund befindet, ist die Zugänglichkeit für Nutzer dennoch kaum eingeschränkt.[1628] Dieser Fall tritt also dann ein, wenn ein privater bzw. privatwirtschaftlicher „Eigentümer seinen Grund und Boden der Allgemeinheit zu einer bestimmten Nutzung zur Verfügung stellt"[1629]. Ein weiterer wichtiger Unterschied zur öffentlichen Ladeinfrastruktur ist jedoch, dass ein Betreiber halböffentlicher Infrastruktur als Eigentü-

---

[1622] Vgl. Säcker in: Säcker/Rixecker (2013, § 905 BGB, Rn. 14), wonach unter dem Gemeingebrauch „die jedem offen stehende Benutzung der öffentlichen Zwecken gewidmeten Sachen im Rahmen der Üblichkeit und Gemeinverträglichkeit" verstanden wird.

[1623] TU Dortmund (2011, S. 6, Internetquelle), Engel (2010c, S. 35.).

[1624] Fest et al. (2011, S. 93).

[1625] Auf diese Problematik wird im weiteren Verlauf der Arbeit noch vertieft eingegangen. Siehe dazu Abschnitt 4.3.3.2 ff.

[1626] Im Regierungsprogramm Elektromobilität der Bundesregierung, vgl. BMWi et al. (2011a, S. 36, Internetquelle), werden Ladestationen im öffentlichen Raum innerhalb der straßenrechtlichen Sondernutzung und damit außerhalb des Gemeingebrauchs angesiedelt. Michaels et al. (2011, S. 832 ff.) gehen ebenfalls davon aus, dass die Errichtung einer Ladestation nicht mehr unter den Gemeingebrauch fällt. In beiden Quellen wird jedoch nicht zwischen unterschiedlichen Errichtungsvarianten von Ladestationen (z. B. bleibt die Möglichkeit der Integration einer Ladestation in eine bestehende Straßenlaterne unerwähnt) unterschieden. Siehe dazu außerdem Mayer (2013, S. 191 f.).

[1627] Feller et al. (2010, S. 241) ordnet den hier als „halböffentlich" kategorisierten Typ von Ladeinfrastruktur zwar den privaten Ladestationen zu, erkennt jedoch gleichzeitig die öffentliche Zugänglichkeit dieses Typs an.

[1628] Fest et al. (2011, S. 93).

[1629] PwC et al. (2012, S. 86, Internetquelle). Vgl. dazu auch Feller et al. (2010, S. 241).

mer des privaten Baugrundes grundsätzlich dazu in der Lage ist, den Kreis seiner Nutzer zu kontrollieren bzw. den Zugriff auf die Ladestation einzuschränken.[1630] Als Beispiele für diesen Infrastrukturtyp seien Parkplätze von Einkaufszentren oder Parkhäuser genannt. Sofern vom Arbeitgeber Ladestationen für Privatfahrzeuge angeboten werden, würde auch jenes Szenario dieser Kategorie zugeordnet werden.[1631]

Halböffentliche Infrastruktur wird von manchen Autoren auch mit gewerblich betriebener Infrastruktur gleichgesetzt.[1632] Dies liegt gewissermaßen in der Natur der Sache, da der Betrieb von Ladeinfrastruktur durch Unternehmen gewöhnlich auf einem unternehmenseigenen Grund erfolgt und zur Erzielung von Gewinn der Öffentlichkeit zugänglich gemacht werden muss. Aufgrund der Dimensionen von Batteriewechselstationen können diese gewöhnlich nicht auf öffentlichem Grund betrieben werden, sondern zählen als Ladeinfrastruktur auf gewerblich genutzten Flächen ebenfalls in die Kategorie der halböffentlichen Ladeinfrastruktur.

4.3.2.4 Bedeutung der unterschiedlichen Infrastrukturtypen

Die bereits vorhandene Ladeinfrastruktur in Form eines Stromnetzes gilt außerdem als strategischer Vorteil für das System der batteriebasierten Elektromobilität.[1633] Diese Aussage trifft in Deutschland letztendlich aber nur auf private Haushalte zu, wo in Garagen oder in hausnahen Bereichen ohne größere Investitionen eine Stromversorgung des Elektrofahrzeugs hergestellt werden kann. Lediglich in kälteren Regionen – z. B. in Skandinavien – sind Anschlüsse zum Stromnetz bereits im öffentlichen Raum existent, die mit geringem Umrüstungsaufwand als Ladeinfrastruktur genutzt werden könnten.[1634] Aufgrund dessen fällt privater Infrastruktur im Rahmen der Elektromobilität eine besonders große Priorität zu. Diese Priorität wird dadurch unterstrichen, dass die Nutzung privater Infrastruktur, d. h. zu Hause oder am Arbeitsplatz, durch Konsumenten als wahrscheinlichste Lademöglichkeit gilt.[1635]

Öffentliche Ladeinfrastruktur soll, dem Prinzip der freien Zugänglichkeit im öffentlichen Raum folgend, zur „Basisversorgung der Bevölkerung mit Fahrstrom dienen"[1636] und zusätzlich zu privater Infrastruktur errichtet werden[1637].

[1630] TU Dortmund (2011, S. 6, Internetquelle).

[1631] Kley et al. (2010b, S. 3).

[1632] Fest et al. (2011, S. 93), Engel (2010c, S. 35 f.).

[1633] Engel (2010b, S. 41).

[1634] Engel (2010a, S. 38), Engel (2010b, S. 41).

[1635] Peters/Hoffmann (2011, S. 11, Internetquelle), Peters et al. (2011, S. 7 f., Internetquelle).

[1636] Fest et al. (2011, S. 93).

[1637] Spath/Pischetsrieder (2010, S. 14).

Frei zugängliche öffentliche Ladeinfrastruktur ist darüber hinaus notwendig, um den Aktionsradius bzw. die Reichweite von Elektrofahrzeugen zu erhöhen und damit eine Etablierung am Markt zu ermöglichen.[1638] Um ein Elektrofahrzeug auch über längere Distanzen nutzen zu können, scheint es deshalb erforderlich, Lademöglichkeiten für Nutzer außerhalb des privaten Umfelds zu schaffen. Andere Studien weisen darauf hin, dass es weniger darauf ankommt, ein dichtes Netz an öffentlicher Ladeinfrastruktur zu etablieren, sondern öffentliche Ladestationen vermehrt an prominenten Plätzen aufzustellen sind, um somit die prinzipielle Verfügbarkeit von Ladestrom zu demonstrieren und so das Vertrauen der Konsumenten zu gewinnen.[1639]

Allgemein wird die Notwendigkeit flächendeckender öffentlicher Infrastruktur für das Gelingen des Elektromobilitätsprojekts in Deutschland jedoch kritisch diskutiert. Mit Verweis auf eine Studie des IVT Heilbronn aus dem Jahre 1993, beauftragt von Mercedes-Benz, stellt beispielsweise Engel fest, dass zum damaligen Zeitpunkt auch ohne vorhandene öffentliche Ladeinfrastruktur bereits ein potenzieller Markt von fünf Millionen Elektrofahrzeugen in Deutschland existiert hätte.[1640] Ebenso wird die Notwendigkeit einer öffentlichen Infrastruktur zunächst deshalb als gering eingestuft, da Flottenbetreiber als wichtige Erstkunden[1641] am ehesten auf selbst errichtete, also gewissermaßen private Infrastruktur zurückgreifen[1642]. Andere Studien gehen außerdem davon aus, dass die meisten bisherigen sowie zukünftigen Nutzer ihre Fahrzeuge am ehesten zu Hause oder am Arbeitsplatz, d. h. mit privater Infrastruktur, aufladen werden und öffentliche Infrastruktur insofern eine vergleichbar geringe Priorität genießt.[1643]

Es ist absehbar, dass die Priorität öffentlicher Infrastruktur für Elektrofahrzeugnutzer im Lauf der Zeit eher größer werden wird. So unterscheiden Mayer et al. beispielsweise vier Phasen der Einführung.[1644] Dabei wird in der ersten Phase unterstellt, dass die Priorität öffentlicher Ladeinfrastruktur aufgrund der geringen Marktdurchdringung als eher niedrig einzustufen ist und Besitzer von Elektrofahrzeugen in erster Linie zu Hause laden werden.[1645] Mit zunehmender Marktdurchdringung nimmt allerdings in den darauffolgenden Phasen die Relevanz der öffentlichen bzw. halböffentlichen Ladeinfrastruktur zu.[1646]

[1638] Vgl. Sammer et al. (2008, S. 394).

[1639] Peters/Dütschke (2010, S. 19 f., Internetquelle), Peters et al. (2011, S. 7 f., Internetquelle).

[1640] Engel (2011, S. 45).

[1641] Reichert et al. (2012, S. 457).

[1642] Engel (2011, S. 45).

[1643] Peters et al. (2011, S. 7 f., Internetquelle), Fraunhofer ISI (2011, S. 17, Internetquelle).

[1644] Mayer et al. (2010, S. 1 ff.).

[1645] Mayer et al. (2010, S. 1 f.). Vgl. auch PwC et al. (2012, S. 113, Internetquelle).

[1646] Mayer et al. (2010, S. 1 ff.).

Wie außerdem schon aus dem vorherigen Unterkapitel hervorgeht,[1647] sind unterschiedliche technologische Varianten an Ladeinfrastruktur für jeweils unterschiedliche Einsatzgebiete geeignet. Während die Zuordnung der konduktiven Ladeinfrastrukturen bereits aus der angesprochenen Norm IEC 61851 abgeleitet werden kann,[1648] sind Batteriewechselstationen nach aktuellem Kenntnisstand aufgrund der räumlichen Dimensionen (ähnlich einer konventionellen Tankstelle) auf dem vom Inhaber der Batteriewechselstation bewirtschafteten Raum anzutreffen. Der Betrieb von Batteriewechselsystemen im privaten Umfeld erscheint aufgrund der Komplexität der zum Wechsel der Batterie erforderlichen Technologie sowie entsprechender Räumlichkeiten unwahrscheinlich. Induktive Ladesysteme erscheinen aufgrund der hohen Kosten für einen flächendeckenden Ausbau derzeit nicht spruchreif. Passionierte und wohlhabende Privatnutzer könnten den Komfort der kabellosen Ladetechnologie dennoch zu schätzen wissen. Die Anwendung in technologie- oder innovationsaffinen Unternehmen scheint zum aktuellen Zeitpunkt ebenfalls noch nicht ausgeschlossen.

Die Ergebnisse dieser Zusammenstellung wurden in Tabelle 6 zusammengefasst.

Tabelle 6: Zuordnung der technischen Ladeinfrastrukturtypen zu den Ladeinfrastrukturklassen[1649]

Typ/Klasse	Öffentliche Ladeinfrastruktur	Private Ladeinfrastruktur	Halböffentliche Ladeinfrastruktur
Konduktiv Modus 1		X (Privathaushalt)	
Konduktiv Modus 2		X (Privathaushalt/ Unternehmen)	
Konduktiv Modus 3	X	X (Unternehmen)	X
Konduktiv Modus 4	X		X
Induktive Ladung		X	X
Batteriewechsel			X

[1647] Vgl. Unterkapitel 4.3.1.

[1648] Wie in Abschnitt 4.3.1.1 ausgeführt, sind die Lademodi 1 und 2 typischerweise für den Haushaltsbetrieb geeignet, wohingegen die Lademodi 3 und 4 spezielle Ladestationen voraussetzen und daher eher im (halb-)öffentlichen Raum zum Einsatz kommen.

[1649] Quelle: Eigene Darstellung.

Dementsprechend kommt der kabelgebundenen Konduktivladung im Modus 3 aus aktueller Sicht die größte Bedeutung zu. Der Aufbau einer entsprechenden Ladeinfrastruktur erscheint sowohl im öffentlichen und halböffentlichen Raum als sinnvoll, da Synergieeffekte mit bereits vorhandener Ladeinfrastruktur im privaten Umfeld ausgenutzt werden können. Für den Fortgang der Betrachtungen wird für die Ladeinfrastruktur im System der Elektromobilität eine kabelgebundene Lademöglichkeit im Konduktivmodus 3 angenommen.

4.3.3   Kompatibilität der Ladeinfrastruktur als Erfolgsfaktor

Trotz der inhaltlichen und finanziellen Förderung der Elektromobilität in Deutschland[1650] ist ein Durchbruch noch nicht unmittelbar absehbar. Im Gegenteil: Erste Meilensteine wurden bereits neu positioniert, sodass die anfangs festgelegte Zahl von einer Million Elektrofahrzeugen auf deutschen Straßen bis zum Jahr 2020 inzwischen als nicht mehr erreichbar gilt.[1651] Für den Fortgang dieser Arbeit ist es daher von Bedeutung, zunächst darzulegen, wovon der Erfolg von Elektromobilität maßgeblich abhängt und wo mögliche Hemmnisse für die Verbreitung von Elektrofahrzeugen zu sehen sind.

4.3.3.1   Lock-in-Effekt als Hemmnis für Elektromobilität

Aufgrund der offensichtlich weit überwiegenden installierten Basis an Verbrennungskraftfahrzeugen sowie der dazugehörigen Infrastruktur erscheint ein Wechsel zum Elektrofahrzeug für den einzelnen Nutzer aktuell noch nicht attraktiv genug. Eine Ursache dafür ist, dass es an einer öffentlichen Ladeinfrastruktur für Elektrofahrzeuge fehlt, die mit dem Tankstellennetz für Verbrennungskraftfahrzeuge vergleichbar ist. Betrachtet man die Entwicklung der Tankstelleninfrastruktur für Verbrennungskraftfahrzeuge, so handelte es sich beim Aufbau des Tankstellennetzes um einen indirekten Netzwerkeffekt, der mit zunehmender Verbreitung der Verbrennungskraftfahrzeuge zu einem immer größeren Ausbau des Tankstellennetzes führte.[1652]

Hinzu kommen die Wechselkosten, die beim Wechsel zu einem Elektrofahrzeug anfallen. Um von einem Verbrennungskraftfahrzeug auf ein Elektrofahrzeug umzusteigen[1653], müssten Nutzer ihr altes Fahrzeug verkaufen und ein Elektroauto erwerben. Dabei müssen Nutzer den realisierten Wertverlust ihres Verbrennungskraftfahrzeugs durch einen Verkauf akzeptieren und gleichzeitig

---

[1650] Vgl. Unterkapitel 4.2.3.

[1651] Vgl. Schäfers (2012, Internetquelle).

[1652] Vgl. Abschnitt 2.2.2.1.

[1653] Hierbei wird vorausgesetzt, dass ein Elektroauto tatsächlich als Ersatz für ein Verbrennungskraftfahrzeug dienen kann, z. B. wenn ein Verbrennungskraftfahrzeug vornehmlich im Stadtverkehr eingesetzt wird.

einen vergleichsweise hohen Preis für ein Elektrofahrzeug derselben Fahrzeugklasse bezahlen, da (bzw. solange) hier Skaleneffekte durch fehlende Verbreitung der Technologie noch nicht ausreichend zum Tragen gekommen sind.

Betrachtet man die Faktoren Infrastruktur und Fahrzeugpreis eines Verbrennungskraftfahrzeugs im Vergleich zu einem Elektrofahrzeug, sehen sich Nutzer von Verbrennungskraftfahrzeugen, aber auch weitere Stakeholder im Automotivebereich heute in der klassischen Situation eines Lock-in.[1654] Die daraus resultierende abwartende Haltung der potenziellen Nutzer von Elektrofahrzeugen, aber auch weiterer Stakeholder, lässt den Entwicklungsprozess im Markt der Elektromobilität deshalb stocken.[1655]

4.3.3.2 Errichtung kompatibler Ladeinfrastruktur

Als hauptsächliche Hemmnisse einer erfolgreichen Durchsetzung von Elektromobilität werden oftmals technische Hintergründe angeführt. Sammer et al. nennen beispielsweise die ausreichende Speicherkapazität von Batterien, die Sicherheit von Batterien sowie die fehlende Infrastruktur als Hauptprobleme.[1656]

Dem Aufbau einer flächendeckenden (halb-)öffentlichen Ladeinfrastruktur[1657] wird allerdings die größte Bedeutung beigemessen.[1658] Denn für die Erreichung einer breiten Akzeptanz von Elektromobilität ist es aus Sicht der Nationalen Plattform für Elektromobilität „unerlässlich, dem Endkunden eine ausreichend dimensionierte, diskriminierungsfrei zugängliche und gewissen Mindestanforderungen genügende Infrastruktur zur Verfügung zu stellen"[1659]. Um Elektromobilität zu befördern, muss also zunächst eine funktionsfähige und vor allem nutzerfreundliche Ladeinfrastruktur errichtet werden.[1660]

Ein elementares Schlüsselelement für eine nutzerfreundliche und diskriminierungsfrei zugängliche Ladeinfrastruktur im öffentlichen Raum ist die Einrichtung eines einheitlichen Lade- und Abrechnungsstandards für alle öffentlich zugänglichen Ladestationen. Es muss also gewährleistet sein, dass alle Ladestationen im öffentlichen Raum kompatibel, also aus Sicht der Nutzer gleichwertig nutzbar (d. h. substituierbar) sind.[1661] Die notwendige Herstellung von Kompatibilität an Ladestationen in Deutschland und Europa reicht dabei von der physischen Steckerverbindung bis zur informationstechnischen Verarbeitung der

---

[1654] Vgl. Abschnitt 2.2.3.2.

[1655] Vgl. Giordano/Fulli (2012, S. 253).

[1656] Sammer et al. (2008, S. 394).

[1657] Zu den unterschiedlichen Typen von Ladeinfrastruktur siehe Unterkapitel 4.3.2.

[1658] Vgl. Acatech (2010, S. 26).

[1659] NPE (2011, S. 33, Internetquelle). Ähnlich auch NPE (2012b, S. 28, Internetquelle). Vgl. dazu auch San Román et al. (2011, S. 6367).

[1660] Vgl. NPE (2012b, S. 28, Internetquelle).

[1661] Vgl. Abschnitt 2.1.3.1.

Stromabrechnung.[1662] Systemisch kann zunächst zwischen der Standardisierung der Verbindung des Elektrofahrzeugs mit der Ladestation einerseits und der Standardisierung des Bezahlvorgangs durch den Nutzer andererseits unterschieden werden (siehe Abbildung 21).

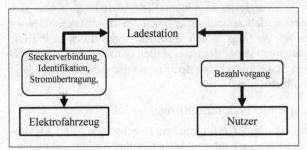

Abbildung 21:   Beispiele für Standardisierungsbereiche bei der Herstellung von Kompatibilität zwischen Ladestationen[1663]

Zur Standardisierung der Verbindung des Elektrofahrzeugs mit der Ladestation bedarf es unter anderem einer standardisierten bzw. genormten Steckverbindung und entsprechender Standards zur Stromübertragung und digitaler Kommunikation zwischen Fahrzeug und Ladestation.[1664] Entsprechende Normungsarbeiten in diesen Gebieten haben bereits zu Erfolgen in Form von akzeptierten technischen Normen geführt, sodass zur Herstellung von vollständiger Kompatibilität nun noch eine Standardisierung des Abrechnungs- bzw. Bezahlvorgangs notwendig ist.[1665] Die Einführung eines einheitlichen Roaming-Systems auf Basis einer IT-Plattform[1666] ist eine Möglichkeit zur Schaffung eines standardisierten Abrechnungsvorgangs.[1667] Im Folgenden sollen IT-Plattformen für Elektromobilitätsdienste vereinfacht als E-Service-Plattformen bezeichnet werden.

Da der Aufbau von Ladeinfrastruktur bereits vor der Einigung auf einen einheitlichen Abrechnungsstandard begonnen hat, muss die Kompatibilität in diesem Bereich ex post hergestellt werden, wobei sich ein Wettbewerb zwischen

[1662]   Vgl. Heusinger (2010, S. 29 ff.), Temme (2011, S. 10 ff.), Vollmer (2009, S. 26).

[1663]   Quelle: Eigene Darstellung.

[1664]   Vgl. Temme (2011, S. 10 ff.), Heusinger (2010, S. 34 f.).

[1665]   Vgl. Vollmer (2009, S. 26), Temme (2011, S. 10 ff.)

[1666]   Siehe dazu Unterkapitel 4.4.1.

[1667]   Fluhr et al. (2014, S. 6, Internetquelle). Zum Begriff des Roamings siehe Abschnitt 4.4.2.1.

unterschiedlichen, privatwirtschaftlich entwickelten E-Service-Plattformen und darauf basierenden Roaming-Verfahren abzeichnet.[1668]

4.3.3.3 Wirkung von Netzeffekten zur Beförderung von Elektromobilität

Durch die Schaffung kompatibler Ladestationen werden schließlich Netzwerkeffekte freigesetzt. Nutzer von Elektrofahrzeugen würden zunächst von der höheren installierten Basis an kompatibler Ladeinfrastruktur profitieren, was sich in direkten und indirekten Netzwerkeffekten äußert. Für Ladestationsbetreiber und Anbieter von Elektromobilitätsdiensten nimmt der Nutzen einer E-Service-Plattform mit der Anzahl der diese Plattform unterstützenden Ladestationen zu, so wie der Nutzen einer Social-Media-Plattform mit der steigenden Anzahl der Nutzer – sowohl für die Nutzer selbst als auch für Werbetreibende – zunimmt (direkte Netzwerkeffekte).[1669] Für Endkunden hingegen nimmt der Nutzen eines Elektrofahrzeugs mit der zunehmenden Zahl kompatibler Ladestationen zu, so wie der Nutzen eines Diesel-Pkw mit der Anzahl der verfügbaren Dieseltankstellen zunimmt (indirekte Netzwerkeffekte).[1670]

Mit der Einigung auf eine standardisierte E-Service-Plattform mit Roaming-Funktionalität zur Gewährleistung einer einheitlichen Abrechnung würden zudem weitere indirekte Netzwerkeffekte freigesetzt. Denn auf Basis einer einheitlichen E-Service-Plattform können auf längere Sicht weitere Elektromobilitätsdienste angeboten und so weitere Plattformnutzer angezogen werden.[1671] Demnach ist eine E-Service-Plattform, auf deren Basis Elektromobilitätsdienstleistungen durch Drittanbieter angeboten werden können, hinsichtlich ihrer Wirkung von indirekten Netzwerkeffekten leicht mit einem Betriebssystem zu vergleichen, für welches Software und Hardware durch Drittanbieter bereitgestellt werden. Für Nutzer eines Elektrofahrzeugs nimmt der Nutzen seines Fahrzeugs (und damit indirekt auch der Nutzen der Plattform) also mit der Anzahl der durch die Plattform angebotenen Elektromobilitätsdienstleistungen zu. Gleichzeitig nimmt der Nutzen der E-Service-Plattform für sämtliche Anbieter, die Elektromobilitätsdienstleistungen auf der Plattform anbieten (möchten), mit der steigenden Zahl an Elektrofahrzeugnutzern (und damit indirekt auch Nutzern der Plattform) zu.

[1668] Vgl. Abschnitt 2.1.3.3.2 für Möglichkeiten der Ex-post-Herstellung von Kompatibilität. Der Wettbewerb zwischen Standards und die anschließende Einigung auf einen Standard wird als eine Möglichkeit beschrieben. Vgl. Unterkapitel 4.4.3 für den aktuellen Entwicklungsstand im Markt und den aktuell vorherrschenden Wettbewerb zwischen E-Service-Plattformen mit Roaming-Funktionalität.

[1669] Vgl. Abschnitt 2.2.2.1.

[1670] Vgl. Abschnitt 2.2.2.1.

[1671] Vgl. Slowak (2012, S. 8). Vgl. ebenso Unterkapitel 4.4.1 und Abschnitt 4.4.2.4.

Mit zunehmender Popularität und Verbreitung einer E-Service-Plattform als Standard für Elektromobilitätsdienstleistungen steigt also zunächst der Nutzwert der Plattform und indirekt der von Elektrofahrzeugen. Neue Diensteanbieter werden sich deshalb in der Regel für diejenige Plattform entscheiden, die den höchsten Nutzwert hat. Somit kommen derjenigen Plattform mit dem höheren Nutzwert auch die besseren Prognosen hinsichtlich der zukünftigen Nachfrage der Plattform zu, was neben dem eigentlichen Nutzwert der Plattform für eine Verstärkung der allgemeinen Nachfrage sorgt.[1672] Die Diffusion einer E-Service-Plattform als Industriestandard ist insofern für den Erfolg der Elektromobilität von großer Bedeutung, da Nutzern von Elektrofahrzeugen und Anbietern von Elektromobilitätsdiensten aufgrund der positiven Nachfrageprognosen Investitionssicherheit gegeben wird.

4.3.4 Zwischenfazit: Eingeschränkte Kompatibilität der öffentlichen Ladeinfrastruktur

Für die Erreichung der umwelt- und energiepolitischen Ziele, aber auch aus Kostengründen, erscheint die Fortentwicklung batterieelektrischer Fahrzeuge und elektromobiler Ladeinfrastruktur am ehesten auf konduktiver Basis als sinnvoll. Der Aufbau öffentlicher Ladeinfrastruktur konnte dabei als Schlüsselelement für die Akzeptanz und die Verbreitung von Elektrofahrzeugen identifiziert werden. Durch die Errichtung kompatibler öffentlicher Ladeinfrastruktur kann Standardisierung dazu beitragen, indirekte Netzwerkeffekte freizusetzen und dadurch Dynamik im Elektromobilitätsmarkt zu erzeugen. Während bereits viele technische Teilbereiche der öffentlichen Ladeinfrastruktur durch Normung standardisiert wurden, fehlt es bislang noch immer an einem einheitlichen Abrechnungs- und Kommunikationsstandard in Form einer E-Service-Plattform, um Nutzern von Elektrofahrzeugen beispielsweise das Laden des eigenen Fahrzeugs an Ladestationen von beliebigen Betreibern ohne zusätzliche Registrierung zu ermöglichen. Ein entsprechender Standard muss sich aus aktueller Sicht also durch die Kräfte des freien Wettbewerbs im Markt etablieren.

4.4 Das Geschäftsmodell einer Roaming- und Clearing-Stelle für Elektrofahrzeuge

Wie bereits erörtert wurde, ist der Aufbau einer flächendeckenden und nutzerfreundlichen Ladeinfrastruktur eine essentielle Komponente für die weitere Verbreitung von Elektromobilität.[1673] Nutzer von Elektrofahrzeugen sollten dazu in

---

[1672] Vgl. Katz/Shapiro (1986a, S. 824). Zur Bedeutung von Nachfrageprognosen für den Erfolg eines Netzeffektprodukts vgl. auch Katz/Shapiro (1994, S. 97).

[1673] Vgl. Abschnitt 4.3.3.2.

der Lage sein, auf öffentliche Ladeinfrastruktur für Aufladevorgänge unkompliziert und diskriminierungsfrei zugreifen zu können. Zur Gewährleistung dieser Funktionalität für Endnutzer bedarf es zunächst eines einheitlichen Standards zur Kommunikation zwischen den an einem Ladevorgang beteiligten Agenten.[1674]
Zur Bereitstellung dieser Funktionalität wird neben den Betreibern von Ladeinfrastruktur ein weiterer, separat agierender Akteur notwendig sein, den es im bestehenden System der Energie- und Verkehrswirtschaft (noch) nicht gibt.[1675] Er wird beispielsweise Electric Vehicle IT Service Provider[1676], Information Service Provider[1677] oder Contract Clearing House[1678] genannt. Die Aufgabe dieses Agenten besteht in erster Linie darin, andere Agenten im System der Elektromobilität mittels einer E-Service-Plattform miteinander zu vernetzen, um so Elektromobilitätsdienstleistungen zu ermöglichen.[1679] Im Rahmen dieser Arbeit wird dieser Agent als RCSE bezeichnet und im Folgenden hinsichtlich seines Aufgaben- bzw. Funktionsspektrums näher beschrieben.
Zunächst soll auf die Beschreibung des Aufgaben- bzw. Funktionsspektrums einer RCSE, wie sie derzeit in der Fachliteratur diskutiert wird, eingegangen werden.

4.4.1   E-Service-Plattform als Basis zur Bereitstellung von Elektromobilitätsdienstleistungen

Grundvoraussetzung für die Roaming-Funktionalität im Bereich des Mobilfunks war die Einigung auf einen einheitlichen Telekommunikationsstandard – in diesem Fall GSM[1680] –, um Kompatibilität zwischen den Endgeräten der Kunden aller Roaming-Partner und den verschiedenen Mobilfunknetzen herzustellen. So ist auch im Bereich der Elektromobilität ein einheitlicher Standard unter anderem zur Durchführung und Abrechnung von Ladevorgängen an öffentlichen

---

[1674] Vgl. Abschnitt 4.3.3.2 f.

[1675] Guille/Gross (2009, S. 4382 ff.), San Román et al. (2011, S. 6362).

[1676] Vgl. Rivier et al. (2011, S. 14, Internetquelle), die den EV IT Service Provider als Schlüsselagenten im System der Elektromobilität beschreiben, der alle anderen Agenten des Systems miteinander vernetzt.

[1677] Vgl. TU Dortmund (2011, S. 60, Internetquelle).

[1678] Fest et al. (2010c, S. 3) bzw. Fest et al. (2010b, S. 32) schlagen vor, dass die Durchführung des später erläuterten Clearing-Prozesses zur Abrechnung von Ladevorgängen durch eine neutrale dritte Instanz – also nicht durch die Ladestationsbetreiber bzw. Roaming-Partner – durchgeführt wird.

[1679] Vgl. Khoo/Gallagher (2012, S. 3, Internetquelle), wonach ein „Payment & Management System" für Elektromobilität als Portal für unterschiedliche Stakeholder der Elektromobilität, wie Elektrofahrzeugnutzer und Energieversorger, dienen kann. Vgl. auch Bolczek et al. (2011, S. 11, Internetquelle), wo ein „ICT Network" zur Verbindung der IT-Systeme der unterschiedlichen Stakeholder des Systems der Elektromobilität vorgeschlagen wird.

[1680] Sauter (2011, S. 5).

Ladesäulen notwendig, um Roaming-Ladevorgänge zwischen unterschiedlichen Anbietern für Nutzer von Elektrofahrzeugen zu ermöglichen. Zur Realisierung unterschiedlicher Elektromobilitätsdienstleistungen wird eine internetbasierte, mehrseitige Plattform vorgeschlagen.[1681] Khoo/Gallagher sprechen in diesem Kontext von einem „Payment and Management System" und sehen diese Plattform als „key feature" ihres Systemmodells für Elektromobilität.[1682] Mit der Plattform einher geht die Nutzung eines standardisierten Kommunikationsprotokolls, um Kompatibilität für die Datenübertragung zwischen Fahrzeug, Ladestation, E-Service-Plattform und Diensteanbieter zu gewährleisten (vgl. Abbildung 22 für eine schematische Veranschaulichung).[1683]

Eine solche E-Service-Plattform kann sich in der Folge als zentraler Industriestandard für Elektromobilitätsdienstleistungen etablieren,[1684] da die Plattform als einheitliches Elektromobilitätsnetzwerk vergleichbar zum GSM-Mobilfunknetz funktionieren kann[1685]. So besteht das GSM-Mobilfunknetz – vereinfacht ausgedrückt – aus Funkmasten, die Funkwellen auf Basis des GSM-Standards aussenden und empfangen, wobei die kompatiblen Endgeräte Mobilfunkgeräte sind, die den GSM-Standard unterstützen.[1686] Die E-Service-Plattform mit einheitlichem Kommunikationsprotokoll ist dabei mit dem GSM-Mobilfunknetz vergleichbar, wobei die Ladestationen wie Funkmasten agieren, welche als Zugangspunkte zur Plattform zu verstehen sind. Elektrofahrzeuge stellen in diesem Elektromobilitätsnetzwerk wiederum die Endgeräte dar.

[1681] Giordano/Fulli (2012, S. 253) beschreiben das Prinzip der internetbasierten „multi-sided platforms" auch für Elektromobilitätsdienstleistungen als erfolgversprechendes Modell. Ähnlich auch Slowak (2012, S. 8). Die US-Patentanmeldung mit der Nr. US 2010/0161482 A1 (S. 2 f.) beschreibt eine Methode für Roaming und Abrechnungsdienste für Elektrofahrzeuge, die ebenfalls auf einer netzwerkbasierten (entweder Internet oder privates Netzwerk) E-Service-Plattform in Form einer Datenbank basiert. Vgl. auch Temme (2011, S. 13), der die Einrichtung eines zentralen Datenbank-Management-Systems zur Kommunikation mit Ladestationen als notwendig erachtet und die Möglichkeit darauf aufbauender webbasierter Anwendungen ins Feld führt. Khoo/Gallagher (2012, S. 3, Internetquelle) schlagen zur Realisierung dieser Plattform eine offene, internetbasierte Datenbank vor.

[1682] Khoo/Gallagher (2012, S. 3, Internetquelle).

[1683] Khoo/Gallagher (2012, S. 6 f., Internetquelle) gehen näher auf die Funktionen eines solchen einheitlichen Kommunikationsprotokolls ein: So dient dieses 1.) der Identifikation und Autorisierung des Elektrofahrzeugs an der Ladesäule, 2.) der Kommunikation zwischen Fahrzeug und Ladesäule zur Realisierung zusätzlicher Dienste und 3.) der Kommunikation zwischen der Ladesäule und der E-Service-Plattform.

[1684] Die von Bosch in Singapur betriebene IT-Service-Plattform ist ein Beispiel für eine bereits implementierte, zentrale E-Service-Plattform, vgl. Bosch (2011, S. 1 f., Internetquelle).

[1685] Vgl. Fest et al. (2010c, S. 1) bzw. Fest et al. (2010b, S. 30).

[1686] Zur genauen technischen Funktionsweise von GSM-Mobilfunknetzen siehe Sauter (2011, S. 1 ff.).

In diesem Zusammenhang wird unter anderem die Frage nach der Art der Zugangsgestaltung und –verwaltung einer solchen E-Service-Plattform diskutiert. Dabei gilt eine privatwirtschaftlich organisierte Plattform, die sich im freien Wettbewerb gegen andere Plattformen durchzusetzen hat, als favorisierte Lösung.[1687] Eine Open-Source-Plattform kann dabei zwar dazu beitragen, die notwendige Interoperabilität und Kompatibilität zu gewährleisten.[1688] Doch bedarf auch eine solche Open-Source-Plattform Wartung und systemtechnischer Weiterentwicklung, um beispielsweise Missbrauch zu verhindern. [1689] Insofern scheint eine gewisse Kontrolle durch den privatwirtschaftlichen Plattforminhaber durchaus angezeigt.

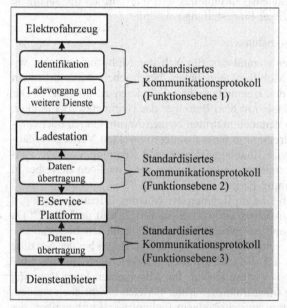

Abbildung 22: Funktionsebenen des standardisierten Kommunikationsprotokolls[1690]

Für die Bereitstellung der im Folgenden näher beschriebenen Dienstleistungen wird also der Betrieb einer E-Service-Plattform durch die RCSE vorausgesetzt.

[1687] Giordano/Fulli (2012, S. 258).

[1688] Vgl. Giordano/Fulli (2012, S. 258).

[1689] Vgl. Giordano/Fulli (2012, S. 258). Ähnlich auch Gabel (1993, S. 13), der den Betreiber eines immaterialgüterrechtlich geschützten, aber dennoch offen zugänglichen Standards in der Pflicht sieht, diesen auch zu pflegen und weiterzuentwickeln.

[1690] Quelle: Eigene Darstellung.

4.4.2   Bereitstellung von Elektromobilitätsdienstleistungen durch die Roaming- und Clearing-Stelle

Die Kernfunktionalitäten einer RCSE im System der Elektromobilität sind aus aktueller Sicht zunächst in Roaming- und Clearing-Dienstleistungen zu sehen, die im Verlauf der weiteren Ausführungen näher spezifiziert werden. Langfristig betrachtet können einem solchen Akteur unter der Voraussetzung der weiteren erfolgreichen Verbreitung von Elektromobilität jedoch weitere Funktionen zugeschrieben werden, auf die ebenfalls in diesem Unterkapitel ein Ausblick gegeben werden soll. Zur späteren kartellrechtlichen Betrachtung ist die möglichst sorgfältige Erwägung des Funktionenspektrums insofern relevant, als die sachliche Marktabgrenzung direkt an dieser Fragestellung anknüpft.

4.4.2.1   E-Roaming-Dienstleistungen

Der Begriff des Roaming entstammt ursprünglich der Mobilfunkbranche, wo damit die Fähigkeit eines Mobilfunkteilnehmers beschrieben wird, in einem anderen Netzwerk als dem des Heimnetzwerks telefonieren zu können.[1691] Der Mobilfunkteilnehmer steht dabei mit dem Betreiber des Heimnetzwerks in einer Vertragsbeziehung und kann dennoch in dritten Netzen Anrufe tätigen oder empfangen, ohne mit diesen Betreibern in einem weiteren direkten Vertragsverhältnis zu stehen. Basis für derlei Roaming-Dienste sind Roaming-Verträge zwischen den jeweiligen Netzbetreibern, sodass Kunden der jeweiligen Betreiber in der Folge die Netze der Roaming-Partner nutzen können.[1692]

Vergleichbare Szenarien sind im Rahmen der Nutzung öffentlich zugänglicher Ladestationen für Elektrofahrzeuge wünschenswert[1693] und denkbar:[1694] Da Ladestationen deutschland- und europaweit von unterschiedlichen Ladestationsbetreibern betrieben werden, sind Nutzer von Elektrofahrzeugen bei der Nutzung von Ladestationen zunächst auf die Ladeinfrastruktur derjenigen Betreiber beschränkt, bei denen sie unter Vertrag stehen. Im Allgemeinen kann Roaming deshalb als die Nutzung von Infrastrukturen dritter Parteien beschrieben werden, die durch einen Rahmenvertrag zwischen einem Ladeinfrastrukturbetreiber, der ebenfalls mit dem Elektrofahrzeugnutzer unter Vertrag steht und anderen (dritten) Ladeinfrastrukturbetreibern gewährleistet wird. So wie beim Roaming im Mobilfunkbereich Roaming-Gebühren erhoben werden, wird auch für die Ver-

---

[1691] Fest et al. (2010c, S. 1) bzw. Fest et al. (2010b, S. 30).

[1692] Sauter (2011, S. 5 f.).

[1693] Denn die Implementierung von Roaming-Funktionalitäten dient nach Fest et al. (2010c, S. 1) bzw. Fest et al. (2010b, S. 30) der Vermeidung von Doppelinvestionen und kann den Ausbau von öffentlicher Ladeinfrastruktur beschleunigen.

[1694] Fest et al. (2010c, S. 1) bzw. Fest et al. (2010b, S. 30). Vgl. ebenso Fluhr et al. (2014, S. 7, Internetquelle).

mittlung von Ladevorgängen an Roaming-Partner jeweils eine Roaming-Gebühr vom Ladestationsbetreiber oder E-Mobility-Provider an die RCSE entrichtet, was das Geschäftsmodell einer RCSE rentabel macht. Das Roaming im Bereich der Elektromobilität wird auch als E-Roaming[1695] bezeichnet.

Neben Ladestationsbetreibern können auch sogenannte E-Mobility-Provider[1696] oder E-Roaming-Partner[1697] vernetzt werden. Diese Agenten unterhalten selbst keine eigenen Ladestationen, doch ihr Geschäftsmodell basiert dennoch auf der Bereitstellung des Zugangs zu Ladestationen. Die Kunden derartiger E-Mobility Provider erhalten den Ladestationszugang folglich ausschließlich auf Roaming-Basis.

Die RCSE dient im System der Elektromobilität als zentraler Roaming-Dienstleister. Sowohl Ladestationsbetreiber als auch E-Mobility-Provider schließen Roaming-Verträge direkt mit der RCSE und können in der Folge darauf verzichten, jeweils gesonderte Einzelverträge mit allen Ladestationsbetreibern in Deutschland oder Europa zu schließen. Dieses Prinzip wird in Abbildung 23 veranschaulicht.

Auf informationstechnischer Ebene werden die Ladestationen der einzelnen Ladestationsbetreiber mit der internetbasierten E-Service-Plattform der RCSE verbunden (siehe Abbildung 24). Gleichzeitig müssen in einer Datenbank sämtliche berechtigten Nutzer der Roaming-Funktionalität, d. h. alle Elektrofahrzeuge, die an den entsprechenden Ladestationen bezugsberechtigt sind, hinterlegt sein.[1698] Zu Beginn eines Ladevorgangs kommt es daher zunächst zu einer Berechtigungsnachfrage, um zu klären, ob das anfragende Elektrofahrzeug durch einen Autostromvertrag mit einem Ladestationsbetreiber oder einem E-Mobility-Provider, der wiederum den Roaming-Rahmenvertrag mit der RCSE unterzeichnet hat, ladeberechtigt ist.[1699] Sofern eine Ladeberechtigung vorliegt, wird der Ladevorgang gestartet, und abrechnungsrelevante Informationen werden auf der E-Service-Plattform der RCSE zur späteren Weiterleitung an die betreffenden Parteien[1700] dokumentiert.

[1695] Nach Fest et al. (2010c, S. 1) bzw. Fest et al. (2010b, S. 30) ist E-Roaming das Pendant der Elektromobilität zum Roaming aus dem Mobilfunkbereich.

[1696] Vgl. Fluhr et al. (2014, S. 7, Internetquelle), die unter einem E-Mobility Provider einen Agenten verstehen, der entweder selbst eine Ladestation betreiben kann, oder aber als Roaming-Betreiber fungiert, ohne selbst Ladestationen zu besitzen.

[1697] Fest et al. (2010c, S. 2) bzw. Fest et al. (2010b, S. 31) beschreiben den Agenten des E-Roaming-Partners analog zu Fluhr et al. (2014, S. 7).

[1698] Vgl. Fest et al. (2010c, S. 3) bzw. Fest et al. (2010b, S. 32).

[1699] Vgl. Pallas et al. (2010, S. 405).

[1700] Siehe dazu den folgenden Abschnitt 4.4.2.2 zum E-Clearing.

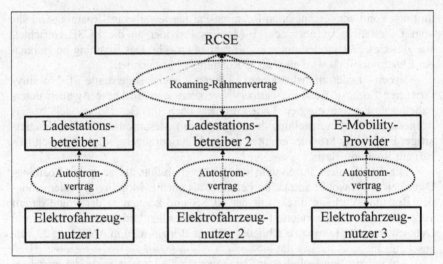

Abbildung 23: Vertragsbeziehungen beim E-Roaming[1701]

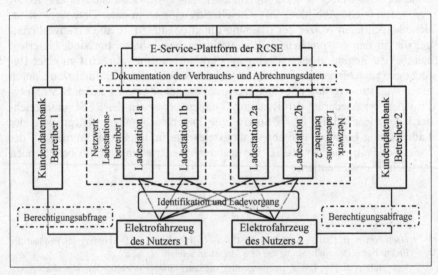

Abbildung 24: Technische Funktionsweise des E-Roaming[1702]

[1701] Quelle: Darstellung in Anlehnung an Fluhr et al. (2014, S. 7, Internetquelle) und Fest et al. (2010c, S. 2) bzw. Fest et al. (2010b, S. 31).

[1702] Quelle: Darstellung in Anlehnung an US-Patentanmeldung Nr. US 2010/0161482 A1, Sheet 1.

4.4.2.2   E-Clearing-Dienstleistungen

Vom E-Roaming abzugrenzen, aber gleichzeitig eng damit verbunden, ist die Funktion des E-Clearing. Im Bankensektor beschreibt das Clearingverfahren das Sortieren, Zuordnen, Verarbeiten und Austauschen von Zahlungsverkehrsnachrichten, um den Zahlungsverkehr zwischen unterschiedlichen Banken abzuwickeln.[1703] Diesem Verständnis folgend, ist im Kapitalmarktrecht unter Clearing ein Prozess zur Abwicklung von Finanzmarkttransaktionen zu verstehen.[1704] Dabei wird von diesem Prozess neben der Buchung der Positionen auf die betreffenden Transaktionskonten auch die vorgelagerte Überprüfung der Transaktionsdaten auf Richtigkeit umfasst.[1705] Im Kontext des Finanzwesens ist unter Clearing also zusammenfassend ein koordinierter Abrechnungsvorgang zwischen unterschiedlichen Parteien zu verstehen. Die einen Clearing-Vorgang ausführende bzw. verantwortende Institution wird als Clearing-Stelle oder auch Clearinghaus bezeichnet.[1706] Bei Finanztransaktionen auf dem Kapitalmarkt soll eine solche Clearing-Stelle neben der Durchführung des Abrechnungsprozesses auch die vollständige Anonymität der beteiligten Transaktionsteilnehmer gewährleisten.[1707]

Das funktionale Verständnis einer E-Clearing-Stelle würde zunächst an das Verständnis des Clearingbegriffs aus dem Finanzsektor anknüpfen, da zur Gewährleistung von E-Roaming schließlich auch eine Abrechnung zwischen den beteiligten Parteien Ladestationsbetreiber, Fremdstromanbieter und Elektrofahrzeugnutzer notwendig wird.[1708] Die zentrale E-Service-Plattform dient in diesem Zusammenhang dazu, einen Datenaustausch zwischen den an einem Ladevorgang beteiligten Stakeholdern zu ermöglichen und so den Abrechnungsvorgang durchzuführen. Nach einem erfolgten Ladevorgang an einer Ladestation eines Betreibers, mit dem ein Elektrofahrzeugnutzer keinen direkten Autostromvertrag abgeschlossen hat, erfolgt der Austausch der relevanten Verbrauchs- und Abrechnungsdaten zwischen dem Betreiber der Ladestation und dem eigentlichen Vertragspartner des Elektrofahrzeugnutzers. In Abbildung 25 wird dieses Szenario dargestellt, wobei hier der Nutzer des ladenden Elektrofahrzeugs mit einem E-Mobility-Provider unter Vertrag steht, der selbst keine Ladestationen besitzt.

[1703] Maihold in: Schimansky et al. (2011, § 52, Rn. 2).

[1704] Beck in: Schwark/Zimmer (2010, BörsG § 21, Rn. 3).

[1705] Beck in: Schwark/Zimmer (2010, BörsG § 21, Rn. 3).

[1706] Beck in: Schwark/Zimmer (2010, BörsG § 21, Rn. 3).

[1707] Seiler/Kniehase in: Schimansky et al. (2011, Vor § 104, Rn. 59).

[1708] Pallas et al. (2010, S. 405). Vgl. auch Bolczek et al. (2011, S. 12, Internetquelle).

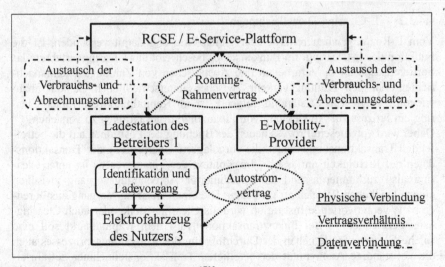

Abbildung 25:   Prinzip des E-Clearing[1709]

Beim Vorgang des E-Clearing muss die Anonymität der beteiligten Parteien bei der Datenverarbeitung und -weiterleitung durch eine Clearing-Stelle gewährleistet sein.[1710] Zur Gewährleistung dieser Anonymität können ID-Codes verwendet werden, die keine Informationen zur Identität des Fahrzeugnutzers geben, aber dennoch eine eindeutige Identifikation der Elektrofahrzeuge zulassen.[1711] Nach aktuellem Sachstand wird die Vergabe der ID-Codes über den Bundesverband der Energie- und Wasserwirtschaft e. V. koordiniert.[1712]

4.4.2.3   V2G-Aggregationsdienstleistungen

Eine bedeutende Funktion, die der RCSE als Betreiber der E-Service-Plattform – oder aber einem anderen Agenten – auf lange Sicht zukommen kann,[1713] ist die gemeinsame Ansteuerung aller Elektrofahrzeuge, die augenblicklich an Ladestationen des Ladestationsnetzwerks der RCSE (d. h. alle Ladestationen der mit der RCSE unter Vertrag stehenden Ladestationsbetreiber) per Kabel verbunden sind,

---

[1709] Quelle: Darstellung in Anlehnung an Pallas et al. (2010, S. 405).

[1710] Pallas et al. (2010, S. 405) bzw. Pallas et al. (2011, S. 446).

[1711] Fest et al. (2010c, S. 3) bzw. Fest et al. (2010b, S. 32). Für eich- und datenschutzrechtliche Aspekte dieses ID-Vergabeverfahrens siehe auch Pallas et al. (2010, S. 407).

[1712] Fluhr et al. (2014, S. 6, Internetquelle).

[1713] Dieser Dienst könnte auch von einem anderen Agenten bzw. Stakeholder auf Basis der E-Service-Plattform der RCSE bereitgestellt werden. Vgl. TU Dortmund (2011, S. 62, Internetquelle) oder Rivier et al. (2011, S. 13 f., Internetquelle).

um für kollektive Lade- oder Entladevorgänge im Zusammenspiel mit dem Smart Grid zur Verfügung zu stehen.[1714] Der kommunikationstechnische Zusammenschluss und die gemeinsame Ansteuerung der angeschlossenen Elektrofahrzeuge werden auch als Aggregation bezeichnet. Das Prinzip der Aggregation ist notwendig, um die energiepolitischen Ziele im Sinne der angesprochenen V2G-Dienstleistungen[1715] überhaupt zu ermöglichen. Denn die einzelnen Fahrzeugbatterien verfügen – separat betrachtet – über zu geringe Kapazitäten, um Einfluss auf das Stromnetz nehmen zu können.[1716] Die von der Bundesregierung angestrebte Zahl von einer Million Elektrofahrzeugen würde aggregiert gesteuert jedoch bereits „ein hohes Potenzial zur Glättung der Lastkurven in den Energienetzen"[1717] bieten.

Zur bidirektionalen Ansteuerung der ·Elektrofahrzeuge kann auf die E-Service-Plattform zurückgegriffen werden, mit welcher auch die Roaming- und Clearing-Dienstleistungen abgewickelt werden.[1718] Damit ist die RCSE in der Lage, die am Ladenetzwerk angeschlossenen Fahrzeuge für V2G-Dienstleistungen in der Gruppe anzusteuern und so auf Anfrage die Einspeisung von Strom über die Fahrzeuge in das Smart Grid (resource aggregation) oder die Pufferung von überschüssigem Strom aus dem Smart Grid in die Fahrzeuge zu veranlassen (load aggregation).[1719] Als Aggregator kommt der RCSE im Energiemarkt eine zentrale Rolle zur Realisierung des V2G-Konzeptes zu, der die Energie der gemeinsam angesteuerten Elektrofahrzeuge verwaltet.[1720]

Neben den Ladestationsbetreibern und E-Mobility-Providern steht die RCSE über die E-Service-Plattform bei der Durchführung der genannten V2G-Dienstleistungen (neben den Betreibern von Ladestationen) in Verbindung mit Netzbetreibern und Energielieferanten.[1721] Herrscht Überlast im Smart Grid, so kann durch den zuständigen Energieversorger überschüssiger Strom in die Batterien von angeschlossenen Elektrofahrzeugen umgeleitet werden.[1722] Bei Unterlast des Smart Grids kann auf Anfrage des Netzbetreibers kurzfristig Strom aus den Batterien der angeschlossenen Elektrofahrzeuge bezogen werden.[1723] Ohne näher auf die Gestaltung der Preis- und Kostengestaltung des V2G-Modells

---

[1714] Vgl. Giordano/Fulli (2012, S. 256).

[1715] Vgl. Abschnitt 4.2.1.3.

[1716] Guille/Gross (2009, S. 4382).

[1717] Vgl. Temme (2011, S. 12 f.).

[1718] Vgl. Giordano/Fulli (2012, S. 254 f.).

[1719] Vgl. Giordano/Fulli (2012, S. 256), Guille/Gross (2009, S. 4381 ff.).

[1720] Guille/Gross (2009, S. 4380, 4384).

[1721] Guille/Gross (2009, S. 4380).

[1722] Vgl. Guille/Gross (2009, S. 4384 f.).

[1723] Vgl. Guille/Gross (2009, S. 4384 f.).

einzugehen, ist es möglich, dass der Aggregator – in vergleichbarer Weise wie beim E-Clearing – die Abrechnung für die jeweiligen V2G-Dienstleistungen zwischen den beteiligten Parteien übernimmt und gleichzeitig selbst eine Bearbeitungsgebühr erhebt. Abbildung 26 gibt die Funktionsweise des V2G-Prinzips vereinfacht wieder und erläutert das Zusammenspiel der einzelnen, beteiligten Agenten.

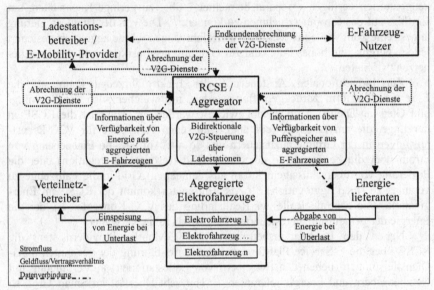

Abbildung 26:   Funktionsweise des V2G-Prinzips[1724]

Die beschriebenen Aggregatordienstleistungen sind dabei nicht allein auf die Anwendung an Ladeinfrastruktur im öffentlichen Raum beschränkt. Auch im Heimbereich sind Aggregationsdienstleistungen möglich, sofern eine kompatible und bidirektional ansteuerbare Ladeinfrastruktur vorhanden ist.[1725]

In analoger Weise ist eine Integration weiterer dezentraler Energiespeicher in das Netzwerk eines Aggregators vorstellbar. Beispielsweise könnten ausgediente Fahrzeugbatterien weiterhin als Energiepuffer im Heimbereich Anwendung finden[1726] und es könnten die im privaten Umfeld genutzten Solarstrom-

---

[1724]   Quelle: Darstellung in Anlehnung an Guille/Gross (2009, S. 4385).

[1725]   Vgl. Sán Román et al. (2011, S. 6369), Giordano/Fulli (2012, S. 255 ff.).

[1726]   Vgl. Kley (2011, S. 8).

speicher genauso integriert werden wie die Batterien von Batteriewechseldienst-leistern wie Better Place.[1727]

4.4.2.4 Bereitstellung der E-Service-Plattform für weitere Elektromobilitätsdienstleistungen

Die E-Service-Plattform der RCSE kann mittel- und langfristig als informations-technisches Grundgerüst für weitere Geschäftsmodelle im Bereich der Elektro-mobilität dienen.[1728] In der Fachliteratur werden bereits unterschiedlichste Ge-schäftsmodelle diskutiert, die zu großen Teilen – so wie auch das E-Roaming, E-Clearing und die V2G-Aggregation – ebenfalls auf der Ladeinfrastruktur für Elektrofahrzeuge basieren.[1729] Kley hat eine umfangreiche Übersicht unter-schiedlicher – zukünftiger und bereits bestehender – Geschäftsmodelle im Be-reich der Elektromobilität zusammengestellt und nach Bezugsbereichen in fahr-zeugzentrische, infrastrukturzentrische, systemdienstleistungszentrische und gemischte Modelle untergliedert.[1730] Neben den bereits genannten drei Kernge-schäftsmodellen sind beispielsweise die folgenden Geschäftsmodelle denkbar, die ebenfalls auf der E-Service-Plattform der RCSE basieren oder diese involvie-ren können:[1731]

- Abrechnung mit Bezahlkarten,

- Abrechnung mit der Hausstromrechnung und das Angebot von Bündeltari-fen,

- Abrechnung mit der Parkgebühr,

- Applikation zum Auffinden und Reservieren von Ladesäulen,[1732]

- Fahrzeugdienste (z. B. Softwarediagnose, Auslesen des Fehlerspeichers etc.),

- Integration in Smart-Home-Systeme,

- Integration mit erneuerbarem Strom,

[1727] Guille/Gross (2009, S. 4380) erwähnen vereinfacht die Möglichkeit, dass Batterien von Batte-riezulieferern bzw. –dienstleistern ebenfalls in das V2G-Konzept integriert werden können.

[1728] Vgl. Giordano/Fulli (2012, S. 253, 256) und Khoo/Gallagher (2012, S. 3, Internetquelle).

[1729] Kley et al. (2011, S. 3392) zieht in Betracht, dass zahlreiche neue Geschäftsmodelle im Bereich der Elektromobilität entstehen können, die diverse neue Marktagenten involvieren.

[1730] Die gesamte Übersicht findet sich in Kley (2011, S. 8).

[1731] Sofern nicht anders angegeben, sind die folgenden Geschäftsmodelle der Übersicht von Kley (2011, S. 8) entnommen.

[1732] Vgl. auch Khoo/Gallagher (2012, S. 3, Internetquelle). BMW hat mit seinen Produkten „ParkNow" und „ChargeNow" bereits eine softwaretechnische Basis für eine solche Applikati-on, vgl. BMW (o. J. b, Internetquelle).

■ Ladeinfrastrukturbasierte Werbung,[1733]

■ Multi-modale Mobilität und Integration mit anderen Verkehrsträgern,

■ Multimediadienste (z. B. Aktualisierung der Daten des Navigationsgeräts, Download zusätzlicher Features/Updates für elektronische Geräte, Infotainmentleistungen[1734] oder das Streaming bzw. der Download von Filmen bzw. Spielen) sowie

■ Spitzen- und Schwachlasttarife für die Ladung von Elektrofahrzeugen.

Dabei ist die obige Aufzählung weder als abschließend zu verstehen, noch sollen an dieser Stelle Aussagen über die Eintrittswahrscheinlichkeit oder die Wirtschaftlichkeit der genannten Geschäftsmodelle getätigt werden. Allerdings wird bereits aus den Beispielen deutlich, welches umfassende Potenzial in der erfolgreichen Etablierung einer zentralen E-Service-Plattform schlummert. Dabei gilt, getreu dem Prinzip indirekter Netzwerkeffekte, dass die Plattform umso nützlicher (und damit wertvoller) wird, je mehr Parteien und Ladestationen durch die Implementierung des entsprechenden Kommunikationsprotokolls die Plattform als Basis für ihre Dienstleistungen nutzen.[1735]

4.4.3   Aktueller Entwicklungsstand im Markt

Die Entwicklung[1736] und Verbreitung[1737] von Elektrofahrzeugen in Deutschland und Europa schreitet voran. Und auch auf Seiten der Ladeinfrastruktur ist in den letzten Jahren viel passiert: Mindestens 1579 Ladestationen für Elektrofahrzeuge wurden bis Anfang August 2014 bereits in Deutschland errichtet.[1738] Roaming-

---

[1733] Kley (2011, S. 8) unterscheidet zwischen den Geschäftsmodellen „Werbung an der Ladesäule", d. h. das Anbringen von Werbung an der Ladesäule, und „Werbung mit der Ladesäule", d. h. das Ausnutzen der Ladesäule als Attraktionspunkt z. B. für Nutzer von Elektrofahrzeugen. Giordano/Fulli (2012, S. 256) hingegen erwähnen die Möglichkeit, während des Ladevorgangs standortbezogene Werbung auf dem On-Board-Display des Elektrofahrzeugs anzeigen zu lassen.

[1734] Dieses Geschäftsmodell findet sich nicht in der Liste von Kley (2011, S. 8). Die genannten Beispiele wurden Fest et al. (2010c, S. 4) bzw. Fest et al. (2010b, S. 33) entnommen.

[1735] Vgl. Abschnitt 2.2.2.1. Ähnlich auch Giordano/Fulli (2012, S. 253).

[1736] Bereits mehrere deutsche Automobilhersteller haben serienreife Elektrofahrzeuge im Angebot (Daimler, BMW, Volkswagen).

[1737] So vermeldet das KBA im Jahr 2013 Rekordwerte bei den Neuzulassungen von Elektrofahrzeugen, vgl. (o. V. (2013, Internetquelle). Es ist jedoch wahrscheinlich, dass darüber hinaus bereits weitere, öffentliche oder semi-öffentliche Ladestationen existieren, die (noch) nicht auf dem Portal registriert wurden.

[1738] Am 5. August 2014 waren auf dem Suchportal für Ladestationen „www.e-tankstellenfinder.com" 1579 Ladestationen für Elektrofahrzeuge in Deutschland registriert.

und Clearing-Funktionalität wird von den errichteten Ladestationen zum genannten Zeitpunkt jedoch nur in begrenztem Maß unterstützt.

Zunächst fand in Deutschland eine Vernetzung der Ladestationsanbieter nur vereinzelt über Roaming-Abkommen statt, sodass sich Insellösungen für die Kunden der beteiligten Anbieter herausbildeten. Ein noch bestehendes Beispiel für eine solche isolierte Insellösung ist das Ladenetzwerk „Ich tanke Strom", das sich aus zehn Stadtwerken im süddeutschen Raum gebildet hat.[1739]

Doch erste, ernstzunehmende privatwirtschaftliche Bestrebungen zur Vernetzung aller deutschen und europäischen Ladestationen existieren spätestens seit 2012.[1740] Ziel dieser Bestrebungen ist die Integration sämtlicher in Deutschland und Europa betriebenen Ladestationen im öffentlichen bzw. semiöffentlichen Raum und somit auch der Zusammenschluss der bestehenden Insellösungen zu einem einheitlichen Industriestandard. So verfolgte die Energiewirtschaft ursprünglich das Ziel, bis 2014 90 % der öffentlichen Ladeinfrastruktur allen Elektromobilitätskunden auf technischer Ebene frei zugänglich zu machen.[1741]

Inzwischen haben sich in Deutschland zwei große Netzwerke von Ladestationsanbietern herausgebildet, die jeweils eine eigene E-Service-Plattform mit dazugehörigem Kommunikationsprotokoll betreiben und versuchen, die bestehenden Ladestationsnetzwerke Deutschlands und Europas unter dem Dach des eigenen Standards zu vereinen (vgl. Abbildung 27 für eine schematische Darstellung dieser Bestrebungen am Beispiel Deutschlands).[1742]

[1739] Vgl. Ich-Tanke-Strom.com (o. J., Internetquelle).

[1740] Am 30. März 2012 wurde der sogenannte „Treaty of Vaals" zwischen führenden Ladenetzwerken aus sieben europäischen Ländern (unter anderem Ladenetz.de) geschlossen, mit dem Ziel, sich auf einen einheitlichen Lade- und Abrechnungsstandard zu einigen. Im Jahr 2012 wurde außerdem die Hubject GmbH mit dem Anspruch auf Ermöglichung eines einheitlichen Zugangs „zur bundesweiten Ladeinfrastruktur für alle künftigen Elektromobilitätsnutzer" gegründet, Hubject (2012a, Internetquelle). Im gleichen Jahr wurde das European E-Mobility Network als europäische Non-profit-Organisation gegründet, um die Akzeptanz von Elektromobilität zu erhöhen, weitere Informationen unter www.european-e-mobility.net.

[1741] NPE (2012b, S. 28, Internetquelle).

[1742] Im Fortschrittsbericht der NPE (2012b, S. 29, Internetquelle) werden die Hubject GmbH sowie die Initiative Ladenetz.de als einzige Beispiele für die Entwicklung eines einheitlichen und vereinfachten Zugangs zu öffentlicher Infrastruktur vorgestellt, sodass den beiden Anbietern offensichtlich bereits zu diesem Zeitpunkt die größte Bedeutung beim Aufbau eines standardisierten Ladestationszugangs beigemessen wurde.

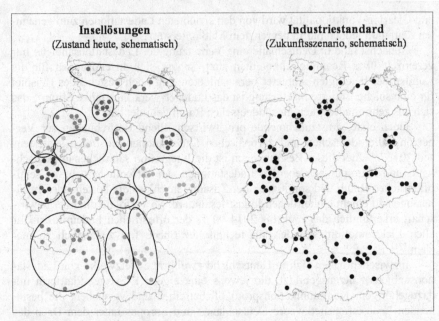

Abbildung 27: Schematische Darstellung von Ladestationsnetzwerken in Deutschland
in Form von Insellösungen (links) und in Form eines Industriestandards
(rechts)[1743]

4.4.3.1   Smartlab Innovationsgesellschaft mbH

Die Initiative Ladenetz.de der Smartlab Innovationsgesellschaft mbH[1744] vernetzt
Anfang August 2014 mit mehr als 30 Stadtwerken[1745] in Deutschland, Belgien
und den Niederlanden bereits über 4000 Ladestationen mit 7000 Ladepunk-
ten.[1746] Ladenetz.de unterhält dabei nationale Roaming-Abkommen mit den
Ladestationsnetzwerken der großen Energieversorger Vattenfall, EnBW und
EWE[1747] sowie internationale Roaming-Abkommen mit den ausländischen La-

---

[1743] Quelle: Eigene Darstellung.

[1744] Bei der smartlab Innovationsgesellschaft mbH handelt es sich um ein Unternehmen der Stadtwerke Aachen, Duisburg und Osnabrück, vgl. Smartlab (o. J. a, Internetquelle). Das Ladestationsnetzwerk Ladenetz.de wurde bereits im Frühjahr 2010 von der Kooperationsgemeinschaft
gegründet, vgl. Smartlab (2010, Internetquelle).

[1745] Ladenetz.de (o. J. b, Internetquelle).

[1746] Ladenetz.de (o. J. c, Internetquelle).

[1747] Ladenetz.de (o. J. c, Internetquelle).

destationsnetzwerken „The New Motion" (Niederlande)[1748], „Elaadnl" (Niederlande)[1749], „blue corner" (Belgien)[1750].[1751]

Ladenetz.de arbeitet zusammen mit „e-clearing.net", einem Provider einer E-Service-Plattform für Elektromobilitätsdienste, wie Roaming und Clearing, welcher aus einer Kooperation zwischen Smartlab, e-laad und blue corner hervorgegangen ist.[1752] e-clearing.net stellt ein entsprechendes Open-Source-Kommunikationsprotokoll zur Verfügung, welches zur Kommunikation mit der E-Service-Plattform genutzt wird.[1753]

Neben den genannten Ladestationsnetzwerken sind die Stromanbieter Vattenfall und E.ON (die österreichische VERBUND AG hat ebenfalls bereits den Anschluss an das Netzwerk angekündigt), T-Systems als Anbieter für Informations- und Kommunikationstechnologie sowie der Automobilhersteller Mitsubishi dem Netzwerk beigetreten.[1754]

4.4.3.2   Hubject GmbH

Ein weiteres Ladenetzwerk hat sich unter dem „Dach" der Hubject GmbH, einem Joint Venture der Automobilhersteller BMW und Daimler, der Energieversorgungsunternehmen EnBW und RWE sowie der Automobilzuliefer- und Technologieunternehmen Bosch und Siemens formiert.[1755] Damit sind jeweils zwei Unternehmen aus den drei Schlüsselbranchen für Elektromobilität in dem Joint Venture vertreten.[1756]

Unter dem Namen „intercharge" sind nach eigenen Angaben bereits 50 % der in Deutschland aufgestellten Ladestationen mittels Roaming nutzbar.[1757] Darüber hinaus unterhält Hubject Partnerschaften in anderen europäischen Ländern, sodass weitere 2000 Ladepunkte im europäischen Ausland zu dem Netz-

---

[1748] Weitere Informationen unter www.thenewmotion.de bzw. www.thenewmotion.com.

[1749] Weitere Informationen unter www.elaad.nl.

[1750] Weitere Informationen unter www.bluecorner.be.

[1751] Ladenetz.de (o. J. c, Internetquelle).

[1752] Vgl. Ladenetz.de (o. J. c, Internetquelle) sowie E-Clearing.net (o. J., Internetquelle).

[1753] Genannt „Open Clearinghouse Protocol" (OCHP), vgl. E-Clearing.net (o. J., Internetquelle). Weitere Informationen unter www.ochp.eu, Download möglich unter www.ochp.eu/downloads.

[1754] Smartlab (2014, Internetquelle).

[1755] Hubject (2012b, Internetquelle).

[1756] Die Europäische Kommission bezeichnet die Automobil-, die Informations- und Kommunikationstechnologie- sowie die Energieversorgungsbranche als die drei Schlüsselindustrien für Elektromobilität, vgl. Kommission (2012a, Internetquelle).

[1757] Intercharge (o. J., Internetquelle).

werk gehören,[1758] darunter auch das belgische Ladestationsnetzwerk blue corner,[1759] das ebenso Teil des Netzwerks von Ladenetz.de ist.

Die Hubject GmbH stellt ihren Netzwerkmitgliedern – so wie auch e-clearing.net – eine E-Service-Plattform zur Vernetzung von Ladestationen und unterschiedlicher Stakeholder der Elektromobilität[1760] sowie ein dazugehöriges Open-Source-Kommunikationsprotokoll[1761] bereit. Nach eigener Aussage möchte das Unternehmen seinen Kunden eine IT-Plattform für neue Geschäftsmodelle und Elektromobilitätsdienstleistungen bieten.[1762] Weiterhin existiert für den Hubject-Standard bereits eine Zertifizierungsstelle zur Vergabe von Zertifikaten an Automobilhersteller, Ladeinfrastrukturbetreiber und Fahrstromanbieter.[1763]

Die ersten Mitglieder der Standardisierungskooperation verwerten die Ergebnisse der Standardisierungsarbeit unter Hubject bereits in ihrer Produktentwicklung für Elektromobilität. Beispielsweise basiert das BMW-eigene Ladenetzwerk „ChargeNow" auf dem Hubject-Netzwerk.[1764] ChargeNow wurde mit der Markteinführung des BMW i3 vorgestellt und ist softwareseitig im Fahrzeug implementiert.[1765] Allerdings wird ChargeNow aufgrund der Höhe der für Nutzer anfallenden Gebühren kritisiert.[1766]

4.4.3.3   Wettbewerb um die Durchsetzung des Industriestandards

Folglich ist der Inter-Standard-Wettbewerb[1767] um die Etablierung eines europaweiten Industriestandards für eine E-Service-Plattform und ein zugehöriges Kommunikationsprotokoll zur Vernetzung von Ladestationen und Stakeholdern im Bereich der Elektromobilität durch eine privatwirtschaftlich organisierte RCSE in vollem Gang, wobei die Produkte e-clearing.net und intercharge aus aktueller Sicht den Markt dominieren. Hinter beiden Produkten stehen – wie oben dargestellt[1768] – Standardisierungskooperationen, in denen mehrere Unter-

---

[1758] Vgl. Hubject (2014a, Internetquelle).

[1759] Vgl. Hubject (2013a, Internetquelle).

[1760] Vgl. Hubject (o. J. a, Internetquelle).

[1761] Genannt „Open InterCharge Protocol" (OICP), vgl. Hubject (o. J. b, Internetquelle). Der Download des Protokolls ist erst nach einer elektronischen Registrierung auf der Internetseite der Hubject GmbH möglich.

[1762] Hubject (o. J. c, S. 10, Internetquelle).

[1763] Vgl. Hubject (2014b, Internetquelle).

[1764] Vgl. BMW (2014, Internetquelle) und Karpstein (2014, Internetquelle).

[1765] Vgl. BMW (o. J. c, Internetquelle).

[1766] So ist die Fahrt eines Diesel-Pkw mit den von BMW erhobenen monatlichen und stündlichen Gebühren teilweise günstiger als die Fahrt mit dem Elektrofahrzeug BMW i3, vgl. o. V. (2014, Internetquelle) bzw. ChargeNow (o. J., Internetquelle) für eine Preisübersicht.

[1767] Vgl. Abschnitt 2.3.2.2.

[1768] Vgl. Abschnitte 4.4.3.1 und 4.4.3.2.

nehmen, die teilweise denselben Branchen entstammen, zusammen an der Durchsetzung des entsprechenden Industriestandards arbeiten. Die Smartlab Innovationsgesellschaft mbH oder die Hubject GmbH, als Entwickler der jeweiligen E-Service-Plattform und Anbieter der entsprechenden Kommunikationsprotokolle, können sich folglich als einzige RCSE etablieren.

Aufgrund der von Netzwerkeffekten verursachten Dynamik, die dem Markt der Elektromobilität innewohnt, ist die Frage nach den kartellrechtlichen Rahmenbedingungen der Etablierung eines zentralen Lade- und Kommunikationsstandards für alle beteiligten Stakeholder im System der Elektromobilität von bedeutender Relevanz.

4.4.4 Zwischenfazit: E-Service-Plattform einer Roaming- und Clearing-Stelle als Grundstein für Elektromobilitätsdienstleistungen

Wie dargestellt wurde, ist im System der Elektromobilität langfristig ein vielfältiges Dienstleistungsspektrum denkbar, das durch eine RCSE angeboten werden kann. Kerngeschäftsmodell ist jedoch die Bereitstellung einer zentralen E-Service-Plattform.

Derzeit existieren zwei Joint Ventures als Anbieter von E-Service-Plattformen am Markt, deren Ziel jeweils die Herausbildung eines einzigen Industriestandards und damit die Herstellung möglichst vollkommener Kompatibilität aller öffentlichen Ladestationen ist. Beide Anbieter bieten neben der E-Service-Plattform auch dazugehörige offene Kommunikationsprotokolle an und verfolgen damit jeweils eine Sponsorstrategie[1769]. Ökonomisch betrachtet findet also derzeit ein Inter-Standard-Wettbewerb statt.[1770] Tabelle 7 fasst die Daten der beiden Anbieter nochmals zusammen.

Tabelle 7: Überblick über die beiden größten Anbieter für E-Service-Plattformen[1771]

Ladenetzwerk	**Initiatoren**	**E-Service-Plattform**	**Kommunikationsprotokoll**
Hubject.com	BMW, Bosch, Daimler, EnBW, RWE, Siemens	intercharge.eu	Open InterCharge Protocol (OICP)
Ladenetz.de	Smartlab Innovationsgesellschaft mbH (Stadtwerke Aachen, Duisburg, Osnabrück)	e-clearing.net	Open Clearinghouse Protocol (OCHP)

[1769] Vgl. Abschnitt 2.3.3.3.

[1770] Siehe dazu Abschnitt 2.3.2.2.

[1771] Quelle: Eigene Darstellung.

Hinsichtlich der Verfolgung ihrer Standardisierungsstrategie haben die beiden Hauptwettbewerber nun – wie in Abschnitt 2.3.2.2 dargestellt – zwei Möglichkeiten: Erstens könnten beide Wettbewerber ihre jeweiligen Standards bzw. Kommunikationsprotokolle solange inkompatibel zueinander gestalten, bis sich einer der beiden Standards im Wettbewerb durchsetzt. Sofern die Kompatibilität von Ladestationen jedoch einen entscheidenden Marktvorteil für alle im Markt beteiligten Parteien bedeutet – wovon auszugehen ist –, würde sich ebenfalls noch die Möglichkeit anbieten, Verhandlungen über einen gemeinsamen Fortgang der Standardisierungsarbeiten zu führen und beispielsweise zu fusionieren bzw. sich einem bestimmten Standard anzuschließen.[1772]

4.5 Fazit

Im vierten Teil der Arbeit wurden die Grundlagen zum Verständnis des Systems der Elektromobilität gelegt sowie die politische und wirtschaftliche Verzahnung dieser Technologie erläutert. Neben umwelt- und verkehrspolitischen Zielen werden wirtschafts- und energiepolitische Ziele mit dem Ausbau von Elektromobilität in Deutschland und Europa verfolgt.

Dem Ausbau einer öffentlichen Ladeinfrastruktur wird dabei eine besonders große Bedeutung für die Steigerung der Nutzerakzeptanz und die Verbreitung von Elektrofahrzeugen beigemessen. Durch technische Normung der Ladeinfrastruktur wird die notwendige Kompatibilität zwischen Fahrzeug und Ladestation hergestellt. Jedoch fehlt es bislang noch an einem deutschland- oder europaweiten Standard für die einheitliche Abrechnung von Ladevorgängen. Die Einrichtung einer E-Service-Plattform kann dazu dienen, die Stakeholder im System der Elektromobilität miteinander zu vernetzen und so den Boden für weitere Elektromobilitätsdienstleistungen zu bestellen. Der Wettbewerb um die vorrangige Marktstellung einer solchen E-Service-Plattform wird inzwischen hauptsächlich von zwei Standardisierungskooperationen geführt, die im System der Elektromobilität als RCSE agieren und den Zugang zu ihren jeweiligen Plattformen kontrollieren.

Sobald die durch eine RCSE kontrollierte Plattform für Elektromobilitätsdienstleistungen Markterfolg erlangt, ist die Wahrscheinlichkeit hoch, dass es zu einer restriktiveren Zugangspolitik des Plattformbetreibers kommt und dieser in den Genuß der Vorteile einer marktbeherrschenden Stellung kommen möchte.[1773]

[1772] In der Praxis zeichnen sich erste Tendenzen zur Zusammenführung der beiden Standards bereits ab. So steht Endkunden, die ein BMW-Elektrofahrzeug erwerben, neben dem Ladenetzwerk von ChargeNow auch das Ladenetzwerk von Ladenetz.de für Ladevorgänge zur Verfügung, vgl. BEM (o. J., Internetquelle). Weiterhin ist der Energieversorger EnBW sowohl Partner von Hubject als auch von Ladenetz.de, vgl. Unterkapitel 5.2.1.

[1773] Vgl. Giordano/Fulli (2012, S. 258) und Franz/Fest (2013, S. 165).

Ein erfolgreicher Plattformbetreiber bewegt sich also langfristig auf dem schmalen Grad zwischen der notwendigen (und rechtmäßigen) Kontrolle durch Zugangsbeschränkung der Plattform und der möglichen Beschränkung von Wettbewerb. In diesem Konfliktfeld dient das Kartellrecht als Regelungsinstrument, um im Streitfall eine faire, angemessene und nicht-diskriminierende Preisgestaltung für Plattformdienstleistungen zu gewährleisten sowie Rechtssicherheit für Investitionen in neue Geschäftsmodelle, die auf der Plattform betrieben werden können, zu schaffen.[1774]

[1774] Vgl. Giordano/Fulli (2012, S. 258). Mayer (2013) schreibt dem Geschäftsmodell der Hubject GmbH das Potenzial zu, neue Anforderungen und Herausforderungen für den geltenden Rechtsrahmen darzustellen.

5 Kartellrechtliche Beurteilung einer Roaming- und Clearing-Stelle für Elektrofahrzeuge

Auf Basis der in Teil 2 dargestellten ökonomischen Grundlagen zu Industriestandards, dem in Teil 3 hergestellten Bezug zum Kartellrecht und dem in Teil 4 vorgestellten Anwendungsfall einer RCSE als Betreiber einer E-Service-Plattform, soll in diesem Teil eine kartellrechtliche Fallstudie durchgeführt werden. Am Anfang steht dabei die Abgrenzung der für die folgende Analyse relevanten Märkte. Anschließend wird eine RCSE sowohl vor dem Hintergrund des Absprache- als auch des Missbrauchsrechts betrachtet.

5.1 Marktabgrenzung einer Roaming- und Clearing-Stelle für Elektrofahrzeuge

Am Anfang jeder kartellrechtlichen Untersuchung steht die Abgrenzung der relevanten Märkte.[1775] Dazu soll im Folgenden zunächst der sachlich und räumlich relevante Markt einer RCSE auf theoretischer Basis definiert werden.[1776] Anschließend sollen benachbarte Märkte, d. h. vor- oder nachgelagerte Produktmärkte, identifiziert werden, um später die Bedeutung der Essential-Facilities-Doktrin für diesen Anwendungsfall zu untersuchen.

5.1.1 Abgrenzung des sachlich relevanten Marktes

Zunächst gilt es, den sachlich relevanten Markt einer RCSE zu bestimmen. Dazu soll die Austauschbarkeit der von einer RCSE angebotenen Produkte und Dienstleistungen aus Sicht der Nachfrager untersucht werden.[1777] Dabei ist das Kerngeschäftsmodell einer RCSE zunächst im Betrieb einer E-Service-Plattform zu sehen.[1778] Diese Plattform wird aus jetziger Sicht von Ladestationsbetreibern und

---

[1775] Vgl. Unterkapitel 3.1.2.

[1776] In der Praxis werden Marktabgrenzungen anhand umfangreicher Marktdaten im Rahmen ökonometrischer Untersuchungen durchgeführt, vgl. dazu Abschnitt 3.1.2.5. Da entsprechende Marktdaten noch nicht (ausreichend) vorliegen, wird deshalb zum jetzigen Zeitpunkt eine Marktabgrenzung vorgenommen, die zum großen Teil auf theoretischen Annahmen basiert, die zu einem späteren Zeitpunkt mit ausführlichen ökonometrischen Analysen verifiziert werden können.

[1777] Vgl. Abschnitt 3.1.2.1.

[1778] Vgl. Unterkapitel 4.4.1.

weiteren Diensteanbietern, wie beispielsweise E-Mobility-Providern, nachge-fragt.[1779]

Für Ladestationsbetreiber bedeutet die Implementierung des Kommunikati-onsprotokolls einer im Markt verbreiteten E-Service-Plattform in das Lademana-gementsystem (und ggf. das Kundenmanagementsystem) der eigenen Ladeinfra-struktur die Aussicht auf mehr Nutzer und damit eine stärkere Frequentierung der eigenen Ladeinfrastruktur.[1780] Folglich besteht die Aussicht auf wirtschaftli-cheren Betrieb der Ladeinfrastruktur.[1781] Je mehr die verwendete Plattform im Markt verbreitet ist, desto attraktiver wird die Implementierung des dazugehöri-gen Kommunikationsprotokolls für Ladestationsbetreiber. [1782] Denn auch für Kunden von Ladestationsbetreibern – also Nutzer von Elektrofahrzeugen – er-scheint aus praktischer Sicht[1783] die Unterzeichnung eines Autostromvertrags bei demjenigen Anbieter am attraktivsten, der die meisten Ladestationen unter Ver-trag hat.[1784]

Die Elektromobilitätsdienstleistungen E-Roaming und E-Clearing sind als Basisdienste zu verstehen, welche dazu dienen, die Vernetzung der Ladestatio-nen der unterschiedlichen Betreiber operativ umzusetzen. Die alleinige Imple-mentierung eines Kommunikationsprotokolls würde schließlich für Elektrofahr-zeugnutzer noch keinen Ladevorgang an einer Ladestation eines Fremdstromanbieters oder die Identifikation von Fahrzeugen ermöglichen. Diese Dienste werden deshalb per se auch von Ladestationsbetreibern nachgefragt. Jedoch können auch E-Mobility-Provider, die über keine installierte Basis von Ladestationen verfügen und Fahrstrom als Mobilitätsdienstleistung verkaufen, durch die Inanspruchnahme von E-Roaming und E-Clearing an die jeweilige E-Service-Plattform angeschlossen werden. Dazu wird das Kommunikationspro-tokoll der E-Service-Plattform in das Kundenmanagementsystem des E-Mobility-Providers implementiert. [1785] Der Elektrofahrzeugnutzer profitiert zwar von der Roaming-Vereinbarung, die der Ladestationsbetreiber oder E-Mobility-Provider mit der RCSE als Betreiber der E-Service-Plattform abge-schlossen hat, jedoch fragt dieser nicht direkt die Dienste des E-Roaming und E-Clearing oder der E-Service-Plattform nach. Der Endkunde ist lediglich am nutzerfreundlichen Bezug von Autostrom über einen einzigen Anbieter bzw. ein einziges Abrechnungsverfahren interessiert.

1779 Vgl. Hubject (o. J. c, S. 11, Internetquelle), wo Hubject Ladestationsbetreiber und E-Mobility-Serviceprovider als hauptsächliche Stakeholder vorstellt.

1780 Vgl. Hubject (o. J. c, S. 10 f., Internetquelle).

1781 Vgl. Hubject (o. J. c, S. 10, Internetquelle).

1782 Vgl. Abschnitt 4.3.3.3.

1783 Neben anderen Entscheidungsfaktoren wie bspw. dem Preis.

1784 Vgl. Abschnitt 4.3.3.3.

1785 Vgl. Hubject (o. J. c, S. 11, Internetquelle).

Mittel- und langfristig wird eine E-Service-Plattform aber auch von weiteren Diensteanbietern nachgefragt, sofern sie Verbreitung im Markt gefunden hat und möglichst viele Ladestationsbetreiber mit der Implementierung des dazugehörigen Kommunikationsprotokolls der Plattform beigetreten sind. Denn auch für die Anbieter von Elektromobilitätsdiensten gilt der Grundsatz, dass die Plattform mit zunehmender Zahl an unterstützten Ladestationen an Attraktivität gewinnt.[1786] Stellen doch Ladestationen für Anbieter von Elektromobilitätsdiensten die Schnittstellen und damit die potenziellen Verkaufsstätten für ihre Dienste an Elektrofahrzeugnutzer dar.

Die Elektromobilitätsdienste selbst werden jedoch von den Nutzern der Elektrofahrzeuge nachgefragt und sind somit nachgelagerten Märkten zuzuordnen, die nur über den Markt der E-Service-Plattform betreten werden können. Ungeachtet dessen kann eine RCSE genauso Elektromobilitätsdienste an Endkunden anbieten und somit selbst auf nachgelagerten Märkten als Anbieter aktiv werden, wie der Hersteller eines Betriebssystems gleichzeitig als Hersteller für betriebssystemkompatible Software oder Hardware auftreten kann.

5.1.2 Abgrenzung des räumlich relevanten Marktes

Die räumlichen Grenzen des Marktes einer E-Service-Plattform überschreiten längst die Grenzen der Bundesrepublik. So liegt es im natürlichen Interesse eines Elektrofahrzeugnutzers, einen möglichst überall in Europa – oder gar der Welt[1787] – verfügbaren Standard zur Abrechnung von Ladevorgängen an öffentlich zugänglichen Ladestationen nachzufragen. Ladestationen sollten in anderen Ländern ebenso frei zugänglich sein wie Tankstellen, ohne dass eine schriftliche Registrierung oder ähnliches notwendig ist, um Ladevorgänge und Elektromobilität nutzerfreundlich zu gestalten. Das Setzen eines Abrechnungsstandards für Ladevorgänge von Elektrofahrzeugen könnte also – vergleichbar mit der Entwicklung von Kreditkartenstandards – schnell internationale Relevanz erhalten. Dies ist vor allem auf die Wirkung von Netzwerkeffekten und die aus einem Standard resultierenden Effizienzvorteile zurückzuführen.[1788]

Auch die im Markt aktiven Anbieter entsprechender E-Service-Plattformen sind sich dieser Dimensionen bewusst, wollen daher die Bildung von nationalen Insellösungen vermeiden und beabsichtigen die Etablierung eines europäischen Standards.[1789] Beide Ladenetzwerke, sowohl intercharge als auch Ladenetz.de,

---

[1786] Vgl. Abschnitt 4.3.3.3.

[1787] Vgl. z. B. Temme (2011, S. 13), der eine weltweite Nutzerverwaltung und Auswertung in Zukunft für möglich erachtet. Vgl. auch Immenga (2007, S. 303).

[1788] Vgl. dazu Abschnitt 2.2.2.2.

[1789] So z. B. die Hubject GmbH, die laut einer Pressemitteilung „Services zur europäischen Vernetzung" von Ladestationen anbietet, vgl. Hubject (2012c, Internetquelle) und Hubject (o. J. d, In-

agieren schon jetzt grenzübergreifend in Europa.[1790] Aufgrund der angenommenen starken Wirkung von Netzwerkeffekten stehen die beiden erwähnten Wettbewerber auf dem sachlichen Markt für E-Service-Plattform, über längere Sicht betrachtet, mit den Anbietern vergleichbarer Plattformen auf anderen Kontinenten[1791] in Konkurrenz.

In diesem Zusammenhang lohnt der Vergleich zu der Entwicklung sozialer Netzwerke in Deutschland: Im Netzeffektmarkt für soziale Netzwerke hat sich beispielsweise Facebook inzwischen als nahezu[1792] globaler Standard etablieren können, obschon zuvor mit dem Netzwerk StudiVZ ein nationaler Standard in Deutschland existierte. Da jedoch die Nutzerzahlen von Facebook in Nordamerika und anderen Regionen der Welt diejenigen von StudiVZ dominierten, kippte irgendwann auch die Dominanz von StudiVZ zugunsten der von Facebook: Da deutsche und europäische Nutzer sich mit ihren Freunden im außereuropäischen Raum nur über Facebook vernetzen konnten und die parallele Mitgliedschaft in mehreren sozialen Netzwerken aus Sicht vieler Nutzer unnötig erschien, kam es zu einer starken Nutzerwanderung von StudiVZ zu Facebook.[1793] Da es sich auch bei E-Service-Plattform letztendlich um internetbasierte Plattformen handelt, in denen Netzwerkeffekte wirken, kann auch hier eine ähnliche Entwicklung langfristig nicht ausgeschlossen werden. Zudem erscheint die Herausbildung eines einheitlichen europäischen Standards aufgrund fehlender geographischer Barrieren für Elektrofahrzeuge als sehr wahrscheinlich.[1794]

5.1.3 Abgrenzung benachbarter Märkte

Neben dem sachlich relevanten Markt für das eigentliche Kernprodukt bzw. die Kerndienstleistung einer RCSE – die E-Service-Plattform bzw. deren Bereitstel-

---

ternetquelle). Auch die smartlab Innovationsgesellschaft mbH zielt auf einen europäischen Standard ab, wenn sie fordert, dass Ladeinfrastruktur als offenes System in ganz Europa einfach und zugänglich gemacht werden sollte, vgl. Smartlab (2014, Internetquelle).

[1790] Vgl. das auf intercharge basierende Ladestationsnetzwerk ChargeNow von BMW (weitere Informationen unter www.chargenow.com) sowie das auf e-clearing.net basierende Ladestationsnetzwerk www.ladenetz.de.

[1791] In den USA wäre das bspw. das Joint Venture Collaboratev LLC, vgl. dazu Herndon (2013, Internetquelle).

[1792] Im asiatischen Raum haben sich daneben andere soziale Netzwerke wie z. B. Sina Weibo (www.weibo.com) etabliert, was in China bspw. zu nicht unwesentlichen Teilen der staatlichen Internetzensur geschuldet ist, aber ggf. auch mit anderen kulturellen Vorlieben begründet werden kann.

[1793] Vgl. dazu Haucap/Heimeshoff (2013, S. 12 f.), die in ihrem Diskussionspapier neben Facebook noch weitere Internetdienste als Beispiele untersuchen, anhand denen sie der Frage nachgehen, ob internetbasierte Plattformen aufgrund von Netzwerkeffekten eher zur Herausbildung von Monopolen führen oder den Wettbewerb beleben.

[1794] Vgl. Hoff (2009, S. 344).

lung – kommt im weiteren Verlauf der Betrachtungen auch den benachbarten Märkten eine Bedeutung zu. So können beispielsweise Wettbewerbsbeschränkungen infolge kooperativer Standardisierung auch in anderen vor- oder nachgelagerten Märkten auftreten, die ggf. nur indirekt in Verbindung mit dem Markt des Produkt- oder Dienstleistungsstandards stehen.[1795] Auch missbrauchsrechtliche Untersuchungen zur Anwendbarkeit der Essential-Facilities-Doktrin erfordern in der Regel das Vorhandensein von benachbarten Märkten, deren Zugang durch die Verweigerung der Nutzung des Kernprodukts bzw. der Kerndienstleistung verwehrt wird.

5.1.3.1 Plattformbasierte, nachgelagerte Märkte

Zuerst sollen exemplarisch weitere Produkt- und Dienstleistungsmärkte erörtert werden, die auf der E-Service-Plattform einer RCSE basieren und dementsprechend nachgelagert sind. Sinn und Zweck dieser Plattform besteht in erster Linie darin, Elektromobilitätsdienste zu ermöglichen und die Stakeholder des Systems der Elektromobilität zu vernetzen. Bei entsprechender Verbreitung im Markt dient die Plattform langfristig also auch für andere Stakeholder der Elektromobilität als technologische Basis, um überhaupt Elektromobilitätsdienste anbieten zu können. Die Plattform fungiert dementsprechend analog zu einem standardisierten Betriebssystem, welches durch unterschiedliche Stakeholder als Basis für die Entwicklung weiterer kompatibler Zubehörprodukte in Form von Software oder Hardware genutzt werden kann.

Zunächst ist der Markt für die Fahrstromversorgung über (teil-)öffentliche Ladestationen zu nennen. Ladestationsbetreiber vertreiben – direkt oder im Auftrag eines E-Mobility-Providers – Fahrstrom an Nutzer von Elektrofahrzeugen. Die Nutzung einer E-Service-Plattform ist insofern von großer Bedeutung für Ladestationsbetreiber, als Elektrofahrzeugnutzer mittel- und langfristig hauptsächlich jene Ladestationen für Ladevorgänge ansteuern werden, welche Teil des Ladestationsnetzwerks sind, für welche der Nutzer eine Zugangsberechtigung besitzt.

Sofern eine RCSE Aggregationsdienstleistungen nicht selbst anbietet, müsste dieser Dienst in späteren Phasen der Marktentwicklung durch einen anderen Stakeholder bereitgestellt werden. Denkbar wäre dabei sowohl, dass dieser Dienst von einem bereits bestehenden Agenten – wie beispielsweise einem Energielieferanten oder einem Carpooling-Anbieter – oder von einem neuen Agenten angeboten wird.[1796] Für die Durchführung von Aggregationsdienstleistungen wird die Plattform einerseits als Informationsquelle benötigt, die Auskunft darüber gibt, wie viele Fahrzeuge derzeit an Ladestationen angeschlossen

---

[1795] Vgl. H-LL (ABl. 2011, C 11, S. 1, Tz. 261).

[1796] Bolczek et al. (2011, S. 22, 131 f., Internetquelle).

sind und wie der Ladezustand der Batterien ist.[1797] Dadurch weiß der die Aggregationsdienstleistungen anbietende Stakeholder, über welche Kapazität an Elektrofahrzeugbatterien er für Szenarios der load oder resource aggregation verfügen kann.[1798] Andererseits wird die Plattform als Steuerungsinstrument benötigt, um Lade- oder Entladevorgänge an den Elektrofahrzeugen zu initiieren und somit die Kommunikation zwischen Smart Grid und Elektrofahrzeugen zu ermöglichen.[1799] Die Abrechnungsvorgänge können wiederum von der RCSE durchgeführt werden.

Weiterhin könnten Anbieter von Multimedia-Diensten die Plattform nachfragen, um Medien wie Musik, Filme oder Spiele während des Ladevorgangs in kompatible Unterhaltssysteme von Elektrofahrzeugen zu übertragen (Download oder Streaming). Auf die gleiche Art und Weise könnten Fahrzeughersteller Systemupdates von Elektrofahrzeugen übertragen oder den Fehlerspeicher eines Elektrofahrzeugs auslesen. Die Abrechnung für derlei Dienste kann – so wie beim E-Roaming mit E-Clearing – über die RCSE abgewickelt werden. Dieses Geschäftsmodell ist insofern vergleichbar mit dem von App Stores: Im Fall des Apple App Store können App-Entwickler für Apple Hardware (z. B. iPhones, iPads, iPods) ihre Apps über den Apple App Store Endkunden zum Download anbieten, wobei die Abrechnung gegen Gebühr durch Apple selbst durchgeführt wird.

Andere Stakeholder könnten allein an Informationen über die aktuelle Belegung von Ladestationen interessiert sein, die wiederum von der E-Service-Plattform der RCSE bereitgestellt werden. Auf Basis dieser Informationen könnten Apps und Software erstellt werden, die Inhabern von Elektrofahrzeugen oder Carsharing-Nutzern einen Überblick über die in der Nähe verfügbaren und unbelegten Ladestationen geben. Diese Funktion wäre beispielsweise für Hersteller von Elektrofahrzeugen relevant, die derartige Software direkt im Elektrofahrzeug implementieren und so den Fahrzeugnutzern zur Verfügung stellen können.[1800] Aber auch andere Anbieter, wie beispielsweise Suchmaschinenbetreiber oder Anbieter von multimodalen Verkehrskonzepten wie Carsharing, könnten am Abruf entsprechender Informationen aus der Plattform interessiert sein, um diese Informationen für das Angebot eigener Dienste weiterzuverwenden.

Folglich ist davon auszugehen, dass auf längere Sicht bei erfolgreicher Verbreitung einer E-Service-Plattform durch eine RCSE weitere nachgelagerte Märkte entstehen werden, die lediglich über den Zugang zur E-Service-Plattform erschlossen werden können (vgl. Abbildung 28). Dabei ist zu beachten, dass die

---

[1797] Vgl. Guille/Gross (2009, S. 4384).

[1798] Vgl. Abschnitt 4.4.2.3.

[1799] Vgl. Guille/Gross (2009, S. 4384 ff.).

[1800] So bereits geschehen beim BMW i3 über die BMW-Applikation „ChargeNow".

RCSE selbst ebenfalls als Anbieter von plattformbasierten Diensten in Erscheinung treten kann und in solchen Fällen in direkter Konkurrenz zu Diensteanbietern steht.[1801]

5.1.3.2   Weitere vor- und nachgelagerte Märkte

Wie bereits zuvor ausgeführt, können sich Standardisierungsvereinbarungen von Standardisierungskooperationen neben den Produkt- und Dienstleistungsmärkten, auf welche sich ein Standard unmittelbar bezieht, auch auf weitere Märkte auswirken.[1802] Die Kommission nennt in diesem Zusammenhang den Technologiemarkt, den Markt für die Festsetzung eines Standards sowie den Markt zur Prüfung und Zertifizierung eines Standards.[1803]

So werden auf dem Technologiemarkt all jene Technologien angeboten, die für die Entwicklung eines Standards relevant sind. Demnach handelt es sich beim Technologiemarkt um einen dem Standard vorgelagerten Markt (vgl. Abbildung 28). Sofern Rechte geistigen Eigentums getrennt von den Produkten vermarktet werden, auf welche diese sich beziehen, kann sich die Festlegung eines Standards – und die damit verbundene Technologiewahl – auf den Technologiemarkt auswirken. Im Fall der von einer RCSE betriebenen E-Service-Plattform würde dies beispielsweise die Festlegung auf ein Datenbankformat eines bestimmten Herstellers umfassen.[1804] Weiterhin kann sich die Technologiewahl auf die Festlegung auf einen bestimmten Servertyp inklusive entsprechender Betriebssysteme oder die Auswahl einer bestimmten Programmiersprache des Kommunikationsprotokolls beziehen. Wettbewerbsbeschränkende Auswirkungen können schließlich entstehen, wenn die Technologiewahl eine Marktverschließung gegenüber innovativen Technologien vorsieht.[1805]

[1801] Vgl. auch Unterkapitel 5.1.1.

[1802] Siehe dazu Unterabschnitt 3.3.3.2.1.

[1803] Vgl. H-LL (ABl. 2011, C 11, S. 1, Tz. 261).

[1804] In der US-Patentanmeldung Nr. US 2010/0161482 A1 (S. 2) werden als Beispiele für mögliche Datenbanken eine Oracle Database, MySQL, IBM DB2, Microsoft SQL Server, Sybase und PostgreSQL genannt.

[1805] H-LL (ABl. 2011, C 11, S. 1, Tz. 264, 266). Siehe dazu Abschnitt 5.2.3.2.

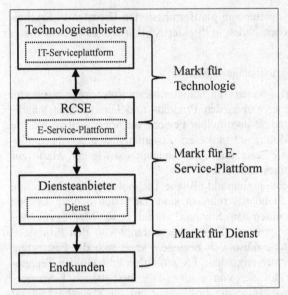

Abbildung 28: Schematische Darstellung vor- und nachgelagerter Märkte einer Roaming- und Clearing-Stelle für Elektrofahrzeuge[1806]

Wettbewerbsbeschränkende Wirkungen können den Markt für die Festsetzung eines Standards dann betreffen, wenn mehrere Standardisierungskooperationen bzw. Standardisierungsvereinbarungen im Markt bestehen[1807] und somit mehrere Standardisierungskooperationen um die Etablierung eines Standards konkurrieren. Da in der aktuellen Marktsituation zwei größere Wettbewerber um die Etablierung einer Standard-E-Service-Plattform im Markt konkurrieren und um die Integration möglichst vieler bestehender Ladenetzwerke in Europa wetteifern, ist von der Existenz eines solchen Marktes zur Standardfestsetzung in diesem Fall auszugehen.

Zuletzt gilt zu prüfen, inwiefern ein eigenständiger Markt für die Prüfung und Zertifizierung eines Standards für eine E-Service-Plattform besteht. Eine erste Zertifizierungsstelle zur Prüfung und Zertifizierung des von Hubject entwickelten Standards auf Basis der ISO 15118 nahm im März 2014 ihren Betrieb bei Hubject auf:[1808] Sie dient Automobilherstellern, Ladestationsbetreibern und E-Mobility-Providern als Anlaufstelle, um Zertifikate für den Anschluss an die

---

[1806] Quelle: Eigene Darstellung.

[1807] Vgl. H-LL (ABl. 2011, C 11, S. 1, Tz. 261).

[1808] Vgl. Hubject (2014b, Internetquelle) und Secunet (2014, Internetquelle).

E-Service-Plattform von Hubject zu erhalten[1809] und dies mit einem Siegel auch nach außen hin kenntlich zu machen[1810]. Entsprechend ist auch dieser Markt als nachgelagerter und eigenständiger Markt abzugrenzen. Abhängig von der zukünftigen Nachfrage nach Elektromobilitätsdiensten wird sich auch die Nachfrage nach der Prüfung und Zertifizierung zugrunde liegender Standards entwickeln. Für Prüf- und Zertifizierungsstellen oder andere Agenten würde dies die Erschließung eines weiteren Geschäftsfelds bedeuten.

5.1.4 Europäisches Recht als Beurteilungsgrundlage

Es erscheint vor dem Hintergrund der durchgeführten räumlichen Marktabgrenzung[1811] plausibel, für die folgenden Betrachtungen europäisches Recht als Beurteilungsgrundlage heranzuziehen. Denn aller Wahrscheinlichkeit nach würden die Bemühungen der beiden im deutschen Markt konkurrierenden Hauptwettbewerber – die Hubject GmbH und die smartlab Innovationsgesellschaft mbH –, einen europäischen Abrechnungsstandard für Ladestationen zu etablieren, die Voraussetzungen der Zwischenstaatlichkeitsklausel erfüllen.[1812]

Unter anderem müssen zur Etablierung eines europäischen Roaming-Standards Verträge zwischen unterschiedlichen europäischen Ladestationsbetreibern, Energieversorgern und der RCSE geschlossen werden. Weiterhin würde das Vorhandensein eines einzigen europäischen Abrechnungsstandards, der von einem deutschen Unternehmen kontrolliert würde, auch die spätere Entwicklung eines konkurrierenden Abrechnungsstandards aus Gründen eines technologischen Lock-in sehr wahrscheinlich erschweren. Folglich würde der Handel zwischen Mitgliedsstaaten durch die Etablierung eines europäischen Abrechnungsstandards – aber wahrscheinlich auch schon durch die vorgelagerten Arbeiten zur Standardsetzung – beeinflusst. Entsprechende Annahmen wurden außerdem bereits im Bereich des Mobilfunk-Roamings getroffen.[1813]

Für die folgenden Betrachtungen hinsichtlich der Anwendbarkeit kartellverbotsrechtlicher Vorschriften ist europäisches Recht aufgrund dessen vorrangiger Stellung alleinige Beurteilungsgrundlage. Im Rahmen der missbrauchsrechtlichen Untersuchungen kann deutsches Recht zusätzlich zum europäischen

---

[1809] Vgl. Hubject (2014b, Internetquelle) und Secunet (2014, Internetquelle).

[1810] Vgl. Hubject (o. J. e, Internetquelle).

[1811] Vgl. Unterkapitel 5.1.2.

[1812] Vgl. dazu Unterkapitel 3.2.1.

[1813] Vgl. dazu Mestmäcker/Schweitzer (1999, S. 98), die schon in Bezug auf nationale Roaming-Abkommen im Mobilfunkbereich die Voraussetzungen der Zwischenstaatlichkeitsklausel als erfüllt und folglich die Anwendung europäischen Rechts als legitimiert betrachteten. Die Autoren begründen dies damit, dass durch den Abschluss nationaler Roaming-Verträge insbesondere der nationale Netzwettbewerb eingeschränkt würde und durch diese Beschränkung auch potenziell Wettbewerber und Verbraucher aus anderen Mitgliedsstaaten betroffen seien.

Primärrecht herangezogen werden, da hier Abweichungen zum europäischen Recht in Fällen einer strengeren Beurteilung nach deutschem Recht möglich sind.[1814]

5.2 Abspracherechtliche Beurteilung einer Roaming- und Clearing-Stelle für Elektrofahrzeuge

Zunächst soll die gemeinschaftliche Entwicklung einer E-Service-Plattform im Rahmen des Abspracheverbots untersucht werden. Dazu soll zunächst dargestellt werden, inwiefern es sich bei den vorgestellten Anbietern von E-Service-Plattformen[1815] um Standardisierungskooperationen handelt, die aufgrund ihrer gemeinschaftlichen Entwicklungstätigkeit unter das Abspracheverbot fallen. Anschließend sollen Möglichkeiten der Freistellung vom Abspracheverbot für diese Standardisierungskooperationen dargestellt und geprüft werden.

5.2.1   Organisation als Standardisierungskooperation

Die beiden aktuell auf dem Markt konkurrierenden E-Service-Plattformen intercharge und e-clearing.net sind jeweils Standardisierungskooperationen entwachsen bzw. kooperieren in beiden Fällen mehrere Unternehmen aus jeweils unterschiedlichen Branchen, um die Verbreitung des eigenen Systems branchenübergreifend zu fördern.[1816] Tabelle 8 gibt einen Überblick über die deutschen Partnerunternehmen der beiden angesprochenen Anbieter von E-Service-Plattform.

Die Hubject GmbH wurde offiziell als Joint Venture der genannten Unternehmen gegründet – die jeweils als Gesellschafter fungieren – und betreibt als solches die Plattform intercharge. Die Plattform e-clearing.net wurde durch das von der smartlab GmbH initiierte Ladenetzwerk Ladenetz.de in Kooperation mit weiteren europäischen Ladenetzwerken im Rahmen eines Forschungsprojekts entwickelt,[1817] wobei Ladenetz.de Partnerschaften zu den Unternehmen EnBW und EWE unterhält. E.ON, Vattenfall, T-Systems und Mitsubishi haben e-clearing.net ihre Unterstützung zugesagt, sobald die Projektförderung ausläuft und die Plattform den Markt betritt.[1818]

Somit ist festzuhalten, dass es sich bei beiden Plattformbetreibern um Standardisierungskooperationen handelt, die das Ziel haben, einen einheitlichen Roa-

---

[1814] Vgl. dazu Unterkapitel 3.2.2.

[1815] Vgl. Unterkapitel 4.4.3.

[1816] Vgl. Hubject (2013c, S. 8, Internetquelle).

[1817] Smartlab (2014, Internetquelle).

[1818] Smartlab (2014, Internetquelle).

ming- und Clearing-Standard – basierend auf einer E-Service-Plattform – zu etablieren. Sowohl intercharge als auch e-clearning.net werden dabei von mehreren Energieversorgungsunternehmen unterstützt. Darüber hinaus vereint intercharge zwei Automobil- sowie zwei Technologiekonzerne hinter sich. Die Kooperation konkurrierender Unternehmen, die darüber hinaus zum Teil in denselben Branchen tätig sind, kann im Rahmen der Entwicklung einer E-Service-Plattform deshalb als horizontale Standardisierungsvereinbarung zwischen konkurrierenden Unternehmen interpretiert werden.

Tabelle 8:   Anbieter von E-Service-Plattformen und unterstützende Unternehmen in Deutschland, gegliedert nach Branchen[1819]

Standardisierungskooperation / Branche der Partner	Hubject: „intercharge"	Ladenetz.de: „e-clearing.net"
Energiebranche	EnBW*, RWE*	Smartlab*, Vattenfall, EnBW, EWE, E.ON
IKT-/Technologieentwicklung	Siemens*, Bosch*	T-Systems
Automobilindustrie	BMW Group*, Daimler*	Mitsubishi

Um Bußgelder und Sanktionen präventiv zu vermeiden, müssen die an den Standardisierungskooperationen beteiligten Unternehmen selbst sicherstellen, dass die getroffenen Absprachen zur Entwicklung einer E-Service-Plattform nicht kartellrechtswidrig sind. Insofern soll im Folgenden geprüft werden, welche Bedingungen für eine Freistellung dieser Standardisierungsvereinbarungen sprechen und welches wettbewerbsbeschränkende Potenzial diese Vereinbarungen mit sich bringen.

5.2.2   Freistellungspotenziale

Wie dargestellt wurde, ist die Anwendung des Abspracheverbots auf die beiden vorgestellten Anbieter von E-Service-Plattformen in Erwägung zu ziehen. Folglich sollten die beteiligten Unternehmen gründlich ausloten, auf Basis welcher Argumentation und gesetzlichen Grundlage eine Freistellung vom Abspracheverbot erfolgen kann. Zur Freistellung soll dabei zunächst die Anwendung der

---

[1819]   Quelle: Eigene Darstellung, Stand Mai 2014, Auswahl der bedeutendsten Konzerne der jeweiligen Branche. Die mit * gekennzeichneten Unternehmen sind als Gesellschafter oder Konsortialpartner des jeweiligen E-Service-Plattform-Anbieters assoziiert, die anderen Unternehmen sind weniger formell als Partner des Plattformbetreibers tätig.

relevanten GFVOen[1820] geprüft werden, bevor eine allgemeine Freistellung nach Art. 101 Abs. 3 AEUV untersucht wird.

5.2.2.1 Freistellungspotenzial im Rahmen der Gruppenfreistellungsverordnungen

Die Freistellung einer Standardisierungsvereinbarung zur Etablierung eines Industriestandards für eine E-Service-Plattform kann unter Umständen (zumindest zeitweise) in den Anwendungsbereich einer GFVO fallen und in dieser Zeit mit größtmöglicher Rechtssicherheit[1821] für die beteiligten Standardisierungspartner vom Abspracheverbot freigestellt werden. Größtes Hindernis für die Freistellung im Rahmen einer GFVO sind jedoch die in den GFVOen genannten Marktanteilsschwellen, die nicht überschritten werden dürfen. Ab der Überschreitung eines Marktanteils von 30 % scheidet die Anwendung von GFVOen in der Regel aus.

5.2.2.1.1 Freistellung per Gruppenfreistellungsverordnung über Vereinbarungen über Forschung und Entwicklung

Die unternehmerische Phase der gemeinsamen Forschung und Entwicklung an einer E-Service-Plattform ist durch die Anwendung der FuE-GFVO möglich, bis entsprechende Marktanteilsschwellen erreicht werden. Dabei wird davon ausgegangen, dass mit der Entwicklung einer E-Service-Plattform ein neuer Markt entwickelt wird und Standardisierungskooperationen, die mit einer entsprechenden Plattform diesen Markt betreten, zuvor keine Marktanteile auf diesem Markt belegt haben. In diesem Fall würde ein standardsetzendes Unternehmen jedoch auch schnell an Marktanteilen gewinnen und ggf. in diesem neuen Markt gar als Monopolist agieren.[1822]

Das nachträgliche Überschreiten eines Marktanteils von 25 % führt ab dem Ende des Jahres, in welchem dieser Marktanteil überschritten wurde, dazu, dass maximal für zwei weitere Jahre eine GFVO-Freistellung erfolgen kann; es sei denn, der Marktanteil übersteigt 30 %.[1823] Sofern ein Marktanteil von 30 % überschritten wird, gilt die Freistellung ab dem Ablauf des Jahres der Überschreitung nur noch für ein weiteres Jahr.[1824]

Für eine Standardisierungskooperation, die als first mover von Anfang an als Monopolist im Markt des Standardprodukts tätig war, scheidet die Anwen-

---

[1820] Vgl. Abschnitt 3.3.3.3.

[1821] Vgl. Unterabschnitt 3.3.2.3.1.

[1822] Zur Problematik der Bestimmung der Marktanteile von Standardisierungskooperationen vgl. auch Abschnitt 3.1.2.5.

[1823] FuE-GFVO (ABl. 2010, L 335, S. 36, Art. 7 lit. d).

[1824] FuE-GFVO (ABl. 2010, L 335, S. 36, Art. 8 lit. e).

dung der FuE-GFVO also aus. Für Standardisierungskooperationen, die anschließend einen konkurrierenden Standard entwickeln, ist die Anwendung der FuE-GFVO möglich, sofern der Marktanteil im Jahr des Markteintritts 25 % nicht überschritten hat. Dies trifft unter Umständen auf die Hubject GmbH zu, die nach der smartlab GmbH gegründet wurde und ihre E-Service-Plattform zu einem späteren Zeitpunkt in Betrieb nahm.[1825]

5.2.2.1.2 Freistellung per Gruppenfreistellungsverordnung über Technologietransfer-Vereinbarungen

Sofern zur Entwicklung einer E-Service-Plattform als Industriestandard ein Lizenzvertrag zwischen einzelnen Partnern der Standardisierungskooperation geschlossen wird, der sich auf die Nutzung bestehender geistiger Eigentumsrechte der Standardisierungspartner bezieht, kommt unter Umständen auch die Anwendung der TT-GFVO auf diese Vereinbarung in Betracht, sofern nicht Forschungs- und Entwicklungsarbeiten, sondern die Inbetriebsetzung und Vermarktung der Plattform der Kern der Vereinbarung sind.[1826]

Zunächst ist festzustellen, dass die TT-GFVO nur auf Vereinbarungen zwischen zwei Unternehmen angewendet werden kann.[1827] Standardisierungskooperationen wie Hubject oder Ladenetz.de, die offensichtlich aus mehr als zwei Standardisierungspartnern bestehen, kommen schon allein deshalb nicht in den Genuß der Freistellung durch diese GFVO. Die an der Vereinbarung beteiligten Unternehmen dürfen außerdem einen Marktanteil von 20 % (bei nicht konkurrierenden Unternehmen) bzw. 30 % (bei konkurrierenden Unternehmen) nicht überschreiten.[1828] Bei nachträglicher Überschreitung dieser Marktanteilsschwellen bleibt der Schutz für weitere zwei Jahre bestehen.[1829]

Die Anwendung der TT-GFVO kommt deshalb erstens aufgrund des primären Anwendungsrahmens auf Lizenzvereinbarungen im Außenverhältnis, zweitens aufgrund der Beschränkung auf Vereinbarungen zwischen nur zwei Unternehmen und drittens aufgrund der Marktanteilsschwellen für Standardisierungskooperationen zur Entwicklung einer E-Service-Plattform eher nicht in Betracht.

[1825] Vgl. Unterkapitel 4.4.3. Die Bestimmung der Marktanteile müsste jedoch anhand von Absatzwerten bzw. entsprechenden Schätzungen bestätigt werden, vgl. FuE-GFVO (ABl. 2010, L 335, S. 36, Art. 7 lit. a).

[1826] Vgl. Unterabschnitt 3.3.3.3.2.2. Mit der E-Service-Plattform liegt ein konkretes Vertragsprodukt vor, das in einer Lizenzvereinbarung angeführt werden könnte.

[1827] TT-GFVO (ABL. 2014, L 93, S. 17, Art. 1 Abs. 1 lit. c).

[1828] TT-GFVO (ABL. 2014, L 93, S. 17, Art. 3 Abs. 1 f.).

[1829] TT-GFVO (ABL. 2014, L 93, S. 17, Art. 8 lit. e).

5.2.2.1.3 Freistellung per Gruppenfreistellungsverordnung über Spezialisierungsvereinbarungen

Die Anwendung der Spezialisierungs-GFVO auf Standardisierungsvereinbarungen zur Entwicklung eines Standards für eine E-Service-Plattform scheidet aus aktueller Sicht aus: Erstens bezieht sich die Spezialisierungs-GFVO in ihrem Fokus auf Produktionstätigkeiten und lässt der FuE-GFVO für Vereinbarungen, die sich auch zu nicht geringen Teilen auf die Forschungs- und Entwicklungsarbeit beziehen, den Vorrang.[1830] Zweitens sind im Rahmen der Spezialisierungs-GFVO noch tiefere Marktanteilsschwellen als Anwendungsvoraussetzung festgesetzt, als dies bei der FuE- oder der TT-GFVO der Fall ist.

Da es sich bei einer E-Service-Plattform jedoch um eine Innovation handelt, die aktuell Einzug in den und Verbreitung im Markt zu finden scheint und schließlich auch hinsichtlich der Entwicklung des Angebots weiterer Dienste in der Entwicklung befindlich ist, muss der nicht unerhebliche Teil an Forschungs- und Entwicklungsleistung in Bezug auf die Standardisierungsarbeiten berücksichtigt werden. Daher ist eine Freistellung vorrangig über die FuE-GFVO zu suchen.

5.2.2.1.4 Zusammenfassung zur Freistellung im Rahmen der Gruppenfreistellungsverordnungen

Da es das Ziel der jeweiligen Standardisierungskooperationen ist, möglichst schnell einen europaweiten Standard für eine E-Service-Plattform zu etablieren, ist davon auszugehen, dass Marktanteile von 30 % infolge der Wirkung von Netzwerkeffekten in kurzer Zeit überschritten werden können.[1831] Zwar findet aktuell ein Inter-Standard-Wettbewerb[1832] statt, sodass sich derzeit (noch) mehrere Wettbewerber den Markt für eine E-Service-Plattform teilen und nicht automatisch ein innovativer Standardsetzer alle Marktanteile auf sich vereint. Doch nach Angabe von Hubject sind bereits 50 % der betriebenen öffentlichen Ladestationen auf der Plattform intercharge unter Vertrag,[1833] sodass die Marktanteilsschwelle zumindest für Hubject bereits überschritten wäre. Die Anwendung der GFVOen auf die Standardisierungsvereinbarungen der beiden größten Standardisierungskooperationen zur Entwicklung einer E-Service-Plattform scheint vor diesem Hintergrund und zum aktuellen Zeitpunkt alleine keine Freistellung zu begründen.

[1830] Vgl. Unterabschnitt 3.3.3.3.3.4.

[1831] Ausführlich zu dieser Hypothese siehe Unterkapitel 5.3.1.

[1832] Siehe dazu Abschnitt 2.3.2.2.

[1833] Intercharge (o. J., Internetquelle).

5.2.2.2   Freistellungspotenzial außerhalb der Gruppenfreistellungsverordnungen

Die Freistellung der untersuchten Standardisierungskooperationen sollte deshalb primär im Lichte der allgemeinen Freistellungvoraussetzungen untersucht werden.

5.2.2.2.1   Effizienzgewinne durch gemeinsame Entwicklungsarbeit

Zur Freistellung von Standardisierungsvereinbarungen vom Abspracheverbot müssen sich aus einer Vereinbarung Effizienzgewinne ergeben, an denen der Verbraucher in ausreichender Form beteiligt wird.[1834] Mit Standardisierungsvereinbarungen verbindet die Kommission in der Regel positive Wirkungen, da hierdurch unter anderem die Entwicklung neuer Produkte und die Erschließung neuer Märkte unterstützt werden.[1835] Aufgrund der dargestellten Bedeutung von Elektromobilität, die diverse politische Zielstellungen erreichen kann,[1836] ist davon auszugehen, dass die Kommission erfolgversprechenden Ansätzen zur Entwicklung des Marktes für Elektromobilität wohlwollend bis unterstützend gegenüber stehen wird. Und wie oben erörtert wurde, wird sich ein möglichst weit verbreiteter einheitlicher Standard zur Abwicklung von Ladevorgängen und deren Abrechnung sehr wahrscheinlich vorteilhaft für die Entwicklung des Marktes der Elektromobilität auswirken.[1837]

Dabei wird die Herstellung von Interoperabilität und Kompatibilität unter der Voraussetzung, dass die Nutzung des entwickelten Standards nicht exklusiv den Partnern der Standardisierungskooperation vorbehalten ist, als hauptsächlicher Effizienzgewinn für den Markt und als Vorteil für den Verbraucher interpretiert.[1838] Eine diskriminierungsfrei zugängliche und von unterschiedlichen Stakeholdern nutzbare E-Service-Plattform wird mit der öffentlich zugänglichen Ladeinfrastruktur einen technologischen Kernbereich der Elektromobilität interoperabel und kompatibel gestalten.

So werden zunächst quantitative Effizienzgewinne erzielt, da die Zugänglichkeit zu öffentlichen Ladestationen unterschiedlicher Anbieter für den Verbraucher vereinheitlicht wird und dadurch Synergieeffekte freigesetzt werden:[1839] Immerhin müssten Verbraucher ohne ein standardisiertes Roaming-Verfahren Verträge zu unterschiedlichen Ladestationsbetreibern unterhalten. Folglich müssten auch einzelne Ladestationsbetreiber eine größere Anzahl an

---

[1834]   Siehe dazu Abschnitte 3.3.2.2 und 3.3.3.4.

[1835]   Vgl. Abschnitt 3.3.3.4.

[1836]   Vgl. Kapitel 4.2.

[1837]   Vgl. Unterkapitel 4.3.3.

[1838]   Vgl. Abschnitt 3.3.3.4.

[1839]   Vgl. dazu Unterabschnitt 3.3.2.2.2.

Ladestationen unterhalten, um die Nachfrage ihres jeweiligen Kundenstamms nach einer möglichst hohen Zahl an Ladestationen zu befriedigen. Durch die auf gegenseitigen Vereinbarungen beruhende Etablierung eines möglichst weiträumig akzeptierten Roaming-Standards werden hingegen bestehende Ladestationen einzelner Anbieter besser ausgelastet und der Aufbau paralleler Ladeinfrastruktur wird vermieden.[1840]

Weiterhin können Anbieter von Elektromobilitätsdiensten ihre Dienste durch die Nutzung der standardisierten E-Service-Plattform auf unkomplizierte Art und Weise über alle angeschlossenen Ladestationen sämtlichen berechtigten Elektrofahrzeugnutzern anbieten. Folglich wird den Diensteanbietern durch eine solche Plattform faktisch der Marktzugang erleichtert.[1841] Des Weiteren ist eine Förderung des technischen und wirtschaftlichen Fortschritts anzunehmen, da sowohl die Effizienz im Alltag von Elektrofahrzeugbesitzern erheblich gesteigert wird[1842] als auch Anschlussinnovationen an den Standard anknüpfen können[1843].

Die Organisation einer RCSE als Standardisierungskooperation aus mehreren Unternehmen, und ggf. auch aus unterschiedlichen Branchen, kann in diesem Fall die Wahrscheinlichkeit erhöhen, dass ein möglichst breit akzeptierter Standard einer E-Service-Plattform geschaffen wird und die entsprechenden Effizienzgewinne erreicht werden können.[1844]

5.2.2.2.2   Beteiligung des Verbrauchers

Für Verbraucher ergeben sich aus der Etablierung des E-Service-Plattform-Standards direkte Vorteile durch vereinfachte und vereinheitlichte Ladeprozeduren an allen teilnehmenden, öffentlichen Ladestationen in Deutschland und sogar Europa. Durch die Verwendung von Siegeln bzw. Zertifikaten – wie beispielsweise dem einheitlichen Logo von intercharge[1845] oder dem Logo von Ladenetz.de –, die an standardisierten Ladesäulen gut erkennbar angebracht werden, wird Verbrauchern Sicherheit über die Kompatibilität entsprechender Ladestati-

---

[1840] Vgl. Mestmäcker/Schweitzer (1999, S. 103) für eine vergleichbare Argumentation im Bereich des Mobilfunk-Roamings.

[1841] Vgl. Mestmäcker/Schweitzer (1999, S. 105), die in dem Abschluss eines Roaming-Abkommens zwischen den Mobilfunkanbietern Swisscom und Viag Interkom eine Erleichterung des Markteintritts für Viag Interkom als Marktneuling in Deutschland sahen, weil durch das Abkommen mit Swisscom auch die Nutzung der Netze weiterer deutscher Mobilfunkanbieter wie T-Mobile ermöglicht wurde.

[1842] Vgl. dazu Unterabschnitt 3.3.2.2.2.

[1843] Für eine beispielhafte Aufzählung an Diensten und Applikationen, die auf der E-Service-Plattform basieren können, siehe die Abschnitte 4.4.2.3 und 4.4.2.4.

[1844] Vgl. Abschnitt 2.3.4.1.

[1845] Vgl. Hubject (2013d, Internetquelle).

onen gegeben.[1846] Weiterhin können Verbraucher von dem wachsenden Angebot an Elektromobilitätsdiensten profitieren, das aufgrund indirekter Netzwerkeffekte bei Herausbildung einer E-Service-Plattform als Industriestandard entstehen kann.

Die Veröffentlichung von Informationen, die zur Anwendung des Standards notwendig sind, ist dabei für die Entscheidung der Freistellung einer Standardisierungsvereinbarung als essentiell anzusehen.[1847] So können bei der Anwendung einer E-Service-Plattform Informationen zur Implementierung des entsprechenden Kommunikationsprotokolls auf Seiten des Ladestationsbetreibers oder Diensteanbieters als entscheidend angesehen werden, um die Plattform als Standard anzuwenden. Intercharge[1848] wie auch e-clearing.net[1849] stellen jeweils eine Dokumentation ihres Kommunikationsprotokolls auf ihren Internetseiten zur Verfügung, die alle zur Implementierung des Protokolls notwendigen Informationen enthält. Hubject fordert allerdings vor dem Download eine Registrierung vom Interessenten, die nur erfolgen kann, wenn die Bedingungen zur Nutzung des Kommunikationsprotokolls akzeptiert werden.

5.2.2.2.3   Unerlässlichkeit der wettbewerbsbeschränkenden Wirkungen

Die Freistellung einer Standardisierungsvereinbarung kann nur erfolgen, wenn die von ihr ausgehenden wettbewerbsbeschränkenden Wirkungen für die Erfüllung des Standardzweckes unerlässlich sind.[1850] Im vorliegenden Fall sollte sich die Standardisierungsvereinbarung also lediglich auf die Herstellung von Interoperabilität und Kompatibilität von Lade- und Abrechnungsvorgängen an öffentlichen Ladestationen beziehen, was – wie dargestellt[1851] – durch die Entwicklung und den Betrieb einer einheitlichen E-Service-Plattform gewährleistet werden kann.

Die Kommission weist außerdem darauf hin, dass technologieneutrale Standards ggf. größere Effizienzgewinne ermöglichen und die Erhebung von unnötig hohen Entgelten für standardrelevante geistige Eigentumsrechte nicht als unerlässlich anzusehen ist.[1852] Diese Einschränkung dürfte insbesondere für die Gestaltung der Roaming-Entgelte relevant sein, welche die E-Service-Plattform von

---

[1846] H-LL (ABl. 2011, C 11, S. 1, Tz. 310, 263).

[1847] H-LL (ABl. 2011, C 11, S. 1, Tz. 309).

[1848] Siehe Hubject (o. J. b, internetquelle) für den Download des Protokolls, wobei eine vorherige Registrierung notwendig ist.

[1849] Download des Protokolls von e-clearing.net ist ohne Registrierung möglich unter www.ochp.eu/downloads.

[1850] Siehe Unterabschnitt 3.3.3.4.3.

[1851] Vgl. Unterkapitel 4.4.1 f.

[1852] H-LL (ABl. 2011, C 11, S. 1, Tz. 317).

den angeschlossenen Ladestationen bzw. E-Mobility-Providern für ihren Roaming-Service verlangt, da diese Kosten auf den Verbraucher indirekt umgelegt werden.

Die Vereinbarung einer exklusiven Vergabe von Rechten zur Prüfung und Zertifizierung wird ebenfalls zur Erreichung der Standardisierungsziele als nicht notwendig erachtet.[1853] Die aktuell von der secunet Security Networks AG durchgeführte Prüfung und Zertifizierung des intercharge-Standards sollte deshalb beispielsweise nicht im Rahmen einer exklusiven Vereinbarung zwischen Hubject und secunet stattfinden, um keine unnötigen Wettbewerbsbeschränkungen zu bewirken oder bezwecken.

5.2.2.2.4   Kein Ausschalten des Wettbewerbs

Zur Freistellung einer Standardisierungsvereinbarung darf der Wettbewerb durch die Vereinbarung nicht ausgeschaltet werden. Sofern sich ein Industriestandard im Markt etabliert hat, könnte eine Ausschaltung des Wettbewerbs aus Sicht der Kommission dadurch zustande kommen, dass der Zugang zu dem Standard verwehrt wird.[1854]

Damit handelt es sich um eine Problematik, die in analoger Form im Rahmen der missbrauchsrechtlichen Betrachtungen unter dem Stichwort der Essential-Facilities-Doktrin diskutiert wird.[1855]

5.2.2.2.5   Zusammenfassung zur Freistellung außerhalb der Gruppenfreistellungsverordnungen

Es kann somit festgestellt werden, dass die voraussichtlichen Effizienzgewinne, die durch eine gemeinschaftliche – eventuell branchenübergreifende – Entwicklung einer E-Service-Plattform erreicht werden können, als Hauptargument für eine Freistellung nach Art. 101 Abs. 3 AEUV dienen. Die Beteiligung der Verbraucher an diesen Effizienzgewinnen ist zum einen durch direkte Vorteile hinsichtlich der gesteigerten Verfügbarkeit von diskriminierungsfrei zugänglichen, öffentlichen Ladestationen sowie dem voraussichtlich wachsenden Angebot an Elektromobilitätsdiensten gegeben. Zum anderen können – wie dargestellt wurde – weitere Maßnahmen durch Plattformbetreiber ergriffen werden, um die Beteiligung der Verbraucher an diesen Gewinnen zu erhöhen. Um in den Genuss einer Freistellung zu kommen, haben Betreiber einer multilateral entwickelten E-Service-Plattform außerdem darauf zu achten, dass sich der Umfang der Standardisierungsvereinbarung auf die Realisierung der E-Service-Plattform als

---

[1853] H-LL (ABl. 2011, C 11, S. 1, Tz. 319).

[1854] H-LL (ABl. 2011, C 11, S. 1, Tz. 324).

[1855] Siehe Abschnitt 5.2.3.3 sowie Kapitel 5.3, insbesondere Abschnitt 5.3.3.3.

Standardisierungszweck beschränkt und dass der Wettbewerb durch die Vereinbarung nicht ausgeschaltet wird.

5.2.3 Wettbewerbsbeschränkende Wirkungen und deren Vermeidung

Trotz der überwiegend positiven Auswirkungen, die kooperativen Standardisierungsarbeiten zugeschrieben werden, nennt die Kommission dennoch drei Wege, die zu wettbewerbsbeschränkenden Auswirkungen führen können:[1856] Eine Einschränkung des Preiswettbewerbs, die Marktverschließung gegenüber innovativen Technologien sowie die effektive Verweigerung des Zugangs zu dem Standard.[1857] Aufgrund der jüngeren Rechtsprechung zur Beurteilung von Hold-up-Strategien bei kooperativen Standardisierungsarbeiten[1858] soll diese Fallkonstellation im Rahmen dieses Kapitels zusätzlich Würdigung finden.

Im Folgenden soll auf die möglichen wettbewerbsbeschränkenden Wirkungen, die aus einer kooperativen Standardisierung im Bereich einer E-Service-Plattform entstehen können, eingegangen werden. Außerdem sollen für Standardisierungskooperationen Wege zur Vermeidung derartiger, wettbewerbsbeschränkender Wirkungen aufgezeigt und – wo möglich – deren Standardisierungsstrategien auf diese Wege hin evaluiert werden.

5.2.3.1 Verringerung des Preiswettbewerbs

Die Kommission sieht die Möglichkeit, dass Standardisierungskooperationen die Zusammenarbeit im Rahmen der Standardisierungsarbeit auch zu wettbewerbswidrigen Preisabsprachen nutzen können, die schließlich ein Kollusionsergebnis auf dem Markt begünstigen.[1859] Um derlei Verhaltensweisen in Bezug auf Standardisierungskooperationen zur Entwicklung von E-Service-Plattformen zu analysieren, sollte zunächst die Interessenlage der an den Standardisierungskooperationen beteiligten Unternehmen beleuchtet werden.

Auf der einen Seite haben die an der Standardisierungsarbeit beteiligten Unternehmen ein berechtigtes Interesse daran, die Kosten für die Entwicklung und den Betrieb der E-Service-Plattform – zumindest mittel- und langfristig – zu amortisieren. In diesem Zusammenhang erscheint auch eine gemeinsame Preisgestaltung zwischen den Standardisierungspartnern plausibel. Dies betrifft in erster Linie die Gestaltung der Preise für Ladestationsbetreiber, E-Mobility-Provider und Diensteanbieter, die Gebühren für Roaming- oder Clearing-Dienste des Plattformbetreibers entrichten müssen. Standardisierungskooperationen, die einen E-Service-Plattform-Standard etablieren wollen, sollten jedoch die Beden-

---

[1856] Diese drei Fallgruppen wurden bereits in Unterabschnitt 3.3.3.2.3 ausführlich dargestellt.

[1857] H-LL (ABl. 2011, C 11, S. 1, Tz. 264).

[1858] Siehe dazu Unterkapitel 3.4.4.

[1859] H-LL (ABl. 2011, C 11, S. 1, Tz. 265).

ken der Kommission bei der Preisgestaltung berücksichtigen. Denn sofern die Partner einer Standardisierungskooperation ebenfalls auf nachgelagerten Märkten – beispielsweise als E-Mobility-Provider – auftreten, sollte die Gestaltung von Preisen gegenüber Endkunden auf den nachgelagerten Märkten unbedingt unabhängig und individuell erfolgen, sodass wettbewerbswidrige Preisabsprachen vermieden werden.[1860]

Auf der anderen Seite ist das Interesse, eine E-Service-Plattform als Basis für einen Roaming- und Clearing-Standard einzurichten, aus jetziger Sicht nicht allein mit dem Betrieb der Plattform als Geschäftsmodell zu erklären. Aufgrund der Schlüsselrolle, die der Entwicklung einer solchen Plattform und ihrer Verbreitung für den allgemeinen Erfolg des Marktes für Elektromobilität zugeschrieben wird, ist vielmehr davon auszugehen, dass eine standardisierte E-Service-Plattform als allgemeiner Katalysator für den Markt der Elektromobilität fungieren soll. Die Amortisation der Plattform würde somit nicht (nur) direkt durch die Erhebung von Nutzungsgebühren erfolgen, sondern vor allem auch indirekt über die Erweiterung der Absatzpotenziale der an der Standardisierungskooperation beteiligten Unternehmen. Beteiligte Automobilhersteller würden von einem barrierefrei zugänglichen Ladestationsnetz profitieren, da dies die Hemmschwelle zum Kauf eines Elektrofahrzeugs senkt, weil das Problem der vergleichbar geringen Reichweite mit einer umfangreichen und transparenten Verfügbarkeit von öffentlichen Ladestationen kompensiert werden könnte. Beteiligte Energieversorger könnten mehr Strom verkaufen, wenn mehr Elektrofahrzeuge verkauft werden und diese barrierefrei an allen Ladestationen Strom beziehen können. Zuletzt würden beteiligte Zulieferer sowie Unternehmen der IKT- bzw. Technologiebranche profitieren, da sie eine stärkere Nachfrage nach kompatiblem Zubehör erfahren würden.

Standardisierungskooperationen sollten insofern die Amortisation der Entwicklungskosten eher über die durch die E-Service-Plattform gesteigerte Nachfrage nach Elektromobilität suchen, als den Preiswettbewerb auf den von der E-Service-Plattform betroffenen Märkten möglicherweise wettbewerbswidrig zu beeinflussen.

5.2.3.2   Marktverschließung gegenüber innovativen Technologien

Sofern die Festlegung eines Standards mit der Auswahl einer bestimmten Technologie verbunden ist, kann dadurch die technische Entwicklung und Innovation

---

[1860] Der Hubject-Partner BMW agiert mit seinem Angebot ChargeNow bereits als E-Mobility-Provider, indem den Nutzern von BMW-Elektrofahrzeugen ein Vertrag mit monatlichen Grundgebühren und zeitbasierten Ladegebühren an allen intercharge-kompatiblen Ladestationen angeboten wird. Sofern weitere Hubject-Partner ebenfalls als E-Mobility-Provider für ihre Kunden in Erscheinung treten, würden von Preisabsprachen auf diesem nachgelagerten Markt mit hoher Wahrscheinlichkeit wettbewerbsbeschränkende Wirkungen ausgehen.

behindert werden.[1861] Beispielsweise würde bei der Einrichtung einer E-Service-Plattform als Industriestandard derjenige Datenbanktyp, welcher der Plattform zugrundeliegt, fortan einen wettbewerblichen Vorteil gegenüber anderen Datenbanktypen anderer Hersteller genießen. Entsprechendes gilt für die Festlegung bestimmter Server und entsprechender Betriebssysteme, auf welchen die E-Service-Plattform betrieben wird. Sobald die Entscheidungen für die zur Entwicklung der E-Service-Plattform verwendeten Technologien getroffen wurden, sind Unternehmen, die auf dem Technologiemarkt mit den Herstellern der ausgewählten standardrelevanten Datenbank- oder Servertechnologien bzw. entsprechender Betriebssysteme konkurrieren, ggf. nachhaltig durch einen technologischen Lock-in von der Partizipation an dem Standard oder gar dem Wettbewerb im Markt für E-Service-Plattformen ausgeschlossen.[1862]

Weiterhin kann den an einer Standardisierungskooperation beteiligten Unternehmen insofern ein Wettbewerbsvorteil gegenüber nicht beteiligten Unternehmen entstehen, als die Standardisierungspartner Know-how bezüglich der Anwendung des Standards aufbauen können. Dieses während der Standardisierungsarbeiten aufgebaute Know-how darf nicht dafür eingesetzt werden, um andere Unternehmen von der Entwicklung eines E-Service-Plattform-Standards oder vom Markt für E-Service-Plattformen auszuschließen.[1863] Ebenso wenig sollte Druck auf andere Unternehmen ausgeübt werden, um die Entwicklung konkurrierender E-Service-Plattformen zu verhindern.[1864]

In diesem Zusammenhang verdient das von Hubject initiierte Programm „SHARE-2013" als „Marktanreizprogramm für Elektromobilität" Erwähnung:[1865] Hubject stellte damit einen sechsstelligen Euro-Betrag für Anbieter von Ladeinfrastruktur zur Verfügung, um diese zum Beitritt zum eigenen Ladenetzwerk zu bewegen. Einzelne Ladestationsbetreiber konnten bis zu 20.000 Euro für einen Beitritt erhalten, wobei der ausgezahlte Betrag von der Anzahl der vom Ladestationsbetreiber betriebenen Ladestationen und der vorhandenen Kompatibilität der Ladestationen abhängig war.[1866] Mit dieser Maßnahme sollte die installierte Basis an Ladestationen für die eigene E-Service-Plattform schneller vergrößert werden. Betreiber von konkurrierenden E-Service-Plattformen wurden durch diese Maßnahme insofern potenziell benachteiligt, als sich Ladestati-

---

[1861] H-LL (ABl. 2011, C 11, S. 1, Tz. 266).

[1862] Vgl. H-LL (ABl. 2011, C 11, S. 1, Tz. 266). Vgl. auch dazu Unterabschnitt 3.3.3.2.3.

[1863] Vgl. H-LL (ABl. 2011, C 11, S. 1, Tz. 266). Vgl. auch dazu Unterabschnitt 3.3.3.2.3.

[1864] Vgl. Unterabschnitt 3.3.3.2.3.

[1865] Eine detaillierte Beschreibung dieses finanziellen Förderprogramms findet sich in Hubject (2013c, Internetquelle).

[1866] Hubject (2013c, S. 6, Internetquelle).

onsbetreiber durch diesen zusätzlichen finanziellen Anreiz [1867] eher für die E-Service-Plattform von Hubject entschieden haben als für eine konkurrierende Plattform. Im Fokus steht deshalb die Frage, inwiefern durch diese Maßnahme wirksam Druck auf konkurrierende Anbieter von E-Service-Plattformen – die ggf. auch weniger kapitalstark sind[1868] – ausgeübt wurde, um die Entwicklung eines Konkurrenzprodukts zu verhindern. Durch die zeitliche und betragsmäßig gedeckelte Begrenzung des Förderprogramms wurden zumindest Ladestations-betreiber unter Druck gesetzt, sich für den Beitritt zum Ladestationsnetzwerk von Hubject zu entscheiden.

Um eine Beschränkung des Wettbewerbs zu verhindern, sollte deshalb allen interessierten Marktakteuren eine uneingeschränkte Möglichkeit zur Beteiligung an der Standardisierungsarbeit gegeben werden und die Standardisierungsarbeit selbst sollte möglichst transparent gestaltet werden.[1869] Je größer die Auswirkun-gen eines Standards auf den Markt sind und je größer der potenzielle Anwen-dungsbereich, desto mehr bedarf es einer uneingeschränkten Beteiligung an der Standardisierungsarbeit.[1870] Eine uneingeschränkte Beteiligung sieht nach An-sicht der Kommission erstens vor, dass sich alle Wettbewerber der von dem Standard betroffenen Märkte an der Standardisierungsarbeit beteiligen können, was auch eine objektive und diskriminierungsfreie Vergabe von Stimmrechten einschließt.[1871] Somit würde interessierten Marktakteuren die Möglichkeit gebo-ten, Einfluss auf die Standardisierungsarbeit zu nehmen, sodass eine wettbe-werbsbeschränkende Auswirkung dadurch unwahrscheinlicher wird.[1872] Zwei-tens sollte das Verfahren zur Auswahl von Technologien anhand objektiver Kriterien stattfinden.[1873] Um die Standardisierungsarbeit transparent zu gestalten, müssen allen interessierten Marktakteuren Möglichkeiten geboten werden, sich über den Stand der Standardisierungsarbeiten zu informieren.[1874] Dadurch kön-nen sogar negative Auswirkungen eingeschränkter Mitwirkungsmöglichkeiten am Standardisierungsprozess begrenzt werden.[1875]

[1867] Ohne den finanziellen Anreiz würde die Entscheidung eines Ladestationsbetreibers, sich einem Ladestationsnetzwerk anzuschließen, hauptsächlich auf der Wirkung von Netzwerkeffekten ba-sieren. D. h. das Netzwerk mit der größten Verbreitung und daher dem größten anzunehmenden Nutzen würde von Ladestationsbetreibern bevorzugt, die bislang noch keinem Ladestations-netzwerk angehören.

[1868] Siehe Unterkapitel 5.3.1.

[1869] H-LL (ABl. 2011, C 11, S. 1, Tz. 280 ff.). Vgl. auch dazu Unterkapitel 3.3.4.

[1870] H-LL (ABl. 2011, C 11, S. 1, Tz. 295).

[1871] H-LL (ABl. 2011, C 11, S. 1, Tz. 281). Vgl. auch dazu Unterkapitel 3.3.4.

[1872] H-LL (ABl. 2011, C 11, S. 1, Tz. 295).

[1873] H-LL (ABl. 2011, C 11, S. 1, Tz. 281). Vgl. auch dazu Unterkapitel 3.3.4.

[1874] H-LL (ABl. 2011, C 11, S. 1, Tz. 282). Vgl. auch dazu Unterkapitel 3.3.4.

[1875] H-LL (ABl. 2011, C 11, S. 1, Tz. 295).

Hubject nutzt zur Information und Beteiligung von interessierten Marktakteuren unterschiedliche Methoden: Interessierte Marktakteure haben durch die Teilnahme an Konferenzen (Hubject Developers Conference[1876]) oder einem Partnerprogramm (Hubject Partner Involvement Programme[1877]) Möglichkeiten, an der Standardisierungsarbeit mitzuwirken. Weiterhin werden in regelmäßigen Abständen Pressemitteilungen publiziert, in denen aktuelle Nachrichten zur Entwicklung der Standardisierungsarbeiten verbreitet werden.[1878] Ohne auf Maßnahmen wie Konferenzen zu verweisen, lädt Ladenetz.de ebenfalls interessierte Marktakteure dazu ein, Partner der Standardisierungskooperation zu werden.[1879] Zudem werden auch seitens Ladenetz.de regelmäßig Pressemitteilungen veröffentlicht, um über den Stand der Standardisierungsarbeit zu berichten.[1880] Des Weiteren decken beide Standardisierungskooperationen mit den assoziierten Partnern aus unterschiedlichen Branchen ein breites Spektrum an unterschiedlichen Brancheninteressen ab, was tendenziell gegen kartellrechtliche Bedenken spricht.

Weiterhin sind nach Ansicht der Kommission in einer Situation eines Inter-Standard-Wettbewerbs wahrscheinlich keine spürbaren wettbewerbsbeschränkenden Auswirkungen zu erwarten.[1881] Insofern sollte auch der aktuell stattfindende Inter-Standard-Wettbewerb akute Bedenken in Bezug auf wettbewerbsbeschränkende Wirkungen im Rahmen des Abspracheverbots ausräumen.

5.2.3.3   Verweigerung des Zugangs zur E-Service-Plattform

Kooperationstätigkeiten zur Standardsetzung können außerdem wettbewerbsbeschränkende Wirkungen entfalten, wenn Dritten der Zugang zu den Ergebnissen der multilateralen Standardisierungsarbeit effektiv verweigert wird, nachdem der Standard durch die Standardisierungskooperation etabliert wurde.[1882] Ein als Standardisierungskooperation organisierter Betreiber einer E-Service-Plattform unterliegt deshalb einer gesteigerten Verantwortung in Bezug auf eine diskriminierungsfreie Zugangsgewährung gegenüber Dritten.

Um Wettbewerbsbeschränkungen durch koordinierte Standardisierung zu vermeiden, muss nach der Verabschiedung eines multilateralen Standards sichergestellt werden, dass der Zugang zu dem Standard für Zugangsinteressierte

---

[1876] Die erste Hubject Developers Conference fand am 18. März 2013 statt, die zweite vom 12. bis 13. März 2014.

[1877] Zur Teilnahme am PIP ist eine Registrierung erforderlich. Für weitere Informationen siehe Hubject (o. J. f, Internetquelle).

[1878] Siehe Hubject (o. J. g, Internetquelle).

[1879] Ladenetz.de (o. J. d, Internetquelle).

[1880] Siehe Ladenetz.de (o. J. e, Internetquelle).

[1881] H-LL (ABl. 2011, C 11, S. 1, Tz. 295).

[1882] Vgl. H-LL (ABl. 2011, C 11, S. 1, Tz. 268). Vgl. auch dazu Unterabschnitt 3.3.3.2.3.

zu fairen, zumutbaren und nicht-diskriminierenden Bedingungen gewährt wird.[1883] Eine vorherige Offenlegung sämtlicher Rechte geistigen Eigentums durch alle an der Standardisierungskooperation beteiligten Unternehmen erhöht aus Sicht der Kommission die Wahrscheinlichkeit zur Zugangsgewährung.[1884] Von einer Offenlegung dieser Rechte kann nur dann abgesehen werden, wenn gebührenfreie Lizenzen vergeben werden.[1885] Zur Gewährleistung einer wettbewerbskonformen Zugangsgewährung gegenüber Dritten empfiehlt die Kommission den Abschluss einer FRAND-Selbstverpflichtungserklärung vor der Verabschiedung eines Standards.[1886] Mitglieder von Standardisierungskooperationen, die eine E-Service-Plattform entwickeln, sollten deshalb durch den Abschluss einer FRAND-Selbstverpflichtungserklärung vor Inbetriebsetzung einer Plattform sicherstellen, dass nach deren Inbetriebsetzung Dritten der Zugang zu fairen, angemessenen und nicht-diskriminierenden Bedingungen gewährt wird. Weiterhin sollten sich die beteiligten Unternehmen über die im Rahmen der Plattformentwicklung eingebrachten Rechte geistigen Eigentums verständigen und diese ggf. gegenseitig offenlegen, sofern Lizenzen für diese Rechte erhoben werden oder dies zu einem späteren Zeitpunkt geplant ist.

Zugangsverweigerungen zu der E-Service-Plattform gegenüber Unternehmen müssen im Licht dieser besonderen Situation kooperativer Standardisierung besonders sensibel beurteilt und begründet werden, um keine wettbewerbsschädlichen Wirkungen zu begründen. Dies betrifft insbesondere Unternehmen der Elektromobilitätsbranche, die auf Basis der E-Service-Plattform weitere Geschäftsmodelle aufzubauen beabsichtigen. Neben Ladestationsbetreibern sind dies vor allem auch interessierte Anbieter von innovativen Elektromobilitätsdiensten.

Im Rahmen der abspracherechtlichen Betrachtungen des Art. 101 AEUV ist die Möglichkeit der Entfaltung wettbewerbsbeschränkender Wirkungen aus der Verweigerung des Zugangs zu einer gemeinschaftlich als Industriestandard entwickelten E-Service-Plattform nicht an eine marktbeherrschende Stellung der an der Entwicklung beteiligten Unternehmen geknüpft. Unabhängig davon können sich Wettbewerbsbeschränkungen aus der Zugangsverweigerung zu einer E-Service-Plattform auch im Rahmen des Art. 102 AEUV ergeben, wenn der Plattformbetreiber eine marktbeherrschende Stellung innehat, ohne dass die E-Service-Plattform im Rahmen kooperativer Standardisierungsarbeit entwickelt wurde.[1887]

[1883] Vgl. Unterabschnitt 3.3.3.1.1.
[1884] H-LL (ABl. 2011, C 11, S. 1, Tz. 268, 286).
[1885] H-LL (ABl. 2011, C 11, S. 1, Tz. 286).
[1886] Vgl. Unterabschnitt 3.3.3.1.2.
[1887] Eine ausführliche missbrauchsrechtliche Diskussion findet sich in Kapitel 5.3.

5.2.3.4   Durchsetzung einer Hold-up-Strategie

Darüber hinaus weist die Kommission inzwischen auf die Gefahr hin, dass sich einzelne Standardisierungspartner einer Hold-up-Strategie bedienen können, indem nach der Etablierung eines Standards im Markt die Erteilung von Nutzungslizenzen standardrelevanter Immaterialgüterrechte verweigert wird oder unfaire bzw. unangemessen hohe Lizenzgebühren dafür erhoben werden.[1888] Beispielsweise könnten einzelne Unternehmen einer Standardisierungskooperation nach der Etablierung einer E-Service-Plattform als Industriestandard geistige Eigentumsrechte an den Kommunikationsprotokollen erst dann geltend machen, wenn diese von Dritten zur Anbindung an die E-Service-Plattform genutzt werden, und die Existenz der entsprechenden Rechte zuvor verheimlichen. Dem Rechteinhaber käme in einem solchen Fall im Vergleich zu den anderen Standardisierungspartnern ein exklusiver Sondervorteil zu, und gleichzeitig würde der Zugang zu dem Standard gegenüber Dritten behindert.

Der Abschluss einer FRAND-Selbstverpflichtungserklärung durch alle Standardisierungspartner zu Beginn der Standardisierungsarbeiten ist aus Sicht der Kommission ein gangbarer Weg, um Wettbewerbsbeschränkungen dieser Art zu vermeiden.[1889] Dabei sollten alle an der Standardisierungskooperation beteiligten Unternehmen offenlegen, welche Rechte geistigen Eigentums die jeweiligen Unternehmen in die Entwicklung der E-Service-Plattform einbringen, die später bei der Anbindung von Ladestationen oder Diensteanbietern an die E-Service-Plattform durch Implementierung des betreffenden Kommunikationsprotokolls erforderlich sind.[1890] Es genügt dabei die positive Feststellung, welche Rechte für die Anwendung des Standards relevant sind; eine negative Feststellung im Sinne der Auflistung jener Rechte, die nicht mit dem Standard in Verbindung stehen, ist nicht gefordert.[1891]

Diesbezüglich suggerieren die beiden Hauptkonkurrenten auf dem europäischen Markt für E-Service-Plattformen mit der Bereitstellung offener Protokolle[1892], dass das Protokoll selbst keinem immaterialgüterrechtlichen Schutz unterliegt und für die Nutzung selbst keine Lizenzen erworben werden müssen. Zu beiden Protokollen werden dazu ausführliche Dokumentationen bereitgestellt, welche die Nutzung und Steuerung der Protokolle für Dritte erleichtern sollen. Mit dieser Verhaltensweise verpflichten sich die jeweiligen Standardisierungs-

---

[1888] H-LL (ABl. 2011, C 11, S. 1, Tz. 269, 287). Vgl. auch dazu Unterabschnitt 3.3.3.1.2. Für jüngere Beispiele der Beurteilung von Hold-up-Strategien seitens der Kommission siehe Unterkapitel 3.4.4.

[1889] H-LL (ABl. 2011, C 11, S. 1, Tz. 287). Vgl. außerdem Unterabschnitt 3.3.3.1.2.

[1890] Vgl. H-LL (ABl. 2011, C 11, S. 1, Tz. 286). Vgl. auch dazu Unterabschnitt 3.3.3.1.2 und Abschnitt 5.2.3.3.

[1891] Vgl. H-LL (ABl. 2011, C 11, S. 1, Tz. 286). Vgl. auch dazu Unterabschnitt 3.3.3.1.2.

[1892] Vgl. Unterkapitel 4.4.4.

kooperationen zu einer nachhaltig offenen Standardisierungspolitik, sodass zu späteren Zeitpunkten bislang nicht offenbarte geistige Schutzrechte nicht mehr geltend gemacht werden können, ohne kartellrechtliche Bedenken zu erwecken.

Denn wie die Kommission durch Pressemitteilungen zu den jüngsten Kartellverfahren gegen Samsung und Motorola weiterhin verlauten ließ, stellen einstweilige Verfügungen gegen verhandlungswillige Lizenzsucher nach dem Abschluss von FRAND-Selbstverpflichtungserklärungen für Mitglieder einer Standardisierungskooperation eine wettbewerbswidrige Maßnahme dar.[1893] Auch nach Ansicht des EuGH – wenn auch nicht in Form eines Urteils, sondern nur mittels einer Pressemitteilung die Schlussanträge des Generalanwalts Wathelet zu diesem Thema betreffend[1894] kommuniziert – kann die Abgabe einer FRAND-Selbstverpflichtungserklärung durch Mitglieder einer Standardisierungskooperation zur Erarbeitung eines E-Service-Plattform-Standards als ein Zeichen des Lizenzierungswillens interpretiert werden, das die kartellrechtliche Sicherheit für die Unternehmen der Standardisierungskooperation erhöht. Unternehmen sind somit nach der Abgabe einer FRAND-Selbstverpflichtungserklärung hinsichtlich des Einsatzes von Rechtsbehelfen wie der einstweiligen Verfügung deutlich eingeschränkt und müssen vor der gerichtlichen Geltendmachung eines Unterlassungsanspruchs die Lizenzverhandlungen mit möglichen Lizenzsuchern aufnehmen.

5.2.4   Zwischenfazit zur abspracherechtlichen Beurteilung

Die Regelungen des Kartellverbots definieren für Standardisierungskooperationen im Allgemeinen – und so auch für eine als Standardisierungskooperation organisierte RCSE – den rechtlichen Rahmen zur kooperativen Standardsetzung. Vereinbarungen zur gemeinschaftlichen Entwicklung und Etablierung einer E-Service-Plattform sind dementsprechend nach Art. 101 AEUV zu beurteilen, und eine RCSE muss die Freistellungsmöglichkeiten der Standardisierungsvereinbarung im Rahmen der anwendbaren GFVOen sowie im Rahmen der allgemeinen Freistellungsklausel des Art. 101 Abs. 3 AEUV entsprechend prüfen, und zwar noch bevor mit den gemeinsamen Entwicklungsarbeiten für eine E-Service-Plattform begonnen wird. Dies ist insbesondere deshalb von Bedeutung, da – sofern die Kriterien einer Freistellung im Fall eines Kartellverfahrens nicht schlüssig dargelegt werden können – sämtliche die gemeinsame Entwicklung betreffenden Investitionen für die beteiligten Unternehmen gefährdet sind und auch Sanktionen oder Bußgelder gegen die Mutterkonzerne bzw. die verantwortlichen Personen verhängt werden können.

[1893] Vgl. Abschnitt 3.4.4.2.

[1894] Vgl. EuGH (2014, Internetquelle).

Diesbezüglich wurde in diesem Kapitel eine anwendbare Argumentationsgrundlage für eine als Standardisierungskooperation organisierte RCSE erarbeitet, welche die durch eine gemeinschaftliche Entwicklung einer E-Service-Plattform entstehenden Effizienzgewinne für den Verbraucher würdigt. Insbesondere fußt diese Argumentation auf den Vorteilen, die Verbraucher aufgrund einer weitreichenden Kompatibilität der Ladestationen davon tragen, und deren Umsetzung am ehesten durch einen kooperativen Standardisierungsprozess gelingt.

Aus den Ausführungen der Kommission in den einschlägigen Leitlinien und in jüngeren Pressemitteilungen lassen sich für eine RCSE wichtige Hinweise ableiten, was bei der Entwicklung einer E-Service-Plattform zum Industriestandard prozessbegleitend zu beachten ist, um wettbewerbsbeschränkende Wirkungen zu vermeiden. Insbesondere die transparente Gestaltung der Entwicklungsarbeiten, die diskriminierungsfreie Möglichkeit der Mitwirkung interessierter Dritter bei der Entwicklung und die Information über die Entwicklungsarbeiten zählen zu den Grundsätzen zur Vermeidung wettbewerbsbeschränkender Wirkungen bei gemeinschaftlicher Standardsetzung. Darüber hinaus wird bereits in den H-LL darauf hingewiesen, dass eine Zugangsverweigerung zu einem Standard, d. h. zu der E-Service-Plattform, nach Abschluss der Entwicklungsarbeiten schon gegen das Abspracheverbot verstoßen kann. Insbesondere wenn die an der RCSE beteiligten Unternehmen eine FRAND-Selbstverpflichtungserklärung eingegangen sind und lizenzierungswilligen Zugangsinteressierten der Zugang zu der E-Service-Plattform verweigert wird, begibt sich eine RCSE in die Gefahr, kartellrechtswidrig zu agieren.

5.3 Missbrauchsrechtliche Beurteilung einer Roaming- und Clearing-Stelle für Elektrofahrzeuge

Vor dem Hintergrund des Abspracheverbots sollte sich das vorhergehende Kapitel (5.2) einer Analyse der am Markt tätigen Standardisierungskooperationen, welche die Etablierung eines E-Service-Plattform-Standards zum Ziel haben, widmen. Dabei stand die Phase der Entwicklung und wettbewerblichen Durchsetzung des Standards im Vordergrund. In diesem Kapitel sollen hingegen die kartellrechtlichen Rahmenbedingungen einer solchen Standardisierungskooperation erörtert werden, wie sie sich darstellen, wenn der Standardisierungskooperation die Durchsetzung der eigenen E-Service-Plattform als Industriestandard mit bedeutenden Marktanteilen gelingt und sie als RCSE eine marktbeherrschende Stellung im zugehörigen relevanten Markt einnimmt.

Dabei liegt der Fokus der folgenden Betrachtungen auf der möglichen Anwendung der Essential-Facilities-Doktrin auf eine E-Service-Plattform als wesentliche Einrichtung. Wie bereits gezeigt wurde, können Zugangsverweigerun gen in Folge kooperativer Standardisierungsarbeiten auch ohne Marktbeherrschung des Standardsetzers wettbewerbsbeschränkende Wirkungen entfalten. Nehmen Standardisierungskooperationen eine marktbeherrschende Stellung ein, obliegt ihnen eine besondere Verantwortung in Bezug auf die Vermeidung zusätzlicher Wettbewerbsbeschränkungen. Die missbrauchsrechtlichen Untersuchungen dieses Kapitels sollen auf Basis der im folgenden Unterkapitel aufgestellten Hypothese, dass eine RCSE langfristig eine marktbeherrschende Stellung einnehmen wird, durchgeführt werden.

5.3.1 Annahme einer marktbeherrschenden Stellung der Roaming- und Clearing-Stelle

In vorhergehenden Abschnitten dieser Arbeit konnte bereits ausführlich die Relevanz eines Industriestandards im Bereich einer E-Service-Plattform für den europäischen Markt erörtert werden.[1895] Da es sich bei dem Markt für E-Service-Plattformen um einen Netzeffektmarkt handelt,[1896] ist eine Tendenz dafür anzunehmen, dass sich aufgrund der Wirkung von Netzwerkeffekten auf Dauer eine einzige E-Service-Plattform als Industriestandard etabliert[1897] und der Anbieter dieser E-Service-Plattform als marktbeherrschende RCSE im Markt agiert, da er langfristig den größten Marktanteil auf sich vereint.[1898]

5.3.1.1 Marktanteile

Wo Kompatibilität eine Rolle spielt, liegen hohe Marktanteile eines Marktstandards aufgrund der Wirkung von Netzwerkeffekten in der Natur der Sache.[1899] Dies trifft auch auf internetbasierte, mehrseitige IT-Serviceplattformen zu, wie sie auch eine E-Service-Plattform darstellt.[1900] Darüber hinaus ist ein hoher Grad an Kompatibilität von Ladestationen sogar von Seiten der Politik und Wirtschaft als Zielgröße ausgegeben worden: Bis 2014 sollten nach Zielsetzung der Energiewirtschaft bereits 90 % der Ladestationen in Deutschland für die Ladevorgänge von Endkunden kompatibel sein.[1901] Unter dem Dach des Ladenetzwerks von Hubject werden nach eigenen Angaben im Jahr 2014 zumindest bereits 50 % der

---

[1895] Siehe Abschnitte 4.3.3.2 f. sowie Unterkapitel 5.1.2.

[1896] Vgl. Abschnitt 4.3.3.3.

[1897] Vgl. Abschnitt 2.2.2.2.

[1898] Die hier getätigte Annahme einer marktbeherrschenden Stellung kann durch ökonometrische Marktstudien überprüft und verifiziert werden, sobald und sofern die relevanten Marktdaten vorliegen, vgl. dazu Abschnitt 3.1.2.5.

[1899] Vgl. Grindley (1990, S. 82).

[1900] Vgl. z. B. Haucap/Heimeshoff (2013, S. 2 ff.). Vgl. außerdem Abschnitt 4.3.3.3. und Unterkapitel 4.4.1 f.

[1901] Vgl. NPE (2012b, S. 28, Internetquelle).

Ladestationen vereint.[1902] Davon unberührt bleibt die Zielsetzung eines weiteren Ausbaus innerhalb Deutschlands und Europas.

5.3.1.2 Weitere Kriterien zur Begünstigung einer marktbeherrschenden Stellung

Eine marktbeherrschende Stellung bemisst sich jedoch – wie bereits dargestellt[1903] – nicht alleine anhand der Marktanteile. Darüber hinaus können (und müssen ggf.) auch weitere Faktoren für die Beurteilung der Marktbeherrschung herangezogen werden.[1904]

Zunächst soll die Stärke der beiden identifizierten Hauptwettbewerber im deutschen bzw. europäischen Markt für E-Service-Plattformen dargestellt werden. Die Tatsache, dass Hubject als Joint Venture aus sechs Großunternehmen der drei Schlüsselbranchen für Elektromobilität gegründet wurde, spricht für eine hohe Kapitalkraft. Dies wurde dem Markt beispielsweise deutlich durch das „Marktanreizprogramm SHARE2013" demonstriert, durch welches Ladestationsanbietern als Nachfrager der E-Service-Plattform ein finanzieller Zuschuss geboten wurde, wenn diese sich für den Beitritt zur E-Service-Plattform von Hubject entscheiden. Weiterhin profitiert Hubject vom Know-how der besagten drei Branchen, der Automobil-, Energie- und Technologieentwicklungsbranche, und muss sich dieses nicht zwingend über externe Kanäle hinzukaufen, obschon auch hierfür Kapital vorhanden wäre. Daneben strahlt auch die Reputation der beteiligten Unternehmen Investitionssicherheit für Nachfrager aus, die derzeit noch nicht entschieden haben, welcher E-Service-Plattform sie sich mit ihren Ladestationen anschließen möchten.

Der Hauptkonkurrent Ladenetz.de, der in erster Linie von der smartlab Innovationsgesellschaft mbH getragen wird, ist in den Punkten Kapitalkraft, branchenübergreifendes Know-how und Reputation insofern spürbar im Nachteil. Die Kapitalkraft der smartlab Innovationsgesellschaft mbH speist sich in erster Linie aus den drei kommunalen Stadtwerken Aachen, Duisburg und Osnabrück, die als Gesellschafter fungieren. Zwar ist Know-how im Bereich der Energiewirtschaft vorhanden und es wurden Partnerschaften zu weiteren Unternehmen – (auch) aus anderen Branchen – aufgebaut, doch handelt es sich – im Unterschied zur intercharge-Plattform von Hubject – bei der Plattform e-clearing.net nach eigener Angabe um ein Projekt mit Non-Profit-Charakter[1905]. Die Reputation von Ladenetz.de oder e-clearing.net ergibt sich in erster Linie durch die Bekanntheit der Marke selbst; beide Projekte können nicht im selben Maß von der abstrah-

---

[1902]   Intercharge (o. J., Internetquelle).

[1903]   Siehe dazu ausführlich in Unterkapitel 3.4.2.

[1904]   Siehe dazu Abschnitte 3.4.2.3 ff.

[1905]   Vgl. Smartlab (2014, S. 3, Internetquelle).

lenden Wirkung der Reputation von Großkonzernen profitieren, wie dies bei Hubject der Fall ist. Obwohl andere Großunternehmen als (Roaming-)Partner akquiriert werden konnten, ergibt sich dennoch eine geringere Ebene an Kooperationsverbindlichkeit dadurch, dass die Hubject GmbH von den genannten reputationskräftigen Unternehmen als assoziierte Gesellschafter getragen wird und nicht „nur" Roaming- oder Partnerschaftsabkommen geschlossen wurden.

Unter Berücksichtigung der genannten Faktoren wird davon ausgegangen, dass Hubject mit der E-Service-Plattform intercharge mittel- und langfristig wahrscheinlich aussichtsreichere Chancen auf die Etablierung eines Industriestandards hat, als dies bei der smartlab Innovationsgesellschaft mbH der Fall ist. Eine marktbeherrschende Stellung kann aufgrund der aktuellen Wettbewerbssituation und unter Berücksichtigung der im Markt vorhandenen Informationen über die derzeit vorherrschende Verteilung von Marktanteilen schon zum jetzigen Zeitpunkt angenommen werden.

5.3.2   Verweigerung des Zugangs zu der E-Service-Plattform

Wie dargestellt wurde,[1906] handelt es sich bei einer E-Service-Plattform für die Geschäftsmodelle von Ladestationsbetreibern und Anbietern von Elektromobilitätsdiensten um eine wesentliche Einrichtung, deren Nutzung notwendig ist, um die entsprechenden nachgelagerten Märkte zu betreten. Im Folgenden soll untersucht werden, inwiefern der Plattformbetreiber den Zugang zur E-Service-Plattform verweigern kann und welche Motivation er dazu haben könnte.

5.3.2.1   Zugangskontrolle als Voraussetzung für die Zugangsverweigerung

Der Zugang zu der E-Service-Plattform kann dabei über Schnittstellen erlangt werden, die im Kommunikationsprotokoll adressiert werden. Um Zugriff auf die E-Service-Plattform zu erlangen, muss das Kommunikationsprotokoll ladestationsseitig in das Lademanagementsystem integriert werden.[1907] Anbieter von Elektromobilitätsdiensten, die keine Ladestationsinhaber sind, integrieren das Kommunikationsprotokoll hingegen in ihr Kundenmanagementsystem, um eine Identifizierung von Kunden an den Ladestationen zu ermöglichen.[1908] Zwar werden die Informationen zur Implementierung des Kommunikationsprotokolls sowohl für die Plattform intercharge als auch für die Plattform e-clearing.net jeweils frei zum Download zur Verfügung gestellt. Doch wird aus der Dokumentation des OICP von intercharge deutlich, dass der Zugang zu der Plattform nur gewährt wird, falls ein entsprechender Partnervertrag vorliegt, andernfalls aber

---

[1906] Vgl. insb. Abschnitt 5.1.3.1.
[1907] Vgl. Unterkapitel 5.1.1.
[1908] Vgl. Unterkapitel 5.1.1.

eine Fehlermeldung durch die Plattform kommuniziert wird.[1909] Technische Voraussetzung für den Zugang ist also die Implementierung des Kommunikationsprotokolls, formale Voraussetzung ist der zusätzlich abgeschlossene Partnervertrag mit der Hubject GmbH als Plattformbetreiber.[1910]

Obwohl es sich also bei den aktuell angebotenen Kommunikationsprotokollen um offene technische Standards handelt, sind die Standardinhaber dennoch in der Lage, den Zugang zu der Plattform durch den Abschluss von Partnerverträgen und deren technische Validierung (beispielsweise durch im Partnervertrag zugewiesene Identifikationscodes[1911]) zu kontrollieren. Hubject behält sich in seinen Nutzungsbedingungen darüber hinaus das Recht vor, Schnittstellen zu seiner E-Service-Plattform jederzeit zu deaktivieren[1912] und verpflichtet Nutzer der Plattform dazu, diese ausschließlich zu den vereinbarten Zwecken zu nutzen[1913].

5.3.2.2 Motivationen für eine Zugangsverweigerung zu der E-Service-Plattform

Zwar haben alle auf dem Markt konkurrierenden Anbieter einer E-Service-Plattform in der aktuellen Phase der Marktdurchdringung zunächst ein großes Interesse daran, möglichst viele Marktakteure zur Nutzung der eigenen E-Service-Plattform zu bewegen und entsprechend Zugang zu gewähren, um die Verbreitung der eigenen Technologie zu fördern und demnach den Standardwettbewerb zu gewinnen. Doch muss auch für den Fall der erfolgreichen Durchsetzung eines Standards gewährleistet sein, dass der Zugang zum Standard interessierten Parteien frei gestellt bleibt und nicht etwa in erster Linie den Mitgliedern der Standardisierungskooperation oder anderen präferierten Partnerunternehmen exklusiv gewährt wird.

Die Zugangskontrolle zu einem Standard kann zwar durchaus gerechtfertigt sein,[1914] aber auch zur Verfolgung unternehmensstrategischer Ziele wie einer exklusiven Kommerzialisierung des Standards genutzt werden.[1915] Eine Motivation zur Verweigerung eines Zugangs zu einer E-Service-Plattform ist besonders in derlei Fällen denkbar, in denen der Plattformbetreiber bzw. ein kooperationsbeteiligtes Unternehmen selbst auf einem nachgelagerten Markt als Dienstean-

---

[1909] Vgl. Hubject (2014c, S. 10, Internetquelle).

[1910] Vgl. Hubject (o. J. c, S. 11, Internetquelle).

[1911] Vgl. Hubject (2014c, S. 12 f., Internetquelle) und OCHP (2014, S. 29 f., Internetquelle).

[1912] Hubject (2013b, § 3 Abs. 2 f., Internetquelle).

[1913] Hubject (2013b, § 1 Abs. 1, Internetquelle).

[1914] Siehe dazu Unterkapitel 5.3.4.

[1915] Siehe Abschnitt 2.3.3.2 für Möglichkeiten der Kommerzialisierung, die sich aus der Kontrolle des Zugangs zu einem Standard ergeben können.

bieter tätig wird oder tätig werden möchte[1916] und deshalb Wettbewerbsbeschränkungen auf den nachgelagerten Märkten zur Steigerung des eigenen Gewinns in Erwägung zieht.

Beispielsweise ist BMW gleichzeitig als kooperationsbeteiligtes Unternehmen der Hubject GmbH E-Service-Plattform-Betreiber und mit seinem hauseigenen Ladeleitsystem ChargeNow als Diensteanbieter mit Gewinnerzielungsabsicht tätig. Entsprechend könnte BMW deshalb ein ausgeprägtes Interesse dahingehend entwickeln, anderen Anbietern von günstigeren E-Mobility-Diensten den Zugang zu der Plattform zumindest zu erschweren. Daimler könnte als weiterer Hubject-Beteiligter bei der weiteren Entwicklung seines Elektrofahrzeug-Portfolios ähnliche strategische Überlegungen anstellen. Weiterhin könnten Unternehmen wie EnBW oder RWE daran interessiert sein, das Geschäft der Energieversorgung auch im Bereich der Fahrstromversorgung vorrangig selbst zu bedienen, anstatt neuen Akteuren wie E-Mobility-Providern Raum auf dem Markt für Fahrstromversorgung zu geben. Insbesondere die Kombination von Fahrstromangeboten mit Hausstromtarifen stellt für Energieversorger eine attraktive Erweiterung des bisherigen Geschäftsmodells dar.[1917] Daneben könnten Energieversorger daran interessiert sein, exklusiv die Funktion eines Aggregators zu übernehmen, da auch hier Synergieeffekte in Bezug auf die bisher angebotenen Dienstleistungen eines Energieversorgers freigesetzt werden können.[1918] Zuletzt könnten auch die an der Entwicklung einer E-Service-Plattform beteiligten Technologieunternehmen wie Bosch oder Siemens den Anspruch auf ein exklusives Angebot von Elektromobilitätsdiensten anmelden, beispielsweise um Fahrzeugdiagnose-Dienste anzubieten.[1919]

Ebenso ist es denkbar, dass Ladestationsbetreibern der Zugang zu einer E-Service-Plattform verwehrt wird und die dazugehörigen Ladestationen folglich nicht Teil des Ladestationsnetzwerks der entsprechenden E-Service-Plattform werden könnten.[1920] Beispielsweise könnte in späteren Phasen der Marktentwicklung, in denen das Ladestationsnetzwerk einer E-Service-Plattform bereits großflächig ausgebaut ist, eine Auswahl weiterer Ladestationen anhand von technischen oder wirtschaftlichen Kriterien erfolgen. Ladestationen, die den geforderten technischen Anforderungen nicht gerecht werden oder deren Integration wirtschaftliche Nachteile für andere Mitglieder des Ladestationsnetzwerks oder den Plattformbetreiber hätte, könnte der Anschluss an das Ladestations-

---

[1916] Vgl. Erläuterungen zu Art. 82 EGV (ABl. 2009, C 45, S. 7, Tz. 75). Vgl. ebenso Abermann (2003, S. 122).

[1917] Vgl. Abschnitt 4.4.2.4.

[1918] Vgl. Bolczek et al. (2011, S. 22, Internetquelle).

[1919] Vgl. Abschnitt 4.4.2.4.

[1920] Vgl. Unterkapitel 5.1.1 zur Bedeutung der E-Service-Plattform und des dazugehörigen Ladestationsnetzwerks für Ladestationsbetreiber.

netzwerk verwehrt werden. So wäre denkbar, dass der Betreiber einer E-Service-Plattform bzw. dessen Kooperationspartner selbst Ladestationen betreiben (z. B. Energieversorgungsunternehmen) und mit diesen eine geographische Region dominierend mit Fahrstrom versorgen, wobei zusätzliche Ladestationen von konkurrierenden Betreibern in dieser Region Umsatzeinbußen für die Kooperationspartner zur Folge hätten.

Neben einer eindeutigen Zugangsverweigerung könnte dabei die Zugangsgewährung für interessierte dritte Anbieter von Elektromobilitätsdiensten an die Erhebung von unfairen, unangemessenen oder diskriminierenden Entgelten gekoppelt werden, [1921] was hinsichtlich der kartellrechtlichen Beurteilung einer Zugangsverweigerung gleich käme. [1922]

5.3.3 Voraussetzungen der Missbräuchlichkeit der Zugangsverweigerung

Die Missbräuchlichkeit einer Zugangsverweigerung ist – neben der marktbeherrschenden Stellung des Zugangsverweigerers – an bestimmte Voraussetzungen geknüpft, sodass die Zugangsverweigerung zu einer E-Service-Plattform an diesen Kriterien beurteilt werden kann. Im Folgenden soll deshalb der oben vorgestellte Vier-Stufen-Test auf die Zugangsverweigerung zu einer E-Service-Plattform angewendet werden. [1923]

5.3.3.1 Unerlässlichkeit der E-Service-Plattform

Dem Kriterium der Unerlässlichkeit der E-Service-Plattform zur Ausübung einer bestimmten Tätigkeit auf einem nachgelagerten Markt kommt die größte Bedeutung für die Beurteilung der Missbräuchlichkeit der Zugangsverweigerung zu. [1924] Dazu muss zunächst hinterfragt werden, inwiefern die E-Service-Plattform für bestimmte Tätigkeiten auf nachgelagerten Märkten überhaupt genutzt werden kann. Diesbezüglich wurde bereits festgestellt, dass insbesondere in späteren Phasen der Entwicklung des Marktes für Elektromobilität eine im Markt als Industriestandard etablierte E-Service-Plattform als informationstechnische Basis zum Angebot unterschiedlicher Dienste genutzt werden kann. [1925] Derlei Dienste werden auf der E-Service-Plattform nachgelagerten Märkten angeboten, die nur über die E-Service-Plattform selbst erschlossen werden können. [1926] Für Markt-

---

[1921] Engel (2010c, S. 35) spricht bspw. von einer „Marktabschottungsgebühr", die konkurrierenden Stromanbietern auferlegt werden könnte, wenn diese fremde Ladestationen im Rahmen des E-Roamings für eigene Kunden nutzen möchten.

[1922] Vgl. dazu Abschnitt 3.4.3.9.

[1923] Vgl. Unterabschnitt 3.4.3.9.1 bzw. Tabelle 4.

[1924] Vgl. Unterabschnitt 3.4.3.9.1.

[1925] Vgl. Abschnitte 4.4.2.3 f.

[1926] Vgl. Unterkapitel 5.1.3.

teilnehmer, die also als Anbieter von Elektromobilitätsdiensten auf dem Markt aktiv werden möchten, handelt es sich bei der E-Service-Plattform um eine Einrichtung, die zur Ausübung einer Tätigkeit auf einem nachgelagerten Markt genutzt werden kann. So könnten neben Ladestationsbetreibern auch E-Mobility-Provider, Automobilhersteller, Energieversorger und Verteilnetzbetreiber oder Anbieter von Apps und Software an einem Zugang zu einer E-Service-Plattform interessiert sein, um die Plattform für das Angebot eigener Dienste zu nutzen.

Die Unerlässlichkeit der E-Service-Plattform im Sinne einer objektiven Notwendigkeit wird jedoch von der Verfügbarkeit potenzieller Substitute abhängig gemacht, die von Diensteanbietern auf nachgelagerten Märkten alternativ zu der E-Service-Plattform in Anspruch genommen werden können, um ihre Dienste anzubieten.[1927] Ein Ausweichen auf andere E-Service-Plattformen oder die Etablierung einer neuen E-Service-Plattform dürften für interessierte Diensteanbieter aus Gründen des Lock-in-Effekts ausscheiden, sobald sich eine Standard-E-Service-Plattform etabliert hat: Mit dem Erreichen einer kritischen Masse an Ladestationen, die an eine E-Service-Plattform angeschlossen sind, vereint sich der größte Nutzen auf diese eine E-Service-Plattform, und für Ladestationsbetreiber wäre die Implementierung einer alternativen oder zusätzlichen E-Service-Plattform von vergleichsweise geringem Nutzen. Entsprechend groß wäre der Aufwand der Etablierung einer alternativen oder zusätzlichen Plattform für Diensteanbieter, da entsprechend große Bemühungen zur Überzeugung der Ladestationsbetreiber unternommen werden müssten, eine alternative oder zusätzliche E-Service-Plattform auf den Ladestationen zu implementieren.[1928] Insofern führen die mit dem technologischen Lock-in verbundenen Marktzutrittsschranken sehr wahrscheinlich zur Beurteilung einer Standard-E-Service-Plattform als wesentliche Einrichtung.[1929] Weiterhin kann – wie dargelegt – davon ausgegangen werden, dass das Kriterium der Unerlässlichkeit der wesentlichen Einrichtung für das Anbieten von Elektromobilitätsdiensten erfüllt ist, da eine Substituierbarkeit einer Standard-E-Service-Plattform nicht gegeben bzw. zumutbar ist.

5.3.3.2   Verhinderung des Angebots von Elektromobilitätsdiensten

Um als missbräuchlich eingestuft zu werden, muss die Zugangsverweigerung zu der E-Service-Plattform außerdem neue Erzeugnisse im Sinne innovativer Produkte bzw. Dienstleistungen oder Anschlussinnovationen verhindern, zu welchen eine auch nur potenzielle Verbrauchernachfrage besteht.[1930] Diese Voraussetzung gilt bereits als erfüllt, wenn eine Einschränkung der technischen Entwicklung

---

[1927] Vgl. Erläuterungen zu Art. 82 EGV (ABl. 2009, C 45, S. 7, Tz. 83).

[1928] Vgl. EuGH-Urteil vom 26.11.1998 „Bronner" (Slg. 1998, S. I-7791, Rn. 44 f.).

[1929] Vgl. Abermann (2003, S. 122). Für den Begriff des Lock-in-Effekts und daraus erwachsender Marktzutrittsbeschränkungen vgl. Abschnitt 2.2.3.4.

[1930] Vgl. Erläuterungen zu Art. 82 EGV (ABl. 2009, C 45, S. 7, Tz. 87).

durch die Verweigerung des Zugangs zu der E-Service-Plattform nachgewiesen werden kann und den Verbrauchern daraus ein Schaden entsteht.[1931]

Bereits aus der Zugangsverweigerung gegenüber Ladestationsbetreibern, welche in das Ladenetzwerk der Plattform aufgenommen werden und die Roaming- und Clearing-Funktion nutzen möchten, kann eine Schädigung des Verbrauchers abgeleitet werden, da ihn dieses Verhalten spürbar hinsichtlich seiner Möglichkeiten zur Aufladung seiner Fahrzeugbatterie einschränkt.[1932] Jede Ladestation, die über das Ladenetzwerk einer den Markt dominierenden E-Service-Plattform erreichbar ist, bietet Verbrauchern mehr Sicherheit, unterwegs eine Lademöglichkeit für Elektrofahrzeuge zu finden. Vor dem Hintergrund einer wachsenden Zahl an zugelassenen Elektrofahrzeugen und der vergleichsweise langen Ladedauer an einer Ladestation ist eine große Zahl an diskriminierungsfrei zugänglichen Ladestationen deshalb besonders wünschenswert,[1933] sodass eine Zugangsverweigerung von Ladestationsbetreibern umso schwerer als Verbraucherschädigung wiegt.

Wird Anbietern von neuartigen Elektromobilitätsdiensten der Zugang zu der E-Service-Plattform verwehrt, kann zumindest eine Hemmung der technischen Entwicklung vermutet werden. Beispielsweise kann das auf dem Zugang zu der E-Service-Plattform basierende Angebot von Hausstrom-Kombi-Tarifen finanzielle Vorteile für den Verbraucher mit sich bringen. Auch das Angebot von Multimedia-Diensten oder Apps, die auf die E-Service-Plattform zugreifen, kann einen Mehrwert für den Verbraucher darstellen und es ist davon auszugehen, dass mit einer steigenden Anzahl zugelassener Elektrofahrzeuge auch die Nachfrage nach diesen Diensten zunehmen wird.

Besonders weitreichende Folgen für Verbraucher dürfte eine Zugangsverweigerung für Agenten wie Energieversorger, Verteilnetzbetreiber oder Drittanbieter haben, die V2G-Dienste über die E-Service-Plattform anbieten möchten. Wie bereits ausgeführt, wird der V2G-Technologie ein enormes Potenzial zur Lösung aktueller politischer Herausforderungen in Bezug auf die Energiewende beigemessen.[1934] Dementsprechend groß ist das Potenzial technischer Entwicklung, das durch eine Zugangsverweigerung gehemmt werden würde. Eine Verhinderung von V2G-Diensten hätte insbesondere für die Entwicklung der Smart-Grid-Technologie bedeutende Auswirkungen, was einen Schaden nicht nur bei

---

[1931] Vgl. dazu ausführlich Unterabschnitt 3.4.3.9.1 und Tabelle 4.

[1932] Vgl. dazu auch das EuG-Urteil vom 09.09.2009 „Clearstream" (Slg. 2009, S. II-3155, Rn. 149), in welchem die Verweigerung von Clearing- und Abrechnungsdienstleistungen für Wertpapiergeschäfte mit einer Schädigung von Innovation und Wettbewerb – und damit auch den Verbrauchern – in Verbindung gebracht wurde.

[1933] Vgl. insb. Abschnitt 4.3.3.2.

[1934] Vgl. Abschnitte 4.2.1.3 und 4.4.2.3.

Elektromobilitätsverbrauchern, sondern bei sämtlichen Stromverbrauchern zur Konsequenz hätte.

5.3.3.3   Eignung zum Ausschluss des wirksamen Wettbewerbs

Die Kommission geht generell davon aus, dass eine Zugangsverweigerung geeignet ist, den wirksamen Wettbewerb auf einem nachgelagerten Markt auszuschalten, sofern die Unerlässlichkeit der E-Service-Plattform für das Angebot von Elektromobilitätsdiensten auf nachgelagerten Märkten nachgewiesen ist[1935].[1936] Die Wahrscheinlichkeit, dass der wirksame Wettbewerb ausgeschaltet wird, hängt dabei von diversen Faktoren ab, die in der auf der nächsten Seite folgenden Tabelle 9 auf einen marktbeherrschenden Betreiber einer E-Service-Plattform projiziert werden sollen.[1937]

5.3.3.4   Fehlende objektive Rechtfertigung der Zugangsverweigerung

Schließlich ist die Missbräuchlichkeit einer Zugangsverweigerung an eine fehlende objektive Rechtfertigung geknüpft. Im folgenden Unterkapitel (5.3.4) findet eine auf den hier untersuchten Anwendungsfall bezogene Auseinandersetzung mit Argumenten statt, die in anderen Fällen eine Zugangsverweigerung rechtfertigen konnten. Kann der Betreiber einer E-Service-Plattform keine objektive Rechtfertigung für die Zugangsverweigerung liefern oder wird diese nicht anerkannt, gilt diese Voraussetzung zur Missbräuchlichkeit der Zugangsverweigerung als erfüllt.

5.3.4   Sachliche Rechtfertigung einer Zugangsverweigerung zu einer E-Service-Plattform

Verweigert ein marktbeherrschender Betreiber einer E-Service-Plattform Dritten den Zugang zu der Plattform, um dadurch Elektromobilitätsdienste auf nachgelagerten Märkten anzubieten, muss eine sachliche Rechtfertigung für diese Zugangsverweigerung vorliegen. Denn grundsätzlich ist mit dem Betrieb einer wesentlichen Einrichtung eine Art Mitbenutzungsgebot für Dritte verbunden, von welchem nur in Ausnahmefällen abgewichen werden darf;[1938] nämlich dann, wenn der Betreiber eine sachliche Rechtfertigung dafür nachweisen kann. Entsprechende Rechtfertigungsgründe wurden in allgemeiner Form bereits darge-

---

[1935] Siehe dazu Abschnitt 5.3.3.1.

[1936] Vgl. dazu die Erläuterungen zu Art. 82 EGV (ABl. 2009, C 45, S. 7, Tz. 85), wonach eine Ausschaltung „des wirksamen Wettbewerbs auf dem nachgelagerten Markt unmittelbar oder im Laufe der Zeit" möglich ist, sofern die objektive Notwendigkeit der wesentlichen Einrichtung gegeben ist.

[1937] Vgl. auch Tabelle 3. Die im Folgenden auf den Anwendungsfall angewandten Faktoren sind den Erläuterungen zu Art. 82 EGV (ABl. 2009, C 45, S. 7, Tz. 85) entnommen.

[1938] Lettl (2011, S. 579).

legt[1939] und sollen im Folgenden auf die Rechtfertigung einer Zugangsverweigerung zu einer E-Service-Plattform hin überprüft werden.

Tabelle 9: Beurteilungskriterien bzgl. der Wahrscheinlichkeit zur Ausschaltung des wirksamen Wettbewerbs im Markt für E-Service-Plattformen[1940]

Einflussfaktor	Einfluss auf Wahrscheinlichkeit zur Ausschaltung des Wettbewerbs
Marktanteil des Plattformbetreibers (oder einer seiner Anteilseigner) auf dem nachgelagerten Markt	Je höher, desto wahrscheinlicher
Kapazitätsdruck des Plattformbetreibers im Vergleich zu den Anbietern von Elektromobilitätsdiensten auf dem nachgelagerten Markt	Je geringer, desto wahrscheinlicher
Substitutionsbeziehung zwischen dem Output des Plattformbetreibers und dem Output-Anbieter von Elektromobilitätsdiensten auf dem nachgelagerten Markt	Je enger, desto wahrscheinlicher
Anzahl der betroffenen Anbieter für Elektromobilitätsdienste auf dem nachgelagerten Markt	Je größer, desto wahrscheinlicher
Wahrscheinlichkeit, dass die potenziell von den ausgeschlossenen Anbietern für Elektromobilitätsdienste gedeckte Nachfrage von diesen abgezogen und zum Plattformbetreiber umgelenkt wird	Je größer, desto wahrscheinlicher

5.3.4.1 Beschränkte Kapazität der E-Service-Plattform

Häufig wird eine begrenzte, nicht ausreichende Kapazität als Rechtfertigungsgrund für die Zugangsverweigerung zu einer wesentlichen Einrichtung angeführt.[1941] Die Zugangsverweigerung zu einer E-Service-Plattform jedoch mit begrenzter Kapazität zu rechtfertigen, sollte zumindest bezogen auf Ladestationsbetreiber schwer fallen: Im Gegensatz zu physisch greifbaren wesentlichen Einrichtungen wie einem Schiffs- oder Flughafen handelt es sich bei einer E-Service-Plattform um eine datenbankbasierte Plattform, deren Kapazität von der Ausgestaltung der zugrunde liegenden Serverkonfiguration abhängig ist. Kapazitätsengpässe bei derartigen Plattformen dürften komplizierter zu begründen sein, als dies bei physisch greifbaren Einrichtungen der Fall ist: Beispiels-

---

[1939] Vgl. Unterabschnitte 3.4.3.9.2 bzw. 3.4.3.8.2.

[1940] Quelle: In Anlehnung an die Erläuterungen zu Art. 82 EGV (ABl. 2009, C 45, S. 7, Tz. 85).

[1941] Vgl. Unterabschnitt 3.4.3.9.2.1.

weise müsste mit unzureichenden Speicher-, Prozessor- oder Datenbankkapazitäten argumentiert werden. Insbesondere die Zielstellung der aktuell konkurrierenden Inhaber von E-Service-Plattformen, einen europäischen Standard zu etablieren, spricht dafür, dass ausreichende Kapazitäten vorgehalten werden. Die Begründung einer Zugangsverweigerung für Ladestationsbetreiber anhand einer nicht ausreichenden Kapazität wird in der Aufbauphase des Ladenetzwerks außerdem vor dem Hintergrund einer möglichen Effizienzsteigerung des Server- und Datenbanksystems durch Updates oder organisatorische Umgestaltungen schwer fallen.[1942] Dazu können auch Vergleiche zu anderen hochfrequentierten Internetplattformen gezogen werden.

Die Rechtfertigung einer Zugangsverweigerung für Anbieter von Elektromobilitätsdiensten sollte gesondert analysiert werden. Wenn in Zukunft anspruchsvolle Elektromobilitätsdienste auf der Plattform durch Dritte angeboten werden sollen[1943] und die bis dahin implementierte Hardware- oder Softwarekonfiguration der Plattform der von den Diensten abgeforderten Leistung nicht gerecht werden kann, muss geprüft werden, wer die Kosten einer notwendigen Kapazitätserweiterung zu tragen hat. Zwar kann der Inhaber der E-Service-Plattform wohl nicht zur Tätigung von Investitionen zur Kapazitätserweiterung zugunsten weiterer Diensteanbieter verpflichtet werden.[1944] So wäre insbesondere eine durch die Zugangsgewährung verursachte Unwirtschaftlichkeit des Betriebs der E-Service-Plattform für den Plattformbetreiber ein legitimer Zugangsverweigerungsgrund.[1945] Doch wäre eine Kapazitätserweiterung unter der Bedingung der Kostenübernahme durch den zugangssuchenden Diensteanbieter oder zumindest unter Beteiligung aller Plattformnutzer an den zusätzlichen Kosten dem Plattformbetreiber zumutbar.[1946]

5.3.4.2   Gewährleistung der Funktionstüchtigkeit und Betriebssicherheit der E-Service-Plattform

Weiterhin könnte eine Rechtfertigung der Zugangsverweigerung aus Gründen der Gewährleistung von Funktionstüchtigkeit und Betriebssicherheit angeführt werden.[1947] Immerhin kann zumindest eine Kontrolle des Zugangs aus diesen

---

[1942] Vgl. Kommissionsentscheidung vom 14.01.1998 „Flughafen Frankfurt" (ABl. 1998, L 72, S. 30, Rn. 87), wo organisatorische Umgestaltungen bei einem Flughafen als zumutbare Maßnahme zur Zugangsgewährung eingestuft wurden.

[1943] Z. B. datenintensive und prozessorlastige Dienste wie Aggregationsdienstleistungen, welche die gleichzeitige Ansteuerung mehrerer tausend Elektrofahrzeuge bzw. entsprechende Datenabfragen notwendig machen.

[1944] Vgl. Temple Lang (1994, S. 496).

[1945] Vgl. Unterabschnitt 3.4.3.9.2.4. Siehe auch dazu Abschnitt 5.3.4.4.

[1946] Vgl. Temple Lang (1994, S. 496).

[1947] Vgl. Unterabschnitt 3.4.3.9.2.2.

Gründen geboten sein. [1948] Es sollte also sichergestellt sein, dass auf der E-Service-Plattform kein Missbrauch durch zugriffsberechtigte Nutzer geschieht: So sollten beispielsweise die Einschleusung von Viren, das Ausspähen von Daten oder gezielte Angriffe wie DoS-Attacken zur Schwächung des Systems unterbunden werden. Sofern einzelnen Plattformnutzern ein entsprechender Missbrauch nachzuweisen ist, scheint eine zukünftige Zugangsverweigerung für diese Nutzer aus Gründen der Gewährleistung der Betriebssicherheit der gesamten Plattform jedenfalls legitim. Derartige Maßnahmen können auch aus Gründen des Verbraucherschutzes gerechtfertigt sein, da Verbraucher als Nachfrager von Elektromobilitätsdiensten von der Funktionstüchtigkeit und Betriebssicherheit der Plattform abhängig sind. [1949]

5.3.4.3 Fehlende Voraussetzungen des Ladestationsbetreibers oder Diensteanbieters

Eine Zugangsverweigerung könnte außerdem durch fehlende wirtschaftliche, technische oder fachliche Voraussetzungen eines Zugangssuchenden gerechtfertigt sein. [1950] So ist der Inhaber einer E-Service-Plattform beispielsweise berechtigt, ein faires, angemessenes und nicht diskriminierendes Entgelt für die Nutzung der E-Service-Plattform zu verlangen. Falls eine entsprechende Gebühr nicht entrichtet wird bzw. objektive Zweifel an der Bonität des Zugangssuchenden bestehen, könnte eine Verweigerung des Zugangs zur E-Service-Plattform aufgrund fehlender wirtschaftlicher Eignung gerechtfertigt sein.

Daneben wäre eine Rechtfertigung aufgrund fehlender technischer Voraussetzungen zu prüfen. Sofern Ladestationen beispielsweise die Aufnahme in das Ladenetzwerk der E-Service-Plattform begehren, jedoch die Hardware oder Software der Ladestation eine Implementierung des vom Plattformbetreiber bereitgestellten Kommunikationsprotokolls verhindern (z. B. zu geringe Hardwaredimensionierung der Ladestation oder veraltete Softwareversion des Lademanagementsystems), wäre eine Rechtfertigung der Zugangsverweigerung aus technischen Gründen möglich. Gleiches gilt, wenn die Hardware oder Software von zugangssuchenden Diensteanbietern nicht für das angebotene Kommunikationsprotokoll ausgelegt ist. Neue Ladestationsbetreiber und Diensteanbieter können den Plattforminhaber also nicht dazu verpflichten, wesentliche technische Anpassungen vorzunehmen, damit die bestehende Systemumgebung der E-Service-Plattform kompatibel zu ihrem bisherigen System gestaltet wird. [1951]

[1948] Vgl. Giordano/Fulli (2012, S. 258), Gabel (1993, S. 13).

[1949] Vgl. Unterabschnitt 3.4.3.9.2.5.

[1950] Vgl. Unterabschnitt 3.4.3.9.2.3.

[1951] Vgl. Temple Lang (1994, S. 497).

Zuletzt sind fachliche Voraussetzungen zu hinterfragen, die eine Zugangs-verweigerung gegenüber Ladestationsbetreibern oder Diensteanbietern zur E-Service-Plattform rechtfertigen könnten. Inwiefern jedoch eine Zugangsbe-rechtigung aufgrund unzureichender Kenntnisse bezüglich der Implementierung des Kommunikationsprotokolls in das Lade- oder Kundenmanagementsystem des Ladestationsbetreibers oder Diensteanbieters gerechtfertigt ist, scheint frag-lich. Immerhin werden detaillierte Anleitungen zur Handhabung des Kommuni-kationsprotokolls von Seiten der Plattformbetreiber zur Verfügung gestellt. So-fern von einem Zugangssuchenden keine Gefahr für die Funktionstüchtigkeit oder Betriebssicherheit des Systems ausgeht,[1952] sollte deshalb eine Verweige-rung des Zugangs zu einer E-Service-Plattform aus fachlichen Gründen nicht gerechtfertigt sein.

5.3.4.4   Einschränkung der Wirtschaftlichkeit der E-Service-Plattform

Eine Zugangsverweigerung kann auch gerechtfertigt sein, wenn die Zugangsge-währung weiterer Ladestationsbetreiber oder Diensteanbieter eine Einschrän-kung der Effizienz der E-Service-Plattform mit sich bringt und dadurch gar der Wettbewerbsvorteil des marktbeherrschenden Plattformbetreibers, der in die Plattform investiert hat, verloren gehen könnte.[1953] Um diese Argumentation anzuwenden, müsste ein kausaler Zusammenhang zwischen Effizienzeinbußen im Sinne einer verringerten Wirtschaftlichkeit der Plattform und der Aufnahme weiterer Interessenten in die Plattform dargestellt werden. So könnte dargelegt werden, dass der effiziente Betrieb der Plattform von den Betriebskosten und den Einnahmen durch den Plattformbetrieb abhängig ist. Sofern immer mehr Stake-holder Zugriff zu der Plattform erhalten und damit immer mehr Anfragen und Dienste über die Plattform verarbeitet werden, sind auch gesteigerte Kosten in Verbindung mit dem Plattformbetrieb zu erwarten: Neben einem gesteigerten Energiebedarf könnten beispielsweise leistungsstärkere Prozessoren oder weite-rer Arbeitsspeicher notwendig sein, um einen zuverlässigen Plattformbetrieb weiterhin zu gewährleisten.

Wie dargelegt wurde, sind zusätzliche Kosten, die aufgrund der Zugangs-gewährung Dritter entstehen, aber nicht alleine dem Plattformbetreiber zuzumu-ten, sondern müssen von den Zugangsbegehrenden oder gemeinschaftlich von allen Plattformnutzern getragen werden.[1954] Die Rechtfertigung einer Zugangs-verweigerung aufgrund von Einschränkungen des wirtschaftlichen Plattformbe-triebs ist also maßgeblich von der Verteilung der Kosten für Plattforminvestitio-nen abhängig, die durch die Aufnahme weiterer Stakeholder in die Plattform

---

[1952] Siehe dazu Abschnitt 5.3.4.2.

[1953] Vgl. Unterabschnitt 3.4.3.9.2.4 und Abermann (2003, S. 134).

[1954] Vgl. Abschnitt 5.3.4.1 und Unterabschnitt 3.4.3.9.2.4.

notwendig wurden. Allerdings ist bei der Verteilung von Kosten für notwendige Plattformerweiterungen darauf zu achten, dass der Plattformbetreiber die Plattform weiterhin unter wirtschaftlichen Bedingungen betreiben kann, da der aus einer Zugangsgewährung resultierende unwirtschaftliche Betrieb einer Plattform als Rechtfertigungsgrund zur Zugangsverweigerung dienen kann.[1955]

5.3.5 Zwischenfazit zur Beurteilung einer Roaming- und Clearing-Stelle für Elektrofahrzeuge im Lichte der Essential-Facilities-Doktrin

Um die Anwendbarkeit der Essential-Facilities-Doktrin auf die von einer RCSE betriebene E-Service-Plattform zu prüfen, wurden in diesem Kapitel zunächst ökonomische Argumente herausgearbeitet, die mittel- und langfristig darauf schließen lassen, dass eine RCSE mit dem Betrieb einer E-Service-Plattform – hauptsächlich aufgrund der Wirkung von Netzwerkeffekten – eine marktbeherrschende Stellung einnehmen wird. Basierend auf dieser Annahme wurde überprüft, unter welchen Umständen und aus welcher Motivation heraus eine Zugangsverweigerung zu der E-Service-Plattform durch die RCSE gegenüber Dritten denkbar wäre. Dies ist insbesondere dann der Fall, wenn die RCSE bzw. an ihr beteiligte Unternehmen neben dem Markt der E-Service-Plattform noch auf nachgelagerten Märkten aktiv sind und dort mit weiteren Anbietern von Elektromobilitätsdiensten konkurrieren.

Anschließend wurde eine Zugangsverweigerung auf ihre Missbräuchlichkeit hin untersucht. Dabei konnte vor allem herausgestellt werden, dass eine den Markt dominierende E-Service-Plattform für Anbieter von Elektromobilitätsdiensten objektiv notwendig ist, um ihre Dienste auf nachgelagerten Märkten anzubieten. Daraus konnte wiederum gefolgert werden, dass eine Zugangsverweigerung die Verhinderung von Elektromobilitätsdiensten zur Folge hat, die technische Entwicklung hemmt und dadurch Verbrauchern Schaden entsteht. Außerdem wurden diverse Kriterien zur Beurteilung der Wahrscheinlichkeit der Eignung zum Ausschluss wirksamen Wettbewerbs aufgezählt und auf die eine E-Service-Plattform betreibende RCSE angewandt.

Zuletzt fand eine detaillierte Auseinandersetzung mit Argumentationslinien statt, die eine Zugangsverweigerung durch eine RCSE gegenüber Dritten rechtfertigen könnten. Dabei wurde festgestellt, dass Kapazitätsengpässe bei einer datenbankbasierten IT-Plattform nicht ohne weiteres als Rechtfertigungsgrund in Frage kommen: Zugangsbegehrende Unternehmen oder die Gemeinschaft aller Plattformnutzer haben zwar eine finanzielle Beteiligung zu leisten, sofern durch eine zusätzliche Zugangsgewährung weitere Kosten entstehen, doch kann der Zugang nicht aufgrund dieser Kosten verwehrt werden. Allerdings muss gewähr-

---

[1955] Vgl. Unterabschnitt 3.4.3.9.2.4.

leistet sein, dass der Plattformbetrieb für die RCSE auch weiterhin zu wirtschaftlichen Bedingungen möglich ist.

Zugangsverweigerungen sind hingegen denkbar, wenn begründete sicherheitstechnische Bedenken bestehen oder die Funktionstüchtigkeit der gesamten E-Service-Plattform in Gefahr ist. Weiterhin sind Zugangsverweigerungen denkbar, wenn Zugangsbegehrende transparent einsehbare und nicht-diskriminierende Voraussetzungen nicht erfüllen, wie beispielsweise die Fähigkeit zur Entrichtung angemessener Entgelte oder die technischen Rahmenbedingungen zur Implementierung des zur E-Service-Plattform zugehörigen Kommunikationsprotokolls.

5.4   Fazit

Im fünften Teil der Arbeit wurde eine kartellrechtliche Fallstudie an einer RCSE als Betreiber einer E-Service-Plattform durchgeführt. Die Betrachtungen fokussierten dabei auf der Beurteilung anhand der Vorschriften des kartellrechtlichen Abspracheverbots und wurden daneben im Bereich des Missbrauchsrechts mit Blick auf die Essential-Facilities-Doktrin geführt.

Voraussetzung für die kartellrechtlichen Untersuchungen war zunächst die Abgrenzung der relevanten Märkte, wobei sowohl der sachlich und räumlich relevante Produktmarkt einer E-Service-Plattform als auch benachbarte Märkte identifiziert wurden. Die Abgrenzung des räumlichen Marktes ergab, dass E-Service-Plattformen grenzübergreifend durch Ladestationsbetreiber bzw. Anbieter von Elektromobilitätsdiensten nachgefragt und von den Plattformbetreibern angeboten werden, weshalb davon ausgegangen wurde, dass die Anwendungsbedingungen europäischen Rechts – d. h. die Zwischenstaatlichkeitsklausel – mit großer Wahrscheinlichkeit erfüllt werden.

Für die abspracherechtliche Beurteilung wurden die aktuell im Markt tätigen Anbieter von E-Service-Plattformen zunächst hinsichtlich ihrer Organisation als Standardisierungskooperation untersucht und schließlich angenommen, dass ihrer Tätigkeit eine Standardisierungsvereinbarung zugrunde liegt. Anschließend wurden Hinweise gegeben, wie kartellrechtliche Konflikte zu vermeiden sind und auf Basis welcher Argumente im Fall eines drohenden Kartellverfahrens eine allgemeine Freistellung nach Art. 101 Abs. 3 AEUV begründet werden kann.

Die missbrauchsrechtliche Betrachtung sah zunächst die Begründung einer marktbeherrschenden Stellung einer RCSE vor, worauf basierend die Situation einer Zugangsverweigerung zu der E-Service-Plattform gegenüber Dritten erörtert wurde. Sodann wurden einerseits die Missbrauchsvoraussetzungen einer Zugangsverweigerung überprüft. Schließlich wurden diesen Voraussetzungen wiederum die eine Zugangsverweigerung rechtfertigenden Argumente gegenüber gestellt.

Standardsetzende Unternehmen im Allgemeinen und insbesondere Betreiber einer E-Service-Plattform werden durch die vorliegende Fallstudie dahingegend sensibilisiert, wie kooperative Prozesse der Standardsetzung zu gestalten sind, um wettbewerbsbeschränkende Wirkungen zu vermeiden. Dabei kristallisiert sich sowohl aus abspracherechtlicher als auch aus missbrauchsrechtlicher Perspektive heraus, dass die Verweigerung des Zugangs zu einem etablierten Industriestandard gegenüber Dritten einer schlüssigen und objektiven Rechtfertigung bedarf, um sich nicht dem Vorwurf des Marktmachtmissbrauchs oder der Diskriminierung auszusetzen.

6 Schlussfolgerungen für die Praxis

Die in dieser Arbeit durchgeführten Untersuchungen können in mehrfacher Hinsicht Einzug in die wirtschaftliche Praxis finden. Einerseits können kartellrechtliche Schlussfolgerungen für Akteure im Markt der Elektromobilität gezogen werden, die insbesondere für Provider von E-Service-Plattformen, aber auch für Anbieter von Elektromobilitätsdienstleistungen von Relevanz sind. Daneben können allgemeine Compliance-Hinweise aus der Arbeit abgeleitet werden, die standardsetzende Unternehmen bei der Entwicklung und Vermarktung von Industriestandards beachten sollten, um möglichen absprache- oder missbrauchsrechtlichen Konflikten vorzubeugen.

6.1 Schlussfolgerungen in Bezug auf die weitere Entwicklung von Elektromobilität

Im Rahmen dieser Arbeit konnte zunächst dargestellt werden, welche Auswirkungen und Bedeutung Industriestandards für die Wettbewerbsposition eines Unternehmens haben. Je stärker dabei die Wirkung von Netzwerkeffekten in einem Markt zum Tragen kommt, desto eher wird sich der Markt auf nur einen einzigen Standard einigen. Es wurde gezeigt, dass die Etablierung eines einheitlichen Standards zur Durchführung (Roaming) und Abrechnung (Clearing) von Ladevorgängen an öffentlichen Ladestationen sowohl für die Nutzer von Elektrofahrzeugen als auch für die Betreiber von Ladestationen oder die Anbieter von Elektromobilitätsdiensten mit Nutzenvorteilen verbunden ist, sodass die Wirkung von Netzwerkeffekten auch für den Markt der Elektromobilität angenommen werden konnte.

Diese Wirkungskette macht schließlich eine kartellrechtliche Würdigung privatwirtschaftlicher Standardisierungsstrategien notwendig, um zu verhindern, dass der Wettbewerb durch unternehmerische Standardisierungsvorgänge übermäßige Beschränkungen erfährt. In der durchgeführten Fallstudie stand die möglichst marktnahe Untersuchung von Roaming- und Clearing-Stellen für Elektrofahrzeuge im Fokus, welche die Etablierung eines europaweiten Roaming- und Clearing-Standards zum Ziel haben. Dazu wurde einerseits anhand der wissenschaftlichen Literatur die Rolle dieser Akteure im System der Elektromobilität erläutert und andererseits ein Überblick über die aktuelle Marktsituation gegeben. Hier wurde unter anderem gezeigt, dass die Entwicklung und der Betrieb einer E-Service-Plattform die informationstechnische Basis zur Schaffung eines Roaming- und Clearing-Standards darstellt.

Im Verlauf der Arbeit wurden in kartellrechtlicher Hinsicht sowohl abspracherechtliche als auch missbrauchsrechtliche Aspekte privatwirtschaftlicher Standardisierungsstrategien untersucht. So wurden Standardisierungskooperationen hinsichtlich ihrer potenziell wettbewerbsbeschränkenden Wirkungen betrachtet und es wurden Möglichkeiten der Freistellung vom Kartellverbot aufgezeigt. Die missbrauchsrechtlichen Betrachtungen konzentrierten sich auf die Anwendung der Essential-Facilities-Doktrin auf standardsetzende Unternehmen, wobei die Frage nach der Missbräuchlichkeit einer Zugangsverweigerung zu einem Standard im Mittelpunkt stand. In Bezug auf eine RCSE sollte so einerseits geklärt werden, welche kartellrechtlichen Vorschriften bei der kooperativen Entwicklung einer E-Service-Plattform zu beachten sind und wie sich die an der Standardisierungskooperation beteiligten Unternehmen zu verhalten haben, um wettbewerbsbeschränkende Wirkungen zu vermeiden. Für den Fall, dass eine RCSE mit einer E-Service-Plattform eine marktbeherrschende Stellung im betreffenden Markt einnimmt, wurde andererseits untersucht, unter welchen Umständen die Verweigerung des Zugangs zu der Plattform einen Missbrauch von Marktmacht darstellt und welche Argumente eine Zugangsverweigerung rechtfertigen können.

Damit wurden in dieser Arbeit die relevanten kartellrechtlichen Bedingungen zur privatwirtschaftlichen Etablierung eines Roaming- und Clearing-Standards abgebildet. Für Standardisierungskooperationen in diesem Bereich wurde dadurch ein Weg der Standardsetzung aufgezeigt, auf dem kartellrechtliche Konflikte vermieden werden. Durch die Berücksichtigung der abspracherechtlichen Vorschriften und der daraus abgeleiteten Hinweise zur Vermeidung von Wettbewerbsbeschränkungen wird die Rechtssicherheit von Roaming- und Clearing-Stellen für Elektrofahrzeuge maßgeblich erhöht. Auf diesem Weg wird die privatwirtschaftliche und wettbewerbliche Entwicklung eines Roaming- und Clearing-Standards für Unternehmenskooperationen möglich. Insbesondere eine branchenübergreifende Koalition aus Unternehmen kann somit gewährleisten, dass ein Industriestandard im Markt akzeptiert wird. Somit können der Staat, aber auch zuständige Verbände und anerkannte Normungsorganisationen in Bezug auf die Setzung und Verwaltung eines Roaming- und Clearing-Standards entlastet werden. Die öffentlichen Förderprogramme, von denen auch die im Markt tätigen Anbieter von E-Service-Plattformen in der Vergangenheit profitieren konnten,[1956] tragen insofern maßgeblich dazu bei, dass die Entwicklung eines privatwirtschaftlichen Standards gefördert wird.

[1956] So ist die smartlab Innovationsgesellschaft mbH bspw. als Konsortialführer im Forschungsprojekt „econnect Germany" involviert, welches im Rahmen des Technologiewettbewerbs "IKT für Elektromobilität II" des BMWi gefördert wird, vgl. Econnect (o. J., Internetquelle). Daneben wurden durch smartlab schon weitere, öffentlich geförderte Projekte im Bereich der Elektromobilität begleitet, vgl. dazu Smartlab (o. J. b, Internetquelle). Auch die E-Service-Plattform

Mittel- und langfristig kann die weitere Entwicklung des Marktes der Elektromobilität auch nur unter Berücksichtigung der missbrauchsrechtlichen Vorschriften gelingen: Denn Anschlussinnovationen in Form von weiterführenden Elektromobilitätsdiensten sind maßgeblich abhängig von der Standardisierung der Durchführung und Abrechnung von Ladevorgängen. Da die einem solchen Standard zugrunde liegende E-Service-Plattform dazu geeignet ist, die Akteure der Elektromobilität miteinander zu vernetzen, ist die Gewährung des Zugangs zu dieser Plattform für Anbieter weiterer Elektromobilitätsdienste von essentieller Bedeutung. Darunter sind auch und insbesondere V2G-Dienste zu subsumieren, die zur Realisierung energiepolitischer Ziele einen wesentlichen Teil beitragen können. Eine privatwirtschaftlich organisierte RCSE muss sich deshalb dieser gesteigerten Verantwortung, welche der Betrieb und die Verwaltung einer den Markt dominierenden E-Service-Plattform mit sich bringen, bewusst sein.

6.2 Schlussfolgerungen für das Compliance-Management standardsetzender Unternehmen

Aus der durchgeführten Untersuchung der kartellrechtlichen Zulässigkeit einer RCSE lassen sich ferner allgemeine Compliance-Hinweise für standardsetzende Unternehmen ableiten. Dabei kann grundsätzlich zwischen Unternehmen, die im Rahmen einer multilateralen Standardisierungsstrategie Kooperationen mit anderen Unternehmen eingehen, und Unternehmen, die alleine einen unilateralen Industriestandard zu setzen beabsichtigen, unterschieden werden: Standardisierungskooperationen müssen bereits vor und während der Entwicklung des Standards die Vorschriften des Kartellverbots beachten. Daneben werden für Standardisierungskooperationen aber auch für Einzelunternehmen nach dem Erreichen einer beherrschenden Stellung auf dem Markt des Standards die Vorschriften des Missbrauchsverbots relevant.

Standardisierungskooperationen sollten bereits vor Abschluss von Vereinbarungen zur gemeinschaftlichen Entwicklung und Vermarktung des Standards die folgenden abspracherechtlichen Hinweise in der genannten Reihenfolge berücksichtigen: In einem ersten Schritt ist zu überprüfen, welche Maßnahmen zur Vermeidung von wettbewerbsbeschränkenden Wirkungen im Rahmen der Gestaltung der Vereinbarungen ergriffen werden können.[1957] Präventionsmaßnahmen, die für das Standardisierungsvorhaben relevant und durchführbar sind, sollten so früh wie möglich berücksichtigt und innerhalb der Standardisierungsstrategie umgesetzt werden. In einem zweiten Schritt sollte untersucht werden,

---

e-clearing.net wurde durch öffentliche Gelder gefördert, vgl. E-Clearing.net (o. J., Internetquelle).

[1957] Siehe dazu Abschnitt 3.3.3.1 sowie Unterkapitel 3.3.4.

inwiefern dennoch wettbewerbsbeschränkende Wirkungen von den geplanten Standardisierungsvereinbarungen ausgehen können. [1958] Kann nicht eindeutig ausgeschlossen werden, dass wettbewerbsbeschränkende Wirkungen von den Standardisierungsvereinbarungen ausgehen, so müssen sich Standardisierungs-kooperationen frühzeitig mit Möglichkeiten der Freistellung der geplanten Standardisierungsvereinbarungen befassen. Im dritten Schritt sollte deshalb geprüft werden, inwiefern eine Freistellung der Vereinbarungen im Rahmen einer GFVO in Anspruch genommen werden kann.[1959] Die eindeutige Anwendbarkeit einer GFVO auf eine Standardisierungsvereinbarung hätte dabei die größtmögliche Rechtssicherheit für die an der Standardisierungskooperation beteiligten Unternehmen zur Konsequenz. Sofern die betreffenden Standardisierungsvereinbarungen nicht eindeutig in den Anwendungsbereich mindestens einer GFVO fallen, muss in einem vierten Schritt geprüft werden, inwiefern die Bedingungen einer allgemeinen Freistellung der Standardisierungsvereinbarungen außerhalb der GFVOen erfüllt werden können,[1960] was im Rahmen einer detaillierten Dokumentation festgehalten werden sollte. In der Dokumentation sollte insbesondere plausibel dargestellt werden, inwiefern die Standardisierungsvereinbarungen notwendig sind, um bestimmte Effizienzgewinne zu erzielen und wie Verbraucher an diesen beteiligt werden.[1961] Nach Abschluss der Dokumentation sollte noch einmal kritisch unter Berücksichtigung aktueller, einschlägiger Rechtsprechung geprüft werden, inwiefern eine Freistellung aufgrund der angeführten Argumentation mit hoher Wahrscheinlichkeit erfolgen kann. Ist dies nicht der Fall, sollten die geplanten Standardisierungsvereinbarungen nochmals überarbeitet und anschließend erneut nach dem aufgezeigten Schema geprüft werden.

Neben den abspracherechtlichen Vorschriften sind missbrauchsrechtliche Vorschriften von standardsetzenden Unternehmen zu beachten: In einem ersten Schritt sollten Standardisierungskooperationen aber auch Einzelunternehmen, deren Technologien Tendenzen entwickeln, entsprechende Märkte als Standard zu dominieren, hypothetisch für das eigene Unternehmen eine beherrschende Stellung auf den betreffenden Märkten annehmen.[1962] Auf diese Weise können standardsetzende Unternehmen hohe Kosten für ökonometrische Gutachten vermeiden und erreichen dennoch möglichst große Rechtssicherheit, indem sie dazu angehalten werden, präventive Maßnahmen zur Vermeidung missbrauchsrechtli-

---

[1958]   Für unterschiedliche Fallgruppen wettbewerbsbeschränkender Standardisierungskooperationen siehe Unterabschnitt 3.3.3.2.3. Vgl. Abschnitt 3.3.3.1.

[1959]   Siehe dazu Abschnitt 3.3.3.3.

[1960]   Siehe dazu Abschnitt 3.3.3.4.

[1961]   Daneben sind die weiteren Freistellungsvoraussetzungen zu überprüfen und zu dokumentieren. Siehe dazu Unterabschnitte 3.3.3.4.1 und 3.3.3.4.2.

[1962]   Für eine Auswahl an Kriterien zur Beurteilung einer marktbeherrschenden Stellung siehe Unterkapitel 3.4.2.

cher Konflikte zu ergreifen. Im zweiten Schritt gilt es für standardsetzende Unternehmen vor allem[1963] zu überprüfen, welche Bedingungen an die Gewährung des Zugangs zu dem Standard an Dritte gestellt werden. Bei dieser theoretischen Untersuchung sollten möglichst alle potenziell an dem Standard interessierten Parteien in Betracht gezogen werden. Sofern die Geschäftspolitik eine restriktive Zugangs- bzw. Lizenzpolitik vorsieht – d. h. der Zugang bzw. Lizenzen zur Nutzung des Standards nur unter gewissen Bedingungen gewährt werden –, sollten standardsetzende Unternehmen im dritten Schritt prüfen, inwiefern sie sich mit dieser restriktiven Geschäftspolitik missbräuchlich verhalten.[1964] Gerade Standardisierungskooperationen müssen dabei hinterfragen, inwiefern die angewandte Geschäftspolitik möglicherweise gegen im Voraus geschlossene Lizenzierungsvereinbarungen (z. B. FRAND-Selbstverpflichtungserklärungen) verstößt.[1965] Bei dieser Prüfung sollte insbesondere hinterfragt werden, ob Zugangs- bzw. Lizenzanfragen von Anbietern auf nachgelagerten Märkten, welche basierend auf der Standardtechnologie Anschlussinnovationen oder neue Geschäftsmodelle entwickeln möchten, unter Umständen abgelehnt werden. Sofern die angewandte Geschäftspolitik nicht eindeutig als nicht-missbräuchlich eingestuft werden kann, sollten Unternehmen in einem vierten Schritt ausführlich die objektiven Rechtfertigungsgründe[1966] für die angewandte Verfahrensweise der restriktiven Zugangs- bzw. Lizenzgewährung erörtern und dokumentieren. Bei der Erörterung der objektiven Rechtfertigungsgründe sollte unbedingt zwischen Wettbewerbern auf dem Standardmarkt, Wettbewerbern bzw. Anbietern auf nachgelagerten Märkten sowie sonstigen Parteien unterschieden werden. Nach Abschluss der Dokumentation sollte noch einmal kritisch unter Berücksichtigung aktueller, einschlägiger Rechtsprechung geprüft werden, ob die Zugangsbedingungen durch die angeführten Gründe mit hoher Wahrscheinlichkeit gerechtfertigt sind. Ist dies nicht der Fall, sollten die Bedingungen für den Zugang zum Standard nochmals überarbeitet und erneut nach dem aufgezeigten Schema überprüft werden.

Die aufgezeigten Compliance-Hinweise lassen sich anhand des folgenden Flussdiagramms in Abbildung 29 schrittweise abarbeiten.

[1963] Die Missbrauchskonstellation der Essential-Facilities-Doktrin ist für standardsetzende Unternehmen von besonderer Relevanz. Dennoch existieren weitere, bereits angesprochene Fälle missbräuchlichen Verhaltens, auf die im Rahmen dieser Compliance-Anleitung nicht näher eingegangen wird. Siehe dazu Unterkapitel 3.4.3.

[1964] Siehe dazu Unterabschnitt 3.4.3.9.1. Vgl. auch Unterabschnitt 3.4.3.8.1.

[1965] Siehe dazu Abschnitt 3.4.4.2. Vgl. auch Unterabschnitt 3.4.4.1.3.

[1966] Siehe dazu Unterabschnitt 3.4.3.9.2.

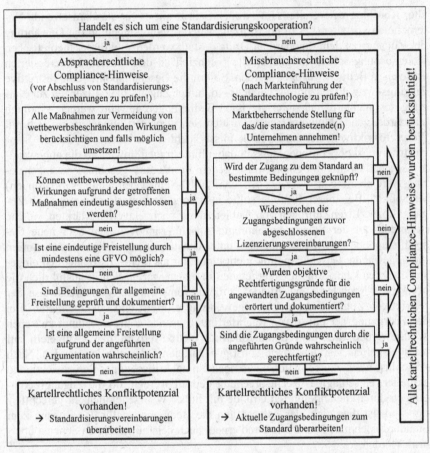

Abbildung 29: Compliance-Hinweise für standardsetzende Unternehmen[1967]

[1967] Quelle: Eigene Darstellung.

Literaturverzeichnis

Abermann, Johannes (2003): Die essential facilities doctrine – Im europäischen und österreichischen Kartellrecht – Unter Berücksichtigung der Entstehung und Entwicklung im US-amerikanischen Antitrust-Recht, Linz (Österreich), 2003.

Acatech (2010): Wie Deutschland zum Leitanbieter für Elektromobilität werden kann: Statuts Quo - Herausforderungen - Offene Fragen, Berlin u. a., 2010.

Anton, James J. / Yao, Dennis A. (1995): Standard-Setting Consortia, Antitrust, and High-Technology Industries, in: Antitrust Law Journal, 64. Jg. (1995), S. 247-265.

Appl, Clemens (2012): Technische Standardisierung und Geistiges Eigentum, Wien (Österreich), 2012.

Arlt, Eberhard (1968): Rationalisierung durch Standardisierung, Berlin, 1967.

Arthur, W. Brian (1989): Competing Technologies, Increasing Returns, and Lock-In by Historical Events, in: The Economic Journal, 99. Jg. (1989), Nr. 394, S. 116-131.

Auf'mkolk, Hendrik (2011): Der reformierte Rechtsrahmen der EU-Kommission für Vereinbarungen über horizontale Zusammenarbeit, in: Wirtschaft und Wettbewerb, Jg. 2011, Nr. 7 und 8, S. 699-712.

Babey, Fabio / Rizvi, Salim (2012): Die Frand-Selbstverpflichtung, in: Wirtschaft und Wettbewerb, Jg. 2012, Nr. 9, S. 808-818.

Baron, Michael (2006): Die Rechtsnatur der Gruppenfreistellungsverordnungen im System der Legalausnahme - ein Scheinproblem, in: Wirtschaft und Wettbewerb, Jg. 2006, Nr. 4, S. 358-365.

Barthelmeß, Stephan / Gauß, Nicolas (2010): Die Lizenzierung standardessentieller Patente im Kontext branchenweit vereinbarter Standards unter dem Aspekt des Art. 101 AEUV, in: Wirtschaft und Wettbewerb, Jg. 2010, Nr. 6, S. 626-636.

Bechtold, Rainer (2013): GWB – Kartellgesetz: Gesetz gegen Wettbewerbsbeschränkungen – Kommentar, 7. Auflage, München, 2013.

Beckers, Thorsten / Reinke, Justus / Bruchmann, Constantin u. a. (2011): Elektromobilität und Infrastruktur: Ökonomische Analyse von Organisations- und Betreibermodellen, Aufbau- und Finanzierungsstrategien sowie Regulierungsfragen, Technische Universität Berlin, Fachgebiet Wirtschafts- und Infrastrukturpolitik (WIP), Arbeitsgruppe Infrastrukturökonomie und –management, unveröffentlichter Abschlussbericht zu dem Forschungsvorhaben „EM-Infra", Berlin, 30.12.2011.

Becks, Thomas (Hrsg.) (2010): Wegweiser Elektromobilität, Berlin u. a., 2010.

Beggs, Alan / Klemperer, Paul (1992): Multi-Period Competition with Switching Costs, in: Econometrica, 60. Jg. (1992), Nr. 3, S. 651-666.

Besen, Stanley M. / Farrell, Joseph (1994): Choosing How to Compete: Strategies and Tactics in Standardization, in: The Journal of Economic Perspectives, 8. Jg. (1994), Nr. 2, S. 117-131.

Bester, Helmut (2007): Theorie der Industrieökonomik, 4. Auflage, Berlin u. a., 2007.

Beth, Stephan (2005): Rechtsprobleme proprietärer Standards in der Softwareindustrie, 1. Auflage, Göttingen, 2005.

Blind, Knut (2004): The Economics of Standards, Cheltenham (Großbritannien) u. a., 2004.

Bloch, Francis (1995): Endogenous Structures of Association in Oligopolies, in: The RAND Journal of Economics, 26. Jg. (1995), Nr. 3, S. 537-556.

BMU (2013): Richtlinien zur Förderung von Vorhaben im Bereich der Elektromobilität vom 12. Juni 2013, veröffentlicht im Bundesanzeiger AT 25.06.2013 B8.

BMWi / BMVBS / BMU u. a. (2011b): Bekanntmachung Richtlinien zur Förderung von Forschung und Entwicklung „Schaufenster Elektromobilität" vom 13. Oktober 2011, veröffentlicht im Bundesanzeiger Nr. 164, S. 3804-3809.

Boesche, Katharina Vera / Franz, Oliver / Fest, Claus u. a. (Hrsg.) (2013): Berliner Handbuch zur Elektromobilität, 1. Auflage, München, 2013.

Bolton, Patrick / Brodley, Joseph F. / Riordan, Michael H. (2000): Predatory Pricing: Strategic Theory & Legal Policy, Boston University, School of Law, Working Paper Series "Law & Economics", Working Paper No. 99-5, Boston (USA), 2000.

Bornkamp, Joachim / Becker, Mirko (2005): Die privatrechtliche Durchsetzung des Kartellverbots nach der Modernisierung des EG-Kartellrechts, in: Zeitschrift für Wettbewerbsrecht, Jg. 2005, Nr. 3, S. 213-236.

Borowicz, Frank / Scherm, Ewald (2001): Standardisierungsstrategien: Eine erweiterte Betrachtung des Wettbewerbs auf Netzeffektmärkten, in: Zeitschrift für betriebswirtschaftliche Forschung, 53. Jg. (2001), S. 391-416.

Böttcher, Matthias (2011): "Clearstream" – Die Fortschreibung der Essential-Facilities-Doktrin im Europäischen Wettbewerbsrecht, Martin-Luther-Universität Halle-Wittenberg, Institut für Wirtschaftsrecht, Beiträge zum Trans-nationalen Wirtschaftsrecht, Heft 102, Januar 2011.

Brake, Matthias (2009): Mobilität im regenerativen Zeitalter: Was bewegt uns nach dem Öl?, 1. Auflage, Hannover, 2009.

Buhrow, Astrid / Nordemann, Jan Bernd (2005): Grenzen ausschließlicher Rechte geistigen Eigentums durch Kartellrecht, in: Gewerblicher Rechtsschutz und Urheberrecht Internationaler Teil, Jg. 2005, S. 407-419.

Bundesregierung (1998): Entwurf eines Sechsten Gesetzes zur Änderung des Gesetzes gegen Wettbewerbsbeschränkungen vom 29.01.1998, BT-Drucksache 13/9720.

Bunke, M. (1957): Gebrauchsmusterschutz oder kleines Patent, in: Gewerblicher Rechtsschutz und Urheberrecht, Jg. 1957, S. 110-118.

Burmeister, Klaus / Neef, Andreas / Glockner, Holger u. a. (2012): Ohne Austausch keine Stadt, in: Technology Review Special, Jg. 2012, Nr. 1, S. 16-19.

Calliess, Christian / Ruffert, Matthias (Hrsg.) (2011): EUV/AEUV – Das Verfassungsrecht der Europäischen Union mit Europäischer Grundrechtecharta – Kommentar, 4. Auflage, München, 2011.

Canzler, Weert (2010): Mobilitätskonzepte der Zukunft und Elektromobilität, in: Hüttl, Reinhard F. / Pischetsrieder, Bernd / Spath, Dieter (Hrsg.) (2010): Elektromobilität:

Potenziale und wissenschaftlich-technische Herausforderungen, Berlin u. a., 2010, S. 39-61.

Casper, Matthias (2002): Die wettbewerbsrechtliche Begründung von Zwangslizenzen, in: Zeitschrift für das gesamte Handels- und Wirtschaftsrecht, 166. Jg. (2002), S. 685-707.

Chappatte, Philippe (2009): Frand Commitments - The Case for Antitrust Intervention, in: European Competition Journal, 5. Jg. (2009), Nr. 2, S. 319-346.

Chappatte, Philippe (2010): FRAND Commitments and EC Competition Law: A Recoinder, in: European Competition Journal, 6. Jg. (2010), Nr. 1, S. 175-178.

Chou, Chien-fu / Shy, Oz (1990): Network Effects without Network Externalities, in: International Journal of Industrial Organization, 8. Jg. (1990), S. 259-270.

Choung, Jae-Yong / Ji, Illyong / Hameed, Tahir (2011): International Standardization Strategies of Latecomers: The Cases of Korean TPEG, T-DMB, and Binary CDMA, in: World Development, 39. Jg. (2011), Nr. 5, S. 824-838.

Christ, Julian P. / Slowak, André P. (2009): Why Blu-Ray vs. HD-DVD is not VHS vs. Betamax: The co-evolution of standard-setting consortia, Universität Hohenheim, Forschungszentrum Innovation und Dienstleistung, Discussion Paper 05-2009, Stuttgart, 2009.

Church, Jeffrey / Gandal, Neil (1996): Strategic entry deterrence: Complementary products as installed base, in: European Journal of Political Economy, 12. Jg. (1996), S. 331-354.

Dauses, Manfred A. (Hrsg.) (2014): Handbuch des EU-Wirtschaftsrechts, 35. Ergänzungslieferung, München, 2014.

David, Paul A. (1985): Clio and the Economics of QWERTY, in: The American Economic Review, 75. Jg. (1985), Nr. 2, S. 332-337.

David, Paul A. / Greenstein, Shane (1990): The Economics of Compatibility Standards: An Introduction To Recent Research, in: Economics of Innovation and New Technology, 1. Jg. (1990), S. 3-41.

de Bronett, Georg-Klaus (2009): Gemeinschaftsrechtliche Anmerkungen zum "Orange-Book-Standard"-Urteil des BGH, in: Wirtschaft und Wettbewerb, Jg. 2009, Nr. 9, S. 899-908.

Diefenbach, Ingo / Gaul, Armin / Voit, Stephan (2010): Intelligente Einbindung von E-Fahrzeugen in die Netze und daraus abgeleitete Anforderungen an die V2G Kommunikation, in: Tagungsband: VDE-Kongress 2010 in Leipzig – E-Mobility: Technologien - Infrastruktur - Märkte, Berlin u. a., 2010.

Dietze, Philipp von / Janssen, Helmut (2011): Kartellrecht in der anwaltlichen Praxis, 4. Auflage, München, 2011.

Dilba, Denis (2011a): Offen für alles, in: Technology Review Special, 2011, Nr. 1, S. 124-127.

DIN 820-1:2009-05, Normungsarbeit – Teil 1: Grundsätze.

DIN 820-3:2010-07, Normungsarbeit – Teil 3: Begriffe.

DIN 820-4:2010-07, Normungsarbeit – Teil 4: Geschäftsgang.

DIN EN 45020:2007-03, Normung und damit zusammenhängende Tätigkeiten - Allgemeine Begriffe (ISO/IEC Guide 2:2004); Freisprachige Fassung EN 45020:2006.

DIN, Deutsches Institut für Normung e. V. (Hrsg.) (2000): Gesamtwirtschaftlicher Nutzen der Normung, Berlin u. a., 2000.

Donner, Susanne (2012): Intermodal Reisen, in: Technology Review Special, Jg. 2012, Nr. 1, S. 20-26.

Doppelbauer, Martin (2012): Elektrische Antriebe in hybriden und vollelektrischen Fahrzeugen, in: Korthauer, Reiner (Hrsg.) (2012): Handbuch Elektromobilität, 1. Auflage, Frankfurt/Main, 2012, S. 121-151.

Doutrelepont, Carine (1994): Mißbräuchliche Ausübung von Urheberrechten? Bemerkungen zur Magill-Entscheidung des Gerichts 1. Instanz des Europäischen Gerichtshofs, in: Gewerblicher Rechtsschutz und Urheberrecht Internationaler Teil, Jg. 1994, S. 302-308.

Drexl, Josef (2004): Die neue Gruppenfreistellungsverordnung über Technologietransfer-Vereinbarungen im Spannungsfeld von Ökonomisierung und Rechtssicherheit, in: Gewerblicher Rechtsschutz und Urheberrecht Internationaler Teil, Jg. 2004, S. 716-727.

Economides, Nicholas (1989): Desirability of Compatibility in the Absence of Network Externalities, in: The American Economic Review, 79. Jg. (1989), Nr. 5, S. 1165-1181.

Economides, Nicholas (1996): The Economics of networks, in: International Journal of Industrial Organization, 14. Jg. (1996), Nr. 6, S. 673-699.

Economides, Nicholas / White, Lawrence J. (1994): Networks and compatibility: Implications for antitrust, in: European Economic Review, 38. Jg. (1994), S. 651-662.

Eichmann, Helmut / Falckenstein, Roland Vogel von (2010): Geschmacksmustergesetz – Gesetz über den rechtlichen Schutz von Mustern und Modellen, 4. Auflage, München, 2010.

Emmerich, Volker (2008): Kartellrecht, 11. Auflage, München, 2008.

Engel, Tomi (2010a): Die Netzintegration von Elektrofahrzeugen – Teil 4 der Serie: Grundlagen und Konzepte von Strom(tank)stellen, in: SONNENENERGIE, Jg. 2010, Nr. 1, S. 36-39.

Engel, Tomi (2010b): Die Netzintegration von Elektrofahrzeugen – Teil 5 der Serie: Der Fahrstromzähler im Elektrofahrzeug, in: SONNENENERGIE, Jg. 2010, Nr. 3, S. 39-43.

Engel, Tomi (2010c): Die Netzintegration von Elektrofahrzeugen – Teil 6 der Serie: Infrastrukturtypen und Kommunikationsrollen, in: SONNENENERGIE, Jg. 2010, Nr. 5, S. 34-37.

Engel, Tomi (2011): Die Netzintegration von Elektrofahrzeugen – Teil 8 der Serie: Die Bedeutung öffentlicher Ladeinfrastruktur, Jg. 2011, Nr. 2, S. 44-47.

Ewald, Christian (2003): Predatory Pricing als Problem der Missbrauchsaufsicht, in: Wirtschaft und Wettbewerb, Jg. 2003, Nr. 11, S. 1165-1173.

Farrell, Joseph / Saloner, Garth (1985): Standardization, compatibility, and innovation, in: The RAND Journal of Economics, 16. Jg. (1985), Nr. 1, S. 70-83.

Farrell, Joseph / Saloner, Garth (1986a): Competition, Compatability and Standards: The Economics of Horses, Penguins and Lemmings, University of California, Berkeley, Department of Economics, Working Paper 8610, Berkeley (USA), 1986.

Farrell, Joseph / Saloner, Garth (1986b): Installed Base and Compatibility: Innovation, Product Preannouncements, and Predation, in: The American Economic Review, 76. Jg. (1986), Nr. 5, S. 940-955.

Farrell, Joseph / Saloner, Garth (1992): Converters, Compatibility, and the Control of Interfaces, in: The Journal of Industrial Economics, 40. Jg. (1992), Nr. 1, S. 9-35.

Farrell, Joseph / Shapiro, Carl (1988): Dynamic Competition with Switching Costs, in: The RAND Journal of Economics, 19. Jg. (1988), Nr. 1, S. 123-137.

Farrell, Joseph / Shapiro, Carl / Nelson, Richard R. u. a. (1992): Standard Setting in High-Definition Television, in: Brookings Papers on Economic Activity: Microeconomics, Jg. 1992, S. 1-93.

Farrell, Joseph / Hayes, John / Shapiro, Carl u. a. (2007): Standard setting, patents, and hold-up, in: Antitrust Law Journal, 74. Jg. (2007), Nr. 3, S. 603-670.

Feller, Diane / de Wyl, Christian / Missling, Stefan (2010): Ladestationen für Elektromobilität – regulierter Netzbereich oder Wettbewerb?, in: Zeitschrift für Neues Energierecht, Jg. 2010, Nr. 3, S. 240-246.

Fest, Claus / Franz, Oliver / Gaul, Armin (2010a): Energiewirtschaftliche und energiewirtschaftsrechtliche Fragen der Elektromobilität - Teil 2, in: ENERGIEWIRTSCHAFTLICHE TAGESFRAGEN, 60. Jg (2010), Nr. 5, S. 79-84.

Fest, Claus / Franz, Oliver / Gaul, Armin (2010b): E-Roaming: ein Schlüsselelement für den flächendeckenden Rollout der Elektromobilität, in: Zeitschrift für Energie, Markt und Wettbewerb, Jg. 2010, Nr. 4, S. 30-34.

Fest, Claus / Franz, Oliver / Gaul, Armin u. a. (2010c): E-Roaming: Konzepte und Standards für interoperable E-Mobility, in: Tagungsband: VDE-Kongress 2010 in Leipzig – E-Mobility: Technologien - Infrastruktur - Märkte, Berlin u. a., 2010.

Fest, Claus / Franz, Oliver / Haas, Gabriele (2010d): Energiewirtschaftliche und energiewirtschaftsrechtliche Fragen der Elektromobilität - Teil 1, in: ENERGIEWIRTSCHAFTLICHE TAGESFRAGEN, 60. Jg. (2010), Nr. 4, S. 93-98.

Fest, Claus / Franz, Oliver / Gaul, Armin (2011): Die künftige Messaufgabe für Elektromobilität – erste Analyse und Bewertung, in: ENERGIEWIRTSCHAFTLICHE TAGESFRAGEN, 61. Jg. (20 11), Nr. 1/2, S.90-99.

Forster, Hans (2012): Ansteckungsgefahr für Autofahrer, in: Energiespektrum, 27. Jg. (2012), Nr. 1, S. 24-25.

Franck, Egon / Jungwirth, Carola (1998): Produktstandardisierung und Wettbewerbsstrategie, in: Wirtschaftswissenschaftliches Studium, 27. Jg. (1998), S. 497-502.

Franz, Oliver / Fest, Claus (2013): Mögliche Markt- und Regulierungsmodelle für (öffentliche) Ladeinfrastrukturen, in: Boesche, Katharina Vera / Franz, Oliver / Fest, Claus u. a. (Hrsg.) (2013): Berliner Handbuch zur Elektromobilität, 1. Auflage, München, 2013, S. 149-182.

Fräßdorf, Henning (2009): Rechtsfragen des Zusammentreffens gewerblicher Schutzrechte, technischer Standards und technischer Standardisierung, 1. Auflage, Wiesbaden, 2009.

Fuchs, Andreas (2005): Die Gruppenfreistellungsverordnung als Instrument der europäischen Wettbewerbspolitik im System der Legalausnahme, in: Zeitschrift für Wettbewerbsrecht, Jg. 2005, Nr. 1, S. 1-31.

Gabel, H. Landis (1987a): Open Standards in the European Computer Industry: the Case of X/OPEN, in: Gabel, H. Landis (1987a) (Hrsg.): Product Standardization and Competitive Strategy, Amsterdam (Niederlande) u. a., 1987, S. 91-123.

Gabel, H. Landis (1987b) (Hrsg.): Product Standardization and Competitive Strategy, Amsterdam u. a., 1987.

Gabel, H. Landis (1993): Produktstandardisierung als Wettbewerbsstrategie, London (Großbritannien) u. a., 1993.

Gallasch, Sven (2013): The referral of Huawei v ZTE to the CJEU: Determining the future of remedies in the context of standard-essential patents, in: European Competition Law Review, 34. Jg. (2013), Nr. 8, S. 443-445.

Gandal, Neil (2002): Compatibility, Standardization, and Network Effects: Some Policy Implications, in: Oxford Review of Economic Policy, 18. Jg. 2002, Nr. 1, S. 80-91.

Geiger, Rudolf / Khan, Daniel-Erasmus / Kotzur, Markus (Hrsg.) (2010): EUV/AEUV – Vertrag über die Europäische Union und Vertrag über die Arbeitsweise der Europäischen Union – Kommentar, 5. Auflage, München, 2010.

Geradin, Damien / Rato, Miguel (2007): Can Standard-Setting lead to Exploitative Abuse? A Dissonant View on Patent Hold-Up, Royalty Stacking and the Meaning of FRAND, in: European Competition Journal, 3. Jg. (2007), Nr. 1, S. 101-161.

Giordano, Vincenzo / Fulli, Gianluca (2012): A business case for Smart Grid technologies: A systemic perspective, in: Energy Policy, 40. Jg. (2012), S. 252–259.

Giudici, Giuseppe (2004): Die Anwendbarkeit der essential-facilities-Doktrin auf die Immaterialgüterrechte, Frankfurt/Main u. a., 2004.

Götz, Gero (1996): Strategische Allianzen: Die Beurteilung einer modernen Form der Unternehmenskooperation nach deutschem und europäischem Kartellrecht, Baden-Baden, 1996.

Grabitz, Eberhard / Hilf, Meinhard / Nettesheim, Martin (Hrsg.) (2014): Das Recht der Europäischen Union, 53. Ergänzungslieferung, München, 2014.

Grindley, Peter (1990): Winning standards contests: using product standards in business strategy, in: Business Strategy Review, 1. Jg. (1990), Nr. 1, S. 71-84.

Grindley, Peter (1995): Standards, Strategy, and Policy: Cases and stories, New York, 1995.

Gruber, Johannes Peter (2011): Horizontale Vereinbarungen: neue Gruppenfreistellungsverordnungen und überarbeitete Leitlinien, in: Österreichische Zeitschrift für Kartellrecht, Jg. 2011, Nr. 1, S. 7-15.

Guille, Christophe / Gross, George (2009): A conceptual framework for the vehicle-to-grid (V2G) implementation, in: Energy Policy, 37. Jg. (2009), S. 4379-4390.

Günter, Bernd (1979): Das Marketing von Großanlagen: Strategieprobleme des Systems Selling, Berlin, 1979.

Haas, Gabriele (2013): Kartellrechtliche Einordnung des Begriffs der Ladeinfrastruktur, in: Boesche, Katharina Vera / Franz, Oliver / Fest, Claus u. a. (Hrsg.) (2013): Berliner Handbuch zur Elektromobilität, 1. Auflage, München, 2013, S. 220-229.

Hanselka, Holger / Jöckel, Michael (2010): Elektromobilität – Elemente, Herausforderungen, Potenziale, in: Hüttl, Reinhard F. / Pischetsrieder, Bernd / Spath, Dieter (Hrsg.) (2010): Elektromobilität: Potenziale und wissenschaftlich-technische Herausforderungen, Berlin u. a., 2010, S. 21-38.

Harabi, Najib (1995): Appropriability of technical innovations: An empirical analysis, in: Research Policy, 24. Jg. (1995), Nr. 6, S. 981-992.

Harmsen, Christian / Pearson, Nick (2014): Der kartellrechtliche Zwangseinwand auf dem Prüfstand: Zur Durchsetzung standardessentieller Patente, in: IP-Rechtsberater, Jg. 2014, Nr. 4, S. 90-93.

Hartlieb, Bernd / Kiehl, Peter / Müller, Norbert (2009): Normung und Standardisierung – Grundlagen, 1. Auflage, Berlin u. a., 2009.

Hartnig, Christoph / Krause, Thomas (2012): Zukünftige Batterie-Technologien aus Sicht des Rohstoffherstellers, in: Korthauer, Reiner (Hrsg.) (2012): Handbuch Elektromobilität, 1. Auflage, Frankfurt/Main, 2012, S. 153-162.

Haucap, Justus / Heimeshoff, Ulrich (2013): Google, Facebook, Amazon, eBay: Is the Internet Driving Competition or Market Monopolization?, Universität Düsseldorf, Düsseldorf Institute for Competition Economics, Discussion Paper No. 83, Düsseldorf, 2013.

Hauck, Ronny (2013): Das Phänomen "Patent Privateering" – Auswirkungen und wettbewerbsrechtliche Zulässigkeit strategischer Patentübertragungen, in: Wettbewerb in Recht und Praxis, Jg. 2013, Nr. 11, S. 1446-1454.

Hauschka, Christoph E. (Hrsg.) (2010): Corporate Compliance – Handbuch der Haftungsvermeidung im Unternehmen, 2. Auflage, München, 2010.

Heinemann, Andreas (2006): Gefährdung von Rechten des geistigen Eigentums durch Kartellrecht? Der Fall „Microsoft" und die Rechtsprechung des EuGH, in: Gewerblicher Rechtsschutz und Urheberrecht, Jg. 2006, S. 705-713.

Hess, Gerhard (1993): Kampf um den Standard! Erfolgreiche und gescheiterte Standardisierungsprozesse, Stuttgart, 1993.

Heusinger, Stefan (2010): Normung und Standardisierung als Erfolgsfaktor für die Elektromobilität, in: Teigelkötter, Johannes (Hrsg.) (2010): EMA 2010: Fachtagung – Wettbewerbe: Vorträge der ETG-Fachtagung vom 8.bis 9. Oktober 2010 in Aschaffenburg / Elektromobilausstellung, Berlin u. a., 2010, S. 29-36.

Hill, Charles W. L. (1997): Establishing a standard: Competitive strategy and technological standards in winner-take-all industries, in: Academy of Management Executive, 11. Jg. (1997), Nr. 2, S. 7-25.

Hockett, Christopher B. / Lipscomb, Rosanna G. (2009): Best FRANDs Forever? Standard-Setting Antitrust Enforcement in the United States and the European Union, in: Antitrust, 23. Jg. (2009), Nr. 3, S. 19-25.

Hoeren, Thomas / Sieber, Ulrich / Holznagel, Bernd (Hrsg.) (2014): Handbuch Multimedia-Recht – Rechtsfragen des elektronischen Geschäftsverkehrs, 39. Ergänzungslieferung, München, 2014.

Hoff, Stefanie von (2009): Zugangsanspruch zu Elektromobilitätstankstellen, in: Zeitschrift für Neues Energierecht, Jg. 2009, Nr. 4, S. 341-345.

Homburg, Christian / Krohmer, Harley (2006): Marketingmanagement, 2. Auflage, Wiesbaden, 2006.

Honsel, Gregor (2011): Das Stromnetz kommt ins Rollen, in: Technology Review Special, Jg. 2011, Nr. 1, S. 120-123.

Honsel, Gregor (2012): Das öffentliche Automobil, in: Technology Review Special, Jg. 2012, Nr. 1, S. 32-36.

Hoppe-Jänisch, Daniel (2013): Der Vorlagebeschluss des LG Düsseldorf „LTE-Standard", in: Mitteilungen der deutschen Patentanwälte, Jg. 2013, Nr. 9, S. 384-390.

Höppner, Thomas (2012): Das Verhältnis von Suchmaschinen zu Inhalteanbietern an der Schnittstelle von Urheber- und Kartellrecht, in: Wettbewerb in Recht und Praxis, Jg. 2012, Nr. 6, S. 625-637.

Hüttl, Reinhard F. / Pischetsrieder, Bernd / Spath, Dieter (Hrsg.) (2010): Elektromobilität: Potenziale und wissenschaftlich-technische Herausforderungen, Berlin u. a., 2010.

Idem, Oliver (2012): Elektromobilität – Entwicklungen auf ausländischen Märkten, in: Korthauer, Reiner (Hrsg.) (2012): Handbuch Elektromobilität, 1. Auflage, Frankfurt/Main, 2012, S. 27-38.

Immenga, Frank A. (2007): Neues aus den USA: Kartellrechtliche Fallstricke bei der Standardsetzung!, Gewerblicher Rechtsschutz und Urheberrecht, Jg. 2007, S. 302-303.

Immenga, Ulrich / Mestmäcker, Ernst-Joachim (Hrsg.) (2012): EU-Wettbewerbsrecht – Band 1. EU: Kommentar zum Europäischen Kartellrecht, 5. Auflage, München, 2012.

Immenga, Ulrich / Mestmäcker, Ernst-Joachim (Hrsg.) (2014): EU-Wettbewerbsrecht – Band 2. GWB: Kommentar zum Deutschen Kartellrecht, 5. Auflage, München, 2014.

Kast, Christian R. (2011): E-Mobility auf der Überholspur: Neueste Entwicklungen und Rahmenbedingungen, in: IT-Rechtsberater, Jg. 2011, Nr. 10, S. 240-242.

Katz, Michael L. / Shapiro, Carl (1985): Network externalities, competition, and compatibility, in: American Economic Review, 75. Jg. (1985), Nr. 4, S. 424–440.

Katz, Michael L. / Shapiro, Carl (1986a): Technology Adoption in the Presence of Network Externalities, in: Journal of Political Economy, 94. Jg. (1986), Nr. 4, S. 822-841.

Katz, Michael L. / Shapiro, Carl (1986b): Product Compatibility Choice in a Market with Technological Progress, in: Oxford Economic Papers, 38. Jg. (1986), S. 146-165.

Katz, Michael L. / Shapiro, Carl (1994): Systems Competition and Network Effects, in: The Journal of Economic Perspectives, 8. Jg. (1994), Nr. 2, S. 93-115.

Klees, Andreas (2010): Standardsetzung und Kartellrecht – Von der „Patentfalle" in eine „Vergleichsfalle"?, Europäische Zeitschrift für Wirtschaftsrecht, Jg. 2010, S. 161-161.

Kleinaltenkamp, Michael (1993): Standardisierung und Marktprozeß: Entwicklungen und Auswirkungen im CIM-Bereich, Wiesbaden, 1993.

Kleinemeyer, Jens (1998): Standardisierung zwischen Kooperation und Wettbewerb – Eine spieltheoretische Betrachtung, Frankfurt/Main, 1998.

Klemperer, Paul (1987a): The Competitiveness of Markets with Switching Costs, in: The RAND Journal of Economics, 18. Jg. (1987), Nr. 1, S. 138-150.

Klemperer, Paul (1987b): Markets with Consumer Switching Costs, in: The Quarterly Journal of Economics, 102. Jg. (1987), Nr. 2, S. 375-394.

Klemperer, Paul (1987c): Entry Deterrence in Markets with Consumer Switching Costs, in: The Economic Journal, 97. Jg. (1987), S. 99-117.

Klemperer, Paul (1995): Competition when Consumers have Switching Costs: An Overview with Applications to Industrial Organization, Macroeconomics, and International Trade, in: The Review of Economic Studies, 62. Jg. (1995), Nr. 4, S. 515-539.

Kley, Fabian / Dallinger, David / Wietschel, Martin (2010b): Optimizing the charge profile - considering users' driving profiles, Working Paper Sustainability and Innovation, No. S 6/2010, Fraunhofer ISI, Karlsruhe, 2010.

Kley, Fabian (2011): Neue Geschäftsmodelle zur Ladeinfrastruktur, Working Paper Sustainability and Innovation, No. S 5/2011, Fraunhofer ISI, Karlsruhe, 2011.

Kley, Fabian / Lerch, Christian / Dallinger, David (2011): New business models for electric cars – A holistic approach, in: Energy Policy, 39. Jg. (2011), Nr. 6, S. 3392-3403.

Klimisch, Annette / Lange, Markus (1998): Zugang zu Netzen und anderen wesentlichen Einrichtungen als Bestandteil der kartellrechtlichen Mißbrauchsaufsicht, in: Wirtschaft und Wettbewerb, Jg. 1998, Nr. 1, S. 15-26.

Klose, Tobias (1998): Das Verhältnis des deutschen zum europäischen Kartellrecht in der Verfügungspraxis des Bundeskartellamts, Berlin u. a., 1998.

Knieps, Günter (2008): Wettbewerbsökonomie – Regulierungstheorie, Industrieökonomie, Wettbewerbspolitik, 3. Auflage, Berlin u. a., 2008.

Knorr, Henning (1993): Ökonomische Probleme von Kompatibilitätsstandards, 1. Auflage, Baden-Baden, 1993.

Kochmann, Kai (2009): Schutz des „Know-how" gegen ausspähende Produktanalysen („Reverse Engineering"), Berlin, 2009.

Koenig, Christian (2008): Fünf goldene Wettbewerbsregeln der kooperativen Normung und Standardisierung, Wirtschaft und Wettbewerb, Jg. 2008, Nr. 12, S. 1259-1259.

Koenig, Christian / Neumann, Andreas (2009): Standardisierung - ein Tatbestand des Kartellrechts?, in: Wirtschaft und Wettbewerb, Jg. 2009, Nr. 4, S. 382-394.

Körber, Torsten (2004a): Machtmissbrauch durch Multimedia?, in: Recht der Internationalen Wirtschaft, 50. Jg. 2004, Nr. 8, S. 568-579.

Körber, Torsten (2004b): Geistiges Eigentum, essential facilities und „Innovationsmiss-brauch", in: Recht der Internationalen Wirtschaft, 50. Jg. (2004), Nr. 12, S. 881-891.

Körber, Torsten (2013a): Standardessentielle Patente, FRAND-Verpflichtungen und Kartellrecht, 1. Auflage, Baden-Baden, 2013.

Körber, Torsten (2013b): Machtmissbrauch durch Erhebung patentrechtlicher Unterlas-sungsklagen? Eine Analyse unter besonderer Berücksichtigung standardessentieller Patente, in: Wettbewerb in Recht und Praxis, Jg. 2013, Nr. 6, S. 734-742.

Korthauer, Reiner (Hrsg.) (2012): Handbuch Elektromobilität, 1. Auflage, Frank-furt/Main, 2012.

Kunz-Hallstein, Hans Peter / Loschelder, Michael (2004): Stellungnahme zum Entwurf einer Kommissionsverordnung über die Anwendung von Art. 81 III EG auf Grup-pen von Technologietransfer- Vereinbarungen vom 12.01.2004, in: Gewerblicher Rechtsschutz und Urheberrecht, Jg. 2004, S. 218-221.

Lange, Knut Werner / Klippel, Diethelm / Ohly, Ansgar (Hrsg.) (2009): Geistiges Eigen-tum und Wettbewerb, Tübingen, 2009.

Lettl, Tobias (2011): § 19 Abs. 4 Nr. 4 GWB und Marktbeherrschung, in: Wirtschaft und Wettbewerb, 2011, Nr. 6, S. 579-589.

Lettl, Tobias (2013): Kartellrecht, 3. Auflage, München, 2013.

Liebscher, Christoph / Flohr, Eckhard / Petsche, Alexander (Hrsg.) (2012): Handbuch der EU-Gruppenfreistellungsverordnungen, 2. Auflage, München, 2012.

Lindemann, Udo / Meiwald, Thomas / Petermann, Markus / Schenkl, Sebastian (2012): Know-how-Schutz im Wettbewerb: Gegen Produktpiraterie und unerwünschten Wissenstransfer, Berlin u. a., 2012.

Lober, Andreas (2002): Die IMS-Health-Entscheidung der Europäischen Kommission: Copyright K.O.?, in: Gewerblicher Rechtsschutz und Urheberrecht Internationaler Teil, Jg. 2002, S. 7-16.

Loewenheim, Ulrich / Meessen, Karl / Riesenkampff, Alexander (Hrsg.) (2009): Kartell-recht – Kommentar, 2. Auflage, München, 2009.

Loose, Willi (2008): Car-Sharing - Potenziale für weniger Autoverkehr, in: Handbuch der kommunalen Verkehrsplanung, 52. Ergänzungs-Lieferung, Ordner 4, Abschnitt 3.4.16.1, Dezember 2008.

Maaßen, Stefan (2006): Normung, Standardisierung und Immaterialgüterrechte, Köln u. a., 2006.

Mansfield, Edwin / Schwartz, Mark / Wagner, Samuel (1981): Imitation Costs and Pa-tents: An Empirical Study, in: The Economic Journal, 91. Jg. (1981), Nr. 364, S. 907-918.

Mariniello, Mario (2011): Fair, Reasonable and Non-Discriminatory (FRAND) Terms: A Challenge For Competition Authorities, in: Journal of Competition Law & Eco-nomics, 7. Jg. (2011), Nr. 3, S. 523-541.

Markert, Kurt (1995): Die Verweigerung des Zugangs zu "wesentlichen Einrichtungen" als Problem der kartellrechtlichen Mißbrauchsaufsicht, in: Wirtschaft und Wettbe-werb, Jg. 1995, Nr. 7 und 8, S. 560-571.

Marly, Jochen (2012): Der Schutzgegenstand des urheberrechtlichen Softwareschutzes: Zugleich Besprechung zu EuGH, Urt. v. 2. 5. 2012 – C-406/10 – SAS Institute, in: Gewerblicher Rechtsschutz und Urheberrecht, Jg. 2012, S. 773-780.

Mayer, Christoph / Suding, Thomas / Uslar, Mathias u. a. (2010): IKT-Integration von Elektromobilität in ein zukünftiges Smart Grid, in: Tagungsband: VDE-Kongress 2010 in Leipzig – E-Mobility: Technologien - Infrastruktur - Märkte, Berlin u. a., 2010.

Mayer, Christian A. (2013): Rechtliche Rahmenbedingungen der Elektromobilität, in: Zeitschrift zum Innovations- und Technikrecht, 1. Jg. (2013), Nr. 4, S. 189-192.

Mestmäcker, Ernst-Joachim / Schweitzer, Heike (1999): Netzwettbewerb, Netzzugang und „Roaming" im Mobilfunk – Eine Untersuchung nach TKG, GWB und dem Recht der EG, 1. Auflage, Baden-Baden, 1999.

Mestmäcker, Ernst-Joachim / Schweitzer, Heike (2004): Europäisches Wettbewerbsrecht, 2. Auflage, München, 2004.

Michaels, Sascha / de Wyl, Christian / Ringwald, Roman (2011): Rechtsprobleme im Zusammenhang mit der Nutzung des öffentlichen Straßenraums für Elektromobilitätsanlagen, in: Die Öffentliche Verwaltung, Jg. 2011, Nr. 21, S. 831-840.

Monopolkommission (1992): Neuntes Hauptgutachten der Monopolkommission 1990/1991, BT-Drucksache 12/3031, 13.07.1992.

Montag, Frank (1997): Gewerbliche Schutzrechte, wesentliche Einrichtungen und Normung im Spannungsfeld zu Art. 86 EGV, in: Europäische Zeitschrift für Wirtschaftsrecht, Jg. 1997, Nr. 3, S. 71-78.

Müller, Stefan (2013): Innovationsrecht - Konturen einer Rechtsmaterie, in: Zeitschrift zum Innovations- und Technikrecht, 1. Jg. (2013), Nr. 2, S. 58-71.

Muschalla, Rudolf (1992): Zur Vorgeschichte der technischen Normung, 1. Auflage, Berlin u. a., 1992.

Mustonen, Mikko (2003): Copyleft – the economics of Linux and other open source software, in: Information Economics and Policy, 15. Jg. (2003), S. 99-121.

Naunin, Dietrich (2007): Hybrid-, Batterie- und Brennstoffzellen-Elektrofahrzeuge: Technik, Strukturen und Entwicklungen, 4. Auflage, Renningen, 2007.

Ney, Michael (2006): Wirtschaftlichkeit von Interaktionsplattformen: Effizienz und Effektivität an der Schnittstelle zum Kunden, 1. Auflage, Wiesbaden, 2006.

Osterrieth, Christian (2010): Patentrecht, 4. Auflage, München, 2010.

Pallas, Frank / Raabe, Oliver / Weis, Eva (2010): Beweis- und eichrechtliche Aspekte der Elektromobilität – Eine erste Bestandsaufnahme zur auf Smart Metern beruhenden Vision von Elektromobilität im Energiemarkt, in: Computer und Recht, Jg. 2010, Nr. 6, S. 404-410.

Pallas, Frank / Raabe, Oliver / Weis, Eva (2011): Modellierung rechtskonformer kollaborativer Bereitstellung von Regelenergie im SmartGrid, in: Tagungsband: Informatik 2011 – Informatik schafft Communities, 41. Jahrestagung der Gesellschaft für Informatik, S. 443-448.

Pavlidis, Michael (2012): Induktives Laden – ein Verfahren der Zukunft, in: Korthauer, Reiner (Hrsg.) (2012): Handbuch Elektromobilität, 1. Auflage, Frankfurt/Main, 2012, S. 183-194.

Pfaller, Ralph (2013): IT-Outsourcing-Entscheidungen: Analyse von Einfluss- und Erfolgsfaktoren für auslagernde Unternehmen, Wiesbaden, 2013.

Pfeiffer, Günter H. (1989): Kompatibilität und Markt: Ansätze zu einer ökonomischen Theorie der Standardisierung, 1. Auflage, Baden-Baden, 1989.

Picht, Peter (2014): Standardsetzung und Patentmissbrauch – Schlagkraft und Entwicklungsbedarf des europäischen Kartellrechts, Gewerblicher Rechtsschutz und Urheberrecht Internationaler Teil, Jg. 2014, S. 1-17.

Pohlmeier, Julia (2004): Netzwerkeffekte und Kartellrecht, Baden-Baden, 2004.

Porter, Michael E. (1999): Wettbewerbsstrategie: Methoden zur Analyse von Branchen und Konkurrenten, 10. Auflage, Frankfurt/Main u. a., 1999.

Rabinowitz, Amy / Lee, Seongmin (2012): Interoperability Case Study – Mobile Phone Chargers, Harvard University, The Berkman Center for Internet & Society, Research Publication No. 2012-16, Cambridge (USA), September 2012.

Rehtanz, Christian (2010): Elektrofahrzeuge als Dienstleister für erneuerbare Energien, in: Becks, Thomas (Hrsg.) (2010): Wegweiser Elektromobilität, Berlin u. a., 2010, S. 27-29.

Reichert, Carolin / Reimann, Katja / Lohr, Jörg (2012): Elektromobilität – Antworten auf die fünf entscheidenden Fragen, in: Servatius, Hans-Gerd / Schneidewind, Uwe / Rohlfing, Dirk (Hrsg.) (2012): Smart Energy: Wandel zu einem nachhaltigen Energiesystem, Berlin u. a., 2012, S. 453-461.

Rese, Mario (1993): Technische Normen und Wettbewerbsstrategie: Wettbewerbsstrukturelle Implikationen einer Harmonisierung (sicherheits-)technischer Vorschriften, dargestellt am Beispiel der Aufzugsindustrie, Berlin u. a., 1993.

Richter, Wolfgang (2012): Warten auf den Wunderakku, in: Technology Review Special, Jg. 2012, Nr. 1, S. 62-64.

Säcker, Franz Jürgen / Rixecker, Roland (2013): Münchener Kommentar zum BGB, 6. Auflage, München.

Sagers, Chris (2010): Standardization and Markets: Just Exactly Who Is the Government, and Why Should Antitrust Care?, in: Oregon Law Review, 89. Jg. (2010), S. 785-810.

Saloner, Garth (1990): Economic Issues In Computer Interface Standardization, in: Economics of Innovation and New Technology, 1. Jg. (1990), Nr. 1-2, S. 135-156.

Sammer, Gerd / Meth, Dagmar / Gruber, Christian Joachim (2008): Elektromobilität – Die Sicht der Nutzer, in: Elektrotechnik & Informationstechnik, Jg. 125 (2008), Nr. 11, S. 393–400.

Samulat, Gerhard (2011): Das elektromobile Dilemma, in: Technology Review Special, Jg. 2011, Nr. 1, S. 114-119.

San Román, Tomás Gómez / Momber, Ilan / Abbad, Michel Rivier u. a. (2011): Regulatory framework and business models for charging plug-in electric vehicles: Infrastructure, agents, and commercial relationships, in: Energy Policy, 39. Jg. (2011), S. 6360-6375.

Sauter, Martin (2011): Grundkurs Mobile Kommunikationssysteme – UMTS, HSDPA und LTE, GSM, GPRS und Wireless LAN, 4. Auflage, Wiesbaden, 2011.

Schimansky, Herbert / Bunte, Hermann-Josef / Lwowski, Hans-Jürgen (Hrsg.) (2011): Bankrechts-Handbuch, München, 2011.

Schmidt, Ingo (2012): Wettbewerbspolitik und Kartellrecht – eine interdisziplinäre Einführung, 9. Auflage, München, 2012.

Schneider, Ulrich J. (1994): Das Bagatellkartell, Köln u. a., 1994.

Schraven, Sebastian / Kley, Fabian / Wietschel, Martin (2011): Induktives Laden von Elektromobilen – Eine techno-ökonomische Bewertung, in: Zeitschrift für Energiewirtschaft, 35. Jg. (2011), Nr. 3, S. 209-219.

Schwark, Eberhard / Zimmer, Daniel (Hrsg.) (2010): Kapitalmarktrechts-Kommentar, 4. Auflage, München, 2010.

Schwarze, Jürgen (2002): Der Schutz des geistigen Eigentums im europäischen Wettbewerbsrecht Anmerkungen zur jüngsten Entscheidungspraxis, in: Europäische Zeitschrift für Wirtschaftsrecht, Jg. 2002, Nr. 3, S. 75-81.

Schweitzer, Heike (2012): Standardisierung als Mittel zur Förderung und Beschränkung des Handels und des Wettbewerbs: Zugleich eine Anmerkung zum Urteil des EuGH vom 12. 7. 2012 im Fall Fra.bo SpA/Deutsche Vereinigung des Gas- und Wasserfaches e. V. (Rs. C-171/11), in: Europäische Zeitschrift für Wirtschaftsrecht, Jg. 2012, S. 765-770.

Seiler, Christoph (2012): Elektromobilität Anno 1881, in: Hzwei, Jg. 2012, Nr. 4, S. 38-39.

Servatius, Hans-Gerd / Schneidewind, Uwe / Rohlfing, Dirk (Hrsg.) (2012): Smart Energy: Wandel zu einem nachhaltigen Energiesystem, Berlin u. a., 2012.

Shankar, Venkatesh / Bayus, Barry L. (2003): Network Effects and Competition: An Empirical Analysis of the Home Video Game Industry, in: Strategic Management Journal, 24. Jg. (2002), S. 375-384.

Shapiro, Carl / Teece, David J. (1994): Systems competition and aftermarkets: an economic analysis of Kodak, in: The Antitrust Bulletin, 39. Jg. (1994), Nr. 1, S. 135-162.

Shapiro, Carl / Varian, Hal R. (1999): The Art of Standards Wars, in: California Management Review, 4. Jg. (1999), Nr.. 2, S. 8-32.

Shy, Oz (2001): The economics of network industries, 2. Auflage, Cambridge (USA), 2001.

Slowak, André P. (2012): Die Durchsetzung von Schnittstellen in der Standardsetzung: Fallbeispiel Ladesystem Elektromobilität, Universität Hohenheim, Forschungszentrum Innovation und Dienstleistung, FZID Discussion Papers, Discussion Paper 51-2012, Stuttgart, 2012.

Soltész, Ulrich / Wagner, Christian (2014): Irren ist menschlich... schützt aber vor Bußgeld nicht - populäre Fehlvorstellungen im Kartellrecht, in: Betriebs-Berater, 33. Jg. (2014), S. 1923-1928.

Spath, Dieter / Pischetsrieder, Bernd (2010): Einleitung, in: Hüttl, Reinhard F. / Pischetsrieder, Bernd / Spath, Dieter (Hrsg.) (2010): Elektromobilität: Potenziale und wissenschaftlich-technische Herausforderungen, Berlin u. a., 2010, S. 11-19.

Stango, Victor (2004): The Economics of Standards Wars, in: Review of Network Economics, 3. Jg. (2004), Nr. 1, S. 1-19.

Stapper, Thilo (2003): Das essential facility Prinzip und seine Verwendung zur Öffnung immaterialgüterrechtlich geschützter de facto Standards für den Wettbewerb, Berlin, 2003.

Teigelkötter, Johannes (Hrsg.) (2010): EMA 2010: Fachtagung – Wettbewerbe: Vorträge der ETG-Fachtagung vom 8.bis 9. Oktober 2010 in Aschaffenburg / Elektromobilausstellung, Berlin u. a., 2010.

Temme, Thorsten (2011): Einstecken, aufladen und dann abfahren, in: elektrotechnik, Jg. 2011, S. 10-13.

Temple Lang, John (1994): Defining Legitimate Competition: Companies' Duties to Supply Competitors and Access to Essential Facilities, in: Fordham International Law Journal, 18. Jg. (1994), Nr. 2, S. 437-524.

Thum, Marcel (1995): Netzwerkeffekte, Standardisierung und staatlicher Regulierungsbedarf, Tübingen, 1995.

Tomic, Jasna / Kempton, Willett (2007): Using fleets of electric-drive vehicles for grid support, in: Journal of Power Sources, 168. Jg. (2007), S. 459-468.

Treacy, Pat / Lawrance, Sophie (2008): FRANDly fire: are industry standards doing more harm than good?, in: Journal of Intellectual Property Law & Practice, 3. Jg. (2008), Nr. 1, S. 22-29.

Ullrich, Hanns (2010): Patents and Standards – A Comment on the German Federal Supreme Court Decision Orange Book Standard, in: International Review of Intellectual Property and Competition Law, Jg. 2010, S. 337-351.

Umnuß, Karsten (2012): Corporate Compliance Checklisten – Rechtliche Risiken im Unternehmen erkennen und vermeiden, 2. Auflage, München, 2012.

Vahrenholt, Oliver (2011): Marktabgrenzung und Systemwettbewerb: Das Bedarfsmarktkonzept auf dem Prüfstand, 1. Auflage, Baden-Baden, 2011.

van Wegberg, Marc (2004): Standardization and Competing Consortia: The Trade-Off Between Speed and Compatibility, in: International Journal of IT Standards and Standardization Research, 2. Jg. (2004), Nr. 2, S. 18-33.

Verhauwen, Axel (2013): „Goldener Orange-Book-Standard" am Ende? Besprechung zu LG Düsseldorf, Beschl. v. 21. 3. 2013 – 4 b O 104/12, in: Gewerblicher Rechtsschutz und Urheberrecht, Jg. 2013, S. 558-564.

Vesala, Juha (2014): Recourse to injunctive relief for essential patent infringement as abuse of dominant position, in: Zeitschrift zum Innovations- und Technikrecht, 2. Jg. (2014), Nr. 2, S. 66-74.

Vollmer, Alfred (2009): Einheitlicher Ladestecker für Elektroautos, in: AUTOMOBIL-ELEKTRONIK, Jg. 2009, Juni-Ausgabe, S. 24-26.

Wallentowitz, Henning / Freialdenhoven, Arndt / Olschewski, Ingo (2010): Strategien zur Elektrifizierung des Antriebstranges – Technologien, Märkte und Implikationen, 1. Auflage, Wiesbaden, 2010.

Walther, Michael / Baumgartner, Ulrich (2008): Standardisierungs-Kooperationen und Kartellrecht, in: Wirtschaft und Wettbewerb, Jg. 2008, Nr. 2, S. 158-167.

Weck, Thomas (2009): Schutzrechte und Standards aus Sicht des Kartellrechts, in: Neue Juristische Online-Zeitschrift, Jg. 2009, Nr. 15, S. 1177-1188.

Wendt, Oliver / Westarp, Falk von / König, Wolfgang (2000): Diffusionsprozesse in Märkten für Netzeffektgüter – Determinanten, Simulationsmodell und Marktklassifikation, in: WIRTSCHAFTSINFORMATIK, 42. Jg. (2000), Nr. 5, S. 422-433.

Wey, Christian (1999): Marktorganisation durch Standardisierung – Ein Beitrag zur Neuen Institutionenökonomik des Marktes, Berlin, 1999.

Verzeichnis der Internetquellen

Android (o. J.): Developers: Legal Notice, <http://developer.android.com/legal.html> (letzter Zugriff am 17.02.2015).

BMBF (2014): Bekanntmachung des Bundesministeriums für Bildung und Forschung von Richtlinien über die Förderung zum Themenfeld „Intelligente und effiziente Elektromobilität der Zukunft (e-MOBILIZE)", 06.10.2014, <http://www.bmbf.de/foerderungen/24982.php> (letzter Zugriff am 17.02.2015).

BMJ (2008): Handbuch der Rechtsförmlichkeit, Teil B: Allgemeine Empfehlungen für das Formulieren von Rechtsvorschriften, Bezugnahme auf andere Texte, Arten von Verweisungen und die Zitierweise, 3. Auflage, 2008, <http://hdr.bmj.de/page_b.4.html#an_243> (letzter Zugriff am 17.02.2015).

BMU (2007): Das Integrierte Energie- und Klimaprogramm der Bundesregierung, Dezember 2007, <http://www.bmub.bund.de/fileadmin/bmu-import/files/pdfs/allgemein/application/pdf/hintergrund_meseberg.pdf> (letzter Zugriff am 17.02.2015).

BMU (2009): Mehr Bio im Diesel – Worauf Sie achten müssen!, Berlin, Januar 2009, <http://www.mwv.de/upload/Publikationen/dateien/029_Bio_Diesel_dThBCLw8rNLGwQr.pdf> (letzter Zugriff am 17.02.2015).

BMU (2011a): Bekanntmachung des Bundesministeriums für Umwelt, Naturschutz und Reaktorsicherheit über die Förderung von Vorhaben im Bereich Elektromobilität, 19.08.2011, <http://www.erneuerbar-mobil.de/de/foerderprogramm/abgeschlossene-foerderprogramme/foerderung-von-elektromobilitaetsvorhaben-ab-2012/foerderbekanntmachung-09-2011.pdf> (letzter Zugriff am 17.02.2015).

BMU (2011d): Energiekonzept für eine umweltschonende, zuverlässige und bezahl-bare Energieversorgung, 28. September 2010, <http://www.bundesregierung.de/ContentArchiv/DE/Archiv17/_Anlagen/2012/02/energiekonzept-final.pdf?__blob=publicationFile&v=5%20> (letzter Zugriff am 17.02.2015).

BMVBS (2011): Elektromobilität – Deutschland als Leitmarkt und Leitanbieter, Berlin, Juni 2011, <https://www.bmvi.de/SharedDocs/DE/Publikationen/VerkehrUnd Mobilitaet/elektromobilitaet-deutschland-als-leitmarkt-und-leitanbieter.pdf?__blob=publicationFile> (letzter Zugriff am 17.02.2015).

BMW (o. J. a): BMW i3: Technische Daten, <http://www.bmw.de/de/neufahrzeuge/bmw-i/i3/2013/techdata.html> (letzter Zugriff am 17.02.2015).

BMW (o. J. b): Intelligente Lösungen für den mobile Alltag: BMW i Mobilitätslösungen: ParkNow, <http://www.bmw.com/com/de/insights/corporation/bmwi/mobility_services.html#parknow> (letzter Zugriff am 17.02.2015).

BMW (o. J. c): Intelligente Lösungen für den mobile Alltag: BMW i Mobilitätslösungen: ChargeNow, <http://www.bmw.com/com/de/insights/corporation/bmwi/mobility_services.html#chargenow> (letzter Zugriff am 17.02.2015).

BMW (2014): ChargeNow: Übergreifender Zugang zur Ladeinfrastruktur mit nur einer Karte, Pressemitteilung der BMW Group Österreich, Salzburg (Österreich) u. a., 02.04.2014, <https://www.press.bmwgroup.com/austria/pressDetail.html?title= chargenow-%C3%9Cbergreifender-zugang-zur-ladeinfrastruktur-mit-nur-einer -karte&outputChannelId=18&id=T0175872DE&left_menu_item=node__6728> (letzter Zugriff am 17.02.2015).

BMWi (o. J.): Gesamtwirtschaftliche Bedeutung, <http://www.bmwi.de/DE/Themen/ Industrie/IndustrienationDeutschland/gesamtgesellschaftliche-bedeutung,did= 9844.html> (letzter Zugriff am 17.02.2015).

BMWi (2011): Die Minister Rösler und Ramsauer geben Startschuss für "Schaufenster Elektromobilität", 2011, <http://www.bmwi.de/DE/Presse/pressemitteilungen,did= 445510.html> (letzter Zugriff am 17.02.2015).

BMWi (2013): Energie in Deutschland – Trends und Hintergründe zur Energieversor- gung, Februar 2013, <http://www.bmwi.de/Dateien/Energieportal/PDF/ energie-in-deutschland> (letzter Zugriff am 17.02.2015).

BMWi (2014): Zahlen und Fakten – Energiedaten – Nationale und Internationale Ent- wicklung, Stand 21.10.2014, <http://bmwi.de/BMWi/Redaktion/Binaer/ energie-daten-gesamt,property=blob,bereich=bmwi2012,sprache=de,rwb=true.xls> (letzter Zugriff am 17.02.2015).

BMWi / BMVBS / BMU u. a. (Hrsg.) (2011a): Regierungsprogramm Elektromobilität, 2011, <http://www.bmbf.de/pubRD/programm_elektromobilitaet.pdf> (letzter Zu- griff am 17.02.2015).

Bolczek, Malte / Plota, Ewa / Schlüter, Thorsten (2011): Report on basic business con- cepts, Bericht zum Forschungsprojekt "Grid for Vehicles" (G4V), Arbeitspaket 2.2, 31.01.2011, <http://www.g4v.eu/datas/reports/G4V_WP2_D2_2_basic_business_ concepts.pdf> (letzter Zugriff am 17.02.2015).

Bosch (2011): Praxisbetrieb gestartet: Bosch eMobility Solution unterstützt Ladeinfra- struktur für Elektrofahrzeuge in Singapur, 2011, <https://www.bosch-si. com/media/de/bosch_software_innovations/documents/emobility_2/201107_emobil ity_infrastructure_in_singapore_en.pdf> (letzter Zugriff am 17.02.2015).

Bundesregierung (o. J.): Elektromobilität erforschen und erproben, <http:// www.bundesregierung.de/Webs/Breg/DE/Themen/Energiewende/Mobilitaet/ elektromobilitaet/_node.html> (letzter Zugriff am 17.02.2015).

Bundesregierung (2009): Nationaler Entwicklungsplan Elektromobilität der Bundesregie- rung, 2009, <http://www.bmbf.de/pubRD/nationaler_entwicklungsplan_ elektromobilitaet.pdf> (letzter Zugriff am 17.02.2015).

BEM, Bundesverband eMobilität e. V. (o. J.): Ladeinfrastruktur von ladenetz.de für BMW-Kunden offen, <http://www.bem-ev.de/ladeinfrastruktur-von-ladenetz-de -fur-bmw-kunden-offen/> (letzter Zugriff am 17.02.2015).

ChargeNow (o. J.): Einfacher zahlen als an jeder Tankstelle, <https://www. chargenow.com/cnde/?p=tarife> (letzter Zugriff am 17.02.2015).

E-Clearing.net (o. J.): e-clearing.net <http://e-clearing.net> (letzter Zugriff am 17.02.2015).

E.ON (o. J.): Die Zukunft der Mobilität steht unter Strom, <https://www.eon.de/pk/de/energiezukunft/zukunftsprojekte/elektromobilitaet.html> (letzter Zugriff am 17.02.2015).

Econnect (o. J.): Die Ziele: Ziel von "econnect Germany" ist es, gemeinsam mit Forschungs- und Entwicklungspartnern Elektromobilität deutschlandweit zukunftsfähig zu gestalten, <http://www.econnect-germany.de/uber-econnect/> (letzter Zugriff am 17.02.2015).

Electromobility+ (2014): Electromobility+: Boosting the roll-out of electromobility in Europe, April 2014, <http://electromobility-plus.eu/wp-content/uploads/Electromobility+overview_Apr2014.pdf> (letzter Zugriff am 17.02.2015).

EnBW (o. J.): Elektromobilität: nachhaltig und emissionsfrei, <https://www.enbw.com/unternehmen/konzern/innovation-forschung/e-mobilitaet/index.html> (letzter Zugriff am 17.02.2015).

Engelien, Marco / Jöcker, Johannes (2012): Streaming-Angebot: Musik-Dienst Spotify: Anmeldung jetzt auch ohne Facebook-Account möglich, 13.06.2012, <http://www.computerbild.de/artikel/cb-Aktuell-Internet-Musik-Dienst-Spotify-Anmeldung-ohne-Facebook-Account-7367848.html> (letzter Zugriff am 17.02.2015).

EuGH (2014): Nach Auffassung von Generalanwalt Wathelet kann der Inhaber eines standardessenziellen Patents verpflichtet sein, einem Patentverletzer ein konkretes Lizenzangebot zu unterbreiten, bevor er eine Unterlassungsklage gegen ihn erhebt, Pressemitteilung Nr. 155/14 des Gerichtshofs der Europäischen Union, 20.11.2014, <http://curia.europa.eu/jcms/upload/docs/application/pdf/2014-11/cp140155de.pdf> (letzter Zugriff am 17.02.2015).

EURELECTRIC (2010): Market Models for the Roll-Out of Electric Vehicle Public Charging Infrastructure, September 2010, <http://www.eurelectric.org/media/45284/2010-09-21_market_model_final_for_membernet-2010-030-0808-01-e.pdf> (letzter Zugriff am 17.02.2015).

European Green Cars Initiative (o. J.): Project Portfolio European Green Cars Initiative PPP Calls 2010-2013, <http://ec.europa.eu/research/industrial_technologies/pdf/project-portfolio-egci-calls-2010-2013_en.pdf> (letzter Zugriff am 17.02.2015).

EWE (o. J.): Mobilität: Wirtschaftlich und klimafreundlich unterwegs, <http://www.ewe.de/privatkunden/mobilitaet.php> (letzter Zugriff am 17.02.2015).

Fluhr, Jonas / Birkmeier, Martin / Kindler, Holger (2014): Vergabe von E-Mobility ID: Lastenheft, Februar 2014, <https://bdew-emobility.de/Content/files/pdf/2014-01-30_E-Mobility_ID-Vergabe_Lastenheft_Version_1.0.pdf> (letzter Zugriff am 17.02.2015).

Fraunhofer (2009): Verbesserte Redox-Flow-Batterien für Elektroautos, <http://www.fraunhofer.de/de/presse/presseinformationen/2009/09/redox-flow-batterie-fuer-elektroautos.html> (letzter Zugriff am 17.02.2015).

Fraunhofer ISI (2011): Gesellschaftspolitische Fragestellungen der Elektromobilität, Karlsruhe, 2011, <http://www.isi.fraunhofer.de/isi-wAssets/docs/e/de/publikationen/elektromobilitaet_broschuere.pdf> (letzter Zugriff am 17.02.2015).

FTC, U.S. Department of Justice and the Federal Trade Commission (2010): Horizontal Merger Guidelines, 19.08.2010, <http://www.ftc.gov/sites/default/files/attachments/merger-review/100819hmg.pdf> (letzter Zugriff am 17.02.2015).

GD Wettbewerb (2005): DG Competition discussion paper on the application of Article 82 of the Treaty to exclusionary abuses, Brüssel (Belgien), Dezember 2005, <http://ec.europa.eu/competition/antitrust/art82/discpaper2005.pdf> (letzter Zugriff am 17.02.2015).

Herndon, Andrew (2013): Ecotality, ChargePoint to Link Electric Car Charging Networks, 07.03.2013, <http://www.bloomberg.com/news/2013-03-07/ecotality-chargepoint-to-link-electric-car-charging-networks.html> (letzter Zugriff am 17.02.2015).

Hubject (o. J. a): Marktverständnis, <http://hubject.com/pages/de/index.html#4-1-markt verstaendnis.html> (letzter Zugriff am 17.02.2015).

Hubject (o. J. b): Downloads <http://hubject.com/pages/de/index.html#5-2-pressedown loads.html> (letzter Zugriff am 17.02.2015).

Hubject (o. J. c): Hubject – Connecting Emobility Networks, Imagebrochüre der Hubject GmbH, <http://hubject.com/pdf/Hubject_Productblattdatenblatt_Brosch_deutsch_dl.pdf> (letzter Zugriff am 17.02.2015).

Hubject (o. J. d): Check Eroaming Technology – Die Lösung für Hersteller von Ladestationen, <http://www.hubject.com/pdf/CHECK_eRoaming%20Technology_de.pdf> (letzter Zugriff am 17.02.2015).

Hubject (o. J. e): Check Certified Eroaming System – Die Lösung für Hersteller von Ladestations- und Kundenmanagementsystemen, <http://www.hubject.com/pdf/CHECK_Certified%20eRoaming%20System_de.pdf> (letzter Zugriff am 17.02.2015).

Hubject (o. J. f): Partner Involvement Programme, <http://hubject.com/pages/de/index.html#7-1-partner-involvement-programme.html> (letzter Zugriff am 17.02.2015).

Hubject (o. J. g): News, <http://hubject.com/pages/de/index.html#5-1-pressemitteilungen.html> (letzter Zugriff am 17.02.2015).

Hubject (2012a): Neue Gesellschaft schafft Basis für kundenfreundliche Elektromobilität, Pressemitteilung der Hubject GmbH, Berlin, 15.03.2012, <http://hubject.com/pdf/PM_hubject_20120315.pdf> (letzter Zugriff am 17.02.2015).

Hubject (2012b): Roaming-Plattform soll Zukunft der Elektromobilität kundenfreundlicher machen, Pressemitteilung der Konsortialpartner der Hubject GmbH, Stuttgart, 19.01.2012, <http://hubject.com/pdf/PM_hubject_20120119.pdf> (letzter Zugriff am 17.02.2015).

Hubject (2012c): Elektromobilität soll selbstverständlich werden – Hubject bietet Services zur europäischen Vernetzung, Pressemitteilung der Hubject GmbH, Berlin, 20.11.2012, <http://www.hubject.com/pdf/PM_hubject_20121120.pdf> (letzter Zugriff am 17.02.2015).

Hubject (2013a): Belgischer Marktführer für öffentliches Laden von Elektrofahrzeugen setzt auf intercharge, Pressemitteilung der Hubject GmbH, Berlin, 22.05.2013, <http://hubject.com/pdf/PM_hubject_20130522.pdf> (letzter Zugriff am 17.02.2015).

Hubject (2013b): Nutzungsbedingungen: Open Intercharge Protocols (OICP) der Hubject GmbH, Torgauer Straße 12-15, 10829 Berlin vom 11.03.2013, <http://www. hubject.com/pages/de/frame/loginterms.html> (letzter Zugriff am 17.02.2015).

Hubject (2013c): SHARE2013: Marktanreizprogramm für Elektromobilität, Berlin, 2013, <http://hubject.com/share2013> (letzter Zugriff am 17.02.2015).

Hubject (2013d): intercharge ermöglicht europaweites Laden von Elektrofahrzeugen, Pressemitteilung der Hubject GmbH, Berlin, 28.05.2013, <http://hubject.com/ pdf/PM_hubject_20130528.pdf> (letzter Zugriff am 17.02.2015).

Hubject (2014a): Größter Energieversorger Nordeuropas Fortum wird intercharge-Partner, Pressemitteilung der Hubject GmbH, Espoo (Finnland) u. a., 04.04.2014, <http:// hubject.com/pdf/PM_hubject_20140404.pdf> (letzter Zugriff am 17.02.2015).

Hubject (2014b): Erste Zertifizierungsstelle für emobility-Zertifikate geht in Betrieb – Einfaches Plug&Charge an jeder Ladestation wird möglich, Berlin u. a., 31.03.2014, <http://hubject.com/pdf/PM_hubject_20140331.pdf> (letzter Zugriff am 17.02.2015).

Hubject (2014c): Open InterCharge Protocol (OICP): Version 1.2, Juli 2014, <http:// www.hubject.com/pdf/closed/v_1.2_Open_InterChargeProtocol_(OICP).pdf> (durch Login geschützter Zugriff, letzter Zugriff am 05.11.2014).

Ich-Tanke-Strom.com (o. J.): Partner, <http://www.ich-tanke-strom.com/partner/> (letzter Zugriff am 17.02.2015).

Icha, Petra (2013): Climate Change 07/2013: Entwicklung der spezifischen Kohlendioxid-Emissionen des deutschen Strommix in den Jahren 1990 bis 2012, Dessau-Roßlau, Mai 2013, <http://www.umweltbundesamt.de/sites/default/files/medien/461/ publikationen/climate_change_07_2013_icha_co2emissionen_des_dt_strommixes_ webfassung_barrierefrei.pdf> (letzter Zugriff am 17.02.2015).

Intercharge (o. J.): Frequently Asked Questions, <http://www.intercharge.eu/index.php? id=8> (letzter Zugriff am 17.02.2015).

Karg, Josef (2014): Das kann das erste Elektroauto von Audi, 07.07.2014, <http://www. augsburger-allgemeine.de/wirtschaft/Das-kann-das-erste-Elektroauto-von-Audi-id30504697.html> (letzter Zugriff am 17.02.2015).

Karpstein, Matthias (2014): Hubject-Chef zur E-Mobilität: "70 Ladekarten, um durch Deutschland zu fahren", 24.03.2014, <http://www.automobilwoche.de/article/ 20140324/NACHRICHTEN/140319943/70-ladekarten-um-durch-deutschland-zu-fahren#.VGn_LvmG98F> (letzter Zugriff am 17.02.2015).

Khoo, Eric / Gallagher, James (2012): Emerging Electric Vehicle Market & Business Models and Interoperability Standards, 2012, <http://www.cigre.org/content/ download/16865/679910/version/1/file/C6_202_2012.pdf> (letzter Zugriff am 17.02.2015).

Kommission (o. J. a): One charger for all - The story, <http://ec.europa.eu/enterprise/ sectors/rtte/chargers/story/index_en.htm> (letzter Zugriff am 17.02.2015).

Kommission (o. J. b): The Chief Competition Economist, <http://ec.europa.eu/dgs/ competition/economist/publications.html> (letzter Zugriff am 17.02.2015).

Kommission (2007a): Kartellrecht: Kommission eröffnet förmliches Verfahren gegen Qualcomm einer marktbeherrschenden Stellung, Pressemitteilung der Europäischen Kommission MEMO/07/389, Brüssel (Belgien), 01.10.2007, <http://europa.eu/ rapid/press-release_MEMO-07-389_de.pdf> (letzter Zugriff am 17.02.2015).

Kommission (2007b): Antitrust: Commission confirms sending a Statement of Objections to Rambus, Pressemitteilung der Europäischen Kommission ME-MO/07/330, Brüssel (Belgien), 23.08.2007, <http://europa.eu/rapid/press-release_MEMO-07-330_ en.pdf> (letzter Zugriff am 17.02.2015).

Kommission (2009a): Kartellrecht: Intel muss 1,06 Mrd. EUR wegen Missbrauchs seiner marktbeherrschenden Stellung zahlen und rechtswidrige Verhaltens-weisen einstellen, Pressemitteilung der Europäischen Kommission IP/09/745, Brüssel (Belgien), 13.05.2009, <http://europa.eu/rapid/press-release_IP-09-745_de.pdf> (letzter Zugriff am 17.02.2015).

Kommission (2009b): Antitrust: Commission closes formal proceedings against Qualcomm, Pressemitteilung der Europäischen Kommission MEMO/09/516, Brüssel (Belgien), 24.11.2009, <http://europa.eu/rapid/press-release_MEMO-09-516_en. pdf> (letzter Zugriff am 17.02.2015).

Kommission (2009c): Kartellrecht: Kommission unterzieht Verpflichtungsangebote des Speicherchipentwicklers Rambus einem Markttest, Pressemitteilung der Europäischen Kommission MEMO/09/273, Brüssel (Belgien), 12.06.2009, <http://europa.eu/rapid/press-release_MEMO-09-273_de.pdf> (letzter Zugriff am 17.02.2015).

Kommission (2009d): Kartellrecht: Kommission akzeptiert Rambus' Verpflichtungsangebot zur Senkung der Lizenzgebühren für Speicherchips, Pressemitteilung der Europäischen Kommission IP/09/1897, Brüssel (Belgien), 09.12.2009, <http://europa. eu/rapid/press-release_IP-09-1897_de.pdf> (letzter Zugriff am 17.02.2015).

Kommission (2012a): ELECTROMOBILITY – Guiding Europe's journey towards greener transport, 06.07.2012, <http://ec.europa.eu/research/infocentre/article_en.cfm? artid=25953> (letzter Zugriff am 17.02.2015).

Kommission (2012b): Kartellrecht: Kommission übermittelt Samsung Mitteilung der Beschwerdepunkte wegen möglichen Patentmissbrauchs auf dem Mobiltelefonmarkt, Pressemitteilung der Europäischen Kommission IP/12/1448, Brüssel (Belgien), 21.12.2012, <http://europa.eu/rapid/press-release_IP-12-1448_de.pdf> (letzter Zugriff am 17.02.2015).

Kommission (2012c): Mergers: Commission approves acquisition of Motorola Mobility by Google, Pressemitteilung der Europäischen Kommission IP/12/129, Brüssel (Belgien), 13.02.2012, <http://europa.eu/rapid/press-release_IP-12-129_en.pdf> (letzter Zugriff am 17.02.2015).

Kommission (2012d): Kartellrecht: Kommission eröffnet Prüfverfahren gegen Samsung, Pressemitteilung der Europäischen Kommission IP/12/89, Brüssel (Belgien), 31.01.2012, <http://europa.eu/rapid/press-release_IP-12-89_de.pdf> (letzter Zugriff am 17.02.2015).

Kommission (2012e): Kartellrecht: Kommission leitet Prüfverfahren gegen Motorola ein, Pressemitteilung der Europäischen Kommission IP/12/345, Brüssel (Belgien),

03.04.2012, <http://europa.eu/rapid/press-release_IP-12-345_de.pdf> (letzter Zugriff am 17.02.2015).

Kommission (2013a): Kartellrecht: Kommission übermittelt Motorola Mobility Mitteilung der Beschwerdepunkte wegen möglichen Missbrauchs standard-essentieller Mobiltelefonpatente, Pressemitteilung der Europäischen Kommission IP/13/406, Brüssel (Belgien), 06.05.2013, <http://europa.eu/rapid/press-release_IP-13-406_de. pdf> (letzter Zugriff am 17.02.2015).

Kommission (2013b): Kartellrecht: Kommission leitet Markttest der Verpflichtungszusagen von Samsung Electronics zur Nutzung standardessentieller Patente ein, Pressemitteilung der Europäischen Kommission IP/13/971, Brüssel (Belgien), 17.10.2013, <http://europa.eu/rapid/press-release_IP-13-971_de.pdf> (letzter Zugriff am 17.02.2015).

Kommission (2013c): Antitrust: Commission sends Statement of Objections to Motorola Mobility on potential misuse of mobile phone standard-essential patents – Questions and Answers, Pressemitteilung der Europäischen Kommission MEMO/13/403, Brüssel (Belgien), 06.05.2013, <http://europa.eu/rapid/press-release_MEMO-13-403_en.pdf> (letzter Zugriff am 17.02.2015).

Kommission (2014a): Antitrust decisions on standard essential patents (SEPs) – Motorola Mobility and Samsung Electronics – Frequently asked questions, Pressemitteilung der Europäischen Kommission MEMO/14/322, Brüssel (Belgien), 29.04.2014, <http://europa.eu/rapid/press-release_MEMO-14-322_en.pdf> (letzter Zugriff am 17.02.2015).

Kommission (2014b): Kartellrecht: EU-Kommission nimmt bindende Verpflichtungszusagen von Samsung Electronics zu Unterlassungsverfügungen bei standard-essentiellen Patenten an, Pressemitteilung der Europäischen Kommission IP/14/490, Brüssel (Belgien), 29.04.2014, <http://europa.eu/rapid/press-release_IP-14-490_de.pdf> (letzter Zugriff am 17.02.2015).

Kommission (2014c): Kartellrecht: EU-Kommission entscheidet, dass Motorola Mobility mit Missbrauch von standardessentiellen Patenten gegen EU-Wettbewerbsregeln verstoßen hat, Pressemitteilung der Europäischen Kommission IP/14/489, Brüssel (Belgien), 29.04.2014, <http://europa.eu/rapid/press-release_IP-14-489_de.pdf> (letzter Zugriff am 17.02.2015).

Kommission (2014d): Climate and energy priorities for Europe: the way forward, Präsentation von José Manuel Barroso beim Europäischen Rat, März 2014, <http://ec. europa.eu/clima/policies/2030/docs/climate_energy_priorities_en.pdf> (letzter Zugriff am 17.02.2015).

Kunze, Sariana (2011): Elektroautos in unter 30 Minuten mit Strom voll tanken, 14.12.2011, <http://www.elektrotechnik.vogel.de/elektromobilitaet/articles/ 342854> (letzter Zugriff am 17.02.2015).

Ladenetz.de (o. J. a): Wer steht hinter Ladenetz.de?, <http://www.ladenetz.de/idee/ betreiber> (letzter Zugriff am 17.02.2015).

Ladenetz.de (o. J. b): Visionen teilen, Tatsachen schaffen, Kräfte bündeln, <http://www. ladenetz.de/partner> (letzter Zugriff am 17.02.2015).

Ladenetz.de (o. J. c): Roaming und Kooperationen, <http://www.ladenetz.de/idee/ beteiligte> (letzter Zugriff am 17.02.2015).

Ladenetz.de (o. J. d): Sie haben Interesse an ladenetz.de?, <http://www.ladenetz.de/ partner/partner-werden> (letzter Zugriff am 17.02.2015).

Ladenetz.de (o. J. e): News, <http://www.ladenetz.de/home/news> (letzter Zugriff am 17.02.2015).

Netcraft (2012): September 2012 Web Server Survey, 10.09.2012, <http://news.netcraft. com/archives/2012/09/10/september-2012-web-server-survey.html> (letzter Zugriff am 17.02.2015).

NPE (2010a): Zwischenbericht der Nationalen Plattform Elektromobilität, Berlin, 2010, <http://www.bmbf.de/pubRD/bericht_nationale_plattform_elektromobilitaet.pdf> (letzter Zugriff am 17.02.2015).

NPE (2010b): Die deutsche Normungs-Roadmap Elektromobilität – Version 1, Berlin, 30.11.2010, <http://www.vde.com/en/dke/std/Documents/E-Mobility_Normungs roadmap%20V1.pdf> (letzter Zugriff am 17.02.2015).

NPE (2011): Zweiter Bericht der Nationalen Plattform Elektromobilität, Berlin, Mai 2011, <http://www.bmbf.de/pubRD/zweiter_bericht_nationale_plattform_elektro mobilitaet.pdf> (letzter Zugriff am 17.02.2015).

NPE (2012a): Die deutsche Normungs-Roadmap Elektromobilität – Version 2.0, Berlin, <http://www.dke.de/de/std/Documents/E-Mobility_Normungsroadmap_V2.pdf> (letzter Zugriff am 17.02.2015).

NPE (2012b): Fortschrittsbericht der Nationalen Plattform Elektromobilität (Dritter Be- richt), Berlin, Mai 2012, <http://www.bmub.bund.de/fileadmin/bmu-import/files/ pdfs/allgemein/application/pdf/bericht_emob_3_bf.pdf> (letzter Zugriff am 17.02.2015).

NPE (2013): Die deutsche Normungs-Roadmap Elektromobilität – Version 2.0A, Berlin, Mai 2013, <https://www.dke.de/de/std/aal/documents/npe-normungsroadmap_de_ 2.0a_rz-v01.pdf> (letzter Zugriff am 17.02.2015).

o. V. (2013): Elektroauto-Zulassungen: Rekordmarke geknackt, 2013, <http://www. handelsblatt.com/auto/nachrichten/elektroauto-zulassungen-rekordmarke- geknackt/9164492.html> (letzter Zugriff am 17.02.2015).

o. V. (2014): BMW hält beim Stromtanken die Hand auf, 23.01.2014, <http://www.autobild.de/artikel/bmw-chargenow-teure-ladestationen-4537031. html> (letzter Zugriff am 17.02.2015).

OCHP, Open Clearing House Protocol (2014): OCHP, Open Clearing House Proto-col, Protocol Version 1.2, Document Version 0.18, 17.06.2014, <http://www.ochp.eu/ wp-content/uploads/2013/12/140617_Open-Clearing-House-Protocol_v1.2_0.18. pdf> (letzter Zugriff am 17.02.2015).

Peters, Anja / Dütschke, Elisabeth (2010): Zur Nutzerakzeptanz von Elektromobilität: Analyse aus Expertensicht, Karlsruhe, September 2010, <http://www.forum- elektromobilitaet.ch/fileadmin/DATA_Forum/Publikationen/FSEM_2011- Ergebnisbericht_Experteninterviews_t.pdf> (letzter Zugriff am 17.02.2015).

Peters, Anja / Hoffmann, Jana (2011): Nutzerakzeptanz von Elektromobilität: Eine empirische Studie zu attraktiven Nutzungsvarianten, Fahrzeugkonzepten und Geschäftsmodellen aus Sicht potenzieller Nutzer, Karlsruhe, Mai 2011, <http://www.forum-elektromobilitaet.ch/fileadmin/DATA_Forum/Publikationen/ FSEM-2011-Forschungsergebnisse_Nutzerakzeptanz_Elektromobilitaet.pdf> (letzter Zugriff am 17.02.2015).

Peters, Anja / Popp, Mareike / Agosti, Raphael u. a. (2011): Elektroautos in der Wahrnehmung der Konsumenten: Zusammenfassung der Ergebnisse einer Befragung in Deutschland, <http://www.forum-elektromobilitaet.ch/fileadmin/DATA_Forum/ Publikationen/FSEM_2011_Kurzbericht_Online_Befragung_2011.pdf> (letzter Zugriff am 17.02.2015).

PwC, FH FFM, Fraunhofer LBF (2012): Elektromobilität – Normen bringen die Zukunft in Fahrt, 2012, <https://www.pwc.com/en_GX/gx/psrc/assets/electromobility-standards-full.pdf> (letzter Zugriff am 17.02.2015).

RETRANS (2010): Opportunities for the Use of Renewable Energy in Road Transport – Policy Makers Report, <http://www.globalbioenergy.org/uploads/media/1003_IEA _RETD_-_RETRANS.pdf> (letzter Zugriff am 17.02.2015).

Rivier, Michel / Gómez, Tomás / Cossent, Rafael u. a. (2011): New Actors and Business Models for the Integration of EV in Power Systems, Bericht zum Forschungsprojekt „Mobile Energy Resources in Grids of Electricity" (MERGE), Arbeitspaket 5, Aufgabe 5.1, <http://www.transport-research.info/Upload/Documents/201402/ 20140203_154834_40890_Deliverable_5.1_New_actors_and_business_models_for _the_intergation_of_EV_in_power_systems.pdf> (letzter Zugriff am 17.02.2015).

RWE (o. J.): Klima schützen, Emissionen verringern, <https://www.rwe-mobility.com/ web/cms/de/1157924/rwe-emobility/> (letzter Zugriff am 17.02.2015).

Schäfers, Manfred (2012): Autogipfel im Kanzleramt: Merkel hält an einer Million Elektroautos fest, <http://www.faz.net/aktuell/wirtschaft/unternehmen/autogipel-im-kanzleramt-merkel-haelt-an-einer-million-elektroautos-fest-11910996.html> (letzter Zugriff am 17.02.2015).

Secunet (2014): Erste Zertifizierungsstelle für emobility-Zertifikate geht in Betrieb - Einfaches Plug & Charge an jeder Ladestation wird möglich, Pressemitteilung der secunet Security Networks AG, Berlin u. a., 03.04.2014, <http://www.secunet. com/de/das-unternehmen/aktuelles-und-termine/news/news/erste-zertifizierungsstelle-fuer-emobility-zertifikate-geht-in-betrieb-einfaches-plug-charge-an/> (letzter Zugriff am 17.02.2015).

Smartlab (o. J. a): Unternehmensprofil, <http://smartlab-gmbh.de/unternehmen0/ unternehmensprofil.html> (letzter Zugriff am 17.02.2015).

Smartlab (o. J. b): Forschungsprojekte, <http://smartlab-gmbh.de/unternehmen0/ forschungsprojekte.html> (letzter Zugriff am 17.02.2015).

Smartlab (2010): Stadtwerke zeigen sich stark in Sachen Elektromobilität, 09.02.2010, <http://smartlab-gmbh.de/medienservice/medieninformationen/aktuelle-medieninformationen/9-februar-2010.html> (letzter Zugriff am 17.02.2015).

Smartlab (2014): E.ON, Vattenfall, T-Systems and Mitsubishi to join e-clearing.net, Pressemitteilung der Smartlab Innovationsgesellschaft mbH, 12.05.2014, Aachen

u. a.,   <http://www.e-clearing.net/downloads/140512_Press_Release.pdf>   (letzter Zugriff am 17.02.2015).

Statistisches Bundesamt (2011): Datenreport 2011: Ein Sozialbericht für die Bundes-republik Deutschland, Band 1, Bonn, 2011, <https://www.destatis.de/DE/ Publikationen/Datenreport/Downloads/Datenreport2011.pdf?__blob=publicationFile> (letzter Zugriff am 17.02.2015).

SWU (o. J. a): Ladestationen in Ulm, Neu-Ulm und Umgebung, <http://www.swu.de/ privatkunden/energie-wasser/elektromobilitaet/ladestationen.html> (letzter Zugriff am 17.02.2015).

SWU (o. J. b): Elektromobilität in Ulm, Neu-Ulm und Umgebung, <http://www.swu.de/ privatkunden/energie-wasser/elektromobilitaet.html>   (letzter   Zugriff   am 17.02.2015).

TU Dortmund (2011): Cost-benefit-analysis and recommendations for Business Models – Report, Bericht zum Forschungsprojekt "Grid for Vehicles" (G4V), Arbeitspaket 2.3, 12.08.2011, <http://www.g4v.eu/datas/reports/G4V_WP2_D2_3_cost_benefit_ and_business_models.pdf> (letzter Zugriff am 17.02.2015).

UN (2013): World Population Prospects – The 2012 Revision – Highlights and Advance Tables,   New   York,   2013,   <http://esa.un.org/unpd/wpp/Documentation/pdf/ WPP2012_HIGHLIGHTS.pdf> (letzter Zugriff am 17.02.2015).

UN (2014): World Urbanization Prospects - The 2014 Revision – Highlights, New York, 2014,   <http://esa.un.org/unpd/wup/Highlights/WUP2014-Highlights.pdf>   (letzter Zugriff am 17.02.2015).

Vattenfall (o. J.): Elektromobilität: Vattenfall entwickelt intelligente und zukunftsfähige Konzepte für vernetzte Mobilitäts- und Energieangebote. Dabei versorgen wir Elektrofahrzeuge mit Autostrom bzw. Wasserstoff aus erneuerbarer Energie und stellen die Ladeinfrastruktur bereit., <http://corporate.vattenfall.de/nachhaltigkeit/ energie-der-zukunft/nachhaltige-energielosungen/elektromobilitat/> (letzter Zugriff am 17.02.2015).

VDA (2012): Jahresbericht 2012, Berlin, 2012, <http://www.vda.de/de/downloads/1092/> (letzter Zugriff am 17.02.2015).

Yarow, Jay (2012): It's Official: Apple Is Just A Niche Player In Smartphones Now, 02.11.2012,   <http://www.businessinsider.com/android-market-share-2012-11> (letzter Zugriff am 17.02.2015).

Printed in the United States
By Bookmasters